| 제2판 |

FOOD HYGIENE

# 이해하기 쉬운 식품위생학

금종화 · 손규목 · 김성영 · 권영안 · 김정목 · 김종경 · 김창렬 · 박상곤
송승열 · 송호수 · 오승희 · 유경혜 · 이경임 · 이상일 · 이효순 · 조석금 공저

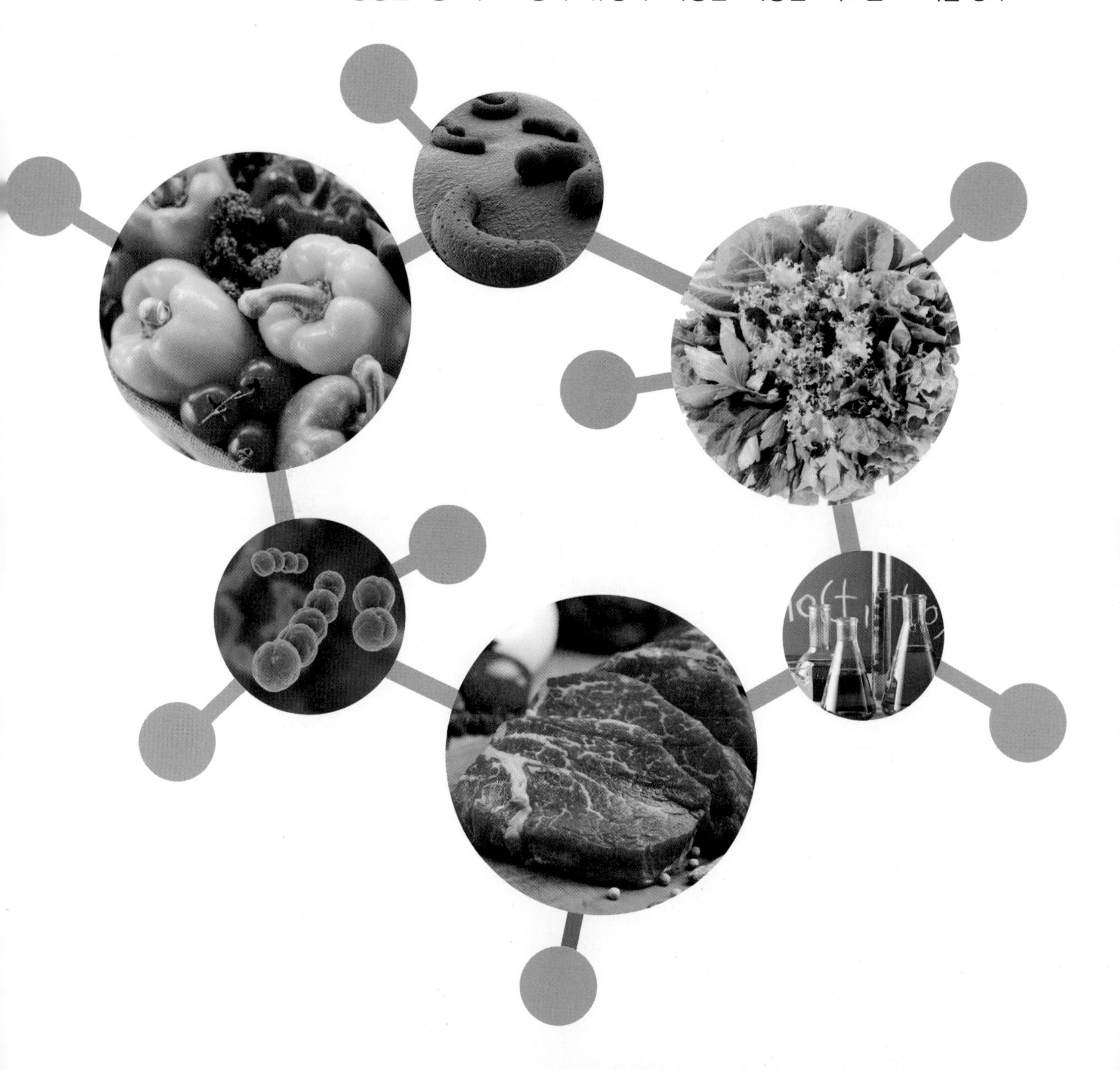

# FOOD
# HYGIENE

# 머리말

인간은 누구나 건강하게 오래 살기를 원한다. 그래서 우리들은 항상 웰빙을 추구하고 안녕을 염원하고 있다. 그러나 현재로서는 여러 가지의 장애요인이 많아 웰빙만을 추구하기는 힘들다. 이 책은 많은 장애요인의 여건 속에서도 식품의 질적 향상과 식품에 의한 위해요인 발생을 억제하여 건강한 삶을 영위하는 데 목적을 두고 집필한 책이다. 또한 식품영양학과, 조리학과, 외식산업학과 및 식품관련학과의 교수들 중에서 특히 식품위생분야를 전공한 교수들이 식품위생의 여러 문제들에 대해 각자의 전공을 살려 집필하였으므로 명쾌한 답을 줄 수 있는 지침서가 될 것이다.

이 책의 특징을 요약하면 다음과 같다.

- 대학강단에서 오랜 강의 경력을 가진 식품위생분야를 전공한 교수들이 분야별로 집필하였다.
- 현 단체급식소, 외식업소 및 식품회사에서 직접 적용할 수 있는 위생관리와 HACCP을 모두 수록하였다.
- 교수협의회에서 요구하는 학습목표를 모두 수록하였다.
- 최근 정보와 통계를 수록하였다.

이 책을 집필하기 위해 각 저자들은 서울·경기·경상·전라·충청도 등지를 뛰어다녔다. 지면을 빌려 그간 집필에 도움을 주신 분들께 고마움을 전한다. 특히 식품회사, 단체급식소, 외식산업업소 등에서 조언을 해주신 관계자 및 선·후배 교수님과 동료 교수님들께 감사드리며, 이 책의 출판에 노고를 아끼지 않으신 도서출판 효일 사장님과 편집부 여러분들께도 감사를 드린다.

앞으로 이 책을 보다 알찬 내용으로 계속 수정, 보완해 나갈 것을 약속드리며 이 책을 필요로 하는 모든 분들에게 미약하나마 도움이 되기를 바란다.

저자 일동

# Contents

## 1 식품위생의 개념



## 2 식품과 미생물

# Contents

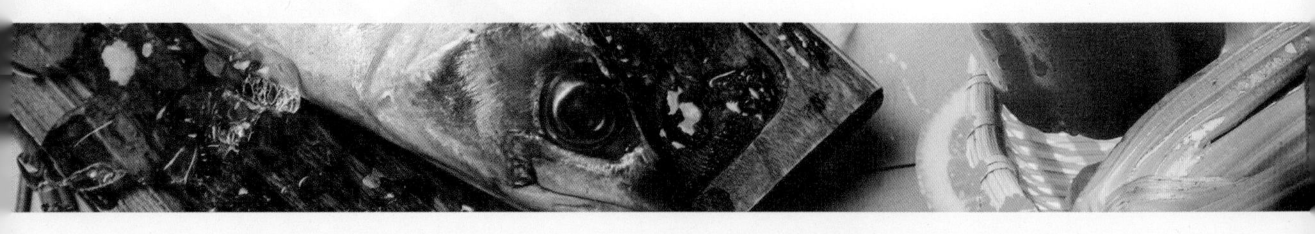

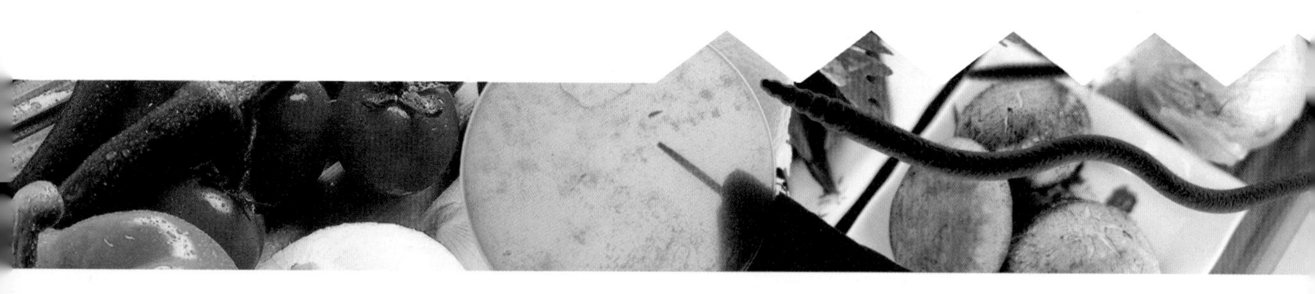

# 6 식품과 감염병



# 7 기생충과 위생동물



# 8 식품 안전관리 인증기준(HACCP)

# Contents

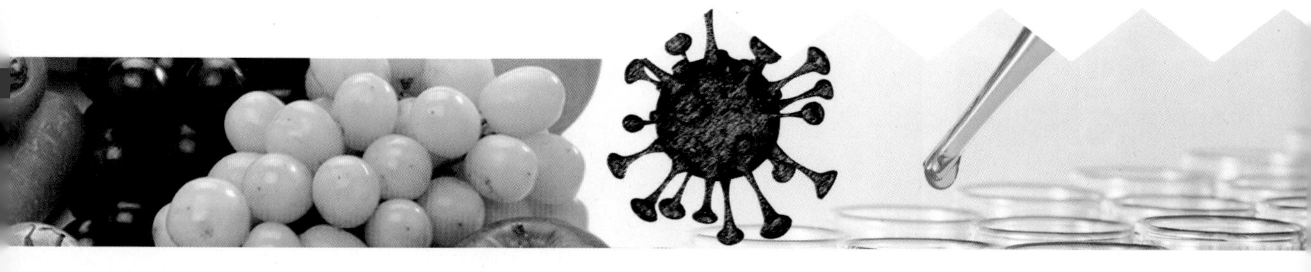



## 부 록

# chapter 1 식품위생의 개념

**학습목적** | 식품위생의 개념을 인지하고 이를 분류한다.

**학습목표**

01 식품위생에 대해 정의한다.
02 식품의 안전성에 대해 설명한다.
03 식성 병해의 원인물질 인자를 식별한다.
04 식성 병해의 생성요인을 분류한다.
05 건강장애를 식성 병해의 원인물질에 따라 해석한다.
06 안전성 평가를 설명한다.
07 일반독성 시험을 분류하고 설명한다.
08 급성독성(acute toxicity) 시험을 설명하고 50% 치사량(50% lethal dose; $LD_{50}$)을 산출한다.
09 아만성독성(subacute toxicity) 시험을 설명한다.
10 만성독성(chronic toxicity) 시험을 설명한다.
11 특수독성 시험을 분류하고 설명한다.
12 최대 무작용량(Maximum No Effect Level; MNEL)을 설명하고 계산한다.
13 1일 섭취허용량(Acceptable Daily Intake; ADI)을 설명하고 계산한다.
14 식중독을 정의하고 분류한다.
15 세균성 식중독을 정의하고 분류한다.
16 자연독 식중독을 정의하고 분류한다.
17 화학적 식중독을 정의하고 분류한다.
18 병인물질 및 시설별 발생상황을 설명한다.
19 식중독 역학조사 방법을 설명한다.
20 식품위생 행정의 목적을 설명한다.
21 위생행정 목적을 달성하기 위한 중심 과제를 열거한다.

# 1-1 식품위생의 정의 및 목적

## 1-1-1 식품위생의 정의

식품은 건강장애의 요인이 될 때, 식품으로써의 가치를 상실한다. 그러므로 식품이 변질 또는 부패하거나 유해한 세균이나 화학물질 등에 오염되지 않도록 예방하는 게 우리의 건강을 유지 및 증진시키는 방법이다. 즉, 식품을 안전하게 섭취하고자 하는 수단과 기술을 식품위생이라 한다. 식품위생의 정의에 관해 확실히 단정을 내리기 어려우나, 1955년 스위스의 제네바에서 열린 세계보건기구(WHO)의 환경위생전문위원회에서 다음과 같이 정의했다.

"Food hygiene" means all measures necessary for ensuring the safety, wholesomeness, and soundness of food at all stages from its growth, production or manufacture until its final consumption.

즉 식품위생이란, "식품의 생육·생산·제조에서 최종적으로 사람에게 섭취될 때까지의 모든 단계에 있어서 안전성, 건전성 및 악화방지를 확보하기 위한 모든 수단을 말한다"라고 정의하였다. 그러나 식품으로 인한 건강장애에는 식품 자체의 위생적 문제도 중요하지만, 그보다 식품가공에 필요한 기구, 용기, 식품에 사용되는 첨가물, 포장 등의 위생을 완전하게 보장할 수 없기 때문에 인체의 위해도(危害度)가 대단히 커질 우려가 있다. 우리나라 식품위생법에는 식품위생을 "식품, 식품첨가물, 기구 또는 용기·포장을 대상으로 하는 음식물에 관한 모든 위생"으로 정의하고 있다.

한편, 영국에서는 식품위생을 food hygiene이라 하며, 미국에서는 food sanitation이라 표기하는 것으로 보아 미국의 식품위생 정의는 시설, 설비, 기구, 기계 등을 위생적으로 관리한다는 것을 알 수 있으며, 우리나라의 식품위생 정의와 비슷하다.

결론적으로 식품위생이란, 식품으로 인해 일어날 수 있는 모든 건강장애 요인을 제거하고, 사람의 건강을 유지 및 증진시키고 또한 장수할 수 있게 하는 수단과 기술이며 과학이라고 할 수 있다.

## 1-1-2 식품위생의 목적

식품위생의 목적은 식품에 관하여 유독물과 이물(異物)의 혼입 및 변질과 오염에 의해 식품이 인체에 위해를 끼칠 수 있는 원인을 배제하고, 직접 혹은 간접적으로 식품의 첨가물과 식품취급에 필요한 기구, 용기 및 포장에 대하여 품질을 보장하여 인체의 건강을 해(害)할 우려가 없는 안전한 식생활을 할 수 있도록 하는 것이다. 우리나라 식품위생법에는 "식품으로 인하여 생기는 위생상의 위해를 방지하고, 식품영양의 질적 향상을 도모하며 식품에 관한 올바른 정보를 제공하여 국민보건의 증진에 이바지함을 목적으로 한다."라고 정의하고 있다.

## 1-2 식품의 위해 요인

식품의 섭취로 인하여 인체의 건강을 해치거나 해칠 우려가 있는 원인이 되는 물질을 '위해요인' 이라 한다. 위해요인은 식품의 생산과 최종 소비까지 다양한 과정에서 여러 가지 경로를 거쳐서 발생하며, 존재 또는 생성 원인에 따라서 [표 1-1]과 같이 내인성, 외인성, 유기성으로 나눌 수 있다.

**표 1-1 건강장애의 원인물질**

<table>
<tr><th>분류</th><th colspan="3">종류</th></tr>
<tr><td rowspan="2">내인성</td><td>유해·유독성분<br>(자연독)</td><td colspan="2">• 동물성 자연독 : 복어독, 어패류독 등<br>• 식물성 자연독 : 독미나리, 청매, 독보리, 발암물질 등<br>• 버섯독</td></tr>
<tr><td>생리작용성분<br>(고유·유해독)</td><td colspan="2">• 생리작용성분 : 항비타민성 물질, 항효소성 물질, 항갑상선 물질<br>• 식이성 알레르겐 : histamine, 난백 allergy</td></tr>
<tr><td rowspan="3">외인성</td><td rowspan="2">생물적</td><td>미생물</td><td>경구감염병 : 이질, 콜레라, 장티푸스, 간염<br>식중독 ┬ 감염형: Salmonella, 장염 Vibrio 등<br>└ 독소형: 포도알구균, Botulinus균 등<br>곰팡이독: aflatoxin, patulin, ochratoxin 등</td></tr>
<tr><td>기생충</td><td>회충, 요충, 유구조충, 무구조충 등</td></tr>
<tr><td>인위적</td><td colspan="2">• 의도식품첨가물 : 유해화학물질(auramine, dulcin, cyclamate 등)<br>• 무의도식품첨가물<br>– 잔류농약(유기인제, 유기염소제 등)<br>– 공장배출물(유기수은 등)<br>– 방사선 강하물<br>– 기구·용기·포장재 용출물<br>• 가공과오(비소화합물, PCB)</td></tr>
<tr><td>유기성</td><td colspan="3">– 물리적 조건에서 생긴 물질(가열유지, benzopyrene 등)<br>– 화학적 조건에서 생긴 물질(조리과정의 가열분해물, 식물성분 반응으로 생성되는 물질 등)</td></tr>
</table>

# 1-3 식중독의 개념 및 발생 상황

## 1-3-1 식중독의 분류

식중독(food poisoning)이란 식품의 섭취로 인하여 인체에 유해한 미생물 또는 유독물질에 의해 발생하였거나 발생한 것으로 판단되는 감염성 또는 독소형 질환(식품위생법 제2조 제14호)을 말한다. 구토·두통·식욕부진·설사·복통 등을 동반하는 건강장애로 때로는 발열을 일으키기도 하며, 또 원인물질에 따라서 신경증상을 일으키기도 한다. 그러나 기생충과 영양결핍에 의한 질환과 병원성균에 의한 경구감염병 등은 식중독으로 분류하지 않는다.

**표 1-2 식중독 분류**

| 분류 | 종류 | 원인균 및 물질 | |
|---|---|---|---|
| 미생물 식중독(30종) | 세균성(18종) | 감염형 | 살모넬라, 장염비브리오, 콜레라, 비브리오 불니피쿠스, 리스테리아 모노사이토제네스, 병원성대장균(EPEC, EHEC, EIEC, ETEC, EAEC), 바실러스세레우스(설사형), 쉬겔라, 여시니아 엔테로콜리티카, 캠필로박터 제주니, 캠필로박터 콜리 |
| | | 독소형 | 황색포도알구균, 클로스트리디움 퍼프린젠스, 클로스트리디움 보툴리늄, 바실러스세레우스(구토형) |
| | 바이러스성(7종) | – | 노로, 로타, 아스트로, 장관아데노, A형간염, E형간염, 사포 바이러스 |
| | 원충성(5종) | – | 이질아메바, 람블편모충, 작은와포자충, 원포자충, 쿠도아 |
| 자연독 식중독 | | 동물성 | 복어독, 시가테라독 |
| | | 식물성 | 감자독, 원추리, 여로 등 |
| | | 곰팡이 | 황변미독, 맥각독, 아플라톡신 등 |
| 화학적 식중독 | | 고의 또는 오용으로 첨가되는 유해물질 | 식품첨가물 |
| | | 본의 아니게 잔류, 혼입되는 유해물질 | 잔류농약, 유해성 금속화합물 |
| | | 제조·가공·저장 중에 생성되는 유해물질 | 지질의 산화생성물, 니트로아민 |
| | | 기타물질에 의한 중독 | 메탄올 등 |
| | | 조리기구·포장에 의한 중독 | 녹청(구리), 납, 비소 등 |

식중독을 원인물질에 따라 분류하면 미생물에 의한 것과 화학물질에 의한 것으로 분류 할 수 있다. 미생물에 의한 것은 세균성 식중독과 바이러스성 식중독으로 나누며, 세균성 식중독은 감염형, 독소형 및 감염독소형으로 구분한다. 그러나 발증기전이 명확하지 않거나 잠복기가 긴 것도 있어 명확하게 구분이 어려운 것도 있다. 그리고 최근에는 공기, 물, 접촉 등의 경로를 통하는 바이러스성 식중독도 많이 발생한다.

화학물질에 의한 식중독은 크게 자연독 식중독과 화학성 식중독으로 나눈다. 자연독 식중독에는 독버섯, 면실, 감자 등에 함유되어 있는 독소에 의하여 발생하는 식물성 자연독 식중독과 복어, 조개류 등에 함유된 독성물질에 의해서 발생하는 동물성 자연독 식중독, 그리고 황변미, 맥각, 아플라톡신(aflatoxin)과 같은 농작물에 곰팡이가 번식하여 발생하는 곰팡이성 식중독이 있다. 화학적 식중독에는 식품의 제조 또는 취급 중에 식품첨가물을 의도적 또는 오용에 의해 첨가하거나 아니면 허용되지 않은 첨가물이나, 설령 허용되었다 하더라도 순도가 낮은 첨가물을 사용하였을 때 발생한다. 또 농작물을 재배할 때 사용하는 농약의 잔류, 식품을 조리, 제조, 가공할 때 사용하는 기계, 기구, 용기 등의 금속물질, 기타 식품의 조리 및 가공 시에 발생하는 물질 등에 의해서 식중독이 발생한다.

## 1-3-2 우리나라의 식중독 발생 현황

한 나라에서 발생하는 식중독 발생 양상은 기후환경과 지역적 특성, 섭취하는 식품과 함께 거주지의 위생 상태에 따라 달라진다. 우리나라는 식품위생법에 식중독 발생 시 보고체계가 규정되어 있어 통계화 할 수 있는 기반은 마련되어 있으나, 대부분의 식중독은 증상이 경미하여 원인추적에 소홀할 가능성이 있다. 따라서 식중독이 발생해도 정확한 역학조사가 뒤따르지 못하는 경우도 많다. 그러므로 식중독 발생의 보고된 건수로는 실제 발생되고 있는 식중독이 어느 정도인지 파악하기 어려우나, 공식적인 통계에 근거하여 식중독 동향을 파악하는 데 도움이 될 것이다.

### (1) 연도별 식중독 발생 현황

연도별 식중독 발생 현황은 [그림 1-1]과 같다. 식중독 발생건수는 2011년에 249건이었으나, 그 후 다소 증가하여 2016년에 399건이었으며, 2020년에는 178건으로 감소하였다. 환자수는 2011년에 6,058명이었으나 2018년에는 11,504명으로 증가하였다가 그 후 감소하여 2020년에 4,075명이었다. 전반적으로 시간이 지남에 따라 발생건수와 환자수가 감소하는 경향을 보이고 있다.

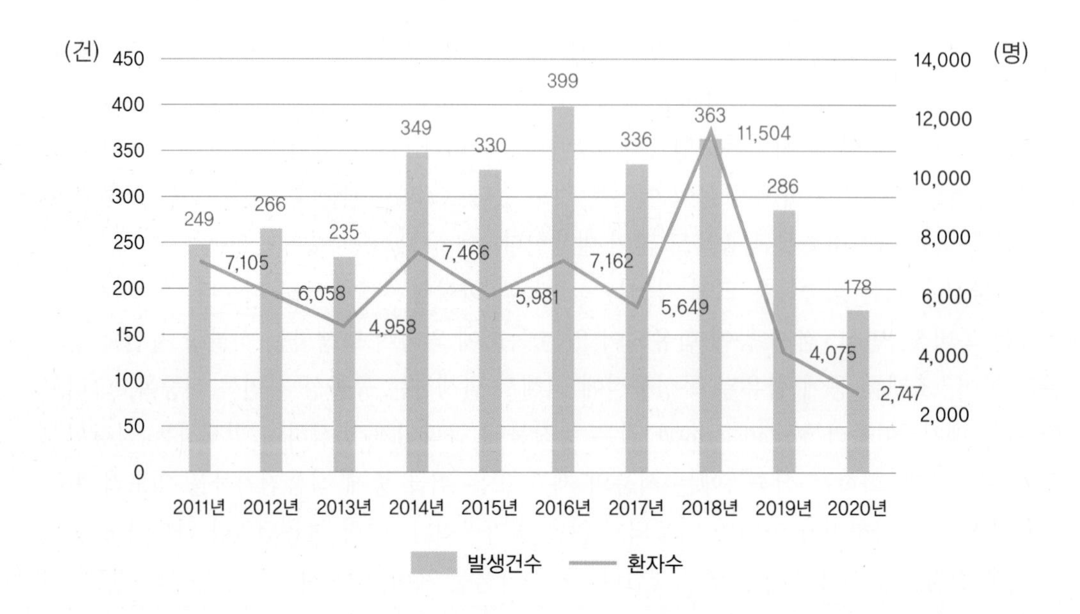


[그림 1-1] **연도별 식중독 발생건수 및 환자수(2011~2020년)**

### (2) 원인균(물질)별 식중독 발생 현황

원인균별 식중독 발생 현황은 [그림 1-2]와 같다. 원인불명의 경우를 제외하면 주요 식중독 원인균은 노로바이러스, 병원성대장균, 살모넬라균, 원충 등이다. 전체 식중독 중에서 병원성대장균에 의한 식중독의 발생건수는 약 12%, 환자수는 가장 많은 29%이다. 노로바이러스 식중독은 발생건수가 약 16%로 병원성대장균에 의한 식중독 발생건수보다 많으며, 환자수는 약 18%로 병원성 대장균보다는 적다. 노로바이러스에 의한 식중독은 오염된 지하수로 처리한 식재료나 오염된 패류섭취 및 사람과 사람 간 2차 감염에 의해 발생하므로 오염방지를 위한 노력이 필요하다. 또한 연중발생하며 특히 겨울철에 많이 발생한다[그림 1-3]. 이는 낮은 온도에서 노로바이러스의 생존기간이 오히려 연장되기 때문에 나타난 현상으로 생각된다(상온 : 10일, 4℃ : 2개월 생존).

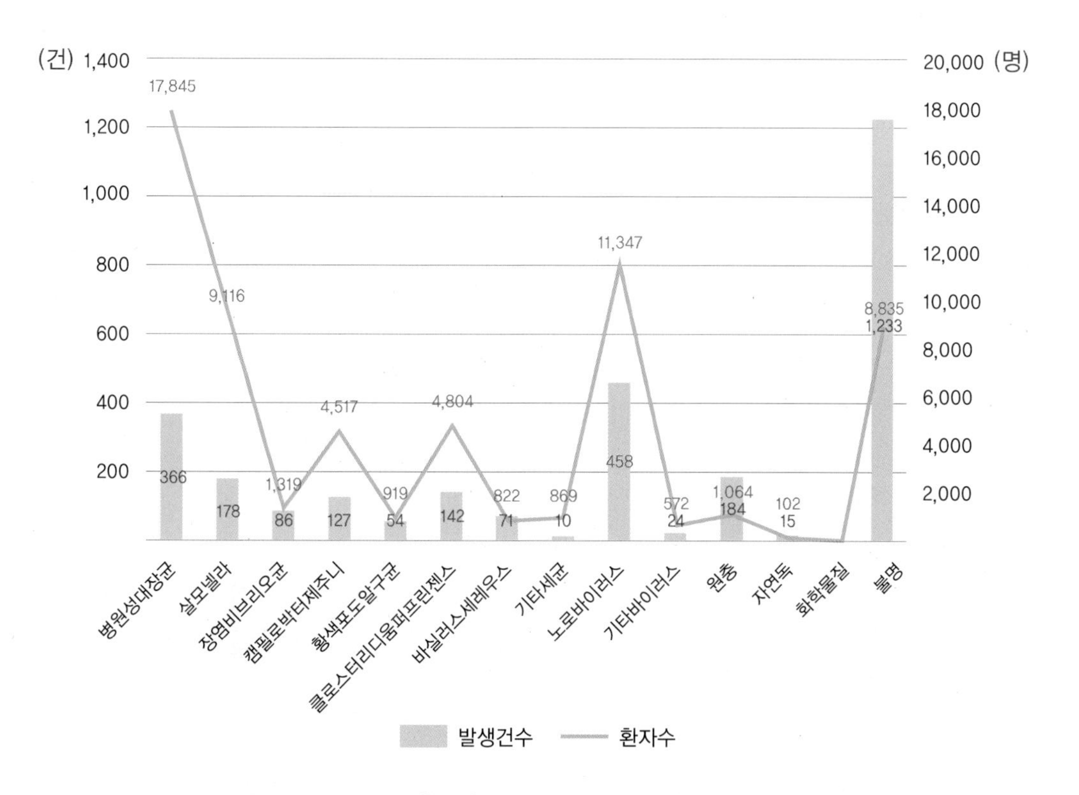


[그림 1-2] 원인균(물질)별 식중독 발생 현황(2011~2020년)

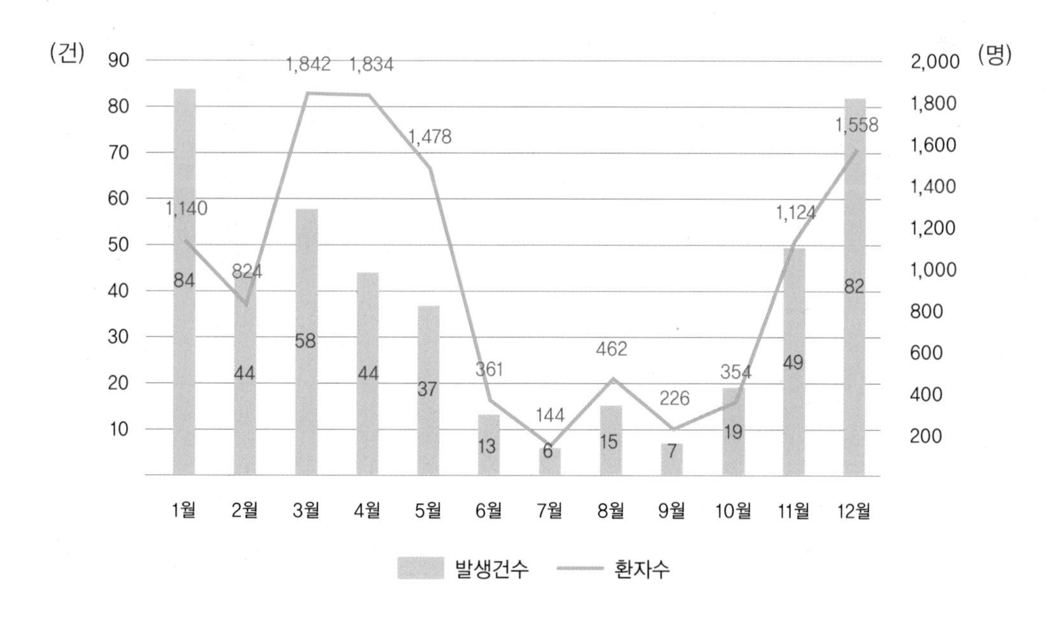


[그림 1-3] 노로바이러스 식중독의 월별 발생건수 및 환자 수(2011~2020년)

### (3) 원인시설별 식중독 발생 현황

원인시설별 식중독 발생 현황은 [그림 1-4]와 같다. 음식점 및 집단급식소에서 식중독이 주로 발생하는데, 음식점이 전체 식중독 발생건수의 57%, 학교 및 학교 외 집단급식소가 20%를 차지하였다. 환자 수는 학교 및 학교 외 집단급식소가 전체 환자수의 50%를 차지하였다. 1회 급식인원이 많은 학교 등 집단급식소는 건수 대비 평균 환자수가 52명으로 건당 환자수가 9명인 일반 음식점에 비해 높았다. 따라서 음식점 및 학교급식에 대한 지속적인 교육 및 홍보를 강화하여 위생수준을 향상시켜야 할 것으로 판단된다.

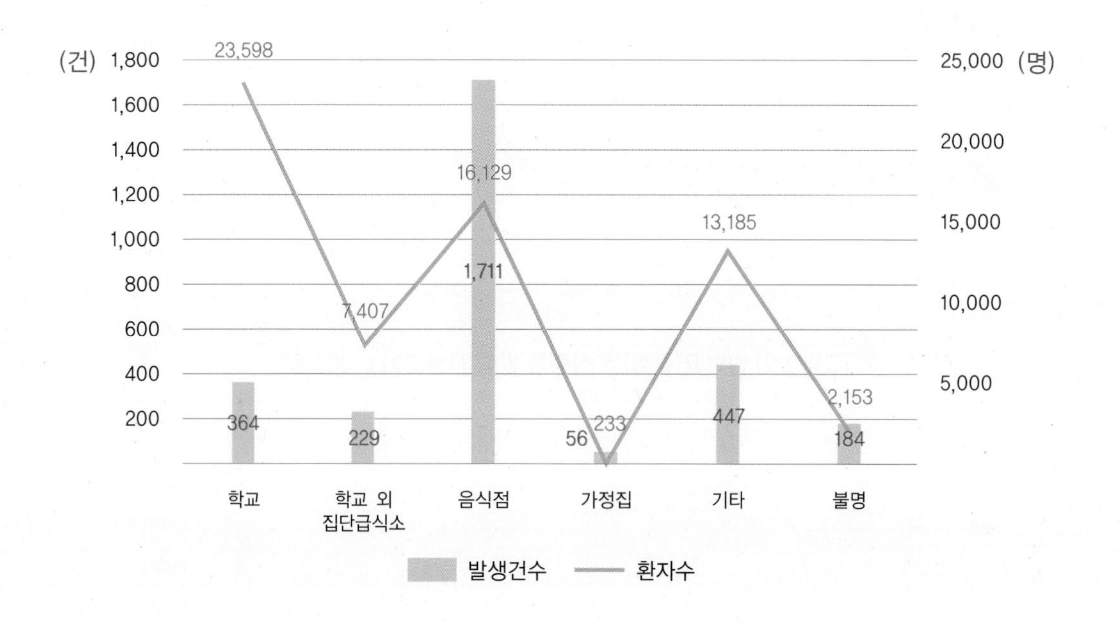


[그림 1-4] 원인시설별 식중독 발생현황(2011~2020년)

### (4) 월별 식중독 발생현황

월별 식중독의 발생 현황은 [그림 1-5]와 같다. 발생건수의 약 51% 정도가 하절기인 5~9월에 집중적으로 발생하며, 환자 수는 5월, 6월, 8월, 9월에 많이 발생하였다. 그리고 노로바이러스 식중독이 증가하면서 겨울철에도 지속적으로 식중독이 발생하고 있다. 하절기 집단급식소에서 식중독이 많이 발생하는 것은 조리온도 불충분, 교차오염, 개인위생불량, 노로바이러스에 오염된 지하수로 처리된 식재료를 사용하여 조리된 음식물의 섭취와 사람간의 2차 오염 등으로 발생하는 것으로 추정된다.

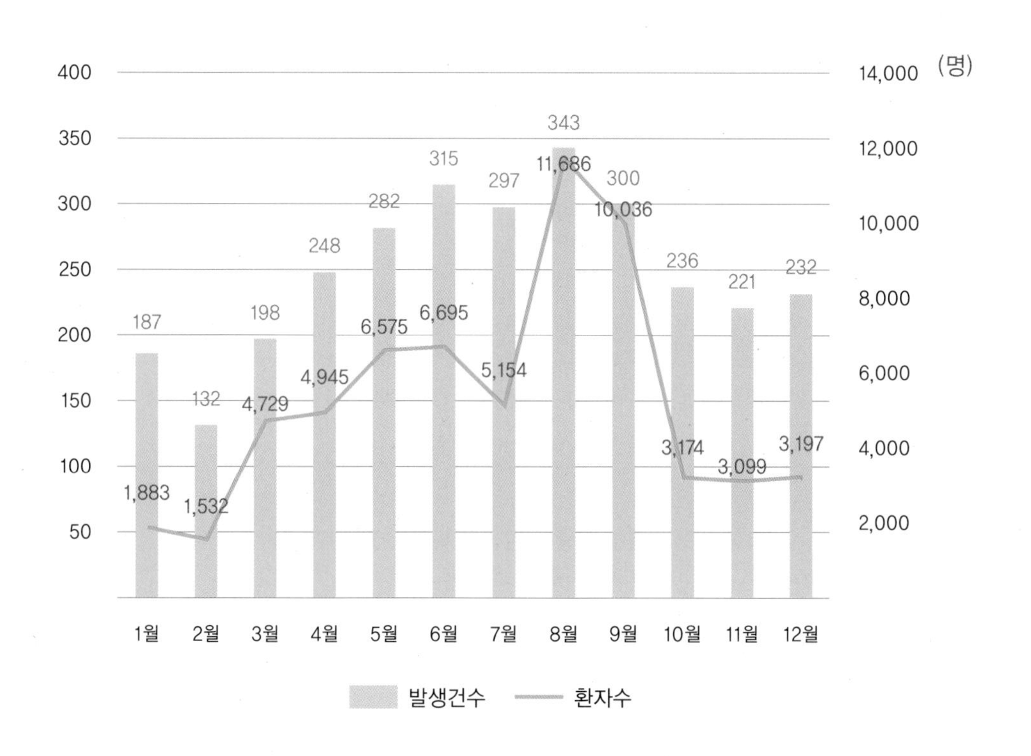


[그림 1-5] **월별 식중독 발생현황(2011~2020년)**

## (5) 지역별 식중독 발생현황

지역별 식중독 발생 현황은 [그림 1-6]과 같다. 식중독 발생건수와 환자 수는 경기(25%, 27%), 서울(12%, 17%), 인천(7%, 8%) 등 인구가 많은 지역에서 많이 발생하였다. 또한 식중독 발생건당 환자 수는 부산이 29명으로 가장 높았으며 광주는 12명으로 가장 낮았다.

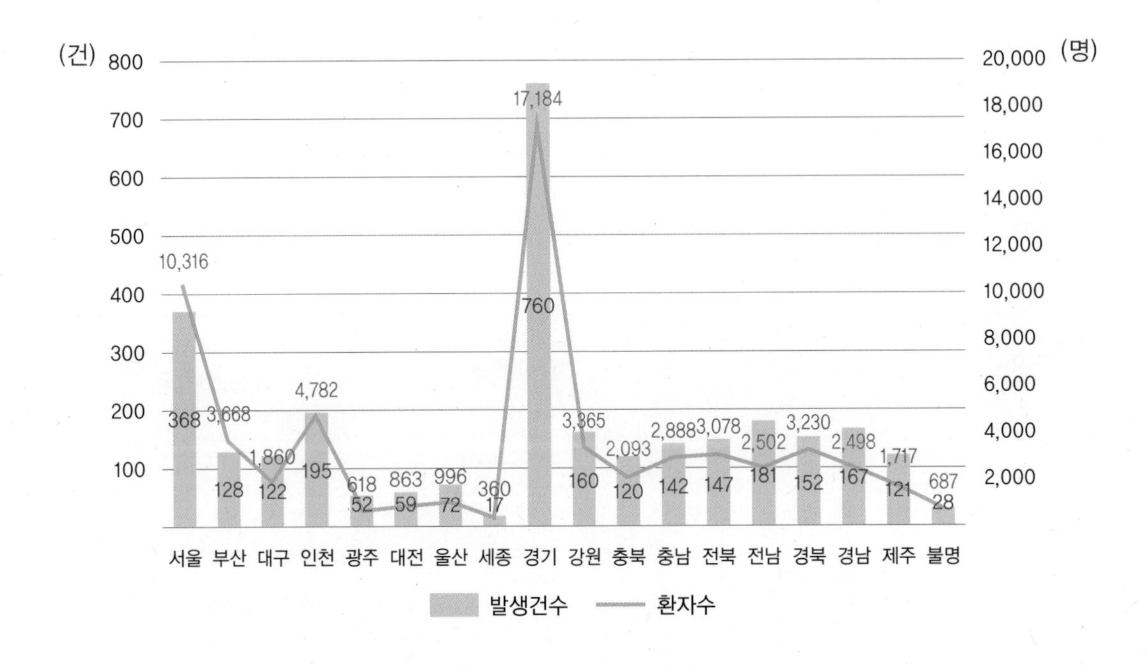


[그림 1-6] **지역별 식중독 발생 현황(2011~2020년)**

※ 세종 : 2012~2020년 통계

## (6) 지역별 원인균별 식중독 발생 현황

지역별 원인균별 식중독 발생 현황은 [표 1-3]과 같다. 주요 식중독 발생 원인균으로는 노로바이러스, 병원성 대장균, 원충, 살모넬라균 등이며, 이들에 의한 식중독이 17개 시·도에 걸쳐서 폭넓게 나타나고 있다. 특히 병원성 대장균에 의한 식중독은 발생건수로는 경기, 인천, 경북에서, 환자수로는 경기, 인천, 서울지역에서 많이 발생하였다. 노로바이러스 식중독은 경기와 서울에서, 살모넬라균 식중독은 경기, 서울, 부산지역에서 가장 많은 환자가 발생하였다. 따라서 지역별 식중독 발생 방지에 알맞은 맞춤형 예방관리 활동이 필요하다.

**표 1-3 지역별 원인균별 식중독 발생 현황(2011~2020년)**

단위 : 발생건수(건), 환자 수(명)

| 지역 | 구분 | 병원성 대장균 | 살모넬라 | 장염 비브리오균 | 캠필로박터제주니 | 황색포도알구균 | 클로스트리디움퍼프린젠스 | 바실러스세레우스 | 기타 세균 | 노로바이러스 | 기타바이러스 | 원충 | 자연독 | 화학물질 | 불명 | 진행중 | 계 |
|---|---|---|---|---|---|---|---|---|---|---|---|---|---|---|---|---|---|
| 서울 | 발생건수 | 25 | 19 | 4 | 22 | 9 | 19 | 5 | 5 | 59 | 4 | 22 | 0 | 0 | 169 | 6 | 368 |
| | 환자수 | 1,851 | 1,876 | 248 | 743 | 136 | 1,044 | 35 | 828 | 1,827 | 55 | 167 | 0 | 0 | 1,393 | 113 | 10,316 |
| 부산 | 발생건수 | 21 | 11 | 3 | 5 | 2 | 10 | 4 | 0 | 18 | 0 | 5 | 0 | 0 | 48 | 1 | 128 |
| | 환자수 | 1,847 | 501 | 21 | 245 | 18 | 113 | 27 | 0 | 391 | 0 | 35 | 0 | 0 | 468 | 2 | 3,668 |
| 대구 | 발생건수 | 17 | 4 | 1 | 3 | 1 | 3 | 5 | 0 | 21 | 1 | 9 | 0 | 0 | 54 | 3 | 122 |
| | 환자수 | 323 | 94 | 44 | 230 | 48 | 87 | 15 | 0 | 423 | 80 | 32 | 0 | 0 | 445 | 39 | 1,860 |
| 인천 | 발생건수 | 37 | 11 | 7 | 6 | 1 | 8 | 4 | 1 | 20 | 1 | 45 | 0 | 0 | 54 | 0 | 195 |
| | 환자수 | 2,506 | 277 | 108 | 194 | 3 | 389 | 70 | 1 | 702 | 9 | 267 | 0 | 0 | 256 | 0 | 4,782 |
| 광주 | 발생건수 | 9 | 4 | 1 | 4 | 2 | 3 | 1 | 0 | 7 | 0 | 0 | 0 | 0 | 20 | 1 | 52 |
| | 환자수 | 128 | 59 | 2 | 40 | 39 | 14 | 15 | 0 | 178 | 0 | 0 | 0 | 0 | 138 | 5 | 618 |
| 대전 | 발생건수 | 9 | 3 | 1 | 1 | 5 | 0 | 1 | 0 | 7 | 0 | 2 | 0 | 0 | 27 | 3 | 59 |
| | 환자수 | 149 | 127 | 22 | 70 | 28 | 0 | 2 | 0 | 269 | 0 | 5 | 0 | 0 | 134 | 57 | 863 |
| 울산 | 발생건수 | 12 | 3 | 0 | 4 | 2 | 3 | 4 | 0 | 9 | 0 | 7 | 0 | 0 | 28 | 0 | 72 |
| | 환자수 | 247 | 40 | 0 | 49 | 20 | 31 | 34 | 0 | 235 | 0 | 40 | 0 | 0 | 300 | 0 | 996 |
| 세종 | 발생건수 | 1 | 3 | 0 | 0 | 0 | 4 | 1 | 0 | 5 | 0 | 0 | 0 | 0 | 3 | 0 | 17 |
| | 환자수 | 8 | 59 | 0 | 0 | 0 | 145 | 93 | 0 | 44 | 0 | 0 | 0 | 0 | 11 | 0 | 360 |
| 경기 | 발생건수 | 67 | 37 | 13 | 30 | 5 | 40 | 6 | 0 | 137 | 5 | 29 | 5 | 0 | 374 | 12 | 760 |
| | 환자수 | 4,380 | 3,750 | 122 | 1,043 | 260 | 1,706 | 46 | 0 | 2,790 | 41 | 129 | 45 | 0 | 2,718 | 154 | 17,184 |
| 강원 | 발생건수 | 16 | 11 | 2 | 7 | 5 | 5 | 3 | 0 | 28 | 1 | 10 | 0 | 0 | 72 | 0 | 160 |
| | 환자수 | 459 | 311 | 17 | 396 | 70 | 463 | 12 | 0 | 1,223 | 6 | 40 | 0 | 0 | 368 | 0 | 3,365 |
| 충북 | 발생건수 | 15 | 5 | 0 | 12 | 0 | 10 | 5 | 0 | 28 | 2 | 3 | 0 | 0 | 40 | 0 | 120 |
| | 환자수 | 591 | 95 | 0 | 253 | 0 | 240 | 55 | 0 | 536 | 12 | 10 | 0 | 0 | 301 | 0 | 2,093 |
| 충남 | 발생건수 | 25 | 9 | 4 | 6 | 2 | 6 | 3 | 0 | 15 | 4 | 12 | 0 | 0 | 52 | 4 | 142 |
| | 환자수 | 1,257 | 183 | 29 | 265 | 33 | 101 | 19 | 0 | 280 | 186 | 80 | 0 | 0 | 418 | 37 | 2,888 |
| 전북 | 발생건수 | 23 | 15 | 5 | 8 | 0 | 7 | 3 | 0 | 30 | 1 | 3 | 1 | 0 | 49 | 2 | 147 |
| | 환자수 | 446 | 426 | 79 | 573 | 0 | 90 | 49 | 0 | 1,055 | 5 | 28 | 2 | 0 | 296 | 29 | 3,078 |

| 지역 | 구분 | 병원성 대장균 | 살모넬라 | 장염비브리오균 | 캠필로박터제주니 | 황색포도알구균 | 클로스트리디움퍼프린젠스 | 바실러스세레우스 | 기타 세균 | 노로바이러스 | 기타 바이러스 | 원충 | 자연독 | 화학물질 | 불명 | 진행중 | 계 |
|---|---|---|---|---|---|---|---|---|---|---|---|---|---|---|---|---|---|
| 전남 | 발생건수 | 26 | 18 | 17 | 6 | 3 | 8 | 5 | 3 | 22 | 0 | 3 | 1 | 0 | 66 | 3 | 181 |
| | 환자수 | 797 | 381 | 237 | 74 | 49 | 78 | 73 | 27 | 361 | 0 | 15 | 4 | 0 | 391 | 15 | 2,502 |
| 경북 | 발생건수 | 33 | 9 | 4 | 4 | 10 | 4 | 4 | 1 | 19 | 2 | 7 | 2 | 0 | 51 | 2 | 152 |
| | 환자수 | 1,535 | 267 | 125 | 90 | 164 | 64 | 54 | 13 | 398 | 54 | 55 | 8 | 0 | 379 | 24 | 3,230 |
| 경남 | 발생건수 | 17 | 6 | 9 | 9 | 5 | 8 | 11 | 0 | 20 | 2 | 18 | 0 | 0 | 60 | 2 | 167 |
| | 환자수 | 616 | 307 | 96 | 252 | 36 | 101 | 135 | 0 | 315 | 121 | 107 | 0 | 0 | 399 | 13 | 2,498 |
| 제주 | 발생건수 | 8 | 10 | 14 | 0 | 1 | 4 | 4 | 0 | 2 | 0 | 8 | 6 | 0 | 60 | 4 | 121 |
| | 환자수 | 353 | 363 | 165 | 0 | 5 | 138 | 72 | 0 | 70 | 0 | 48 | 43 | 0 | 374 | 86 | 1,717 |
| 불명 | 발생건수 | 5 | 0 | 1 | 0 | 1 | 0 | 2 | 0 | 11 | 1 | 1 | 0 | 0 | 6 | 0 | 28 |
| | 환자수 | 352 | 0 | 4 | 0 | 10 | 0 | 16 | 0 | 250 | 3 | 6 | 0 | 0 | 46 | 0 | 687 |
| 합계 | 발생건수 | 366 | 178 | 86 | 127 | 54 | 142 | 71 | 10 | 458 | 24 | 184 | 15 | 0 | 1,233 | 43 | 2,991 |
| | 환자수 | 17,845 | 9,116 | 1,319 | 4,517 | 919 | 4,804 | 822 | 869 | 11,347 | 572 | 1,064 | 102 | 0 | 8,835 | 574 | 62,705 |

※ 세종 : 2012~2020년 통계

### (7) 지역별 시설별 식중독발생 현황

지역별 시설별 식중독발생 현황은 [표 1-4]와 같다. 지역의 구분 없이 음식점과 집단급식소에서 주로 발생하였다. 경북(36%), 광주(33%), 부산(29%)은 전체 식중독 발생건수에 대한 집단급식소(학교 및 학교 외 집단급식소)의 식중독 발생건수가 다른 지역 평균 발생률(20%)에 비해 훨씬 높았다. 식중독 발생건수에 대한 음식점의 발생률은 제주(74%), 전북(64%), 전남(62%)지역이 다른 지역의 발생률(57%)보다 높았다.

**표 1-4** 지역별 시설별 식중독발생 현황(2011~2020년)

단위 : 발생건수(건), 환자수(명)

| 지역 | 구분 | 학교 | 학교 외 집단급식 | 음식점 | 가정집 | 기타 | 불명 | 합계 |
|---|---|---|---|---|---|---|---|---|
| 서울 | 발생건수 | 38 | 29 | 208 | 1 | 61 | 31 | 368 |
| | 환자수 | 5,077 | 940 | 2,111 | 5 | 1,906 | 277 | 10,316 |
| 부산 | 발생건수 | 28 | 9 | 66 | 2 | 14 | 9 | 128 |
| | 환자수 | 2,276 | 372 | 731 | 10 | 196 | 83 | 3,668 |
| 대구 | 발생건수 | 18 | 9 | 72 | 1 | 14 | 8 | 122 |
| | 환자수 | 1,073 | 203 | 384 | 3 | 139 | 58 | 1,860 |
| 인천 | 발생건수 | 36 | 11 | 104 | 1 | 37 | 6 | 195 |
| | 환자수 | 3,004 | 348 | 1,002 | 4 | 392 | 32 | 4,782 |
| 광주 | 발생건수 | 13 | 4 | 29 | 0 | 5 | 1 | 52 |
| | 환자수 | 310 | 48 | 207 | 0 | 39 | 14 | 618 |
| 대전 | 발생건수 | 10 | 5 | 34 | 1 | 6 | 3 | 59 |
| | 환자수 | 457 | 67 | 273 | 2 | 26 | 38 | 863 |
| 울산 | 발생건수 | 8 | 4 | 41 | 1 | 12 | 6 | 72 |
| | 환자수 | 196 | 89 | 502 | 3 | 180 | 26 | 996 |
| 세종 | 발생건수 | 0 | 2 | 9 | 0 | 5 | 1 | 17 |
| | 환자수 | 0 | 31 | 206 | 0 | 120 | 3 | 360 |
| 경기 | 발생건수 | 72 | 70 | 429 | 25 | 107 | 57 | 760 |
| | 환자수 | 4,839 | 2,123 | 3,469 | 105 | 6,124 | 524 | 17,184 |
| 강원 | 발생건수 | 13 | 13 | 97 | 3 | 23 | 11 | 160 |
| | 환자수 | 807 | 663 | 1,105 | 9 | 684 | 97 | 3,365 |
| 충북 | 발생건수 | 7 | 18 | 56 | 2 | 29 | 8 | 120 |
| | 환자수 | 213 | 563 | 425 | 4 | 787 | 101 | 2,093 |
| 충남 | 발생건수 | 20 | 8 | 85 | 2 | 24 | 3 | 142 |
| | 환자수 | 818 | 250 | 733 | 6 | 1,021 | 60 | 2,888 |
| 전북 | 발생건수 | 17 | 12 | 94 | 5 | 15 | 4 | 147 |
| | 환자수 | 1,252 | 534 | 941 | 22 | 272 | 57 | 3,078 |
| 전남 | 발생건수 | 25 | 3 | 112 | 7 | 28 | 6 | 181 |
| | 환자수 | 850 | 73 | 1,205 | 42 | 254 | 78 | 2,502 |
| 경북 | 발생건수 | 39 | 15 | 75 | 2 | 20 | 1 | 152 |
| | 환자수 | 1,638 | 571 | 673 | 6 | 321 | 21 | 3,230 |
| 경남 | 발생건수 | 17 | 13 | 100 | 2 | 27 | 8 | 167 |
| | 환자수 | 715 | 410 | 932 | 7 | 311 | 123 | 2,498 |
| 제주 | 발생건수 | 3 | 4 | 90 | 1 | 18 | 5 | 121 |
| | 환자수 | 73 | 122 | 1,089 | 5 | 268 | 160 | 1,717 |
| 불명 | 발생건수 | 0 | 0 | 10 | 0 | 2 | 16 | 28 |
| | 환자수 | 0 | 0 | 141 | 0 | 145 | 401 | 687 |
| 합계 | 발생건수 | 364 | 229 | 1,711 | 56 | 447 | 184 | 2,991 |
| | 환자수 | 23,598 | 7,407 | 16,129 | 233 | 13,185 | 2,153 | 62,705 |

※ 세종 : 2012~2020년 통계

# 1-4 식중독의 역학조사

## 1-4-1 검병조사

역학이란, “인간집단에 있어서 건강장애의 빈도와 분포를 규정하는, 제요인을 추구하는 학문”이라 정의할 수 있다. 식중독이 발생하였을 때, 그 원인을 추구하는 첫 단계로 검병(檢病) 조사가 이루어져야 한다. 우선 식중독 환자를 추적하여 그 범위를 설정함과 동시에 발병자의 증상을 기록하는 등 유행을 확인하는 것이 가장 시급하다.

다음에 원인을 추구하는 수단으로서 발병자 및 발병자와 같이 식사를 한 비발병자의 식사 내용물을 조사하여 그 일람표(추리표), 즉 마스터 테이블(master table)을 작성한다. 그 결과 발병자는 섭취하였으나 비발병자는 섭취하지 않은 식품이 발견되면 그것을 원인식품으로서 의심하게 된다.

만약 식사 내용물이 남아있으면 그것에서 식중독 원인균 또는 원인물질의 검출을 시도한다. 검출된 원인물질에 의한 여러 증상과 환자의 증상이 일치하면 원인물질의 추정은 더욱 확실해진다. 필요하다면 동물실험을 실시하여 원인물질의 확인에 유력한 자료를 제공해 줄 수 있다.

## 1-4-2 관련성의 판정

식중독 발생 시 원인추구의 일환으로서 마스터 테이블 작성이 완료되었다 하더라도 원인식품을 명확히 가려내기 어려운 경우가 많다. 비록 발병자는 섭취하였으나 비발병자는 섭취하지 않은 식품이 있다 하더라도 그 식품을 원인식품으로 단정할 수는 없다. 왜냐하면 원인식품의 섭취량이 적거나 식중독 감수성(식중독에 반응하는 성질)이 낮은 섭취자는 발병하지 않을 수도 있으며, 반대로 원인식품을 섭취하지 않아도 같이 제공된 식품이 원인식품에 오염되었다면 그 식품에 의해 발병하는 경우도 있을 수 있기 때문이다. 즉, 식중독의 역학조사에서는 원인의 유무에 의해 식중독 발생이 어느 정도 증감되는가 하는 관련성의 정도를 측정하는 것이 필요하다. 식중독 발생의 증감은 통계학적 판단에 의해 이루어진다.

예를 들면, 어떤 식중독 사건의 원인식품을 추구하기 위하여 사고당일의 아침, 점심, 저녁 식사에 대하여 발병자와 비발병자별 섭취상황을 조사해 본 결과, 섭취한 사람과 섭취하지 않은 사람의 발병률 사이에 현저한 차이가 있는 것은 저녁임을 알 수 있다[**표 1-5 참조**]. 여기서 저녁식사의 섭취 유무와 관계없이 우연에 의해 발병률에 차이가 생길 확률이 어느 정도인가는 $\chi^2$(chi-square)검정을 통해 조사한다[**표 1-6**].

이상의 결과에서 저녁을 원인식사로 가장 의심을 할 수 있다. 다음에는 저녁의 식단 전반에 대하여 식중독의 원인을 추정하기 위한 마스터 테이블을 작성한다[표 1-7].

**표 1-5 식중독의 원인이 된 식사의 추정**

| 식사 | 먹었음 | | | | 안 먹었음 | | | | $x^2$ | 유의차 검정 |
|---|---|---|---|---|---|---|---|---|---|---|
| | 발병자 a | 비발병자 b | 계 a+b | 발병률 a/a+b[%] | 발병자 c | 비발병자 d | 계 c+d | 발병률 c/c+d[%] | | |
| 아침 | 421 | 427 | 848 | 49.6 | 256 | 211 | 467 | 53.7 | | |
| 점심 | 595 | 583 | 1,178 | 50.5 | 82 | 55 | 137 | 59.8 | | |
| 저녁 | 670 | 356 | 1,026 | 65.3 | 7 | 282 | 289 | 2.4 | 356.93 | $p<0.01$ |

**표 1-6 $x^2$검정(2×2표) 일반식**

| | I | II | 계 |
|---|---|---|---|
| 1 | a | b | a+b |
| 2 | c | d | c+d |
| 계 | a+c | b+d | a+b+c+d(= $n$) |

$$x^2 = \frac{(ad-bc)^2 \times n}{(a+b)(c+d)(a+c)(b+d)}$$

a, b, c, d 중 어느 하나라도 5 이하의 수치가 포함되었을 때는 다음의 Yates 보정식을 사용한다.

$$x^2 = \frac{[(ad+bc)-n/2]^2 \times n}{(a+b)(c+d)(a+c)(b+d)}$$

대개 5% 이하의 위험률로 유의차가 있는 것으로 판정한다. 이를 기초로 $x^2$ 검정, 유의차 검정을 실시하여 $x^2$가 $p<0.05$ 이상인 식품 A, B, C, D, E, F 가운데 값이 최대인 A를 이 식중독 사건의 가장 의심되는 원인식품으로 추정할 수 있다.

**표 1-7** 저녁식사 중의 원인식품의 추정

| 식품명 | 먹었음 | | | | 안 먹었음 | | | | $\chi^2$ | 유의차 검정 |
|---|---|---|---|---|---|---|---|---|---|---|
| | 발병자 a | 비발병자 b | 계 a+b | 발병률 a/a+b[%] | 발병자 c | 비발병자 d | 계 c+d | 발병률 c/c+d[%] | | |
| A | 633 | 186 | 819 | 77.3 | 44 | 170 | 214 | 20.6 | 241.75 | $p<0.001$ |
| B | 545 | 232 | 777 | 70.1 | 132 | 124 | 256 | 51.6 | 29.43 | $p<0.001$ |
| C | 391 | 143 | 534 | 73.2 | 286 | 213 | 499 | 57.3 | 28.90 | $p<0.001$ |
| D | 519 | 234 | 753 | 68.9 | 158 | 122 | 280 | 56.4 | 14.11 | $p<0.001$ |
| E | 625 | 313 | 938 | 66.6 | 52 | 43 | 95 | 54.7 | 5.40 | $p<0.05$ |
| F | 605 | 302 | 907 | 66.7 | 72 | 54 | 126 | 57.1 | 4.48 | $p<0.05$ |
| G | 612 | 311 | 923 | 66.3 | 65 | 45 | 110 | 59.1 | 2.27 | $p<0.25$ |
| H | 602 | 311 | 913 | 65.9 | 75 | 45 | 120 | 62.5 | 0.55 | $p<0.5$ |
| I | 582 | 304 | 886 | 65.7 | 95 | 52 | 147 | 64.6 | 0.06 | $p<0.9$ |
| J | 557 | 294 | 851 | 65.4 | 120 | 62 | 182 | 65.9 | - | - |

## 1-4-3 병인물질의 조사

우선 검사재료의 수거를 신속하게 하고 검사도 신속하게 실시하여야 한다. 검사재료가 되는 원인식품, 환자의 배설물, 구토물 및 혈액 등은 검병조사의 결과에 따라 미생물학적 검사용 또는 화학적 검사용으로 구분하여 수거하고, 만일 뚜렷하지 않으면 양쪽을 모두 수거하도록 한다. 원인물질의 검사는 특히 세균성 식중독인 경우 추정원인식품, 환자의 배설물, 구토물 및 혈액 등의 검사재료에 대하여 종합적으로 진행시키는 것이 무엇보다도 중요하다.

또 화학적 식중독인 경우에는 추정원인식품의 생산·가공·저장 및 유통 등의 과정에서 혼입될 우려가 있는 유해물질에 유의하고, 중독증상, 종류, 발증까지의 시간, 원인식품의 제조·가공법 등을 참작하여 병인물질을 추구해 나간다. 아울러 독성시험도 병행하도록 하는 것이 바람직하다. 또 사망자가 발생했을 때에는 되도록 식품위생법의 규정에 따라 사체를 해부하여 사인을 밝혀내고 위장의 내용물을 검사한다. 이러한 검사는 원인불명이 되기 쉬운 어려운 사건에서 유력한 실마리를 제공해 주므로 반드시 실행하여야 한다[그림 1-7].

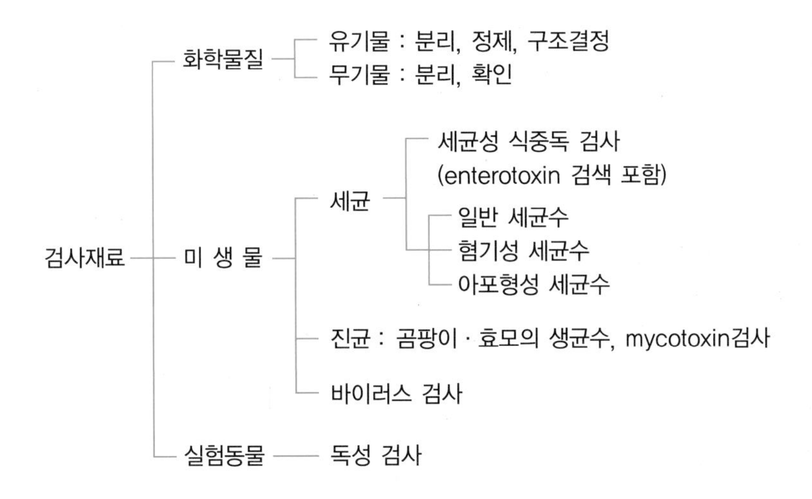


[그림 1-7] **병인물질의 검색 순서**

# 1-5 식품의 안전성 평가

식품이 갖추어야 할 조건 중에서 가장 중요한 것이 안전성이다. 안정성이 확보되지 못한 식품을 섭취하였을 때, 급성 및 만성중독이 발생한다. 따라서 식품의 안전성을 확보하기 위하여 인체에 위해를 일으킬 수 있는 요인을 제거함과 동시에 인체에 미치는 영향을 검토하는 독성시험이 필요하다. 독성시험의 종류로는 일반 독성시험과 특수 독성시험이 있는데 일반 독성시험에는 급성독성시험, 아만성독성시험, 만성독성시험이 있으며, 이 3단계의 시험을 거쳐 위해를 주지 않는 최대무작용량(最大無作用量; maximum no effect level; MNEL)과 사람이 하루에 섭취할 수 있는 1일 섭취허용량(acceptable daily intake; ADI)을 구한다. 특수 독성시험에는 발암성시험, 최기형성시험, 돌연변이 시험 및 번식시험 등이 있다.

### (1) 급성독성시험(1회투여 독성시험)

시험동물에게 어떤 물질을 1회 투여하여 단기간에 독성이 나타나는 급성독성의 강함을 나타내는 것으로 최소치사량(minimum lethal dose)과 반수치사량(50% lethal dose; $LD_{50}$) 또는 치사농도(lethal concentration) 등을 사용하여 표시하는데 보통 반수치사량($LD_{50}$)이 널리 사용되고 있다. 반수치사량($LD_{50}$)은 시험동물의 반수가 죽는 양으로 체중 1kg당 mg 또는 ㎍수로 표시한다. 이 수치가 적을수록 독성이 강하다.

실험방법으로는 검체의 투여량을 저농도부터 순차적으로 일정한 간격을 통해 고농도까지 단계적으로 용량을 달리하여 투여한다. 실험동물에게 1회만 투여한 다음 7~14일 정도 각 용량의 사망률을 알아내서 $LD_{50}$을 산출한다. $LD_{50}$의 산출법에는 여러 가지가 있으나 Litchfield-Wilcoxon법이 가장 많이 이용된다. 실험동물은 설치류 1종, 토끼를 제외한 비설치류 1종 등 2종 이상을 사용한다. 시험물질의 투여방법은 경구, 피하, 근육, 복강, 정맥 등에 투여하기도 한다. 급성독성시험은 물질의 독성 정도를 나타낼 뿐만 아니라 아만성독성시험 및 만성독성시험의 투여량을 결정하는 참고자료가 된다.

### (2) 아만성독성시험

치사량 이하의 여러 용량을 단기간 투여하였을 때 생체에 미치는 작용을 관찰하는 시험으로써, 만성독성시험에 투여하는 양을 결정하는 자료를 얻는 데 목적이 있다. 실험동물은 쥐와 개처럼 적어도 2가지 이상 동물을 대상으로 하며, 다양한 양의 시험물질을 1개월에서 1년 정도 투여하는데 투여기간은 3개월 정도로 하는 것이 보통이다. 투여량은 적어도 3단계의 시험물질 투여군에 대조군을 추가한다.

### (3) 만성독성시험(반복투여 독성실험)

단기간 투여에는 아무런 장애가 나타나지 않으나, 소량씩 장기간 투여했을 때 일어나는 증상을 관찰하는 시험으로 최대무작용량(最大無作用量)과 최소중독량(最小中毒量)을 판정하는 데 목적이 있다. 동물로는 한 종은 흰쥐나 생쥐이고 다른 한 종은 비설치류인 개 또는 원숭이같이 적어도 2종류의 동물의 암수에 4가지 이상의 양을 설정하여 동물에 따라 1년 이상 시험한다. 실험동물이 mouse와 rat인 경우 2년, 개나 원숭이는 1년간 투여한다. 최종적으로 투여량에 의해 영향이 없다고 추정되는 최대안전량과 정밀하게 검사한 결과 독성양성으로 판정되는 최소량 및 확실한 중독증상에 의해 몇 개월 이내에 사망하는 투여량의 3단계와 실험용 재료를 첨가하지 않은 사료를 투여하는 대조군과 합쳐 4단계로 나누어 시험한다.

시험과정에는 사육동물을 주의 깊게 관찰, 관리해야 한다. 특히 사료의 섭취상황, 체중변화, 운동과 활동사항 및 사육 도중 사망률과 원인 등을 조사한다.

시험이 끝난 후에는 동물을 해부하여 생체 각 장기의 형태적 변화, 병리조직학적 검사 등을 통하여 중독성 병변의 종류와 정도를 판정한다. 그 외 혈액과 배설물에 대한 생화학적 검사 등으로 각 장기의 기능장애 및 생체 내의 대사 등도 검사한다. mouse와 rat의 경우는 암수와 교배시켜 3대에 걸쳐 임신율, 출산율, 기형의 형성 등을 시험하는 경우도 있다.

### (4) 발암성시험

보통 시험동물에게 일생 동안 매일 시험물질을 투여하여 종양의 생성 빈도와 장기, 조직의 이상 등을 관찰하는 시험이다. 종양의 발생이 대조구보다 빠르거나 많은 정도를 판단하여 발암성의 유무를 구분한다. 시험물질은 사료에 첨가하여 경구투여하며 종양의 발생여부를 관찰하고 종양이 발생하면 그 발생부위, 종양수, 발생시기 등에 대하여 비교 검토한다.

### (5) 변이원성시험

동물시험 대신에 대장균이나 살모넬라균을 이용하여 돌연변이를 유발하는 시험(Ames test)을 통해 시험물질의 변이원성을 시험한다.

### (6) 최기형(催畸形)성시험

어미에게 투여한 시험물질이 태중에 있는 자녀 세대에 미치는 영향을 평가하는 시험이다. 출산 예정 직전 모체를 부검하여 기형뿐만 아니라 태아의 사망이나 발육 지연을 검사한다.

### (7) 번식시험

시험물질이 생식선 기능, 발정주기, 교미, 임신, 출산, 이유(離乳) 및 출생 후의 어린 새끼의 생육에 미치는 영향을 알아보는 시험이다.

### (8) 최대무작용량(maximum no effect level; MNEL)

최대무작용량이란 동물에게 일생 동안 계속 투여하여도 아무런 독성을 나타내지 않는 투여의 최대량으로서 만성독성시험의 여러 가지 결과를 종합해서 결정하는 것으로 동물 체중 1kg당의 mg수로 표시한다. 최대무작용량을 판정할 때는 다음과 같은 것을 기초로 하여 설정하여야 한다.

① 시험하고자 하는 사료를 실험동물이 잘 섭취해야 하며, 대조군과 비교하여 성장장애가 인정되지 않아야 하며, 첨가되는 사료에 의해 사망하지 않아야 한다.

② 주요 장기의 병리조직학적 검사에서 대조군과 비교하였을 때 중독성 병변이 없을뿐더러, 사육기간이 끝난 다음 해부학적 검사에서 육안으로 장기의 종대(腫大), 위축 또는 종양의 발생이 없어야 한다. 끝으로 혈액학적으로 이상이 없을 때는 실험농도를 알아내야 하는데, 이 농도가 바로 최대무작용량이다.

식품첨가물의 섭취허용량은 식품첨가물이 식품에 혼합되어 목적하는 효과를 나타내는 최소량과 그 첨가물이 사용되는 여러 가지 식품의 하루 섭취량을 고려하여 1일 섭취 가능량을 결정한다. 그리고 여기에 식품기호계수(2~10)를 곱해서 최대섭취량을 산출하는데 이 값이 1일 섭취허용량을 넘지 않는 범위 내에서 첨가물의 사용한계량이 결정된다. 이렇게 계산된 첨가물의 사용한계량은 한계량이지 최적량은 아니다. 따라서 법적으로 정해진 사용기준량은 섭취허용량보다 낮게 설정한다.

### (9) 1일 섭취허용량(acceptable daily intake; ADI)

최대무작용량을 알았으면 다음에는 사람의 1일 섭취허용량(acceptable daily intake; ADI) 값을 찾아야 한다. ADI 값은 최대무작용량에 안전계수와 평균체중을 곱하여 구한다. 안전계수는 일반적으로 1/100을 사용한다. 안전계수 1/100은 사람과 실험동물 간의 검체에 대한 감수성 차의 계수로서 1/10, 그리고 사람에 있어서는 성별, 연령 및 환자나 임산부 등의 개인차를 1/10으로 하여 1/100을 산출한다. 경우에 따라서 1/200~1/500을 안전계수로 쓰는 경우도 있다.

# 1-6 식품위생 행정

## 1-6-1 식품위생 행정의 목적

식품위생 행정은 공중보건 행정의 한 부분이다. 우리나라의 경우 식품위생 행정은 식품위생법에 의해 실시되고 있다. 식생활의 안전과 불량식품의 섭취로 인한 각종 위해방지 및 식품으로 인한 건강장애(질병, 경구감염병, 기생충의 오염)를 일으키지 않도록 예방하기 위하여 단속과 지도를 함으로써 불량식품 배제와 안전한 식품을 공급하고자 하는 데 목적을 두고 있다.

## 1-6-2 식품위생 행정 기구

식품위생 관련기구 및 조직은 중앙기구와 지방기구로 나누어져 있다. 중앙기구로는 국무총리 직할의 식품의약품안전처(6개 지방청 및 식품의약품안전평가원)가 있으며, 지방기구로는 시·도(시·군·구)의 위생과와 시·도 보건환경연구원 등이 있다. 또한 축산물 가공처리법의 개정으로 축산물(식육·원유·식육가공품·유가공품·알가공품)의 생산 및 유통은 농림부로 이관되었다.

### (1) 식품의약품안전처

보건복지부 산하의 식품의약품안전본부는 1998년 3월 정부조직법에 의해 보건복지부로부터 식품, 의약품관련 인·허가업무 등의 집행기능의 이관과 그 기능을 강화하여 차관급 독립외청인 식품의약품안전청으로 출범하게 되었다. 그리고 2013년 3월 정부조직개편에 따라 국무총리실 산하 식품의약품안전처로 승격되었다. 식품의약품안전처의 업무는 크게 3가지 분야로, 식품행정, 의약품행정 그리고 의료기기 행정 등으로 나눈다. 식품의약품안전처의 조직은 7국 3관 1과 등으로 이루어져 있다. 소속기관으로는 식품의약품안전평가원과 6개 지방청(서울·부산·경인·대구·광주·대전), 17개 검사소 등이 있다. 식품의약품안전평가원은 1998년 국립독성연구소로 설치된 뒤, 2002년 국립독성연구원을 거처 2009년 지금의 명칭으로 개칭되었으며, 식품위해평가부·의약품심사부·바이오생약심사부·의료기기심사부·의료제품연구부·독성평가연구부 등으로 이루어져 있다. 식품의약품안전처, 식품의약품안전평가원과 6개의 지방청의 조직은 [그림 1-8], [그림 1-9], [그림 1-10]과 같다.

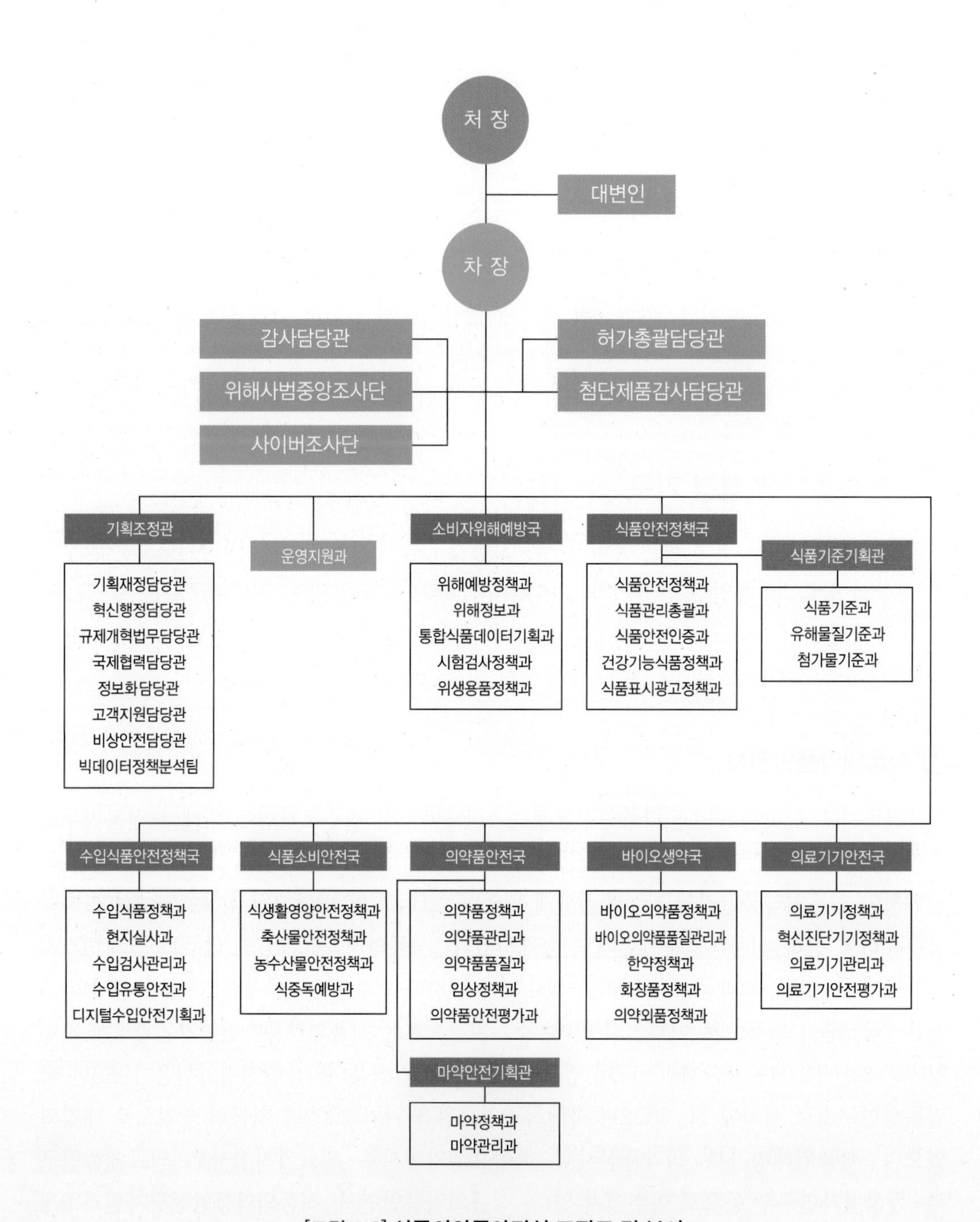


[그림 1-8] **식품의약품안전처 조직도 및 부서**

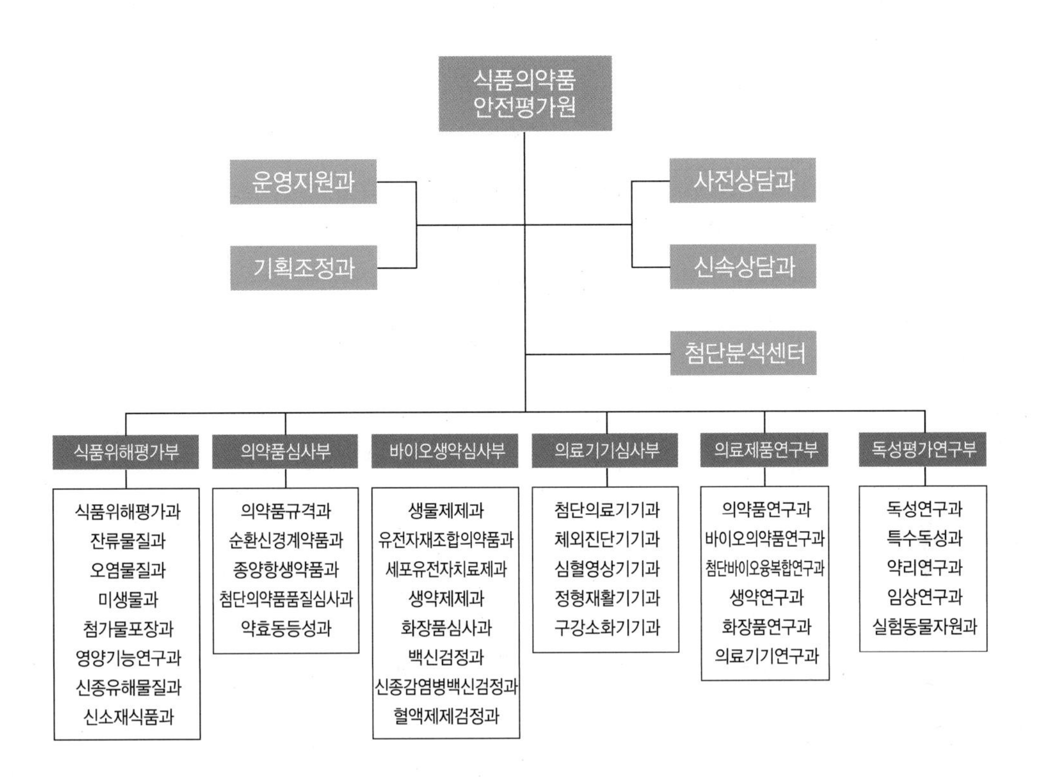


[그림 1-9] **식품의약품안전평가원 조직도 및 부서**

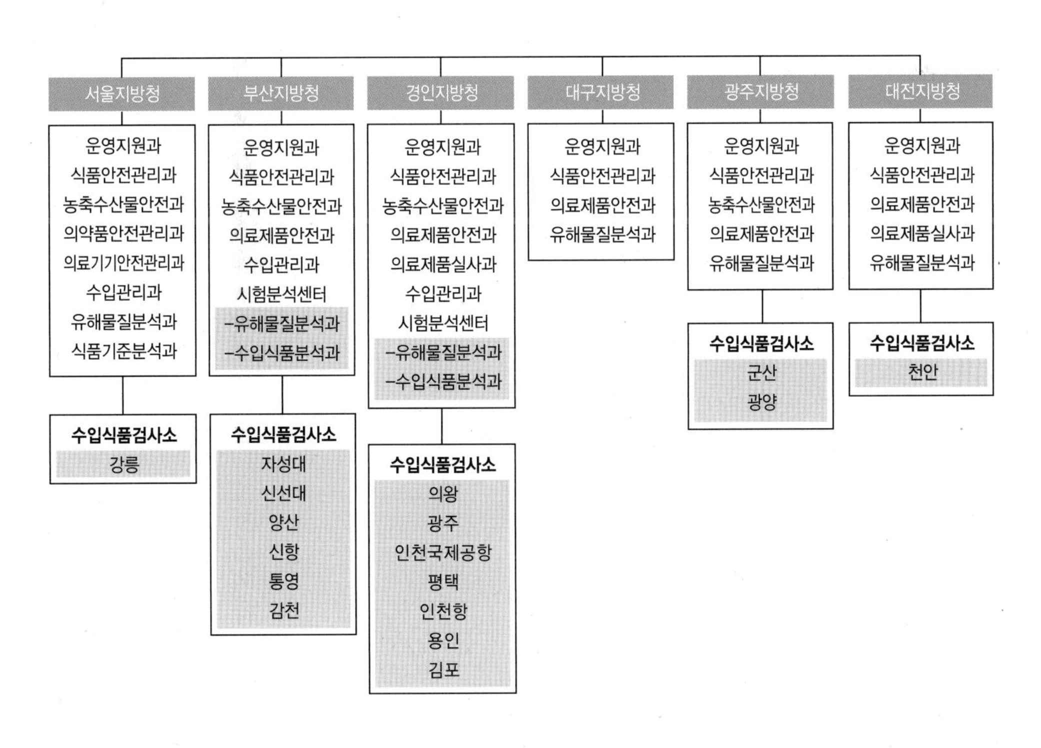


[그림 1-10] **식품의약품안전처 6개 지방청 조직도 및 부서**

### (2) 농림축산검역본부

국립수의과학검역원, 국립식물검역원, 국립수산물품질검사원 등 3개 검역기관이 통합되어 2011년 6월 농림수산검역검사본부가 출범하였으며, 2013년 3월 정부조직 개편에 따라 농림축산검역본부로 명칭이 변경되었다. 동물질병관리부, 식물검역부, 동식물위생연구부 등 3개 부서 산하에 19과 2센터를 두고 있으며, 6개의 지역본부를 두고 있다. 수산물관련 업무는 국립수산물품질관리원으로 이관되었다.

## CHAPTER 01 연습문제

**01 식품위생상의 위해요인을 지니고 있는 것은?**

① 철분이 결핍된 분유
② 비타민이 파괴된 건조채소
③ 중금속이 함유된 식품용기
④ 조리된 식품의 신속한 섭취
⑤ 74℃에서 1분 이상 열처리한 나물

**02 식품으로 인해 생기는 건강장애의 원인물질 중 유기성 위해요소는?**

① 세균성 식중독
② 항비타민성 물질
③ 가열 · 산화된 유지
④ 종이의 형광증백제
⑤ 복어의 테트로도톡신(tetrodotoxin)

**03 근래 우리나라에서 발생건수가 가장 많은 3대 식중독은?**

① 포도알구균식중독, 장염비브리오 식중독, 보툴리누스 식중독
② 노로바이러스 식중독, 병원성 대장균 식중독, 살모넬라균 식중독
③ 병원성 대장균 식중독, 장염비브리오 식중독, 캄필로박터(*Campylobacter*) 식중독
④ 노로바이러스 식중독, *Bacillus cereus* 식중독, 병원성 대장균 식중독
⑤ 클로스트리디움 퍼프린젠스(*Clostridium perfringens*) 식중독, 장염비브리오 식중독, 살모넬라 식중독

**04 근래 우리나라 식중독 발생상황에 대한 설명으로 옳은 것은?**

① 식중독 발생건수는 하절기인 5~9월에 많다.
② 노로바이러스 식중독은 여름에 많이 발생한다.
③ 식중독 발생 환자 수는 음식점이 단체급식소보다 많다.
④ 최근 10년간 식중독 발생건수와 환자수가 증가하므로 위생상태가 나빠지고 있다.
⑤ 주요 식중독 원인균은 황색포도알구균, 장염비브리오균, 바실러스세레우스균 등이다.

**05 검체의 투여량을 일정한 간격으로 하여 저농도부터 순차적으로 일정한 간격으로 고농도까지 실험동물에게 시험물질을 1회만 투여한 다음 7~14일 관찰한 후 반수치사량($LD_{50}$) 등을 구하는 독성시험법은?**

① 급성독성시험 ② 아만성독성시험 ③ 만성독성시험
④ 경피독성시험 ⑤ 점안독성시험

**06 식품위생행정의 목적은?**

① 체력 및 건강증진 ② 질병 예방 및 치료
③ 올바른 식생활 지도 ④ 식품생산 시설의 위생적 관리
⑤ 불량식품의 배제와 안전한 식품의 공급

**07 식품첨가물의 안정성 평가에 있어서 사람의 1일 섭취허용량(ADI)은 어떻게 구하나?**

① 동물의 최대무작용량에 안전계수 1/10을 곱하여 구한다.
② 사람의 최대무작용량에 안전계수 1/10을 곱하여 구한다.
③ 동물의 최대무작용량에 안전계수 1/100을 곱하여 구한다.
④ 동물의 최대무작용량에 안전계수 1/100을 곱하고 여기에 평균체중(kg)을 곱한다.
⑤ 사람의 최대무작용량에 안전계수 1/100을 곱하고 여기에 평균체중(kg)을 곱한다.

**08 식중독이 발생하였을 때 역학조사의 순서로 옳은 것은?**

① 환자 추적 및 증상조사 → 원인물질 추정 → 원인균 또는 원인물질 검출 → 동물실험
② 식사내용물 조사 → 원인균 또는 원인물질 검출 → 원인물질 추정 → 환자 추적 및 증상조사
③ 식사내용물의 미생물조사 → 동물시험 → 원인균 또는 원인물질 검출 → 원인물질 추정
④ 환자 추적 및 증상조사 → 식사내용물 조사 → 원인균 또는 원인물질 검출 → 원인물질 추정
⑤ 식사내용물의 화학물질 분리확인 → 원인물질 추정 → 동물실험 → 환자 추적 및 증상조사

이해하기 쉬운 **식품위생학**

FOOD HYGIENE

# 식품과 미생물

**학습목적**

식품미생물이 식품위생에 미치는 영향을 이해하고 이를 식품을 위생적으로 취급하는 데 활용한다.

**학습목표**

01 식품 고유의 미생물상과 미생물상의 경시적 변화를 설명한다.
02 토양 미생물상을 이해하고 오염경로를 설명한다.
03 수생 미생물상을 분류하고 오염경로와 방지대책을 기술한다.
04 공중 미생물을 이해하고 설명한다.
05 분변 미생물을 이해하고 오염경로를 기술한다.
06 주요 부패성 식품오염 미생물을 설명한다.
07 주요 식중독 식품오염 미생물을 설명한다.
08 일반세균수의 의의를 이해하고 세균에 의한 오염 정도를 추정한다.
09 식품위생지표 세균을 열거한다.
10 대장균군의 의의를 설명하고 검출하여 오염 정도를 추정한다.
11 장구균의 의의를 설명하고 검출 방법을 설명한다.
12 부패 미생물을 분류하고 부패 미생물과의 관계를 설명한다.
13 부패의 메커니즘을 세분하고 설명한다.
14 부패의 판정 방법을 분류하고 설명한다.

식품위생미생물은 인간생활에 마이너스 요인으로 작용하는 미생물을 총칭한다. 따라서 병원균은 물론 부패나 품질의 열화(劣化)에 관여하는 비병원성균도 포함된다.

미생물은 자연계에 존재하는 생물 중에서 인간의 육안으로 볼 수 없을 정도로 크기가 작고, 수적(數的)으로 엄청나게 많기 때문에 우리의 생활환경에 항상 가까이 있게 마련이다. 이들 미생물은 각각 환경에 적응하여 고유의 microflora(微生物相)를 형성하고 발효, 부패 및 병원작용 등에 관여하여 물질의 순환에 중요한 구실을 담당하고 있다.

식품도 이러한 자연환경 속에서 제조, 가공, 조리, 보존 또는 유통되므로 끊임없이 미생물에 의해 오염된다. 또한 식품으로 인하여 일어나는 건강장애의 대부분은 미생물이 원인이 되고 있다. 그러므로 미생물을 이해하지 않고 식품의 안전성을 확보하고자 하는 것은 지극히 어려운 일이다.

미생물에는 세균, 곰팡이, 효모, 바이러스 등이 포함되며 이들의 상태를 정확하게 이해함으로써 식품의 안전성 관리에 크게 도움이 될 것이다.

# 2-1 미생물의 종류 및 특성

## 2-1-1 세균(Bacteria)

세균은 분열에 의해 증식하는 분열균류이다. 병원미생물 대부분이 세균이며 식품위생상 가장 중요하다. 이들은 살아있는 단세포 미생물로서 물, 바람, 곤충, 식물, 동물, 사람 등을 통하여 식품을 오염시킬 수 있다. 세균은 피부, 피복, 머리카락, 입, 코, 목구멍, 창자 등에 다량 존재한다. 일단 사람의 손이 세균에 오염되면 식품도 쉽게 오염된다.

식품의 위해요소(危害要素) 중에서 세균을 중요하게 취급하는 이유는 세균 중에는 인체에 섭취되어 경구감염병, 감염형 식중독 등 감염증을 나타내는 것도 있고, 식품에 증식하여 독소를 생성하는 것도 있기 때문이다. 또한 이러한 세균의 독소는 냄새와 맛이 없으므로 관능적으로 알아낼 수가 없으며, 식품이나 다른 매개물을 통하여 감염이 확대되기도 쉽다.

세균은 형태에 따라서 구균(球菌, coccus), 간균(桿菌, bacillus), 나선균(螺旋菌, spirillum)으로 분류한다. 구균은 종류에 따라 세포의 배열상태가 특이하므로 그 배열상태에 따라 단구균(monococcus), 쌍구균(diplococcus), 4연구균(tetracoccus), 8연구균(sarcina), 연쇄상구균(streptococcus),

포도알구균(staphylococcus)으로 분류된다. 간균은 구균처럼 여러 가지 특이한 배열을 하지 않는다. 가끔 쌍을 이루거나 연쇄상으로 배열하는 경우가 있는데 이것을 연쇄상간균(連鎖狀桿菌, streptobacillus)이라 하며 디프테리아균에서 볼 수 있다. 간균은 길이가 폭의 2배 이상인 것을 장간균(長桿菌), 그 이하인 것을 단간균(短桿菌)이라 한다. 나선균은 개개의 세포가 각각 따로 존재하며 배열하는 경우는 드물다. 나선균에는 나선의 정도가 불안정하여 마치 짧은 콤마(comma)처럼 생긴 호균(弧菌, vibrio)과 S자형으로 된 spirillum, 여러 번 구부러진 spirochete가 있다. 세균의 형태를 [그림 2-1]에 나타내었다.

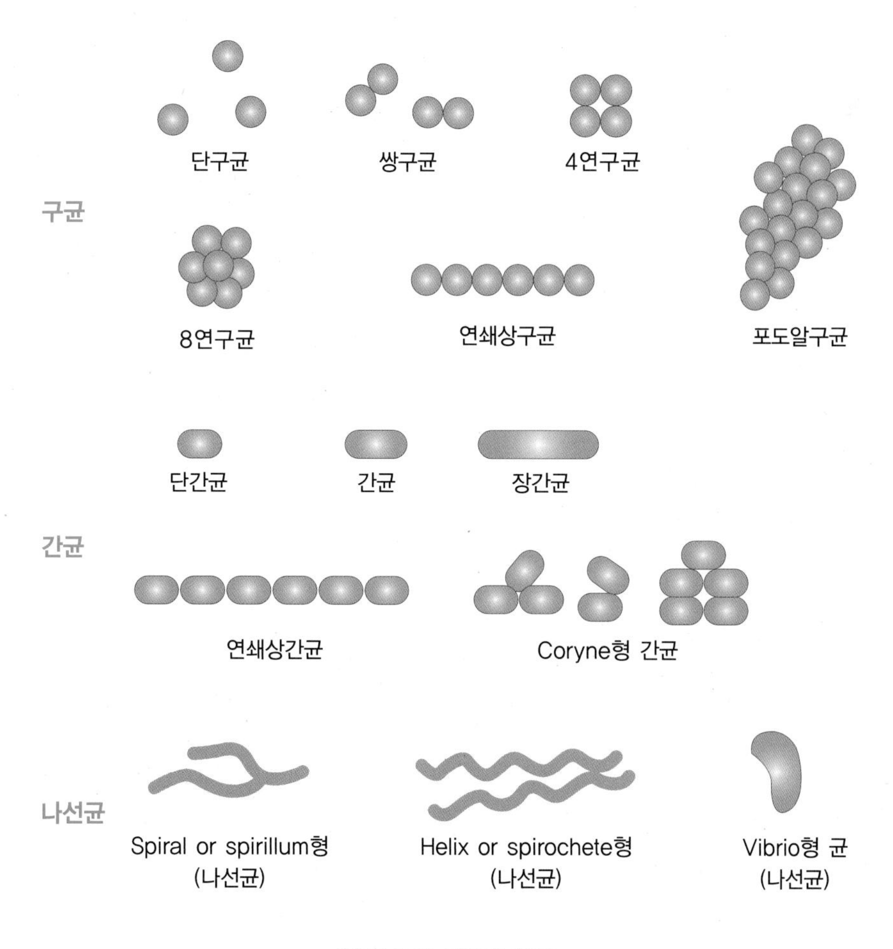


[그림 2-1] **세균의 형태**

### (1) 세균의 증식

세균 세포는 분열에 의하여 증식한다[그림 2-2]. 이러한 결과에 의하여 세균은 신속하게 거대한 숫자로 늘어나는데 이와 같은 증식속도가 식중독의 위험성을 높이게 된다.

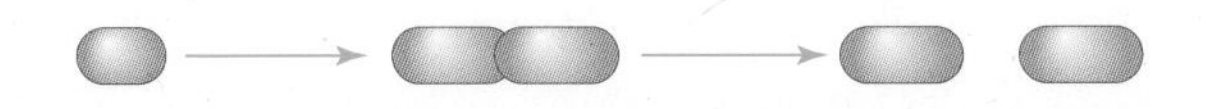

[그림 2-2] 세균의 분열 증식

어떤 세균은 포자(spore)라고 하는 두꺼운 막을 가진 저항성이 높은 구조물을 세포 내에 형성한다. 포자는 가열조리, 냉동 또는 소독제에서도 살아남는 경우가 많다. 포자는 그 자체가 세포분열을 하지 않지만 주위의 조건이 좋아지면 발아하여 증식을 계속한다.

### (2) 세균의 증식조건

세균은 인간이 살 수 있는 어디에서도 살 수 있다. 그들은 극한 상황에서 인간보다 훨씬 잘 살아남는다. 일반적으로 세균은 잠재적 위해식품에서 잘 증식한다. 왜냐하면 이러한 식품은 단백질이 풍부하고 수분이 많으며 산도가 높지 않기 때문이다.

세균의 생육에 필요한 조건들은 식품(food), 산도(acidity), 시간(time), 온도(temperature), 산소(oxygen), 수분(moisture)이다. 이들의 영어 첫 글자를 따서 기억하기 쉽게 FAT-TOM이라고 하기도 한다.

#### ① 식품

대부분의 식품은 탄수화물, 지방, 단백질, 무기질과 비타민 등 세균의 성장에 요구되는 많은 영양소들을 함유하고 있다. 이 중에서도 특히 단백질이 세균의 성장을 지배하므로 여기서 식품이라 함은 단백질 함량이 높은 식품을 말한다. 이러한 식품은 이미 생산단계에서도 오염되기 쉽고, 유통, 저장, 조리, 가공 중에 오염되기도 쉽다.

#### ② 산도

일반적으로 세균은 중성 또는 약알칼리성 pH에서 가장 잘 증식하고, pH 4.5 이하에서는 증식하지 못한다. 따라서 육류, 생선, 조개류, 우유, 두부 등 잠재적 위해식품의 pH 값은 대개 4.6~7.0이다. 산성이 강한 식품에서는 위해세균의 증식이 억제되므로 잘 익은 김치, 발효유, 치즈, 탁주, 포도주, 과즙 등은 위생학적으로 안전한 식품이다. 또 식품을 조리할 때에 식초, 레몬즙 등을 사용하면 세균의 증식을 지연시키는 데 도움이 된다.

### ③ 시간

세균은 시간이 경과함에 따라 대수적으로 그 수가 증가한다. 세균이 증식하여 그 수가 2배 증가하는 데 소요되는 시간을 배가시간(倍加時間) 또는 세대시간(世代時間)이라고 한다. 최적온도에서 배가시간은 장염 비브리오균은 11분, 대장균은 20분, 황색포도알구균은 28분 정도이다. 배가시간이 20분인 대장균의 경우 1개의 대장균이 최적조건에서 7시간 만에 $2 \times 10^6$개로 급격히 증가하게 된다. 따라서 잠재적 위해식품은 식품을 취급하는 전체 과정 동안 위험온도대(溫度帶)에 4시간 이상 노출시켜서는 안 된다.

### ④ 온도

세균은 성장 가능한 온도범위가 종류에 따라 매우 다양하다. 5℃ 내외의 냉장온도에서도 비교적 잘 증식하는 저온성균, 온혈동물의 체온인 37℃ 내외에서 가장 잘 증식하는 중온성균, 60℃ 내외에서 가장 잘 증식하는 호열성균 등으로 구분할 수 있다. 대부분의 식중독 세균과 병원성 세균들은 온혈동물의 체온에 해당되는 37℃에서 가장 잘 증식한다. 그러나 4~60℃의 비교적 넓은 온도범위에서 다양한 미생물들이 증식하므로 이를 잠재적 위해식품의 위험온도대라 한다[그림 2-3].

냉장고와 저온유통 시스템(cold chain system)이 발달하여 식품의 저장안전성이 많이 증가하였지만 그만큼 저온균의 오염비중이 증대되고 있다. 식품의 냉장이 세균의 증식을 방지하지 못하므로 식품을 냉장고에서 장기간 보관해서는 안 되며, 유통기한이 지난 식품은 버려야 한다.

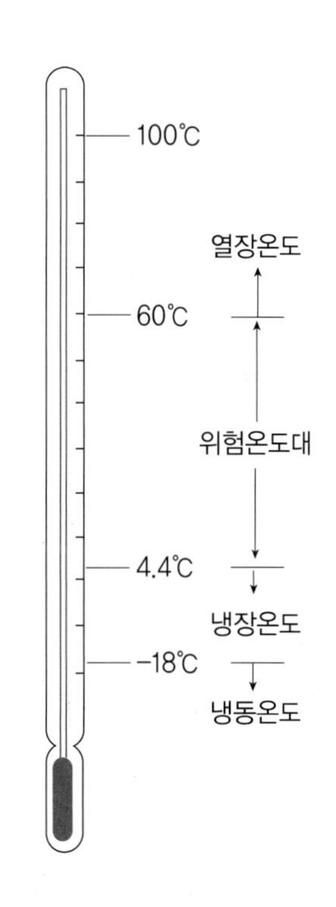


**[그림 2-3] 온도와 세균의 활동**

⑤ 산소

세균은 증식에 산소를 필요로 하는 호기성균, 산소의 존재로 증식이 저해되는 혐기성균, 산소의 존재와 무관하게 증식하는 통성혐기성균 등 매우 다양하다. 대부분의 세균은 증식에 산소를 필요로 하는 호기성균이지만, 식중독을 일으키는 세균은 산소가 있어도 또는 없어도 자랄 수 있는 통성혐기성균이 많다. 일부의 식중독 세균 중에는 산소를 싫어하는 것도 있다.

⑥ 수분

세균은 효모나 곰팡이에 비하여 증식에 높은 수분활성(Aw)을 요구한다. 유해한 세균의 대부분은 수분활성 0.96~0.99에서 잘 증식하며, 수분활성 0.90 이하에서는 대부분 증식하지 못한다. 고기, 생선, 우유, 밥 등 잠재적 위해식품 대부분은 0.97~0.99의 수분활성을 나타내므로 세균의 증식에 아주 이상적이다. 수분활성은 냉동, 건조, 당이나 소금의 첨가, 가열조리 등의 방법으로 안전한 수준으로 낮출 수 있다. 쌀, 콩 등과 같은 건조식품은 수분이 첨가되면 잠재적 위해식품이 된다.

## 2-1-2 곰팡이(Mold)

곰팡이는 분류학상 진균류에 속하며 포자가 발아한 후 실 모양의 균체세포를 형성하여 균사상으로 발육하는 사상균으로, 광합성능이 없고 진핵세포를 가진 다세포 미생물이다. 배지면에 착생한 균사는 분지하고 신장하며 균사체를 이루고 그 끝에 자실체를 형성한다. 이들 균사체와 자실체를 함께 일컬어 균총이라 한다. 곰팡이는 주로 자실체에 만들어진 무성포자에 의해 번식한다. 이 포자가 공기 중에 비산하고, 수분이나 영양 등이 적당한 환경에서 발아하여 균사체로 발육한다. 곰팡이는 무성포자 외에 유성포자를 만드는 것도 있다.

곰팡이가 식품에 증식되었을 때 육안으로도 쉽게 확인할 수 있다. 식품에 곰팡이가 증식되면 식품이 변패되며, 때로는 독소가 생성되어 사람에게 질병, 감염, 알레르기 반응 등을 나타낸다.

곰팡이는 낮은 온도에서뿐만 아니라 습하든지 건조하든지, pH가 높든지 낮든지, 짜든지 달든지 어떤 조건에서도 대부분의 식품에서 증식할 수 있다. 냉동은 곰팡이의 증식을 억제하지만 이미 존재하는 곰팡이를 죽이지는 못한다. 곰팡이의 독은 대개 가열조리에 의하여 파괴되지 않는다. 곰팡이로 인한 위해를 방지하는 중요한 방법은 곰팡이가 증식하지 않도록 하거나 곰팡이가 비정상적으로 핀 식품은 버리는 것이다.

## 2-1-3 효모(Yeast)

효모는 진핵세포로 된 고등미생물로서 주로 출아에 의하여 증식하는 진균류를 총칭한다. 알코올 발효능이 강한 균종이 많아서 예로부터 주류의 양조, 알코올 제조, 제빵 등에 이용되어 왔다. 그리고 식·사료용 단백질, 비타민, 핵산관련물질 등의 생산에도 큰 역할을 하고 있다.

그렇지만 효모도 식품을 변질시키는 원인이 될 수 있다. 효모는 증식에 당과 수분을 요구하므로 젤리와 벌꿀에서 자주 발견된다. 이들은 당이 많은 식품에 서서히 증식하여 거품을 발생시키고, 알코올 냄새를 낸다. 때로는 식품을 적색으로 변색시키거나 점질물질을 만들어 식품을 변질시키기도 한다. 그러나 세균과 같이 식중독을 유발하거나, 곰팡이와 같이 독을 생성하지는 않는다.

## 2-1-4 바이러스(Virus)

바이러스는 동식물의 세포나 세균세포에 기생하여 증식하며, 광학현미경으로 볼 수 없는 직경 0.5㎛ 정도의 초여과성 미생물이다. 바이러스는 크기가 작기도 하지만, 일반 미생물과는 전혀 다른 구조를 이루고 있다. 즉, DNA, RNA 중 어느 한쪽의 핵산과 그것을 보호하는 단백질로 구성된다.

바이러스는 식품 중에서는 증식하지 못한다. 그러나 어떤 바이러스는 가열조리 또는 냉동에서 살아남을 수 있으며, 식품, 식기, 조리기구, 식품취급자의 손 등을 통하여 사람에게 전달될 수 있다. 바이러스는 중대한 여러 질병을 야기할 수 있다. 대표적인 예로 간염, 전염성 설사 등은 식품으로 매개되는 바이러스성 질환이다. 바이러스는 식품취급자의 비위생, 오염된 급수원, 하수에 의하여 오염된 물에서 채취한 조개류 등을 통하여 사람에 감염된다. 식품을 통하여 감염되는 바이러스를 방어하기 위한 가장 기본적이고 효율적인 방법은 식품취급자가 높은 개인위생 수준을 유지하는 것이다.

# 2-2 미생물에 의한 식품의 오염

## 2-2-1 미생물의 오염원

미생물은 자연의 어떤 환경에도 존재하므로 식품의 주된 미생물 오염원은 자연환경이다. 그 외 식품의 취급 및 가공이나 보존과정에서 2차적 오염이 되는 경우가 있다.

### (1) 토양

토양에는 미생물이 1g당 $10^6$~$10^9$마리 정도로 극히 많이 존재한다. 토양 미생물의 90%는 세균류가 차지하는데, 그중에서도 호기성 세균이 가장 많고 혐기성 세균, 방선균, 사상균의 순으로 분포되어 있다. 호기성 미생물은 토양 표층에서, 혐기성 미생물은 토양 심층에서 서식하며 동식물에서 오는 각종 유기물을 분해하여 토양을 정화하기도 한다. 또한 토양은 동물 배설물 중의 미생물에 의하여 오염되는 경우도 많다.

이러한 토양 미생물은 가축, 채소, 곡물 등을 생산하는 농장에서 식품을 직접 또는 간접적으로 오염시킨다. 또한 먼지와 함께 대기 중에 비산하여 각종 기구 및 음식물 등에 부착되는 경우도 있고, 흐르는 물에 실려 하천이나 수원지를 오염시키는 경우도 있다.

식품을 오염시키는 대표적인 토양미생물로 세균은 *Bacillus*, *Micrococcus*, *Clostridium*, *Pseudomonas*, *Leuconostoc*, *Escherichia*, *Aerobacter*, *Achromobacter*, *Serratia*, *Acetobacter*, *Proteus* 등이 있고 방선균은 *Actinomyces*, *Streptomyces*, *Nocardia* 등이 있으며 곰팡이는 *Penicillium*, *Mucor*, *Rhizopus* 효모는 *Saccharomyces*, *Torula*, *Candida* 등이 있다. 그리고 원충류도 토양 1g당 1,000~10,000개 정도 존재하고 있다.

### (2) 해수

해수의 세균들은 1~3%의 식염농도에서 잘 증식할 수 있는 세균들이다. 이들은 해수에 따라 함유량이 다르나 일반적으로는 해수 표면층과 연안에 주로 많으며, 대개 육지의 폐수 및 폐기물로부터 오염된다. 이들은 바다에서 어류, 조개류, 조류 등을 직접 오염시킬 수 있으며, 어획 후 항만이나 어시장 주변에서 간접적으로 오염되는 경우도 있다. 해수세균 중에는 장염 또는 패혈증을 유발하는 여러 종류의 *Vibrio*가 있다.

### (3) 담수

담수란 하천, 늪, 연못 등을 일컫는 말로서 이들도 고유의 microflora(微生物相)를 형성하고 있다. 담수는 토양이나 인축의 배설물 등으로 오염되는 경우가 많아 때로는 1ml 중 $10^5$~$10^6$ 이상이 될 때도 있으며 또한 병원성 미생물도 있어서 식품 및 식수원을 오염시키기도 한다. 이들에 의해 식품이 오염되는 경로는 직접적으로 담수어를 생식하거나 오염된 물을 식수로 사용하는 경우와 오염된 물로 식품을 씻는 경우 등이다. 한편 음료수는 대장균군이 50ml당 음성이고 일반세균수는 1ml당 100을 초과하여서는 안 되도록 수질기준이 마련되어 있다.

담수어의 세균류를 보면 고유의 세균으로는 그람음성 간균인 *Pseudomonas*, *Achromobacter*, *Aeromonas*, *Alcaligenes*, *Flavobacterium* 등이 있고, 토양으로부터 오염되는 세균으로는 *Micrococcus*, *Bacillus* 등이 있으며, 하수 및 분변 등에서 오는 세균으로는 *Escherichia*, *Aerobacter*, *Proteus* 등이 있다. 그리고 그 외에 사상균이나 효모도 분포되어 있다.

### (4) 분변 및 동물체

분변의 위생처리에 의하여 분변으로 인한 식품의 오염이 많이 감소하였으나 아직도 일부 도시와 농촌에서는 분변을 원예작물의 비료로 사용함으로써 채소류뿐만 아니라 토양이나 하천 등도 분변 미생물에 의하여 오염되고 있다. 또한 소, 돼지, 닭, 오리 등 가축이나 가금 사육장에서 나오는 분변에도 많은 분변 미생물들이 있으므로 여기서 나오는 퇴비를 충분히 숙성시키지 않고 사용하였을 경우에도 같은 결과가 된다. 특히 홍수로 가축사육장의 오물이나 인분을 함유한 물이 범람하여 채소밭을 오염시켰을 경우에도 문제가 될 수 있다.

분변에는 *Escherichia*, *Enterococcus*, *Clostridium*, *Salmonella*, *Shigella*, *Proteus* 등 유해한 세균이 많아 식중독의 원인이 되고 있다.

동물체 부착세균은 동물이나 사람의 피부, 점막 및 상처부위에 서식하는 *Staphylococcus*, *Streptococcus*, *Corynebacterium* 등이 있어 식중독과 각종 질병의 원인이 되기도 한다.

### (5) 식물체

식물체의 표면과 식물의 상처부위 등에 부착하여 증식하는 세균으로는 *Micrococcus*, *Pseudomonas*, *Flavobacterium*, *Xanthomonas*, 젖산균 등이 있다. 곰팡이로는 재배 중인 밀과 보리 등에 침입하여 작물 질병을 일으키는 *Alternaria*, *Fusarium*, *Claviceps* 등과 저장 중인 곡물에 증식하는 *Penicillium*, *Aspergillus* 등이 있는데 이들 중에는 곰팡이독을 생성하여 만성병해를 일으키는 것도 있다.

### (6) 공기

공기 중에는 고유의 미생물이 존재하지 않는다. 공기 중에 부유하는 미생물은 주로 토양이나 먼지에서 유래하며 바람에 비산된 것 중에는 건조와 태양의 자외선에 잘 견디는 미생물들이 많다. 대부분은 그람양성 세균의 포자형성 간균 또는 구균, 곰팡이 포자 및 효모 포자이다. 공기 중에 부유하는 미생물 중에는 식중독, 디프테리아, 성홍열, 폐렴, 결핵, 두창, 인플루엔자, 급성회백수염 등을 일으키는 미생물이 있다.

## 2-2-2 식품의 처리·가공 과정에서의 오염

식품의 원료는 자연에 의하여 1차적인 오염을 받은 후 가공, 조리 및 저장되는 과정에서 2차적 오염을 받을 가능성이 많다. 식육, 어패류, 우유 등은 주로 저온에서 보존 및 유통되기 때문에 저온성 세균에 의하여 2차적인 오염을 받을 수가 있다. 이와 같이 식품이 가공, 조리 및 저장과정에서 오염되는 주원인은 비위생적인 주위 환경에 의한 것이 가장 크다.

## 2-2-3 조리식품이 오염되는 과정

어떤 식품이든 미생물에 의하여 오염될 수 있지만 수분 함량이 높고 단백질 함량이 많은 식품에서는 세균이 쉽게 증식할 수 있으므로 이러한 식품을 잠재적 위해식품(PHF; potentially hazardous food)으로 분류한다. 미국에서는 다음의 식품과 이를 함유하고 있는 식품들을 잠재적 위해식품으로 분류하고 있다. 즉, 우유 및 유제품, 생란, 쇠고기, 돼지고기, 가금육, 생선류, 조개류, 갑각류, 두부 및 대두단백식품, 생강-식용유 혼합물, 삶은 감자, 삶은 콩, 삶은 옥수수, 밥, 무싹 등이 이에 해당된다.

[그림 2-4] **잠재적 위해식품**

오염은 유해미생물이나 유해물질이 식품에 비의도적으로 함유되는 것을 말한다. 생물학적 요인, 화학적 요인 및 물리적 요인이 있지만 이 중에서 생물학적 요인에 해당되는 세균이 가장 큰 위해 요인이 된다. 식품은 취급하는 과정에서 교차오염(cross-contamination)에 의하여 세균에 오염되기 쉬운데, 그 대표적인 예는 다음과 같다.

① 생식품을 손으로 만진 후 세척 및 소독하지 않고 그 손으로 조리된 식품이나, 먹을 준비가 된 식품을 만질 때
② 생식품에 접촉된 칼, 도마, 식기 등을 세척 및 소독하지 않고 이것으로 조리가 완료된 식품을 자르거나 담을 때
③ 생식품 또는 오염된 기구에 접촉된 행주, 스펀지 등을 세척 및 소독하지 않고 이것으로 조리가 완료된 식품을 취급할 기구 및 그릇을 닦을 때
④ 생식품 또는 오염된 식품이 조리가 완료된 식품과 직접 접촉하거나, 생식품에 있는 물방울이나 부스러기가 조리된 식품 위에 떨어질 때

# 2-3 식품위생의 지표미생물

지표(指標)미생물들(indicator microorganisms)은 식품의 제조, 가공 또는 저장과정이 얼마나 위생적인 과정을 거쳤는가, 또는 수산물, 농산물 등이 얼마나 청정한 환경에서 생산되었는가를 나타내는 지표가 되는 미생물이다.

위생의 척도는 식품과 분변(fecal) 오염과의 관련성이다. 따라서 지표미생물들에 대한 자격 결정의 기준으로서는 우선 분변과 관련이 있어야 하며, 분변과 관련 없이 자연적 오염균으로 존재해서는 안 된다. 또한 배양을 통한 성장과 구별이 용이해야 하고, 식품 가공처리의 여러 과정을 병원균과 유사한 정도로 견뎌낼 수 있어야 한다. 대장균군, *Escherichia coli*, *Enterococcus* 등의 세균들이 호기적인 조건에서 평판배양이 가능하므로 지표미생물로서 제시되어 왔다.

지표미생물은 그 자체가 질병을 직접 유발하지는 않지만 장내에 상재하는 미생물이므로 식품에서 이들이 검출된다는 것은 장내에서 서식하는 소화기계 감염병균이나 식중독균의 공존 가능성과 식품에 바람직하지 못한 부패균의 오염 가능성을 나타내는 것이 된다.

## 2-3-1 대장균군

대장균군(coliforms)에는 *Escherichia coli*, *Citrobacter freundii*, *Enterobacter aerogenes*, *Enterobacter cloacae*, *Klebsiella pneumoniae* 등이 속한다. 대장균군이란 유당(lactose)을 35℃에서 48시간 이내에 발효시켜 가스를 형성하는 모든 호기성 및 통성혐기성 그람음성 비포자형성 간균들을 말한다. 또는 EMB 한천(eosin methylene blue agar)배지 위에 35~37℃에서 배양할 때 24시간 이내에 황금빛 녹색의 금속성 광택을 띠는 집락을 만드는 모든 미생물을 일컫는다.

대장균군의 균들은 사람이나 동물의 장내 또는 배설물에서 발견되므로 그들의 존재는 분변오염을 의미하며 또한 장내병원균들이 존재할 수도 있다. 그러나 대장균군에는 분변성균(fecal origins) 이외에 일부 비분변성균(non-fecal origins)이 있으므로 이들의 검출이 반드시 분변오염이나 잠재성 병원균의 오염과 직결되지는 않는다. 그러므로 어떤 식품에서 대장균군의 출현은 사람 또는 동물로부터의 분변오염, 기계설비의 불충분한 소독, 가열살균 및 조리 후의 재오염 등을 나타낸다.

그러나 대장균군은 동결저항성이 약하고, 자연에 널리 존재할 뿐만 아니라 동물체 밖에서도 증식할 수 있는 등 지표미생물로서의 여러 조건을 충족시키기에는 부족하여 오염의 지표로서 의문이 제기되고 있다.

## 2-3-2 대장균

대장균(*Escherichia coli*)은 분변성 대장균군 중에서 가장 대표적인 미생물이다. 이들의 주된 서식처가 사람이나 온혈동물의 장관이므로 *Escherichia coli*의 존재만이 식품의 분변오염을 나타낸다는 주장도 있다. 동물에 따라 차이는 있지만 한 동물이 대략 하루에 $1.3 \times 10^8 \sim 1.8 \times 10^{10}$의 *E. coli*를 배출한다고 한다. 따라서 *E. coli*와 분변 그리고 장내병원균들 사이에는 밀접한 관련이 있다. 이들은 분변시료에서뿐만 아니라 식품, 토양에서도 발견된다.

한편, 이들은 일반적으로 동결저장을 통해 사멸되지만 많은 병원균들은 *E. coli*가 사멸된 후에도 존재할 수 있다. 따라서 *E. coli*는 훌륭한 지표미생물임에 틀림없지만 동결 안전성이 결여되어 있어 지표미생물로서 *E. coli*의 단독 사용은 더 큰 문제를 가져올 수도 있다. 대장균은 확인에 완전을 기하기 위해 대장균군 박테리아의 균수 측정 이외에 반드시 부가적인 시험을 거쳐야 하는 문제점이 있다. 그러므로 *E. coli*에 대한 시험은 대장균군 박테리아에 대한 시험보다 수용할 가치가 낮다. 따라서 병원성 미생물의 직접적인 균수 측정이 필연적으로 예상된다.

## 2-3-3 장구균

대장균군은 가열 또는 동결에 저항력이 약하기 때문에 지표미생물로서 다른 미생물이 제안되었다. 장구균은 일반적으로 사람이나 온혈동물의 장관 내에 상재하는 그람 양성 구균으로 *Enterococcus faecalis*, *E. faecium*, *E. avium*, *E. faecalis subsp.* 등의 *Enterococcus* 속과 *Streptococcus bovis*, *S. equinus*, *S. salivarius* 등 분변성 *Streptococcus* 균들이 이에 해당된다.

이들의 주 생육처는 장관이지만 물이나 식품에서 이들의 출현은 직·간접적인 분변오염을 의미한다. 그러나 이 미생물들 역시 분변오염원이 제거된 환경에서도 증식할 수 있어서 이들이 식품 내에 존재한다고 해서 장내병원균이 존재함을 의미하지 않는다. *Enterococcus*가 오염지표로서의 *E. coli*를 대신할 수는 없고, 분변성 *Streptococcus*의 존재 그 자체는 큰 정보를 주지 못하므로 정확한 분변오염 상태를 파악하기 위하여 양자를 동시에 검출하는 것이 요구된다. 오염지표균으로서 대장균과 장구균을 비교하여 보면 [표 2-1]과 같다.

**표 2-1 오염지표균으로서 대장균군과 장구균의 비교**

| 특징 | 대장균군 | 장구균 |
|---|---|---|
| 형태 | 간균 | 구균 |
| 그람 염색성 | 음성 | 양성 |
| 장관 내 균수 수준 | 분변 1g 중 $10^7$~$10^9$ | 분변 1g 중 $10^5$~$10^8$ |
| 각종 동물의 분변에서의 검출상황 | 동물에 따라서 불검출 | 대부분 동물에서 검출 |
| 장관 외의 검출상황 | 일반적으로 낮다 | 일반적으로 높다 |
| 분리, 고정의 난이 | 비교적 쉽다 | 비교적 어렵다 |
| 외계에서의 저항성 | 약하다 | 강하다 |
| 동결에 대한 저항성 | 약하다 | 강하다 |
| 냉동식품에서의 생존성 | 일반적으로 낮다 | 일반적으로 높다 |
| 건조식품에서의 생존성 | 낮다 | 높다 |
| 생선, 채소에서의 검출률 | 낮다 | 일반적으로 높다 |
| 날고기에서의 검출률 | 일반적으로 낮다 | 일반적으로 낮다 |
| 절인 고기에서의 검출률 | 낮거나 없다 | 일반적으로 높다 |
| 장관계 식품매개 병원균과의 관계 | 일반적으로 많다 | 적다 |
| 비장관계 식품매개 병원균과의 관계 | 적다 | 적다 |

## 2-4 소독과 살균

과채류나 음식기류를 잘 씻으면 청결하고 안전한 상태가 될 수 있지만 안심할 수는 없기 때문에 소독이나 살균을 할 필요가 있다.

소독(disinfection)은 병원미생물을 사멸하거나 완전히 사멸하지 못하더라도 병원성을 약화시켜 감염력을 상실시키는 조작을 말하고, 살균(sterilization)은 병원미생물을 사멸시키는 것을 말하며, 멸균은 모든 미생물을 대상으로 무균상태로 하는 조작을 말한다. 그리고 방부(antiseptic)는 식품의 성상에 가능한 한 영향을 주지 않으면서 식품에 존재하는 세균의 증식 및 성장을 저지시켜 발효와 부패를 억제시키는 것을 말한다.

식품위생 및 감염병 예방상 식품은 물론 기구, 용기, 포장, 손, 의복 등에 병원체가 부착되어서는 안 되므로, 이러한 의미에서도 소독과 살균은 매우 중요시되고 있다.

소독법은 목적에 따라 즉시(지속적)소독법과 종말소독법이 있다. 즉시소독법이란 필요에 따라 수시로 소독하는 것을 말하며, 종말소독법이란 환자가 완치 퇴원하거나 사망 후 또는 격리, 수용시켜 감염원을 완전히 제거하는 방법을 말한다.

소독 및 살균방법으로는 물리적 방법(가열, 광조사 등)과 화학적 방법(수은화합물, 할로겐 유도체, 방향족 화합물, 지방족 화합물) 등으로 구분한다.

## 2-4-1 물리적 소독법

### (1) 가열

#### ① 화염멸균법

금속제, 자기제, 유리제 등 화염에 의해서 파손되지 않는 것에 대해서 사용하는 방법으로 alcohol lamp 또는 bunsen burner의 화염 중에서 20초 이상 가열한다.

#### ② 건열멸균법

건열멸균기(dry-oven)로 160℃에서 1시간, 170℃에서 30분 정도의 열처리를 한 후 단열, 밀폐한 그대로 냉각시킨다.

#### ③ 열탕(자비)소독법

자비(煮沸)에 의해서 본질적으로 변하지 않는 것에 대해서 이용하는 방법으로 비등수(沸騰水: 탄산나트륨을 1~2% 가한 것은 특히 멸균효과가 크다) 중에서 15분 이상 자비한다. 기타 감염병균에 오염된 것은 30분 이상 자비하여 살균시킨다.

#### ④ 간헐멸균법

끓는 물 또는 상압 증기솥에 재료를 넣고 100℃로 30분간 가열하여 하룻밤 실온에서 방치한 후 다시 100℃에서 30분간 가열하는 조작을 3회 반복한다. 100℃ 가열로 세균의 생세포를 죽이고, 살아남은 포자는 발아시킨 후 다시 다음날 가열하여 죽이는 것을 반복함으로써 멸균한다.

⑤ 고압증기멸균법

고압멸균기(autoclave)를 이용하여 다음과 같은 조건으로 처리하면 모든 미생물은 사멸한다.

121℃(250℉), 15Lb/inch$^2$, 1Kg/cm$^2$ : 15분간

일반적으로 균은 가열에 의해서 체단백질에 변화를 일으켜 생활기능을 잃지만, 함수도(含水度)가 높을 때는 비교적 저온에서 변성된다. 따라서 건열에는 탈수작용이 일어나므로 효과는 습열보다 낮아진다. 또 포자는 저항력이 강하므로 간헐멸균이나 고압증기멸균을 필요로 한다.

### (2) 광선조사(光線照射)

① 직사 일광법

일반적으로 사용되는 방법으로 결핵균, 티푸스균, 페스트균 등은 단시간(10~15초)의 조사로도 죽는다. 그러나 태양광선은 계절, 기후, 장소 등의 요인에 따라 그 질과 양이 변화하므로 효과는 부정적이다.

② 자외선 조사법

자외선을 조사해서 살균하는 방법으로 오래전부터 이용되어 왔으며 열처리나 약품처리와 달라서 처리 후에 거의 변화하지 않는 것이 특징이지만 깊이 침투하지 못하는 것이 결점이다. 자외선등(燈)의 살균력이 가장 강한 파장은 2,537Å이다.

자외선 살균법의 장점은 사용이 간편하고 모든 균종에 효과가 있으며 살균효과가 크고 균에 대한 내성을 생기게 하지 않을 뿐 아니라 피조사물(被照射物)의 변화가 거의 없다. 반면에 살균효과가 표면에 한정되며, 그늘진 부분은 효과가 없다. 유기물 특히 단백질이 공존하는 경우에는 흡수되어 효과가 현저하게 떨어지고, 조사하고 있는 동안만 효과가 있어 잔류 효과가 없으며, 장시간 조사하면 지방류의 산패가 일어난다. 또 인체 피부에 조사하면 붉은 반점이 나타나고, 특히 눈에 결막염, 각막염을 일으키는 원인이 되기도 한다.

자외선의 살균 기작은 2,600Å 부근의 자외선이 미생물의 핵단백질 분자에 작용해서 큰 열에너지를 내므로 미생물 세포의 파괴가 일어나는 것이다.

자외선 살균력은 균의 종류에 따라 차이가 있으며 이질균의 경우 15W 살균등으로 50cm 거리에서 1~2분 이내에 사멸되고 10cm 거리에서는 6~10초 만에 사멸된다.

대장균의 살균을 1로 기준하였을 경우 세균은 1.5~5배, 효모류는 3~6배, 곰팡이류는 5~50배 정도의 살균시간이 소요되며 곤충류는 잘 사멸되지 않는다.

③ 방사선살균법(radiosterilization)

방사성 동위원소의 방사선을 식품에 쪼여 식품 원래의 성질에 변화 없이 위생적인 식품을 만드는 방법으로 조사 중 발열작용이 작은 상태에서 식품을 그대로 살균할 수 있어서 냉온살균(冷溫殺菌, cold sterilization) 또는 무열살균(無熱殺菌, heatless sterilization)이라고도 한다.

방사선으로는 $\alpha$, $\beta$, $\gamma$, X선 등이 있는데 이 중에서 $\gamma$선이 가장 효과적이며 우리나라에서는 $Co^{60}$의 $\gamma$선이 널리 이용된다.

방사선의 식품조사는 발아억제, 해충제거, 식품의 보존성 연장, 과일·채소의 숙도지연(熟度遲延), 식중독 억제 등의 목적으로 사용된다.

방사선살균법은 식품을 포장한 후에도 처리할 수 있고 일반적인 식품처리법보다 비용이나 에너지 소모량이 적으며 또한 다른 처리법과 비교해서 영양가의 손실이 적다.

### (3) 여과

여과를 이용한 미생물 제거방법으로서 가열에 의한 살균법을 적용하지 않는 배지 등에 사용되며, 무균공기를 필요로 할 경우에도 사용된다.

여과는 엄밀한 의미로서는 살균으로 볼 수 없지만 음료수 등에 사용되는 액체여과기에서는 chamberland 여과기, berkefeld 여과기, seitz 여과기 등이 사용되며, 미생물을 이용한 발효공업에서는 공기의 제균 목적으로 공기여과기(air filter)가 널리 쓰인다. 그러나 바이러스는 제거되지 않는 결점을 가지고 있다.

## 2-4-2 화학적 소독법

화학적 소독법은 물리적 소독법을 사용하기 어려운 경우에 살균제 또는 소독제를 사용하는 방법으로 다음과 같은 구비조건이 필요하다.

① 석탄산 계수(phenol coefficient)가 높을 것
② 인체에 대하여 독성이 없을 것
③ 용해성이 높을 것
④ 부식성이나 표백성이 없을 것
⑤ 냄새가 없을 것
⑥ 침투력이 강할 것
⑦ 사용법이 간단하고 값이 저렴할 것

소독제는 단백질 응고(승홍, 포르말린, 석탄산, cresol, alcohol), 산화작용($H_2O_2$, $KMnO_4$), 단백질과 화합물 형성($Cl_2$, $I_2$), 강산 및 강알칼리의 작용에 의한 단백질 변성(중금속의 염류), 세포막 손상(역성비누, 페놀, 크레졸) 등이 있으며 소독력은 균의 종류, 균의 생리적 조건, 온도, pH, 배지 중의 유기물이나 무기물의 농도, 시간에 따라 좌우된다.

$$\text{소독력} = \text{농도}^n \times \text{시간}$$ (n=희석배수)

소독의 농도는 손, 의약품, 식기류, 음료수, 조리기구, 조리시설에 사용되는 최저한도의 농도이다.

### (1) 수은 화합물

#### ① 승홍(昇汞)

승홍($HgCl_2$)은 단백질과 결합하여 살균작용을 일으키며, 조직에 대한 자극성과 금속 부식성이 강하고, 주로 0.1% 수용액이 사용된다.

#### ② mercurochrome

적색의 분말로 물에 잘 녹으며, 착색력이 강하다. 주로 2% 수용액이 피부나 점막의 소독에 사용된다.

### (2) 할로겐 유도체

#### ① 염소($Cl_2$)

자극성과 금속 부식성이 있으며 음료수에 사용할 경우에는 잔류염소(residual chlorine)를 0.1~0.2ppm 정도로 한다.

#### ② 표백분($CaOCl_2$)

발생기 산소에 의한 살균으로 우물, 풀(pool) 등에 사용한다(표백분은 3.5% $Cl_2$를 함유한다).

#### ③ 요오드($I_2$)

물에 녹지 않으며, 요오드팅크(iodine tincture)를 만들어 사용한다.

($I_2$ 60g + KI 40g + 70% 알코올 1,000ml → 2,000ml로 희석)

### (3) 산화제

① 과산화수소($H_2O_2$)

3% 수용액을 상처소독에 이용한다.

② 과망간산칼륨($KMnO_4$)

살균력이 강하며 피부소독에 사용한다. 0.1~0.5% 수용액을 쓰나 착색력이 강하다.

③ 오존($O_3$)

물속에서 살균력이 강하므로 목욕탕 등에 사용된다.

④ 붕산(boric acid)

2~3% 수용액을 점막이나 눈세척에 사용한다.

### (4) 방향족 화합물

① phenol(석탄산, $C_6H_5OH$)

3~5% 수용액으로서 순수하고 안정하므로 살균력 표시의 기준이 된다. 5%의 석탄산을 기준으로 일정한 온도하에서 장티푸스균에 대한 살균력을 비교하여 각종 소독제의 효능을 표시하는데 이를 석탄산 계수(phenol coefficient)라 한다.

$$\text{석탄산 계수(P.C)} = \frac{\text{소독액의 희석배수}}{\text{석탄산의 희석배수}}$$

주로 대변, 침구, 피부나 점막, 기계 등의 소독에 이용된다.

② cresol

석탄산의 2배의 소독력이 있으며, 1~2%의 용액을 비누액에 50% 섞어서 사용한다.

### (5) 지방족 화합물

① ethyl alcohol

70% 수용액이 살균력이 강하며, 균의 포자에 대하여는 효과가 없으나 생활균에는 효과가 매우 크며, 살균작용은 탈수와 응고작용에 의한다.

### (6) 역성비누(invert soap)

소독력이 매우 강한 일종의 표면활성제로서 공장의 소독, 종업원의 손을 소독할 때나 용기 및 기구의 소독제로 사용한다. 역성비누는 제4급 암모늄염의 유도체로서 보통 비누와 반대로 해리하여 양이온이 비누의 주체가 되므로 양성비누(cationic soap)라고도 한다. 미생물의 세포막 손상과 단백질 변성으로 살균효과를 나타내며, 포자, 결핵균, 간염 바이러스 등에는 전혀 효과가 없다. 세정력은 약하나 살균력이 강하고, 가용성이며, 냄새가 없고, 자극성 및 부식성이 없다. 보통 원액(10% 용액)을 200~400배로 희석하여 5~10분간 처리하여 사용하며, 특히 주의해야 할 점은 일반 비누와 병용하면 살균력이 없어진다는 것이다. 또 유기물이 존재하면 살균효과가 떨어지므로 세제로 씻은 후 사용하는 것이 좋다.

손 소독 (100:1)

### (7) 기타

① acrinol

황색의 결정성을 띠고 있으며, 수용액은 녹색의 형광을 나타낸다. 피부의 살균소독에 이용되는 것으로서 0.2~ 0.05% 수용액을 사용한다.

② formalin(HCHO)

Formaldehyde의 30~40% 용액으로, 기체 또는 용액상태에서 살균력이 있고 포자 살균력도 강하다. 코지(koji)실이나 창고 등의 소독에 적당하다.

**표 2-2 소독제의 종류, 용도 및 특성**

| 소독제 | 살균 메커니즘 | 사용용도 | 사용농도 | 비고 |
|---|---|---|---|---|
| 승홍 | 단백질변성 | 무균실소독 | 0.1% | 금속부식, 피부자극 |
| 차아염소산나트륨 | 균체 산화 | 음료수소독 | 100mg/L | 금속부식, 피부자극 |
| 요오드팅크 | 단백질 변성 | 상처소독 | 3~6% | 살균력이 강함 |
| 역성비누 | 세포막 손상 | 손소독 | 200~400배 희석 | 살균범위가 좁다 |
| 에탄올 | 단백질 변성 | 피부소독 | 70% | 포자에 효과가 낮다 |
| 포르말린 | 핵산 변성 | 국실, 창고소독 | 1% | 유독함 |
| 페놀 | 세포막 손상 | 화장실소독 | 3~5% | 냄새가 강하다 |
| 크레졸 | 세포막 손상 | 화장실소독 | 1~2% | 냄새가 강하다 |
| 과산화수소 | 균체산화 | 상처소독 | 3% | |

### 2-4-3 소독방법

#### (1) 조리자의 손

손은 역성비누액(10%)을 손바닥에 붓고 소형 brush로 비비면서 손톱 사이까지 스며들도록 하여 4~5분 지난 후 흐르는 수돗물에 손을 담근 채 다시 brush로 씻어낸 후 손을 말린다.

#### (2) 행주 및 도마

행주는 삶거나 증기소독, 차아염소산 처리 및 일광건조를 한다. 도마는 중성세제로 닦아내고 열탕처리를 하거나 계속 흐르는 물로 씻어내고, 차아염소산수로 비벼서 흐르는 물에 씻는다.

## 2-5 식품의 변질

### 2-5-1 개요

식품의 변형, 흡습, 건조 등 물리적인 변화는 식품의 변질(變質, spoilage)과는 직접적인 관계는 없지만 미생물의 침입 또는 번식의 원인이 될 수 있다. 일광이나 온도에 의한 분해와 공기 중의 산소에 의한 산화현상은 식품의 변질에 직접적인 원인이 된다.

이와 같이 여러 가지 요인(미생물, 효소, 성분간 반응, 광, 온도, 산소 등)으로 인하여 식품의 성분이 변화하여 영양소가 파괴되고 향기와 맛 등이 손상되어 식용이 불가능하게 되는 현상을 식품의 변질 또는 열화(劣化, decay)라고 한다. 변질의 요인으로는 생물학적 요인, 물리적 요인, 화학적 요인 등이 있으며, 변질은 해당식품의 구성성분에 따라 다시 부패, 변패, 산패, 발효 등으로 나눌 수 있다.

부패(腐敗, putrefaction)는 흔히 일어나기 쉬운 변질 중의 하나로 주로 단백질과 같은 함질소 유기물이 혐기성균(*Clostridium sporogenes*) 등의 작용에 의하여 분해되어 저분자 물질이 되는 과정에서 본래의 성질을 잃고 악취를 내거나 유해물질을 생성하여 먹을 수 없게 되는 것이다.

발효(醱酵, fermentation)는 탄수화물이 미생물의 분해작용으로 인간에게 유용한 유기산, 알코올 등을 생산하는 것을 말하며, 산패(酸敗, rancidity)는 지방이 분해되어 유독물질과 악취를 내고 변색되는 것을 말한다. 그러나 대다수의 식품들은 단백질, 탄수화물, 지방 등 한 가지 성분만으로 된 것은 거의 없고 이들 성분이 적절하게 혼합된 물질이므로 식품이 변질될 때에는 단백질, 탄수화물, 지방 등이 같이 분해되어서 이들을 엄밀히 구별하기는 곤란하다. 따라서 부패와 발효의 개념은 어떤 식품의 분해반응이 자기가 요구하는 방향으로 진행되어 분해산물을 이용할 수 있을 때 발효가 되었다고 하며, 분해반응이 요구하는 방향으로 일어나지 않았고 또한 분해산물을 이용할 수 없을 때 부패되었다고 한다.

### 2-5-2 부패에 관여하는 미생물

부패균이란 분류학상 어떤 계통의 미생물이 아니며 식품에 관여하는 미생물 중 식품의 부패를 초래할 수 있는 모든 균을 통상 부패균이라 하는데 세균, 효모, 곰팡이 등이 있다. 식품의 부패는 일반적으로 하나의 균이 작용하기보다는 몇 종류의 세균들이 시기를 달리하면서 증식하여 부패를 일으키는 데, 특히 단백질 분해력이 강한 세균이 주가 된다. 부패는 먼저 식품 중에 있는 효소에 의해 자기소화로 저분자 물질이 되고 다음에는 세균이 식품에 증식하여 효소를 분비하고 그 효소의 여러 가지 반응에 의해 식품성분이 변화되고 부패를 완성시킨다. 부패균은 식품의 종류에 따라서 다른데 식품군별 부패미생물은 다음과 같다.

#### (1) 과일, 채소

자기소화에 의해 부패가 시작되는 경우도 많지만 주로 미생물(과일-곰팡이, 채소-곰팡이·세균)에 의해 부패가 일어난다. 채소는 *Erwinia*속, *Rhizopus*속, *Pseudomonas*속, *Xanthomonas*속 등에 의해 부패하며 과일의 부패균으로는 *Monilia*속, *Penicillium*속, *Botrytis*속, *Alternaria*속 등이 있다.

#### (2) 곡류

곡류는 저장 전에 건조를 하므로 미생물에 의한 부패는 잘 일어나지 않는다. 그러나 건조가 불충분하면 미생물(곰팡이)에 의한 부패가 발생한다. 밀은 저장 중 수분함량이 증가하면 *Aspergillus glaucus*, *Aspergillus candidus*, *Aspergillus flavus*, *Penicillium*속 등의 곰팡이에 의해 변질이 일어나며, 밀가루는 젖산균에 의해 산패되거나 *Bacillus subtilis*에 의해 변질이 일어나는 경우도 있다.

### (3) 육류

육류의 대표적인 변패균으로는 *Pseudomonas*, *Achromobacter*, *Micrococcus*, *Streptococcus*, *Leuconostoc*, *Pediococcus*, *Lactobacillus*, *Sarcina*, *Serratia*, *Proteus*, *Flavobacterium*, *Bacillus*, *Clostridium*속 등이 있다.

### (4) 어패류

부패균의 대부분은 수중세균으로 *Pseudomonas*, *Achromobacter*, *Flavobacterium*, *Vibrio*, *Sarcina*, *Serratia* 등이다. 조개류의 부패균은 생선의 부패균과 비슷하나 대장균과 토양세균도 관여한다.

### (5) 우유

효모, 곰팡이, 세균 등 거의 모든 미생물이 관여하며 *Alcaligenes viscolactis*는 우유의 표면 점패균(粘敗菌)이며 *Enterobacter aerogenes*, *Enterobacter cloacae*, *Streptococcus lactis*, *Lactobacillus bulgaricus*, *Lactobacillus plantarum*, *Lactobacillus casei* 등은 전체 점패균이다. *Serratia marcescens*는 우유를 붉은색으로 변화시키면서 불쾌한 냄새를 낸다. 저온 보관된 우유에서는 *Pseudomonas fluorescens*가 우유의 부패에 관여한다.

### (6) 통조림

부패균은 내열성인 것이 많으며 탄산가스와 수소가스를 발생하는 대표적인 부패균으로는 *Clostridium butylicum*, *Clostridium pasteurianum*, *Clostridium sporogenes* 등이 있다. *Clostridium botulinum*은 통조림을 부패시킴과 동시에 식중독을 일으킨다. *Bacillus coagulans*는 통조림의 flat sour 원인균이다.

# 2-6 부패기구 및 부패산물

식품의 부패가 진행되면 단백질, 지방, 탄수화물 등이 분해하여 저분자 화합물인 아미노산, 지방산, 유기산 등으로 분해된다. 이것들은 다시 여러 경로를 거쳐 여러 가지 부패산물을 생성한다. 예를 들면 수육에는 ammonia가, 해산어패류에는 ammonia와 trimethylamine이, 탄수화물이 풍부한 식품에는 유기산류가 생성된다.

단백질 ⟶ { peptone, peptide } ⟶ amino acid ⟶ { ammonia, $CO_2$, amine, phenol, indol, skatol, $H_2S$, mercaptane, $\alpha$-keto산, cresol }

지방 ⟶ fatty acid ⟶ $CO_2$, $H_2$, $CH_4$

탄수화물 ⟶ { pyruvic acid, gluconic acid } ⟶ { lactic acid, acetic acid, butanol; formic acid ⟶ $CO_2$, $H_2$; butyric acid, acetone, ethanol, succinic acid, propionic acid }

아미노산은 부패세균이 생산하는 효소작용에 의하여 여러 가지 분해생성물을 생성하는데, 그 분해작용에는 탈탄산반응, 탈아미노반응 그리고 탈탄산과 탈아미노 병행반응이 있다.

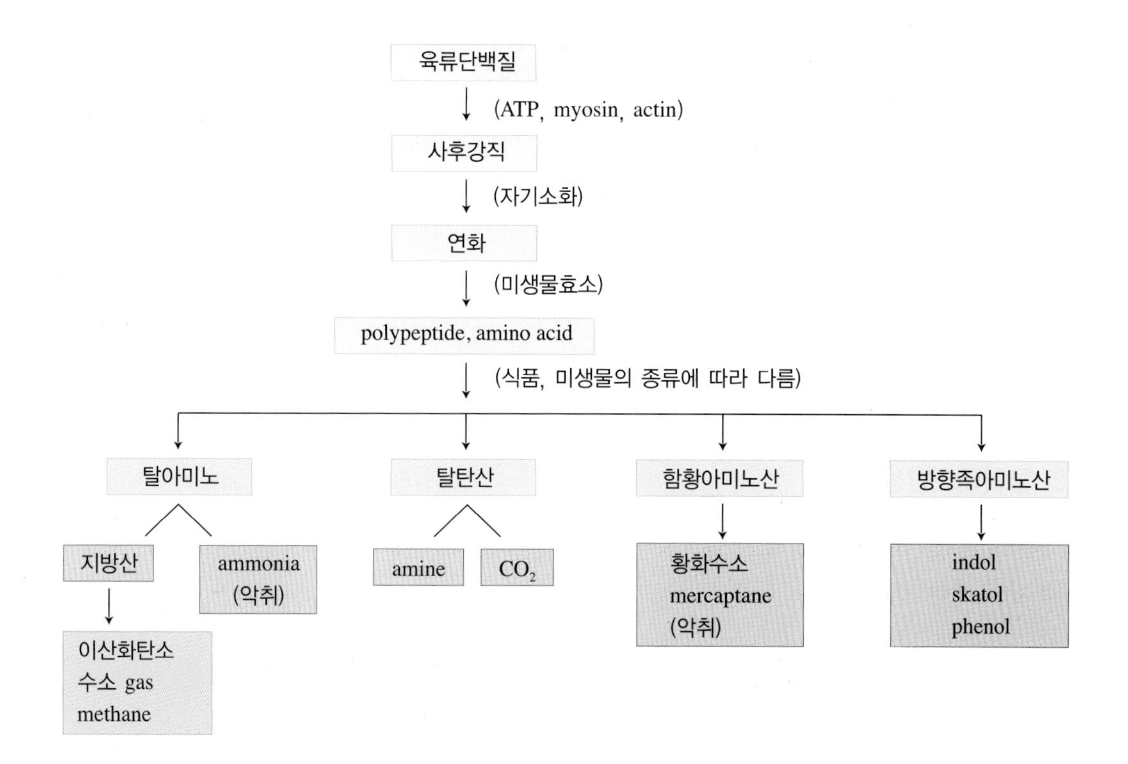


[그림 2-5] **단백질의 부패**

## (1) 탈탄산반응

아미노산의 탈탄산반응(decarboxylation)에 의해 histamine, tyramine, cadaverine, putrescine, agmatine, ethylamine, methylamine 등의 유해한 아민이 생성되며, 이것들은 알레르기성 식중독의 원인이 된다. 이때 작용하는 탈탄산효소는 산성에서 미생물이 증식할 때 만들어지고 중성~알칼리성에서는 작용하지 않는다.

$$\underset{\text{amino acid}}{R\cdot CHNH_2COOH} \rightarrow \underset{\text{amine}}{R\cdot CH_2NH_2} + CO_2$$

$$\underset{\text{amino acid}}{R\cdot CHNH_2COOH} + H_2 \rightarrow \underset{\text{amine}}{R\cdot CH_2NH_2} + \underset{\text{formic acid}}{HCOOH}$$

**여러 가지 아미노산과 탈탄산반응에 의해 생성된 아민**

| | | |
|---|---|---|
| glycine | → | methylamine |
| alanine | → | ethylamine |
| lysine | → | cadaverine |
| ornithine | → | putrescine |
| arginine | → | agmatine |
| histidine | → | histamine |
| tyrosine | → | tyramine |

### (2) 탈아미노반응

아미노산은 부패세균이 생산하는 탈아미노효소의 작용을 받아 암모니아와 유기산(케톤산, 옥시산 등)을 생산한다.

### (3) 탈탄산 및 탈아미노 병행반응

아미노산이 세균의 분해 작용에 의해 암모니아와 탄산가스를 동시에 생성하고 한편으로 알코올과 지방산 등이 생성된다. 식품의 성분과 미생물의 종류에 따라 생성되는 물질이 다르다.

## 2-7 부패의 판정

일반적으로 천연식품보다 가열 조리한 식품이 부패되기 쉽다. 즉, 가열 조리함으로써 조직이 연화되고 단백질이 변성하여 가용성분이 많아짐으로써 세균 증식에 알맞은 조건이 되기 때문이다. 음식물이 완전히 부패되면 냄새가 나고 외관이 변하여 누구나 쉽게 알 수 있기 때문에 먹지 않아 식품위생상 크게 문제가 없으나, 초기 부패의 식품은 판별이 어려워 잘 알지 못하고 먹어서 문제를 일으킨다. 이와 같은 부패 초기단계에서는 다음과 같은 검사에 의해 판정한다.

### (1) 관능검사(官能檢査)

가장 간단한 방법으로 시각, 촉각, 미각, 후각 등으로 검사한다. 즉, 식품이 초기 부패에 달하면 부패 냄새(아민, 암모니아, 산패, 곰팡이, 알코올, 분변 등의 냄새)가 생기고 색의 변화(광택소실, 착색, 변색, 갈색)가 생기며 또한 액체식품에서는 혼탁, 침전, 응고현상이 일어난다. 고체식품의 경우 탄력의 소실, 연화(軟化), 점액화(粘液化) 등이 일어나며, 미각에는 이미(異味), 무미, 자극미(刺戟味) 등이 나타난다. 그러나 관능검사는 개인차가 있어서 객관적 표준이 되지 못하는 단점이 있다.

### (2) 생균수 검사

식품이 부패하면 세균증식이 일어나므로 일반세균수를 측정하여 신선도를 판정하는 것이다. 그러나 오염균이 식품 표면에 골고루 부착되어 있다고 볼 수 없으며, 설령 그렇다고 하더라도 각 세균의 부패활성이 다르므로 정확히 신선도를 판정하기는 어렵고, 식품성분과 보존상태에 따라서 다르다. 하지만 통계적으로 부패 정도와 세균수가 대체로 일치하여 부패 판정법으로 이용되고 있다. 세균수가 식품 1g 또는 1ml당 $10^5$인 때를 안전한계, $10^7$~$10^8$인 때를 초기 부패단계로 본다.

### (3) 화학적 검사

어류나 육류와 같은 단백질 함유식품은 신선도 저하와 함께 아민이나 $NH_3$를 생성하므로 이들 부패생성물의 양을 측정하여 초기 부패를 알아보는 것이다.

#### ① 휘발성 염기질소(VBN; volatile basic nitrogen)

단백질 식품은 부패에 의하여 암모니아나 아민류를 생성하는데 암모니아와 휘발성 아민류를 총칭하여 휘발성 염기질소라 하며 이것은 어육과 식육의 신선도를 나타내는 지표로 이용된다. 신선한 어육에는 10~15mg% 함유되어 있으며, 초기 부패육에는 30~40mg%, 부패육에는 50mg% 이상 함유되어 있다.

#### ② 트리메틸아민(trimethylamine)

트리메틸아민은 휘발성 염기질소를 구성하는 아민 중 가장 많은 것으로 어패류의 신선도 저하와 함께 증가되기 때문에 어패류 신선도 검사에 사용된다. 신선한 어패류에는 3mg% 이하로 존재하지만 부패 초기 어패류에는 4~6mg% 함유되어 있다.

③ K값

어육의 신선도를 나타내는 지표이다. 어육 중의 adenosine triphosphate(ATP)는 사후강직에 관여한 후 adenosine diphosphate(ADP), adenosine monophosphate(AMP), inosinic acid(IMP) 등으로 분해되고 더욱더 신선도가 떨어지면 inosine(HxR), hypoxanthine(Hx) 등으로 된다. K값이 10% 이하일 때는 아주 신선하며, 20% 이하는 신선도가 양호하고, 40~60%는 신선도가 약간 떨어지고 60~80%는 초기 부패가 되었음을 의미한다.

$$K값\ [\%] = \frac{HxR + Hx}{ATP + ADP + AMP + IMP + HxR + Hx}$$

④ 히스타민(histamine)

어패류의 부패과정에서 생성된 히스티딘(histidine)은 탈탄산작용에 의해 히스타민으로 바뀌어 생성·축적되는데, 어육 중에 4~10mg% 축적되면 알레르기성 식중독을 일으킨다.

### (4) pH

탄수화물을 많이 함유한 식품은 세균에 의해 유기산 발효를 일으켜 pH가 저하되지만 부패세균에 따라서 pH가 저하되지 않고 서서히 상승하는 경우도 있다. 그러나 수육이나 어육 등 단백질이 많은 식품은 일반적으로 부패가 시작되면 pH가 약간 저하되다가 암모니아 등의 생성으로 다시 상승한다. 어육의 경우 5.5 전후이면 신선하고 6.2~6.5이면 초기 부패로 판정한다.

### (5) 물리적 검사

식품은 부패할 때 경도, 탄성, 점성, 색 및 전기저항 등이 변화한다. 따라서 이들 변화를 측정하여 식품의 초기 부패를 알아보는 방법으로 짧은 시간 내에 결과를 알 수 있어 좋기는 하나 같은 종류의 식품이라도 조건에 따라서 결과가 달라지므로 아직은 더 고려되어야 한다.

**식품의 신선도 및 부패 판정**

1. 관능검사: 시각, 촉각, 미각, 후각 등 이용(냄새, 색의 변화, 연화, 점액화, 맛)
2. 생균수 검사: 식품 1g 또는 1ml당 균수가 $10^7$~$10^8$일 때 초기 부패
3. 화학적 검사
   ① VBN: 신선한 식품 5~10mg%, 초기 부패 30~40mg%
   ② TMA: 신선한 식품 3mg% 이하, 초기 부패 4~6mg%
   ③ K값: 신선도 양호 20% 이하, 초기 부패 60~80%
   ④ histamine: 4~10mg%이면 알레르기 식중독
4. pH검사: 초기 부패 6.2~6.5
5. 물리적 검사: 경도, 점성, 탄성, 색, 전기저항 등을 측정

# 2-8 식품의 변질 방지

식품의 변질과 부패의 원인은 온도, 습도 등 여러 가지 요인이 있지만 미생물의 번식으로 인한 것이 가장 많다. 그러므로 식품의 부패를 방지하려면 미생물의 오염을 방지하거나 오염된 미생물의 증식과 발육을 억제하는 것이 중요하다.

식품의 부패를 방지하고 보존하는 방법으로는 물리적 방법, 화학적 방법, 생물학적 방법 및 기타 복합처리 방법 등이 있다.

**표 2-3 식품변질에 관여하는 인자**

| 인 자 | 내 용 |
|---|---|
| 온도 | 자기소화와 변성도 온도의 영향을 받지만 미생물의 증식은 더 큰 영향을 받는다. 세균과 곰팡이의 최저 증식온도는 약 -11℃이므로 그 이하 보존이 필요하다. |
| 수분 | 식품 중의 수분함량을 낮추면 미생물의 증식을 억제할 수 있다.<br>Aw가 0.60 이하이면 모든 미생물의 번식 억제가 가능하다. |
| 산소 | 산소의 농도가 높은 식품 표면에는 호기성균과 통성혐기성균이, 식품의 심부와 밀봉 조건하에서는 편성혐기성균과 통성혐기성균이 증식한다. 초기에는 호기성균이 증식하고 산소의 농도가 낮으면 혐기성균이 증식한다. |
| pH | 세균의 최적 pH는 6.8~8.0, 효모와 곰팡이는 5.0~6.0이다. |

## 2-8-1 물리적 방법

### (1) 냉장 및 냉동법

미생물의 증식을 억제시키려는 목적으로 식품을 저온에 보존하는 방법이다. 보통 0℃ 이하에서 보존하는 것을 냉동, 0~10℃에서 보존하는 것을 냉장이라 한다.

#### ① 움저장(cellar storage)

감자, 고구마, 채소류, 과일 등을 움 속(지하)에 넣고 온도를 약 10℃로 유지하면서 저장하는 방법이다. 고구마 등을 수확할 때 껍질에 상처가 생기면 저장 중에 세균이 침입하여 부패되는 경우가 많으므로 큐어링(curing)한 다음에 저장해야 한다.

#### ② 냉장(cold storage)

일반적으로 식품을 0~4℃로 보존하는 방법으로 일반 식품의 단기간 저장에 널리 이용되나 장기간 보존은 불가능하다. 일정 기간이 지나면 자기소화에 의해 변질되는데, 특히 육류나 어패류와 같이 단백질이 많은 식품은 더욱 변질되기 쉽다. 채소는 일반적으로 0~5℃에서 습도 80~90%로 저장하고, 과일류는 당분이 많으므로 −1℃ 이하로 냉장하는 것은 좋지 않다. 육류나 조리된 식품은 0~5℃에서, 어패류는 4~6℃에서 저장한다[표 2-4].

**표 2-4 각종 식품의 적정 저장조건(습도: 85~95%)**

| 식 품 명 | 저장온도[℃] | 저장기간 | 식 품 명 | 저장온도[℃] | 저장기간 |
|---|---|---|---|---|---|
| 쇠고기 | 0~1 | 1~6주 | 무 | 0 | 4~5개월 |
| 쇠고기 | -23~-29 | 9~12개월 | 캐비지 | 0 | 3~4개월 |
| 돼지고기 | 0~1 | 3~7일 | 셀러리 | 0 | 2~4개월 |
| 돼지고기 | -23~-19 | 4~6개월 | 양파 | 0 | 6~8개월 |
| 닭고기 | 0 | 1주 | 파 | 0 | 1~3개월 |
| 닭고기 | -23~-19 | 6~9개월 | 시금치 | 0 | 10~14일 |
| 염소고기 | -23~-19 | 8~10개월 | 상추 | 0 | 3~4주 |
| 달걀 | -2~-0.5 | 8~9개월 | 당근 | 0 | 10~14일 |
| 버터 | -2~-0.5 | 8~9개월 | 가지 | 4~7 | 10일 |

| 어육 | 0.5~4 | 5~20일 | 오이 | 7~19 | 10~14일 |
|---|---|---|---|---|---|
| 어육 | -23~-19 | 8~10개월 | 호박 | 10~13 | 2~6개월 |
| 어육훈제품 | 4~10 | 6~8개월 | 토마토 | 0 | 7일 |
| 아스파라거스 | 0 | 3~4주 | 고구마 | 13~16 | 4~6개월 |

③ 냉동(freezing storage)

식품을 냉동(-15~-18℃) 상태에서 동결시켜 보존하는 방법으로 식품의 조직에 변화를 주는 단점이 있으나 장기간 보존이 가능하며 수육, 어육, 알, 채소, 과일 등에 광범위하게 쓰인다. 이 방법은 식품을 동결시키면 미생물이 생육에 필요한 수분을 공급받지 못하여 증식하지 못하는 것으로 사멸을 기대하기는 어렵다. 조리하기 전에 냉동육 등을 완전히 해동시키지 않으면 조리 시 발생하는 열기가 식육 덩어리에 완전히 침투하지 못하여 조리가 끝난 후에도 중심부의 미생물이 남아 문제를 일으킬 수 있다.

### (2) 건조법

건조법(乾燥法)은 식품 중의 수분을 감소시켜 세균의 발육을 저지함으로써 식품을 보존하는 방법이다. 식품을 건조시키면 식품 중의 가용성 고형성분의 농도가 증가되고 삼투압이 높아지는데 미생물은 삼투압에 대하여 저항성이 약하므로 생육하지 못한다. 일반적으로 세균은 수분함유량 15% 이하에서는 번식하지 못하나 곰팡이는 13% 이하에서도 비교적 번식이 가능하다. 따라서 식품을 건조시켜 저장하려면 곰팡이의 생육이 불가능할 정도로 건조시켜야 한다.

① 일광건조법

농산물과 해산물 등을 햇볕에 건조시키는 방법으로 기후의 영향을 받으며 넓은 면적을 필요로 하고, 또한 공기 중 산소에 의하여 식품의 신선도나 품질이 저하되는 단점이 있다. 그러나 버섯 등은 일광건조를 함으로써 영양가를 높이는 이점도 있다.

② 인공건조법

인공건조 역시 일광건조와 마찬가지로 공기 중 산소에 의하여 식품의 성분이 변하기 쉬운 결점을 가지고 있다.

㉠ 고온건조법: 식품을 90℃ 이상의 고온에서 건조시키는 방법으로 산화, 퇴색되는 결점이 있다.

㉡ 열풍건조법: 가열한 공기를 보내서 식품을 건조시키는 방법으로 육류, 어류, 난류 등에 이용된다. 일광건조법에 비해 단시간에 건조되며 품질의 변화가 적으나 경비가 많이 든다.

㉢ 배건법(焙乾法): 식품을 직접 불로 건조시키는 방법으로 온도가 높기 때문에 성분변화는 심하나 식품이 독특한 향기를 내게 한다(보리차, 홍차 등).

㉣ 냉동건조법(freeze drying method): 식품을 냉동시킨 후 저온에서 건조시키는 방법으로 단백질의 응고와 지방의 산화를 방지할 수 있고 콜로이드(colloid) 물질의 변화가 일어나지 않으므로 식품의 신선도가 유지된다. 한천, 건조두부, 당면 등의 건조에 사용된다.

㉤ 분무건조법(spray drying method): 액체식품을 분무하여 열풍으로 건조시키는 방법으로 분유, 분말커피 등의 제조에 이용되며, 효소, 비타민 등을 건조시키면 풍미가 비교적 잘 유지된다.

㉥ 감압동결건조법(vacuum freeze drying method): 식품을 동결시킨 후 감압하에서 건조시키는 방법으로 건조채소, 건조란, 분유의 제조에 이용된다. 식품성분의 변화는 적으나 건조시키는 데 장시간이 필요하므로 자기소화가 일어나 품질이 변화될 우려가 있다. 이러한 변화를 방지하기 위해서는 질소 가스, 이산화탄소 가스 등을 사용하여 막을 수 있다.

### (3) 가열살균법

식품을 가열하여 미생물을 죽임과 동시에 효소를 파괴하여 식품의 변질을 방지하여 보존시키는 방법이다. 통조림(canning)이나 병조림(bottling)과 같이 식품을 용기에 넣고 가열, 살균하여 밀봉하면 가장 안전하다. 그러나 식품을 가열하면 단백질의 변성, pH의 변화, 효소 및 비타민 파괴, 유지 및 탄수화물 분해, 중량감소, 풍미(風味)저하 등이 생기므로 저온에서 단시간에 처리하는 것이 바람직하다.

#### ① 저온 장시간살균법(LTLT; low temperature long time heating method)

60~65℃에서 30분간 가열한 후 10℃ 이하로 냉각하는 방법으로 우유, 술, 주스, 소스, 간장 등에 이용된다. 이 방법은 식품의 영양소나 향미(香味)가 보존되는 장점이 있으나 존재하는 미생물이 완전히 사멸되지 않는 결점이 있다.

#### ② 고온 단시간살균법(HTST; high temperature short time heating method)

71.1℃에서 15초 내외로 가열한 후 10℃ 이하로 급랭하는 방법으로 과즙, 우유 등에 이용된다.

### ③ 초고온 순간살균법(UHT; ultra high temperature heating method)

130~150℃에서 1~2초간 가열한 후 급랭하는 방법으로 우유나 과즙 등을 가열관에 통과시키면서 살균한다.

### ④ 고온 장시간살균법(HTLT; high temperature long time heating method)

95~120℃에서 30~60분간 가열하는 방법으로, 가급적 급랭이 필요하며 통조림의 살균 등에 이용된다.

### ⑤ 초음파 가열살균법

전파살균이라고도 하며 식품에 초음파(100만~200만 사이클)를 작용시키는 방법이다. 균을 진동시키면 균체가 기계적으로 파괴되어 식품의 전 조직에서 동시에 발열되므로 단시간(1분 내)에 행한다.

### (4) 조사살균법

자외선 및 방사선 살균법이 있다.

## 2-8-2 화학적 방법

### (1) 절임법

식품을 염장(塩藏), 당장(糖藏), 산장(酸藏) 등의 절임으로 보존하는 방법이다.

### ① 염장(salting)

식품을 소금과 함께 저장하는 방법으로 육류, 수산물 및 채소의 가공, 조리, 저장 등에 널리 이용된다. 식품에 소금을 넣으면 삼투압이 높아져서 식품은 탈수되어 건조상태가 되고, 염소이온의 살균작용, 미생물의 원형질 분리, 효소작용저해 등으로 미생물의 생육은 억제되며 또한 산소의 용해도 감소로 인해 호기성균의 발육이 억제된다.

일반적으로 세균보다 효모나 곰팡이가 저항성이 강하며 세균 중에서도 구균이 간균보다 저항성이 강하다. 포화식염수의 수분활성은 0.818($Na^+$ 및 $Cl^-$의 수화성 때문에 실제 수분활성은 0.755이다)이며 설탕수용액의 수분활성은 0.845로 염장이 당장보다 보존능력이 높다. 미생물은 소금에 대하여 비교적 강하나 pH를 낮게 하면 그 생육이 저지되므로 식품을 높은 농도의 소금에만 저장하면 부패균의 생육을 억제할 뿐이고 직접적인 살균 효과는 없으나 산과 병용하면 효과가 크다.

② 당장(sugaring)

식품을 설탕 또는 전화당으로 저장하는 방법인데 젤리, 잼, 마멀레이드, 가당연유, 과일 등에 이용한다. 당농도가 50% 정도이면 일반 세균의 번식이 억제된다. 그러나 특수한 효모나 곰팡이는 67% 설탕용액에서도 잘 생육하는 호당성균(好糖性菌, saccharophilic bacteria)이 있으므로 염장할 때와 같이 소량의 산을 병용하면 당액의 농도가 어느 정도 낮아도 부패균의 생육을 저지할 수 있다.

당장은 설탕을 지나치게 많이 첨가하면 설탕의 결정이 석출(析出)하는 경우가 있으므로 설탕과 동량의 전화당(轉化糖)이나 엿을 같이 사용하면 당의 석출을 방지할 수 있고 식품의 저장성도 높일 수 있다. 두 종류의 당이 같은 농도로 존재할 때는 분자량이 작은 당이 수분활성을 감소시키는 효과가 크다.

③ 산장(pickling)

미생물은 생육하는 데 pH의 영향을 많이 받게 되는데 산장법(酸藏法)은 pH가 낮은 초산, 젖산 등을 이용하여 식품을 저장하는 방법으로 주로 채소 및 과일 등의 저장에 이용된다.

일반적으로 같은 pH에서도 유기산이 무기산보다 미생물의 번식을 저지하는 효과가 크며 유기산으로는 구연산(citric acid), 젖산(lactic acid), 초산(acetic acid), 프로피온산(propionic acid) 및 그의 염(塩)이 주로 이용된다. 식염(食塩), 당, 보존료 등을 같이 사용하면 효과를 더욱 증가시킬 수 있다.

### (2) 보존료첨가법

식품에 사용되는 보존료의 역할은 식품의 부패를 연장시키는 정균작용에 불과한 것으로 식염, 설탕, 식초, 알코올, 훈연의 성분도 보존료로 사용된다.

주로 사용되는 산화방지제 중에서 천연 항산화제로는 토코페롤, 비타민 C, 몰식자산, 레시틴 등이 있고 합성 항산화제는 식품첨가물 편에 기술되어 있다.

## 2-8-3 기타 복합처리법

### (1) 훈증

훈증(薰蒸, fumigation)은 식품을 훈증제로 처리하여 곤충의 충란 또는 미생물을 사멸시키는 것으로 곡류의 저장 등에 사용한다. 훈증제로는 chloropicrin($CCl_3NO_2$), chloroform($CHCl_3$), nitrogen dioxide($NO_2$)가 널리 사용되고 methyl bromide($CH_3Br$), 황산석회, 산화에틸렌, 2염화에틸렌, parathion, BHC, 제충국 등이 사용되나 모두 인체에 유독하므로 사용할 때는 주의해야 한다.

### (2) 훈연

훈연(薰煙, smoking)은 목재를 불완전 연소시켰을 때 나오는 연기를 식품에 침투시켜 저장성을 높이는 방법으로 육류와 어류의 저장과 가공에 응용된다. 훈연재로는 수지(樹脂)가 적은 활엽수인 벚나무, 떡갈나무, 참나무 등이 좋고 수지가 많은 침엽수는 훈연 후에 수지 냄새가 나기 때문에 좋지 않다. 연기 중에 살균물질인 아세트알데히드(acetaldehyde), 포름알데히드(formaldehyde), 아세톤, 페놀, 초산 등이 식품의 육조직 중에 침입되어 미생물의 발육을 억제하고 또한 훈연에 의해 식품이 건조되어 저장성을 높인다.

### (3) 가스저장(CA저장)

수확한 과일이나 채소는 산소를 흡수하여 탄산가스를 내보내는 호흡작용을 하여 성분의 변화를 가져오는 동시에 증산작용도 일어나 이들의 신선도와 무게가 변하여 품질이 저하된다. 호흡작용은 온도, 습도 및 공기조성 등 환경조건의 영향을 받게 되는데 대개 0℃ 부근에서 호흡작용이 가장 느리고 10℃씩 올라감에 따라 호흡작용이 급격히 높아지며 30~40℃에서 가장 높다. 따라서 미생물이 번식할 수 없는 0℃ 부근을 저장 최적온도로 볼 수 있으나 식품에 따라 최적온도가 다르다. 습도가 낮으면 호흡작용도 낮아진다. 그러나 습도가 너무 낮으면 증산작용이 높아지므로 일반적으로 80~85%가 적당하다. 공기조성은 이산화탄소가 많아지면 호흡작용이 낮아지게 된다. 따라서 어느 정도까지 탄산가스의 농도를 높이면 호흡작용이 억제되어 그만큼 저장력이 높아진다. 산소는 호흡에 큰 영향을 미치지 않으나 한계농도 이하가 되면 호흡작용이 현저히 감소하며 극단적으로 적을 때는 분자간 호흡이 일어나게 된다. 따라서 저장고 내의 온도, 습도, 탄산가스와 산소의 농도를 적당하게 조절시켜 과일이나 채소를 신선하게 유지하는 것을 가스저장 또는 CA저장(controlled atmosphere storage)이라 한다.

CA저장은 식물성 식품에 대하여는 호흡작용을 억제하고 동물성 식품에 대해서는 호흡작용의 억제와 부착되어 있는 호기성 부패균의 증식을 억제하는 효과가 있다.

### (4) 통조림, 병조림 및 필름포장

병조림과 통조림은 식품을 병이나 캔에 담고 탈기한 후 용기를 밀폐해서 외기와 차단하고 다시 가열해서 그 안의 미생물을 사멸시킨 다음 식품을 저장하는 방법이다. 제조공정은 다음과 같다.

원료처리 → 담기 → 주액 → 탈기 → 밀봉 → 살균 → 냉각

탈기(脫氣)는 용기 내의 공기를 제거하는 것으로 탈기를 함으로써 살균 완료 후에 남아 있는 호기성 세균포자의 발아를 억제하고 식품 내의 공기에 의한 성분의 변질을 방지하며 가열에 의한 내부공기의 팽창으로 인한 용기의 파손을 막을 수 있다.

일반적으로 미생물은 생육 최고온도보다 10~15℃ 이상 높은 온도에서 가열하면 사멸한다. 따라서 살균조건은 내용물의 상태에 따라서 조정한다. 일반적으로 pH가 낮을수록 내열성은 작고 중성에 가까울수록 높아진다. 따라서 과일통조림과 같이 pH가 낮은 식품에 비해서 채소통조림은 고온에서 장시간 가열이 필요하다.

필름포장 시 과일이나 채소를 플라스틱 필름으로 포장하면 처음의 가스조성은 공기조성인 산소 21%, 이산화탄소 0.03%이나 내용물의 호흡에 의해 점차 산소가 적어지고 이산화탄소가 많아진다. 그러나 플라스틱 필름은 가스를 투과시켜 발생된 $CO_2$를 밖으로 확산시켜 일정한 농도에 이르면 필름 안팎의 가스농도가 평형에 이르게 된다. 즉, $O_2$는 약 8~10%, $CO_2$는 약 3%가 되어 일정한 값을 유지한다. 그러므로 호흡작용 및 증산작용을 억제하여 신선도를 좀더 오래 유지시킬 수 있다.

### (5) 진공포장

식품을 포장재에 넣고 내부의 공기를 없애 밀봉(密封)하는 진공포장과 진공포장을 하기 어려운 경우 공기를 질소 가스와 같은 불활성가스로 치환한 질소가스충전포장이 있다. 이런 방법들은 호기적 미생물의 발육을 억제함과 동시에 식품성분의 산화에 의한 열화를 방지할 수 있다.

## CHAPTER 02 연습문제

**01 세균의 특징으로 옳지 않은 것은?**

① 분열에 의해 증식하는 분열균류이다.
② 살아있는 다세포 미생물이다
③ 형태에 따라 구균, 간균, 나선균으로 분류한다.
④ 구균에는 단구균, 쌍구균, 4연구균, 8연구균, 연쇄상구균, 포도알구균이 있다.
⑤ 연쇄상간균은 디프테리아균에서 볼 수 있다.

**02 세균의 증식조건으로 옳지 않은 것은?**

① 단백질이 많은 식품은 세균의 성장을 지배한다.
② 세균은 중성 또는 약산성에서 가장 잘 증식한다.
③ 대부분의 식중독 세균과 병원성 세균의 성장 온도는 37℃이다.
④ 대부분의 세균은 산소를 필요로 하는 호기성균이다.
⑤ 세균의 대부분은 수분활성도가 0.96~0.99에서 잘 증식한다.

**03 바이러스에 대한 특징으로 옳은 것은?**

① 광학현미경으로 볼 수 없는 직경 0.5㎛ 정도의 초여과 미생물이다.
② DNA, RNA 중 어느 한쪽의 핵산과 그것을 보호하는 지방으로 구성된다.
③ 바이러스는 식품 중에 잘 증식한다.
④ 일반 미생물과 같은 구조를 이루고 있다.
⑤ 바이러스는 가열조리 또는 냉동식품에서 살아남을 수 없다.

**04 곰팡이에 대한 특징으로 옳은 것은?**

① 광합성능이 있고 진핵세포를 가진 다세포 미생물이다.
② 균사체와 균총을 함께 일컬어 자실체라 한다.
③ 식품에 곰팡이가 증식되면 식품이 변패되며, 독소가 생성되어 사람에게 질병, 감염, 알레르기 반응 등을 일으키기도 한다.

④ 온도, pH가 높든지 낮든지, 짜든지 달든지 어떤 조건에서도 증식할 수 없다.
⑤ 곰팡이로 인한 위해를 방지하기 위해 곰팡이가 핀 부분을 잘라내어 섭취하는 것이다.

**05 수분 함량이 높고 단백질 함량이 많아 세균이 쉽게 증식할 수 있는 식품을 잠재적 위해식품(PHF; potentially hazardous food)이라 한다. 미국에서 분류한 잠재적 위해식품으로 옳지 않은 것은?**

① 우유 및 유제품　② 쇠고기, 돼지고기
③ 생선류　④ 두부　⑤ 주스

**06 물리적 소독법으로 옳은 것은?**

① 승홍　② phenol(석탄산, $C_6H_5OH$)　③ cresol　④ 역성비누　⑤ 직사 일광법

**07 방사선 살균법 중 가장 효과적인 것은?**

① $\alpha$　② $\beta$　③ $\gamma$　④ X선　⑤ $\theta$

**08 대장균군과 장구균의 비교로 옳은 것은?**

| | 특징 | 대장균군 | 장구균 |
|---|---|---|---|
| ① | 형태 | 구균 | 간균 |
| ② | 그람염색성 | 양성 | 음성 |
| ③ | 장관 내 균수 수준 | 분변 1g중 $10^7$~$10^9$ | 분변 1g중 $10^5$~$10^8$ |
| ④ | 날고기에서의 검출률 | 일반적으로 높다 | 일반적으로 낮다 |
| ⑤ | 생선, 채소에서의 검출률 | 높다 | 일반적으로 높다 |

**09 화학적 소독법을 사용하기 위하여 구비조건으로 옳은 것은?**

① 석탄산 계수(phenol coefficient)가 낮을 것　② 인체에 대하여 독성이 없을 것
③ 용해성이 낮을 것　④ 침투력이 낮을 것　⑤ 부식성이나 표백성이 있을 것

**10 화학적 소독법으로 옳은 것은?**

① 염소 – 0.3~0.4ppm　② 과산화수소 – 10%　③ 붕산 – 5~6%
④ acrinol – 0.2~0.05%　⑤ 과망간산칼륨 – 5~10%

**11 육류의 부패균으로 옳지 않은 것은?**

① *Pseudomonas*속　② *Achromobacter*속　③ *Streptococcus*속
④ *Aspergillus*속　⑤ *Sarcina*속

**12 초기부패의 판정으로 옳은 것은?**

① 휘발성 염기질소 : 10~15mg%　② 트리메틸아민 : 4~6mg%
③ K값 : 10% 이하　④ 히스타민 : 1~2mg%
⑤ pH : 5.5

# 세균 및 바이러스성 식중독

**학습목적** | 세균성 식중독의 종류, 발증 메커니즘 및 특징을 이해하고 세균성 식중독의 예방에 활용한다.

**학습목표**

01 세균성 식중독 발증 메커니즘을 설명하고 분류한다.
02 식중독을 일으키는 세균의 증식 특성을 설명한다.
03 세균성 식중독의 잠복기를 종류별로 기술한다.
04 세균성 식중독의 증상을 종류별로 기술한다.
05 세균성 식중독 예방의 3원칙을 설명한다.
06 세균성 식중독의 일반적인 방지대책을 제시한다.
07 살모넬라(*Salmonella spp.*)균에 의한 식중독의 다음 사항에 대해 설명한다.
  1) 식중독의 특징을 설명하고 예방법을 제시한다.
  2) 발열이 주요 증상임을 인지한다.
  3) 오염원을 제시하고 방지법을 적용한다.
08 장염 비브리오(Vibrio) 균에 의한 식중독의 다음 사항에 대해 설명한다.
  1) 식중독의 특징을 설명하고 예방법을 제시한다.
  2) 비브리오균(*Vibrio parahaemolyticus*)을 용혈성에 의해 감별한다.
  3) 식중독의 오염원을 제시하고 방지법을 적용한다.

09 병원성 대장균 식중독의 특징을 설명하고 예방법을 제시한다.
10 장병원성 대장균을 설명한다.
11 *Campylobacter* 장염의 특징을 설명하고 예방법을 제시한다.
12 기타 식중독의 특징을 설명하고 예방법을 제시한다.
13 황색포도알구균(*staphylococcus aureus*) 식중독의 다음 사항에 대해 설명한다.
   1) 식중독의 특징
   2) 장독소(enterotoxin)의 특성
   3) 잠복기와 증상
   4) 예방법
14 보툴리누스균(*Clostridium botulinum*) 식중독의 특징을 설명하고 예방법을 제시한다.
15 독소형 식중독의 균 및 독성의 특징을 구별한다.
16 독소형 식중독의 예방법을 제시한다.
17 세레우스균(*Bacillus cereus*) 식중독의 특징을 설명하고 예방법을 제시한다.
18 Welchii균(*Clostridium perfringens*)에 의한 식중독의 특징을 이해하고 예방법을 제시한다.
19 *Aeromonas*균 식중독의 특징을 설명하고 예방법을 제시한다.
20 유해 아민(amine)을 설명하고 히스타민(histamine)의 역할을 말한다.
21 *Morganella morganii* 등의 알레르기 관련균을 설명한다.
22 붉은 살 생선에 의한 알레르기 발생을 비교한다.
23 식중독 발생 보고의 책임자를 인지한다.
24 식중독 발생 방지대책을 제안한다.

식중독(Food poisoning)은 식품의 섭취로 인하여 인체에 유해한 미생물 또는 유독 물질에 의하여 발생하였거나 발생한 것으로 판단되는 감염성 또는 독소형 질환(식품위생법 제2조 14항)으로써 과학 문명이 발달하기 전부터 발생되어 인체 질환을 유발하였다. 19세기에 이르러 식품 중의 단백질 분해산물인 유독 amine, 즉 ptomaine에 의해서 일어난다고 생각하였으나 20세기 중반부터 세균학의 발달로 원인세균이 검출됨으로써 명백히 밝혀졌다. 세균성 식중독(bacterial foodborne diseases)은 세균에 오염된 식품을 섭취함으로써 급성위장염 등을 주요 증상으로 하는 건강장애를 일으키는 것을 말한다. 식중독의 42%는 병인물질이 불분명하지만 대부분은 세균에 기인하는 것으로 식중독에서 차지하는 비중은 대단히 크다. 우리나라에서는 2002년 이전에는 주로 *Salmonella*균, 황색포도알구균, 장염 Vibrio균에 의한 식중독이 발생하였으나, 식생활의 서구화와 학교급식 등 집단급식의 증가로 그동안 발생하지 않았던 *Clostridium botulinum* 및 *Clostridium perfringens* 식중독이 발생하였으며, *Bacillus cereus*, *Norovirus* 등 바이러스성 식중독이 증가하는 추세에 있다. 최근 의학과 문화 수준의 발달에도 불구하고 전 세계적으로 생물학적 식중독 발생이 증가하고 있는 실정이며 그 원인은 다음과 같다.

① 식품의 수·출입이 자유화되고 수송속도가 빨라짐에 따라 식중독의 전파속도 역시 빨라지고 있다.

② 생활양식의 변화로 집단급식, 냉장·냉동식품, 가정 간편식(HMR; Home Meat Replacement) 등 즉석식품의 소비 증가로 집단 식중독의 발생 가능성이 높아졌다.

③ 정상인에 비하여 면역기능이 저하된 만성질환자 및 노인 인구가 증가됨에 따라 세균에 감염 시 발병 가능성이 높다.

생물학적 식중독을 발생(發生) 원인별로 분류하면 다음과 같다.

- 감염형: 다량의 미생물에 오염된 식품을 섭취한 경우, 장관 내에서 증식하여 발생하는 균자체에 의한 식중독으로 잠복기가 비교적 길다.
  예) *Salmonella*식중독, 장염 *Vibrio*식중독, 병원성 대장균식중독, *Campylobacter*식중독, *Yersinia*식중독, *Listeria*식중독, *Virus*성 식중독 등
- 독소형: 미생물이 증식할 때 생성된 독소를 함유한 음식물 섭취 시, 균자체가 아닌 독소에 의해 발생하는 식중독으로 잠복기가 비교적 짧다.
  예) *Staphylococcus aureus*식중독, *Clostridium botulinum*식중독 등
- 감염·독소형: 병원성 식중독균이 다량 오염된 식품을 섭취한 후 장관 내에서 증식할 때 독소를 생성하여 발생하는 식중독이다.
  예) *Clostridium perfringens*식중독, *Bacillus cereus*식중독 등

# 3-1 감염형 식중독

## 3-1-1 살모넬라 식중독

*Salmonella* 식중독은 감염형 중 가장 일반적이고 대표적인 식중독이다. 1885년 Salmon과 Smith에 의해서 콜레라에 걸린 돼지로부터 처음 분리되었고, 1888년 Gärtner가 독일의 Frankenhausen이라는 마을에서 쇠고기에 의한 식중독의 원인균으로 분리하여 *Bacillus enteritidis*라고 명명하였다. 그 후 유사한 세균이 발견되었고 1890년에 Ligniers가 발견자 Salmon의 이름을 따라 *Salmonella*라고 부르게 되었다. 현재까지 혈청형에 따라 약 2,400여 종 이상이 알려져 있다. 그러나 사람에게 병원성을 갖는 것은 일부에 지나지 않는다.

### (1) 원인세균

장내세균과의 *Salmonella*속 세균으로, 그람음성, 무아포, 간균, 통성혐기성으로 주모성 편모를 가진다[그림 3-1]. 발육최적 pH는 7.0~8.0이고 발육최적온도는 37℃이나 열에 대한 저항력이 약하여 60℃에서 20분 정도 가열하면 사멸하고 10℃ 이하에서는 거의 발육하지 않는다. 분변이나 하수에서 수 주간, 토양에서 수 개월간 생존하며 건조한 상태에서도 생존한다. 균이 생체 내로 침입되면 분열·증식되어 독소가 생산되나 독성은 비교적 약한 편이다.

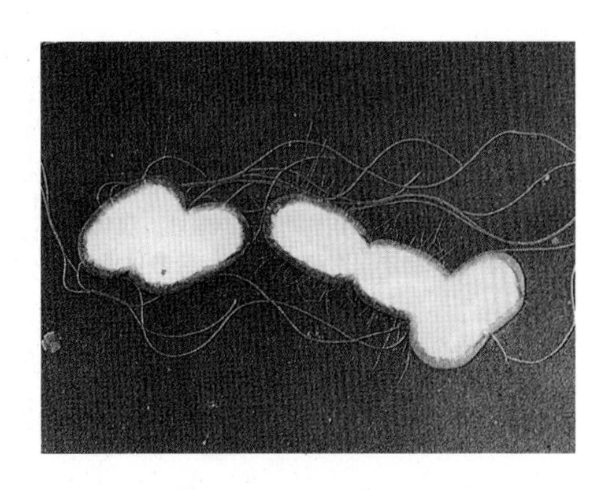

[그림 3-1] Salmonella 식중독균의 전자현미경 사진

*Salmonella*균속은 사람을 포함한 포유동물 및 조류 등에 분포되어 있으며 장내(腸內)에 서식하고 있다. 대부분의 균형(菌型)은 사람과 동물에게 질병을 일으키는데 일부 *S. typhi*나 *S. paratyphi A* 및 이 외의 몇 종은 사람에게 감염병을 일으키는 원인균으로 밝혀져 있다.

우리나라에서 자주 발생하는 식중독과 관계되는 주요 균형은 다음과 같다.

| | | | |
|---|---|---|---|
| *S. typhimurium* | *S. enteritidis* | *S. schwazen grund* | *S. thompson* |
| *S. newport* | *S. senftenburg* | *S. infantis* | *S. montevideo* |
| *S. tennessee* | *S. hadar* | *S. munchen* | *S. cholerasuis* |
| *S. berta* | *S. heidelberg* | *S. london* | *S. javiana* |

### (2) 원인식품 및 감염경로

*Salmonella*균을 보균하고 있는 가축 및 가금류의 배설물이나, 환자의 분변을 통하여 오염된 식육·육즙 등이 중요한 감염원이 된다. 다른 식품에 비하여 식육이나 달걀에서 자주 발생하지만 특정 식품에 국한되지 않고 다양하게 발생한다.

달걀은 알(卵)이 수란관(輸卵管)을 통하여 항문까지 나오는 과정에서 장관 내의 *Salmonella*균이 알껍질에 부착하여 오염된 경우 적당한 습도 및 환경조건에 의해 내부로 침입하여 증식한다.

원인식품은 부적절하게 가열한 동물성 단백질 식품(우유, 유제품, 육류와 그 가공품, 가금류의 알과 그 가공품, 어패류와 그 가공품), 식물성 단백질 식품(채소 등 복합조리식품), 생선묵, 생선요리와 육류를 포함한 생선 등의 어패류와 불완전하게 조리된 그 가공품, 면류, 야채, 샐러드, 마요네즈, 도시락 등 복합조리식품 등이다.

[그림 3-2] *Salmonella* 식중독 감염경로

### (3) 잠복기 및 임상증상

주증상으로는 급성위장염이 나타나며 환자의 건강상태, 연령, 균량 등에 따라 다르다. 일반적으로 12~36시간 정도의 잠복기를 거친 후 발열, 두통, 오심, 구토, 복통, 설사 등의 증상을 나타낸다.

특히 38~40℃의 발열과 동시에 오한과 전율이 나타나고 4~5일이 경과하면 평열로 회복된다. 그 외에 요통, 관절통, 근육통, 현기증도 발생할 수 있고 심할 때에는 뇌증상과 더불어 불안, 경련, 의식혼탁, 혼수상태, 때로는 흥분상태가 되며 치사율은 0.3~1.0% 정도이다.

### (4) 발생시기 및 예방

대체로 5~10월에 많이 발생하고 겨울철에는 적게 발생하는 경향이 있으나 최근에는 연간 발생하는 것이 특징이다. 감염증상이 발생하는 데는 많은 균이 섭취되어야 하는 것으로 생각되어 왔지만, 근래에는 매우 적은 양으로도 증상이 나타날 수 있는 것으로 알려지고 있다. 즉, *Salmonella*에 의한 식중독도 다른 식중독과 마찬가지로 발병에 필요한 균량은 환자의 건강상태, 균형이나 균주에 따라 차이가 있다.

예방법을 요약하면 다음과 같다.

① 감염원인 쥐, 곤충류(파리, 바퀴 등) 등 위생동물에 의해 일어나므로 조리장이나 저장고 등의 방서(防鼠)·방충(防蟲)시설을 철저히 하고 항상 청결하게 유지해야 한다.
② 75℃에서 1분 이상 가열조리를 철저히 하며 균이 증식되는 것을 막기 위하여 가급적 빨리 섭취한다.
③ 남은 음식은 5℃ 이하에서 저온저장하여 살모넬라의 증식을 억제한다.
④ 조리에 사용된 기구 등은 세척·소독을 하여 2차 오염을 방지한다.

## 3-1-2 장염 비브리오 식중독

장염 비브리오균은 1950년 일본 오사카 지방에서 발생한 식중독에서 처음 분리·보고되었다. 원인식품인 전갱이와 사망자의 장 내용물에서 균을 분리하여 *Pasteurella parahaemolytica*라 명명하였다. 1955년에는 일본 요코하마 병원에서 발생한 식중독에서 소금에 절인 오이에 의한 식중독 원인균을 분리하여 병원성균임을 확인하고 호염성 병원균 *Pseudomonas enteritidis*라 명명하였다. 그 후 분류학적 검토로 장염 비브리오에 속하는 균종으로 밝혀져 *Vibrio parahaemolyticus*라는 학명을 사용하게 되었다.

### (1) 원인세균

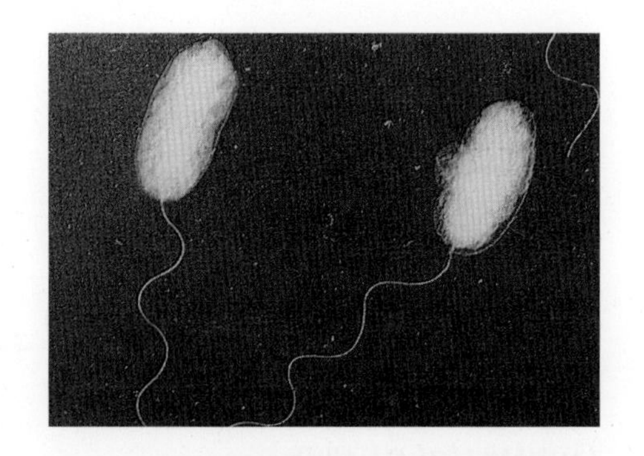

[그림 3-3] 장염 Vibrio 식중독균의 전자현미경 사진

원인세균은 호염균인 *Vibrio parahaemolyticus*다. 해수세균의 일종으로 2~4%의 식염농도에서 잘 생육하며 해수온도가 15℃ 이상이 되면 급격히 증식한다. 10% 이상의 식염농도에서는 성장이 정지되나 보통 배지에서는 거의 발육하지 않는다. 그람음성 무아포의 간균으로 편모를 가진다[그림 3-3]. 발육 최적온도는 37℃로 비병원성 *Vibrio*의 최적온도인 25~30℃와는 대조적이다. pH 5.5~ 10.0에서 발육이 가능하며 최적 pH는 7.5~8.0이다. 이 균은 최적조건에서 약 10분마다 분열하므로 일반 세균의 분열속도(약 20분)에 비해 증식속도가 빨라 2~3시간 이내에 발병균량에 도달할 수 있다. 60℃에서 5분 가열로 사멸하며, 냉동·냉장시켰을 때나 담수 중에서도 생존력이 급격히 떨어진다.

이 균은 혈청학적으로 12개의 O항원형(somatic, 균체)과 60여 개의 K항원형(capsule, 협막)으로 분류되어 있고, K항원형은 매년 새로운 형이 추가되고 있으며 E항원(flagella, 편모)은 공통이다. 이들 혈청형은 식중독 발생 시 환자나 원인식품 유래균주의 혈청학적 검사에 이용된다.

### (2) 원인식품 및 감염경로

어패류, 생선회 및 수산식품(젓갈류, 게장, 오징어무침, 꼬막무침 등)이 원인식품이다. 특히 생선회나 초밥 등이 주된 원인식품이 되며, 그 외에도 2차 오염된 도시락, 채소샐러드 등의 복합식품도 원인식품이 된다.

장염비브리오균은 겨울철에는 해수 바닥에 있다가 여름이 되면 위로 떠올라서 어패류를 오염시키고 세균의 수도 증가하기 때문에 여름철 어패류의 생식을 피하는 게 좋다. 감염경로는 날것 또는 부적절하게 조리된 해산물을 섭취 시 감염되거나, 오염된 어패류를 조리한 조리대, 도마, 식칼, 행주, 냉장고 및 조리자의 손 등에 2차 오염된 식품을 섭취하여 감염된다.

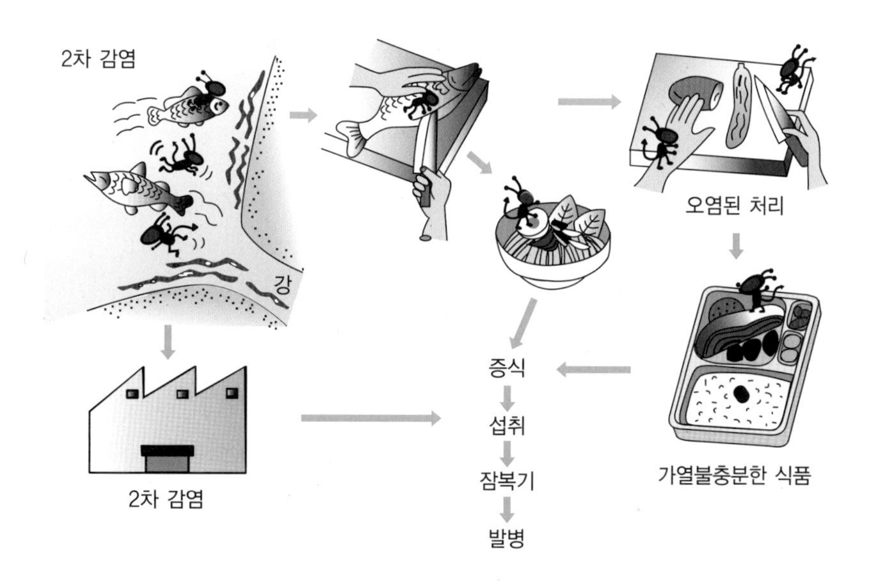


[그림 3-4] 장염 *Vibrio* 식중독 감염경로

### (3) 잠복기 및 임상증상

잠복기는 4~30시간(평균 12시간)이다. 발열, 두통, 오심, 구토, 복통, 설사 등의 위장염 증상이 나타난다. 열이 없는 경우도 있으나, 보통 37~38℃ 정도의 미열이 있다. 장독소를 분비하여 수양성 설사를 일으키고 소장 점막에 염증반응을 일으켜 염증성 설사를 일으켜 이질로 의심되는 경우도 있다. 병증은 1~7일 정도 지속된다.

### (4) 발생시기 및 예방

장염비브리오는 주로 6월부터 10월에 걸쳐 발생하는데, 특히 7~9월에 가장 많이 발생하므로 더욱 주의해야 한다. 장염비브리오는 1회 분열에 15분이 소요되기 때문에 다른 균에 비해 증식력이 매우 높다. 따라서 균의 증식이 좋은 조건이라면 1,000개의 균이 오염된 식품을 2시간 30분 경과한 후 섭취하는 경우 식중독을 일으킬 수도 있다. 그러므로 어패류의 생식(生食)이 주된 감염원이기 때문에 여름철(7~9월)에는 어패류의 생식을 금해야 한다.

예방법은 다음과 같다.

① 가능한 한 생식을 피하고, 균은 열에 약하기 때문에 60℃에서 5분 이상 가열한 후 섭취한다.

② 가열이 불가능할 경우, 저온에서 균의 증식이 억제되기 때문에 생선을 구입한 후 5℃ 이하에서 냉장 보관한다.

③ 균은 어체의 표면이나 아가미에 부착되어 있고, 육질 중에는 없다. 따라서 어류의 내장을 제거하고 충분한 세척으로 아가미와 표피에 부착된 세균을 제거한다.

④ 소금이 없는 물(우물물, 수돗물)에 약하므로 어패류를 수돗물에 잘 씻는다.

⑤ 2차 오염을 방지하기 위하여 전용 칼, 도마를 사용하고 사용한 조리기구는 잘 씻고 뜨거운 물이나 살균·소독제로 소독하는 것이 중요하다.

## 3-1-3 병원성 대장균 식중독

대장균(*Escherichia coli*)은 사람이나 동물의 장관 내에 정상세균으로 항상 존재하며 자연계에도 널리 분포되어 있다. 장관 외 감염에서 화농성 질환 등의 원인이 될 수는 있지만 식중독의 원인이 되지는 않는다. 그러나 이러한 정상 대장균과 달리 유아에게 전염성의 설사증이나 성인에게 급성장염을 일으키는 대장균이 있는데 이것을 병원성 대장균(Pathogenic E. coli)이라 한다.

### (1) 원인세균

이 균은 장내세균과에 속하는 그람음성 무포자 주모성 편모를 갖는 간균으로, 협막은 만들지 않는다[그림 3-5]. 일반적으로 유당을 분해하여 산과 가스($CO_2$, $H_2$)를 발생하는 통성혐기성균이며 최적온도는 37℃이다.

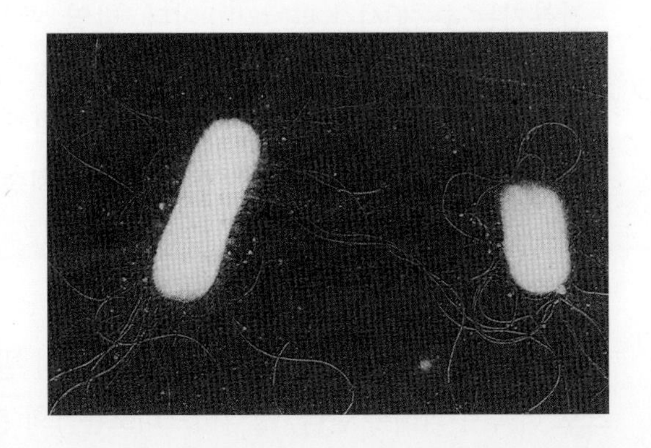

**[그림 3-5] 병원성 대장균의 전자현미경 사진**

일반 대장균과 병원성 대장균은 형태와 생화학적 특성만으로는 구별할 수 없다. 하지만 항원성의 차이가 있어 균체를 구성하는 항원성분(균체항원; O항원, 협막항원; K항원, 편모항원; H항원)의 면역학적 특이성에 의해서 180여 종의 O항원, 90종류의 K항원, 50종류의 H항원으로 분류하고 있다.

병원성 대장균에는 *E. coli* $O_{157}$:$H_7$과 같이 베로독소(verotoxin)를 생산하는 장출혈성 대장균(enterohemorrhagic *E. coli*, EHEC), 장관독(enterotoxin)을 생성하는 장독소성 대장균(enterotoxigenic *E. coli*, ETEC), 대장점막의 상피세포에 침입하여 조직 내 감염을 일으키는 장침입성 대장균

(enteroinvasive *E. coli*, EIEC), 성인에게 급성위장염을 일으키는 장병원성 대장균(enteropathogenic *E. coli*, EPEC)이 있으며 이들 모두를 병원성 대장균이라 부른다.

발병양상에 따른 특징은 다음과 같다.

### ① 장출혈성 대장균(Enterohemorrhagic *E. coli*, EHEC)

균에 감염되면 혈변과 심한 복통 등의 증상을 보이며 발열은 없거나 적다. 감염자의 약 2~7%가 혈전성혈소판감소증 또는 용혈성요독증후군과 같은 질병을 일으킨다. 또한 심한 경우 신부전증을 유발하기도 하며 이 경우 사망률은 3~5% 정도로 매우 높다. 용혈성요독증후군은 생명을 위협할 정도로 심각한 상태로 종종 수혈과 신장투석 치료가 필요하기도 하다. 인체 내에서 베로독소를 생성하여 식중독을 일으킨다. 하지만 식품 중에서 생성되는 베로독소에 의해 식중독이 발생하지는 않는다. 식중독은 10~1,000개/ml의 적은 균량으로도 발병할 수 있으며, 잠복기는 다양한데 주로 2~6일 정도이다.

특정 혈청형이 감염을 일으키며 현재에는 $O_{26}$, $O_{103}$, $O_{104}$, $O_{111}$, $O_{113}$, $O_{146}$, $O_{157}$ 등이 알려져 있다. 이 중 장출혈성 대장균의 대표적인 $O_{157}$:$H_7$은 베로독소(Verotoxin)를 생성하며, 우리나라 제2감염병으로 지정되어 있고, 1982년 미국에서 햄버거에 의한 식중독으로 보고된 이후 세계 각국에서 주요 식중독 원인균으로 주목받고 있다.

주요 오염원은 완전히 가열되지 않은 쇠고기 분쇄육이며 칠면조, 샌드위치, 원유, 사과주스, 소독되지 않은 물을 음용하거나 호수에서 수영할 경우에도 감염될 수 있다. 사람으로부터 사람으로 감염될 수 있는데 특히 위생상태나 손을 씻는 습관이 부적절할 때 감염된 환자의 변으로부터 다른 사람에게 전달될 수 있다. 특히 어린아이들 사이에서 쉽게 전염될 수 있으며 가족 구성원과 놀이 친구들에게 감염될 가능성이 아주 높다. 어린아이들은 감염에서 회복된 후 1주일이나 2주일 동안 변에서 이 균이 검출될 수 있으므로 세심한 주의가 필요하다. 또한 이 균은 건강한 가축의 장에서 서식할 수 있으므로 식육을 도살하는 동안 파열된 장에 의해 오염될 수 있으며, 고기를 분쇄하는 과정에서도 이 균들이 섞일 수 있으므로 고기를 섭취할 때, 특히 쇠고기 분쇄육을 섭취할 때는 충분히 조리하여야 한다.

### ② 장독소성 대장균(Enterotoxigenic *E. coli*, ETEC)

장독소성 대장균은 콜레라와 유사한 장독소(enterotoxin)를 생산한다. 즉 60℃에서 10분간 가열했을 때 활성을 잃는 이열성 독소(heat-labile enterotoxin, LT)와 100℃에서 30분간 가열해도 내성을 나타내는 내열성 독소(heat-stable enterotoxin, ST)를 생성한다. 환자로부터 분리된 균은 보통 1~2종류의 독소를 생산하는 것으로 밝혀져 있다.

이 균에 감염되면 균은 소장 상부에서 증식하여 콜레라와 비슷한 설사증을 일으킨다. 장염과 여행자 설사증(traveler' s diarrhea)의 원인균으로 저개발국가의 신생아와 어린이에게 탈수를 동반한 설사증을 일으킨다. 환자나 동물의 분변에 직·간접적으로 오염된 물(지하수 및 음용수 등)이나 음식물에 의해 전파되며, 드물게는 환자 또는 병원체보유자의 대변이나 구토물과 직접 접촉하여 전파된다. 증상은 물과 같은 설사를 하거나 복통, 구토, 산성증, 피로, 탈수 등이며 열은 없거나 미열이다. 증상은 5일 정도 지속되며 잠복기는 6~48시간이다.

③ **장침입성 대장균**(Enteroinvasive *E. coli*, EIEC)

오염된 물(지하수 및 음용수 등)이나 음식물에 의해 발생하며, 드물게는 환자 또는 병원체보유자의 대변이나 구토물과 직접 접촉에 의해서도 전파된다. 증상은 발열, 복통, 구토, 수양성 설사 등 위장관염 증상이며, 환자의 10% 정도에서 혈액과 점액이 섞인 설사로 진행된다. 위장관염 증상은 보통 7일 이내에 소실된다. 잠복기는 일정하지 않다.

④ **장병원성 대장균**(Enteropathogenic *E. coli*, EPEC)

1세 이하의 신생아에서 주로 발생하며 구토, 복통, 설사, 발열증상을 나타내고 대장점막에 비침입성으로 잠복기는 일정하지 않다. 오염된 신생아용 분유와 유아음식이 원인식품이다. 대부분 회복되고 사망은 드물다.

### (2) 원인식품 및 감염경로

균의 분포는 가축, 동물, 건강인, 자연환경 등 광범위하므로 특별히 한정된 원인식품은 없고 균에 오염되어 증식된 식품이면 무엇이든 원인식품이 될 수 있다. 지금까지 보고된 원인식품은 햄, 치즈, 소시지, 크로켓, 채소 샐러드, 로스트 비프(roast beef), 분유, 도시락, 두부, 음료수, 어패류 등이며 유아에게는 오염된 우유가 원인이 된다.

식품에 오염을 일으키는 것은 환자와 건강보균자의 분변으로, 특히 건강보균자가 식품조리에 종사할 경우에 손을 통하여 감염되는 경우가 많다.

### (3) 잠복기 및 임상증상

잠복기 및 증상은 원인균에 따라 차이가 있으며 일반적으로 잠복기는 12~72시간(균종에 따라 다양)으로 연령이 낮을수록 잠복기가 짧고 심한 증상이 나타난다. 주증상은 설사이며 심할 경우에는 혈(血)이나 농(濃)이 섞여 나올 때도 있으며 발열, 두통, 복통 등의 증상이 나타나기도 한다.

### (4) 발생시기 및 예방

병원성 대장균에 의한 식중독은 계절과 관계없이 발생하지만 주로 여름철에 많이 발생한다. 이 균은 감염자의 분변으로부터 전파될 수 있으므로 항상 위생상태나 손을 깨끗이 한다. 특히 어린이들 사이에 질병에 회복된 후 1~2주일 정도 분변에 잔존하여 전염될 수 있으며, 가족 구성원이나 친구들에게 감염될 가능성이 높으므로 주의해야 한다.

예방법은 다음과 같다.

① 올바른 손 씻기를 생활화한다.
② 물은 반드시 끓여 마신다.
③ 음식물은 충분히 가열한 후 섭취한다. 특히 다진 고기류는 중심부의 온도가 74℃인 상태에서 1분 이상 가열한다.
④ 채소 및 과일류는 섭취 전 깨끗이 씻는다.
⑤ 조리기구(칼, 도마 등) 구분 사용으로 2차 오염을 방지한다.
⑥ 생육과 조리된 음식물을 구분하여 보관한다.

## 3-1-4 여시니아 엔테로콜리티카균 식중독

*Yersinia enterocolitica*는 다른 장내세균에 비해 분리율이 낮기 때문에 최근까지도 중요시되지 않았으나 냉장온도와 진공포장 상태에서도 증식할 수 있는 특성 때문에 식품위생상 중요한 의미가 있다. 이 균의 병원성은 최초로 유럽에서 알려졌지만 1972년, 1980년도에 일본의 초등학교 급식에서 유가공품이 원인식품으로 대규모 식중독이 발생한 사례가 알려졌다.

### (1) 원인세균

*Yersinia enterocolitica*는 장내세균과에 속하며, 호기성의 그람음성 간균으로 편모를 가진다. 발육 최적온도는 25~30℃이고 최적 pH는 7.2~7.4이다. NaCl 5~7%의 농도에서 성장이 저해된다. 이 균은 다른 장내세균은 증식할 수 없는 0~5℃의 냉장고에서도 발육이 가능한 전형적인 저온세균이다.

진공포장에서도 증식할 수 있는 특성과 저온발육 특성으로 인하여 식품의 취급과 보존에 방심할 수 있는 가을과 초겨울철에 식중독 발생의 원인이 될 수 있다.

### (2) 원인식품 및 감염경로

이 균은 돼지, 소, 양, 염소 등의 동물 및 하천 등의 자연계에 분포한다. 돼지와 소 등 식육제품이 원인식품인데 특히 돼지고기가 주된 원인식품이다. 또한 동물의 분변에 직·간접적으로 오염된 우물물이나 약수 등에 의해서도 발생하며, 생우유, 아이스크림 등도 원인식품이 된다. 그리고 가끔 분변-구강경로로 전파가 되기도 한다.

### (3) 잠복기 및 임상증상

1~10일(평균 4~6일)간의 잠복기를 거친 후 복통, 발열, 설사, 구토 등을 수반하는 급성 위장질환과 패혈증 그리고 2차 면역질환으로 피부의 결절성 홍반, 다발성 관절염 등과 같은 여시니아증(yersiniosis)을 일으키는 병원균이다. 특히 어린이들에게 감염되기 쉽고 맹장염으로 오진되기도 한다. 유아는 급성 설사가 3~14일까지 지속되고 5% 정도는 혈변이 발생한다. 성인의 경우 장염과 더불어 관절염이 동반되는 경우가 많다.

### (4) 발생시기 및 예방

리스테리아와 같이 저온(0~5℃)에서도 증식할 수 있는 저온성균이다. 냉장상태에서도 균이 증식하여 식중독을 일으킬 수 있으므로 냉장 및 냉동육과 그 제품의 유통과정도 주의하여야 한다. 따라서 장내세균과는 달리 가을과 겨울에서 최고점에 이른다는 것이 특징이다.

*Y. enterocolitica*는 식육, 물, 우유 및 유제품 등의 식품에서 분리되는데 이는 주위 환경의 오염으로 인한 것이다.

예방법은 다음과 같다.

① 돼지가 주 오염원으로 도살장의 위생관리가 필수적이다.
② 도살장 내에 쥐의 출입을 막고 오염된 하수처리에 유의해야 한다.
③ 저온에서 성장하고 증식할 수 있기 때문에 냉장고를 과신하지 말고 적절한 사용방법을 알아야 한다.
④ 균은 열에 약하므로 조리 시에 온도와 시간을 준수하여 오염된 균이 사멸될 수 있도록 식품의 중심부를 75℃에서 3분 이상 충분히 가열한다.
⑤ 식육 취급 시 손을 깨끗이 씻는 등 식품처리 종사자들의 철저한 개인위생이 필요하다.
⑥ 조리기구에 의한 교차오염방지를 위하여 조리기구의 세척·소독을 철저히 한다.

## 3-1-5 캠필로박터균 식중독

캠필로박터는 사람, 가축 및 가금류, 애완동물, 야생동물, 어패류 및 하천 등 자연환경에 널리 분포하는 균이다. 가축의 보균율은 소의 경우 수%~20%, 돼지는 30~70%, 닭은 20~50%이며, 야생 조류에도 분포되어 있다. 따라서 동물의 분뇨가 우유, 하천수, 우물 등을 오염시키거나 가축 및 가금류의 도살·해체 시에 식육에 오염되고 이를 섭취한 사람이 식중독에 걸리게 된다.

### (1) 원인세균

원인세균은 *Campylobacter jejuni*와 *Campylobacter coli*다. 그람음성, 무포자, 나선상 간균으로 편모가 있으며 미호기성으로 5% 정도의 산소 존재하에서 잘 자란다. 30℃ 이상에서 잘 자라며 소량으로 식중독을 유발한다. 공기에 노출되면 서서히 사멸하고 건조에 아주 약하여 건조된 식품과 알 표면에는 생존하지 못 한다. 냉장온도에서는 증식은 불가능하지만 생존은 가능하다.

### (2) 원인식품 및 감염경로

돼지, 소 등의 가축 및 가금류(닭, 메추리), 개, 고양이, 야생동물 등의 장내, 사람의 배설물 속에서 잠복하여 배설된다.

주요 감염경로는 이 균에 오염된 식육 및 그 가공품, 그리고 식육으로부터 교차오염된 식품, 살균처리하지 않은 우유, 소독되지 않은 물, 쥐·바퀴 등에 의해 오염된 식품, 개·고양이·작은 새 등 애완동물 및 소·돼지·닭과의 접촉에 의해 감염되기도 하며, 드물게 환자 또는 병원체 보유자의 대변 직접접촉에 의해서도 감염된다.

### (3) 잠복기 및 임상증상

잠복기는 2~7(평균 2~3일)일이다. 임상증상은 설사, 복통, 발열(38~39℃), 두통, 근육통 및 구토이고, 탈수증상 등을 수반하기도 한다. 성인은 수양성 설사가 많으며 소아는 혈변을 배설하는 경우가 많다. 주로 유아, 어린이 및 면역이 저하된 사람들의 감염률이 높다.

### (4) 발생시기 및 예방

여름철인 5~7월 사이에 주로 발생하며 예방법은 다음과 같다.

① 생육을 만진 경우 손을 깨끗하게 씻고 소독하여 2차 오염을 방지한다.
② 생육과 조리된 식품을 구분하여 보관한다. 일반적으로 식육이 많이 오염되어 있으므로 식육으로부터 기타 식품이 교차오염되는 것을 방지한다.
③ 생균의 감염에 의해 발생하므로 식품과 물은 충분히 가열한 후 섭취한다. 육류는 중심부의 온도를 75℃에서 1분 이상 가열하고, 지하수나 우물물 등은 충분히 끓여 마시며 가급적 수돗물을 사용한다.
④ 열이나 건조에 약하므로 조리 기구는 물로 끓이거나 소독하여 건조한다.

## 3-1-6 리스테리아 모노사이토제네스 식중독

소, 양, 돼지 등 동물이나 조류에 감염되어 뇌염과 패혈증을 일으키는 것으로 사람에게는 흔한 감염증은 아니나 면역력이 약한 고위험군 환자, 영유아, 임산부, 고령자에게 피해를 준다.

### (1) 원인세균

*Listeria monocytogenes*로 그람양성, 통성혐기성 간균으로 주모성 편모를 가지며 포자를 형성하지 않고 카탈라아제(catalase)양성이다. 인수공통 병원균으로 생육온도 범위는 0~45℃이며 최적온도는 30~35℃, 최적 pH는 5.6~9.6이다. 5℃의 저온에서도 증식할 수 있으나 냉동온도인 −18℃에서는 증식하지 못하며, 식염내성이 있어 10% 식육 첨가 육즙배지에서도 생육할 수 있다. 토양, 물, 하수, 목초 등 자연계에 널리 분포되어 있으며, 축산 식품을 부적절하게 취급하였거나 소독처리 하지 않은 물을 사용하여 오염되는 경우가 많다. 자연환경에 저항성이 강하고 분변, 식품 등에 수개월 동안 생존한다.

### (2) 원인식품 및 감염경로

주요 원인 식품으로는 원유, 살균처리하지 않은 우유, 연성 치즈, 아이스크림 등 유가공품과 소시지, 비가공 가금육, 비가공 식육 등 식육 가공 제품 및 훈연 생선(훈제 연어 포함) 등이다.

감염경로는 부적절한 축산 제품의 취급 및 처리, 부적합한 물 사용으로 오염된 식품의 섭취이며 감염된 동물과 접촉하여 감염되기도 한다.

### (3) 잠복기 및 임상증상

잠복기는 위장관성 식중독의 경우 9~48시간이며, 침습성의 경우 2~6주이다. 건강한 성인의 경우 무증상인 경우가 많다. 일반적인 증상으로는 발열, 두통, 설사, 근육통 및 관절통 증상이 나타나며 일부 환자에게서 패혈증이나 중추신경계 감염증상이 나타난다. 임산부가 감염되면 발열, 오한 등 가벼운 증상이 나타나나 태아감염으로 유산, 조산 및 사산을 일으키며 신생아는 패혈증, 수막염 등을 일으킨다. 식품 매개성 감염증이지만 세균성 식중독과 같은 급성위장염 증상은 별로 나타나지 않는다.

#### (4) 예방법

저온 및 고염농도의 환경에서도 증식하기 때문에 균이 오염되었을 경우, 예방이 매우 어려우므로 식품 제조단계에서의 균의 오염 방지 및 제거가 가장 최선의 방법이다.

① 냉동, 냉장 식품 저장 시 제품별 적합한 냉동 또는 냉장 온도에서 저장한다.
② 식육이나 생선류는 다른 식품과 분리하여 보관하여 교차 오염을 방지한다.
③ 우유는 살균 후에 섭취한다.
④ 임산부는 특히 연성치즈, 훈연 생선 또는 익히지 않은 식육 제품 섭취를 자제하고 충분히 조리한 후 섭취한다.

## 3-2 독소형 식중독

### 3-2-1 황색포도알구균 식중독

*Staphylococcus aureus*가 식품 중에 증식하여 생성된 장독소(enterotoxin)를 함유한 식품을 섭취하여 일어나는 독소형 식중독이다.

사람이나 동물의 화농성 질환을 일으키는 대표적 원인균인 황색포도알구균(S. aureus)에 의한 식중독은 1914년 M. A. Barder에 의해 필리핀 농장의 우유를 통해 일어난 급성위장염 발생 사례가 최초의 보고다. 그 후에 1930년 Dack 등은 크리스마스 케이크에 의한 식중독 사례를 독소형으로 보고하였다. 같은 해에 Jordan이 치즈에서 분리한 포도알구균을 우유로 배양하여 인체실험에서 식중독을 발생시키는 데 성공한 후, 이 균이 독소형 식중독을 발생시키는 원인균으로 확인되었다.

### (1) 원인세균

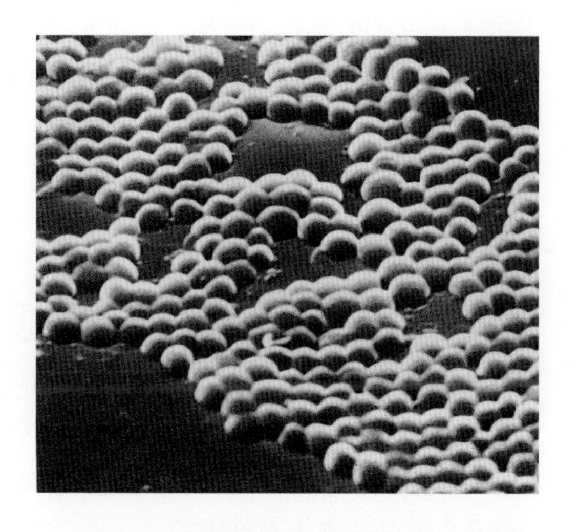
[그림 3-6] 황색포도알구균의 전자현미경 사진

*Staphylococcus aureus*는 전형적인 구균으로 불규칙적인 포도송이 모양의 배열을 형성하는 무아포성의 그람양성(0.5~1.5㎛)균으로 때로는 외층에 협막모양의 점액층을 갖는 비운동성의 통성혐기성균이다[그림 3-6]. 각종 배지에서 잘 발육하며 여러 가지 탄수화물을 발효하여 산을 생성하고 오렌지색 또는 황색의 색소를 생성하며, 소금의 농도가 높은(10~15%) 곳에서 증식하며 특히 건조상태에서 저항성이 강하여 식품이나 가검물 등에서 장기간(수개월) 생존하여 식중독을 유발한다. 병원성이 있는 균은 용혈작용과 응고작용이 있는 것으로 알려져 있지만 최근에는 혈장응고작용이 없는 균도 병원소에서 분리되었다. 발육온도는 4~46℃로 비교적 광범위하며 발육 최적온도는 35~38℃이며 최적 pH는 7.0~7.5이고 pH 4.3 이하에서는 사멸한다. 이 균은 자연계에 널리 분포하고 저항성이 강하며, 사람과 동물의 피부 및 비강 점막 등에 상재(25%의 정상인에서 피부, 코에 상재함)하는 균으로 장관 내 등 거의 모든 조직이나 기관에 침투하며, 특히 사람에게 감염되면 괴사 또는 화농성염증을 유발한다. 생체 외에서는 공기, 토양 등에 널리 분포하며, 특히 단백질, 탄수화물이 많은 식품이 오염될 가능성이 매우 높다.

### (2) 황색포도알구균의 enterotoxin(장독소)

자연계에는 여러 종류의 포도알구균이 있으나 원인독소인 enterotoxin을 생산하는 균종은 황색포도알구균에 한정된다. Enterotoxin의 생산은 균의 증식온도와 일치하는데 발육 최적온도인 35~38℃에서 가장 잘 생성되며 저온한계는 10℃, 고온한계는 43℃이다. 78℃에서 1분 혹은 64℃에서 10분 가열로 균은 거의 사멸되나, 식중독의 원인물질인 장독소는 내열성이 강하여 100℃에서 60분간 가열하여야 파괴된다. 면역화학적으로 A, B, C, D, E, F의 6형이 있지만 A형이 가장 독성이 강하다. C형의 경우 분자량이나 등전점(等電點)의 차이에 따라 $C_1$, $C_2$로 나눌 수 있다. 그러나 독소의 형과는 관계없이 식중독을 발생시킨다. 독소는 단순단백질임에도 불구하고 단백질분해효소인 trypsin, chymotrypsin, papain 등에 대하여 안정하다. 이와 같이 내열성이 강하기 때문에 생성된 독소는 일반 조리과정에서는 도저히 파괴할 수가 없다.

포도알구균의 오염을 받아도 독소를 생산하지 못하게 하면 식중독이 발생하지 않기 때문에 5℃ 이하에서 저장하면 독소의 생성을 억제할 수 있다.

### (3) 원인식품 및 감염경로

황색포도알구균은 자연계에 널리 분포되어 있고 여러 종류의 식품에서 증식이 가능하기 때문에 그 원인식품은 매우 다양하다. 일반적으로 곡류 및 가공품, 복합조리식품, 유제품 등에서 가장 많이 발생되고 있다. 미국과 유럽에서는 우유와 유가공품을 비롯하여 육제품, 난제품 등 단백질 식품에 분포되어 있고, 우리나라는 김밥, 도시락, 떡, 빵, 과자류 등 전분질을 주체로 하는 곡류와 그 가공품에 분포되어 있지만 때로는 어패류와 그 가공품, 두부 등이 포함되기도 한다. 식중독의 발생은 원인균의 오염, 식품에서의 증식 및 enterotoxin 생산의 3단계 과정을 거친다.

토양, 하수 등의 자연계에 널리 분포하며 건강인의 약 30%가 이 균을 보균하고 있으므로 코 안이나 피부에 상재하고 있는 황색포도알구균이 식품에 혼입될 가능성이 있다.

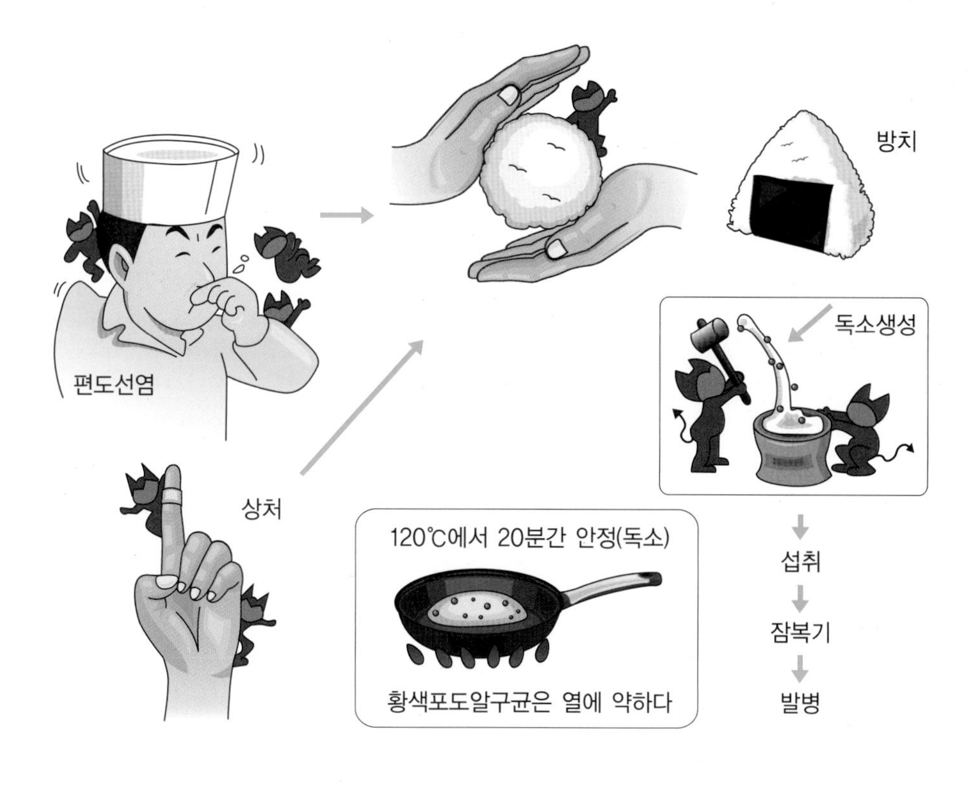


[그림 3-7] **황색포도알구균 식중독 감염경로**

### (4) 잠복기 및 임상증상

잠복기는 1~6시간(평균 3시간)정도로 세균성 식중독 중 가장 짧다. 임상증상은 오심, 구토, 설사와 심한 복통을 유발하는 급성위장염을 일으킨다. 이러한 임상증상은 독소섭취량과 개체 감수성에 따라 다르게 나타나지만 치사율은 낮아 사망하는 경우는 드물고 대부분 회복된다.

### (5) 발생시기 및 예방

사계절 내내 발생하지만 특히 5~9월에 가장 많이 발생한다. 건강한 사람의 30~50%가 황색포도알구균의 보균자일 뿐만 아니라 자연계에 광범위하게 분포하고 있기 때문에 이 균의 오염을 완전히 차단하는 것은 사실상 불가능하다.

Enterotoxin에 의한 식중독은 가열조리 후 바로 먹은 식품이나 살균우유 등에 의해서도 발생하는데, 이는 독소가 100℃에서 30분간의 가열로도 파괴되지 않는 내열성을 갖고 있기 때문이다.

식중독을 예방하기 위해서는 식품 취급장소의 위생적 관리 및 2차 오염방지, 식재료의 오염방지(세균 증식방지), 충분한 열처리, 신속한 섭취가 중요하다. 부득이하게 조리된 식품을 보존하여야 할 경우 5℃ 이하의 저온에서 보관하여 균의 증식을 억제하여야 한다.

① 식품취급자는 손을 청결히 하며 손에 창상 또는 화농이 되거나 신체 다른 부위에 화농이 있으면 식품을 취급해서는 안 된다.

② 감기 기운이 있는 종사자는 마스크를 착용하여 코나 목에 존재하는 황색포도알구균이 기침이나 재채기를 통하여 확산되는 것을 방지하여야 한다.

③ 머리카락·비듬 및 오염된 의복 등도 균의 오염원이 될 수 있기 때문에 식품의 가공·조리에 참여하는 사람은 청결한 위생복과 모자를 반드시 착용하는 등 개인 위생 관리를 철저히 한다.

④ 식품 제조에 필요한 모든 기구와 기기 등을 청결히 유지하여 2차 오염을 방지한다.

⑤ 식품은 적당량을 조속히 조리한 후 모두 섭취하고, 식품이 남았을 경우 실온에 방치하지 말고 5℃ 이하에 냉장보관한다.

## 3-2-2 클로스트리디움 보툴리늄 식중독

*Botulinus*균(*Clostridium botulinum*)에 오염된 식품이 혐기적 상태로 보관될 때 생산하는 독소에 의해 발생하는 식중독이다. *Botulinus*는 라틴어로 소시지라는 뜻으로 18~19세기에 독일에서 소시지에 의한 식중독 사례가 많았기 때문에 일명 소시지 중독이라고도 하며, 유럽이나 미국에서 오래전부터 알려져 온 식중독이다.

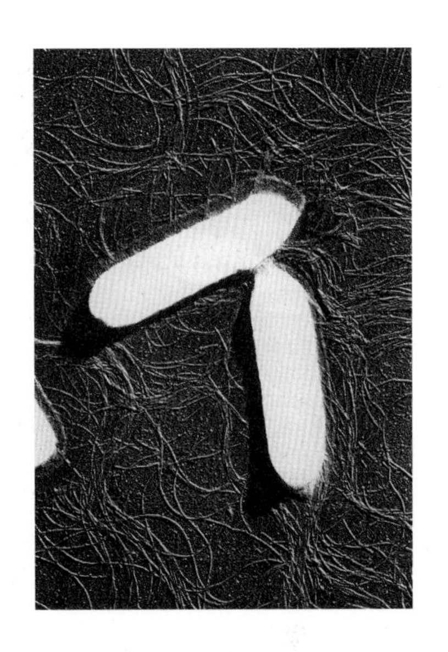

[그림 3-8] *Botulinus*균의 전자현미경 사진

### (1) 원인세균

원인세균은 *Clostridium botulinum*으로, 그람양성, 편성혐기성 간균이며 내열성 아포를 형성하고 주모성 편모가 있어 활발한 운동성을 나타낸다[그림 3-8]. 토양, 바다, 개천, 호수 및 동물의 분변에 분포하며 어류, 갑각류의 장관 등에도 널리 분포한다.

독소는 열에 쉽게 파괴되며 A, B, $C_1$, $C_2$, D, E, F 및 G 등 8종이 있다. 사람에게 식중독을 일으키는 것은 A, B, E 및 F형이며 A형이 가장 치명적이다. 식중독은 식품 중에 있는 균이 생산한 독소를 사람들이 섭취하여 발생한다. A, B형 식중독의 원인식품은 수분을 함유하고 pH가 4.6 이상의 통조림이며, E형 식중독의 원인식품은 어류 통조림 식품이다. E형 식중독의 경우 통조림의 권체가 불량하여 냉각수로부터 E형균이 오염되어 식중독이 발생한다.

A, B, F형균의 포자는 일반적으로 내열성 내구성이 매우 강하여 100℃에서 6시간, 120℃에서 4분 이상 가열해야 사멸되지만 E형균의 포자는 비교적 약하여 90℃에서 5분, 80℃에서 20분 가열로 사멸된다. 대부분의 균은 중온균인데 E형균은 5℃인 저온에서도 발육하는 특성을 갖고 있다.

### (2) *Botulinus* 독소

독소는 신경독(neurotoxin)으로 이열성(易熱性)이어서 80℃에서 20분, 100℃에서 1~2분 정도 가열하면 불활성화된다. 그리고 항원성에 따라 A~G형으로 분류되며[표 3-1] 단순단백질이다.

**표 3-1 *Botulinus*균의 독소형과 주요 이환동물**

| 균형 | | 종류 | 원인식품 | 발생지 |
|---|---|---|---|---|
| A | | 사람, 닭 | 통조림, 채소, 과일, 육제품 | 미국, 구소련 |
| B | | 사람, 말, 소 | 육제품, 통조림, 채소 | 미국, 유럽 |
| C | $C_1$ | 물새 | 호수의 플랑크톤 | 미국, 캐나다, 오스트레일리아, 일본 |
| | $C_2$ | 말, 소, 밍크 | 목초사료, 동물사체, 고래고기 | 미국, 일본, 유럽, 남아프리카공화국, 오스트레일리아 |
| D | | 소 | 동물사체 | 오스트레일리아 |
| E | | 사람 | 어류, 해산포유류 | 미국, 캐나다 |
| F | | 사람 | 간 paste, 사슴고기 | 덴마크, 미국 |
| G | | 사람 | - | 스위스 |

*Botulinus* 독소의 독력은 어떤 독성 물질보다도 강하여 독버섯이나 복어의 독에 비하면 수만 배 이상의 독성을 나타낸다. 마우스 경구 치사량은 0.001㎍이며 0.1㎍ 정도로 인간에게 중독을 일으킬 수 있다. 독소의 형에 따라 동물의 감수성이 다른데, 사람의 감수성은 B, A, E, F, C, D형의 순으로 높아서 사람의 중독이 A, B, E형 독소에 의해 가장 많이 발생한다는 것과 일치한다.

독소는 choline 작동성의 부교감신경 종말과 운동신경의 신경근 접합부에 작용하여 acetyl-choline의 유리를 저해함으로써 신경전달을 저해하여 신경지배를 받는 근육의 마비를 일으킨다. 중증일 때에는 호흡근 마비에 의한 질식으로 사망한다.

### (3) 원인식품 및 감염경로

원인식품은 식생활 습관의 차이에 따라서 다르다. 주로 통조림, 병조림, 레토르트 식품, 식육, 소시지, 생선 등이다. 통조림, 햄, 소시지, 육제품의 소비가 많은 구미에서는 A형, B형균에 의한 식중독이 많고, E형균은 일본, 캐나다, 러시아, 스칸디나비아 제국 등에서 주로 발생한다.

이 균에 오염되어 있는 육류, 채소, 어류 등의 식품 원재료를 부적절하게 처리하면 포자가 사멸되지 않고 생존하게 되며 환경조건이 혐기적일 때 아포가 발아하여 증식하면서 식중독을 발생시킬 정도의 독소를 생산하게 되어 식중독을 유발한다.

장내정착성(영유아)보툴리눔독소증의 경우 생후 12개월 이하의 영유아에게서 나타난다. 영유아가 균의 아포에 오염된 음식을 섭취한 후 이 아포가 장내에서 발아, 정착하여 독소를 생산하면서 발생한다. 특히 해외에서는 꿀을 섭취하여 발생하는 사례가 있다.

### (4) 잠복기 및 임상증상

잠복기는 보통 12~36시간이며 짧을수록 중증이다.

보툴리눔독소는 인체에서 양측 대칭성 근육마비를 일으키는데 대부분 크고 작은 근육마비가 나타난다. 성인은 시야 흐림, 복시, 동공산대, 안검하수, 발음장애, 연하곤란, 근육약화, 이완성 신경마비, 호흡곤란 등이다. 경우에 따라서는 복통, 오심, 구토, 설사도 동반된다. 발열은 없으며 의식은 명료하다. 심한 경우 호흡근의 마비로 호흡부진에 의하여 사망하는데 치명률은 약 5% 정도이지만 중증도 환자에서 치료를 하지 않으면 치명률이 100%에 이를 수 있으며 대증요법과 항독소를 사용하면 치명률을 많이 감소시킬 수 있다.

### (5) 예방 및 치료

*Botulinus*균은 토양, 바다, 개천, 호수 및 동물의 분변에 분포하여 식품원료에 존재할 가능성이 매우 높으며, 예방법은 다음과 같다.

① 식품 원재료에는 포자가 있을 가능성이 높으므로 채소와 곡물을 반드시 깨끗이 세척하고 생선 등 어류는 신선한 것으로 조리해야 한다.
② 식품 원재료를 가공(조리) 및 기타 통조림, 병조림으로 제조할 때에 120℃에서 4분 이상 또는 100℃에서 30분 이상 가열하여 포자를 완전히 사멸시켜야 한다.
③ 독소는 열에 약하므로 섭취 직전에 80℃에서 20분 또는 100℃에서 수분 가열 후 섭취해야 한다.
④ pH 4.5 이하, 수분활성도 0.94 이하, 냉동·냉장보관하거나 아질산나트륨 등 항균제를 첨가하여 포자의 발아 및 균의 증식을 방지한다.
⑤ 1세 이하 영유아에게 꿀의 섭취를 금한다.

# 3-3 감염·독소형 식중독

## 3-3-1 클로스트리디움 퍼프린젠스 식중독

*Clostridium perfringens*가 증식된 식품을 섭취함으로써 장관 내에서 증식할 때 독소를 생산하여 식중독이 발생한다. 집단급식시설 등 다수인의 식사를 조리할 경우 자주 발생되어 '집단조리 식중독' 이라고도 불린다.

1895년 Klein에 의해 처음 보고된 이래 제2차 세계대전 이후부터는 점차 증가하였다. 그리고 Hobbs 등에 의해 장염을 일으키며 식중독을 발생시킨다는 것이 알려졌다.

### (1) 원인세균

원인균은 *Clostridium perfringens*로 과거에 *Clostridium welchii*로 불렸다. 이 균은 토양, 하천 및 하수 등 자연계와 사람이나 동물의 장관에 상재하는 균으로 토양에서는 포자로 수년간 생존한다.

아포를 형성하는 그람양성의 간균이고 편모가 없는 편성혐기성균이다. 발육 최적 온도는 37~45℃로서 일반 세균보다 높으며, 최적 pH는 6.0~7.0으로 5.5 이하에서는 발육이 억제된다. 유당(lactose)을 비롯한 대부분의 당을 발효하여 산과 가스를 생성하며, 산에 의해 casein을 응고시키고 가스에 의해 붕괴된다.

독소는 아포의 발아 시 생성되며 생산능의 차이에 따라 A~F형의 6형으로 분류되고, 식중독 중 99%가 내열성인 A형에 의한 것이다. 1947~1949년 독일에서 발생한 장괴저(腸壞疽)라고 하는 출혈성 장염은 사망률이 40%나 되었고 F형에 의한 것이었다. A형과 F형은 100℃에서 1~4시간을 가열하여도 포자가 파괴되지 않고 B, C, D 및 E형은 90℃에서 30분 또는 100℃에서 5분이면 파괴된다.

### (2) 원인식품 및 감염경로

주요 원인식품은 동물성 단백질 식품이며 식물성 단백질 식품, 스프, 국, 카레 등도 원인식품이 된다. 미리 가열 조리된 후 실온에 5시간 이상 방치된 식품에서 많이 일어난다. 즉 혐기성균이므로 대량의 식사를 한꺼번에 만들기 위해 가열조리하면 내부의 공기가 방출되어 공기가 없는 조건이 되고, 그 식품을 다시 냉각하더라도 내부의 공기가 희박해져 균이 발육하기 좋은 환경이 되므로 급속히 증식되어 식중독을 일으킨다.

*C. perfringens*는 사람과 동물의 장관이나 물, 우유, 토양, 식품 등에 널리 분포되어 있다. 특히, 분변에 $10^2$~$10^4$cell/g 정도가 존재한다. 따라서 식품의 오염원으로 사람이나 동물의 분변을 중시할 필요가 있으며, 식품 중에도 식육, 육류가공품, 어패류 냉동품 등의 검출비율이 높다.

### (3) 잠복기 및 임상증상

A형은 잠복기가 8~24시간으로 주증상은 설사와 복통이며, 구토와 발열은 드물게 일부 환자에서 나타낸다. 설사는 하루에 수 회 정도 나타나며 1~2일 만에 정상으로 회복된다.

F형은 수 시간(2시간)의 잠복기가 지난 후 구역질, 구토를 일으키며, 어느 정도 경과되면 점혈이 섞인 심한 설사와 복통을 주증상으로 하여 발병하는데, 설사가 심하면 탈수증상도 일어난다.

### (4) 발생시기 및 예방

일반적으로 발생률은 낮고 증상도 가벼운 편이지만 일단 발생하면 대규모의 집단발생을 특징으로 하고 있다. 발생 사례를 보면 원인식품을 가열한 후 하룻밤을 방치한 것이 주된 원인이므로 레스토랑, 케이터링 및 뷔페식당 등 대규모로 음식을 준비하는 업체에서는 특히 주의를 해야 한다. 가정에서는 가열조리 후 빨리 먹기 때문에 위험은 없지만 단체급식 등 대량 조리의 경우에는 조리식품의 냉각과정에 상당한 주의가 필요하다.

예방법은 다음과 같다.

① 조리된 식품은 대량으로 큰 용기에 보관하면 혐기조건이 될 수 있으므로 소량씩 얕은 용기에 넣어서 신속히 냉각시킨 후 냉장고에 보존하여야 하며 실온에 방치해서는 안 된다.
② 대량 조리한 식품은 퍼프린젠스균의 발아증식을 억제하기 위하여 혐기적 환경이 될 수 없도록 자주 저어주어야 한다.
③ 보관한 조리식품은 섭취 전에 충분히 가열한다.
④ 따뜻하게 배식하는 음식은 조리 후 배식까지 60℃ 이상을 유지해야 하며, 차갑게 배식하는 음식은 조리 후 재빨리 식혀 5℃ 이하에서 보관하여야 한다.

## 3-3-2 바실러스 세레우스균 식중독

*Bacillus cereus*는 토양세균으로 토양, 농장, 산 및 하천 등 원인균으로서 자연계에 널리 분포되어 농작물을 오염시킨다. Hauge가 1947~1949년에 걸쳐 노르웨이 오슬로 시내의 병

원에서 발생한 사례를 보고한 것이 최초이다.

증상은 두 개의 다른 대사산물에 의해 야기되는 설사형과 구토형이 있다. 감염발병 양상으로 보면 감염형과 독소형의 중간이다. 감염형의 균은 장관 내에 증식하면서 여러 가지 대사산물을 배출하고, 이것이 흡수되어 여러 가지 생체장애를 일으키므로 생체 내 독소형이라고 할 수 있다.

### (1) 원인세균

*B. cereus*는 내열성 포자를 가진 그람양성 간균으로 통성혐기성균이다. 주모성 편모를 가지며 발육 최적온도는 28~35℃이다. 135℃에서 4시간 동안 가열하여도 견디는 내열성 아포를 가지지만, 균은 63℃에서 30분, 100℃에서 1분 이내에 사멸한다. 자연계에서는 대부분 내열성 아포를 형성하므로 조리과정에서 사멸되지 않고 잔존한 아포가 발아 증식하여 Enterotoxin(장독소)을 생산하여 식중독을 일으킨다.

### (2) 원인식품 및 감염경로

원인식품은 동·식물성 단백질 및 전분질 식품이다. 구토형은 곡류를 주성분으로 하는 식품(볶음밥, 파스타 등)이 원인식품이며, 설사형은 향신료를 사용한 식품이나 요리로 육류, 채소수프, 바닐라소스, 푸딩(pudding) 등 다양한 식품이 원인식품이다.

이 균은 토양, 오수, 식물 등 자연계에 널리 분포되어 있으므로 식품에 오염되기 쉽다. 따라서 조리과정에서 식품의 실온방치, 조리환경이나 조리기구에서의 2차 오염 등도 식중독을 일으키는 주요인이다.

### (3) 잠복기 및 임상증상

구토형은 열, 산, 알칼리, 단백질 가수분해효소에 안정한 저분자 펩티드에 의해 발생하며, 설사형은 열, 산, 알칼리, 단백질 가수분해효소에 민감한 고분자 단백질에 의해 발생된다.

구토형은 1~6시간의 잠복기 후에 구토와 복통이 발생하며, 발열 및 설사는 없다. 황색포도알구균 식중독과 유사한 증세를 나타낸다. 설사형은 잠복기가 6~24시간으로 복통 및 설사가 주증상이며 구토는 거의 없다. 클로스트리디움 퍼프린젠스 식중독과 유사한 증상을 나타낸다. 설사형이든 구토형이든 대부분 회복되며 사망은 드물다.

#### (4) 발생시기 및 예방

계절과 관계없이 발생하며 예방법은 다음과 같다.

① 곡류, 채소류는 세척하여 사용해야 한다.
② 조리된 음식은 실온에 방치하지 말고, 저온에서 냉장보관한다.
③ 음식물이 남지 않도록 적정량만 조리하여 급식한다.
④ 음식물은 충분히 가열·조리한 후 섭취한다.

## 3-4 기타 세균성 식중독

### 3-4-1 알레르기(Allergy)성 식중독

*Proteus morganii*(*Morganella morganii*)는 부패균의 일종으로 알려져 있지만 근래에 식중독을 일으킨 원인식품에서 발견되어 식중독의 원인균으로서 등장하게 되었다.

*P. morganii*에 의한 식중독은 부패산물의 하나인 histamine 특유의 식중독을 일으킴으로써 일명 알레르기성 식중독이라 한다. 원인식품은 주로 표피는 청색이고 살색은 적색인 어류로서 꽁치가 가장 으뜸이며 그 외에 고등어, 정어리 등으로 알려져 있다.

잠복기는 식후 1시간 정도이나 빠르면 5분 정도 후에도 나타나고 증상은 안부(顔部)에 발열, 홍조와 더불어 전신에 두드러기가 생긴다. 그 외에 심한 두통, 오한, 구토, 설사가 일어나는데 1일 이내에 회복이 되며 사망하는 경우는 거의 없다. 이러한 증상은 식이성 알레르기와 비슷하나 항히스타민제의 복용으로 치료가 가능하다.

식중독은 *P. morganii*가 식품에 증식하여 histidine decarboxylase를 생성하고, 이것에 의해 histidine으로부터 생성된 histamine이 methylguanidine, agmatin, arcaine 등의 amine류와 반응하여 식중독을 일으키게 된다.

### 3-4-2 장구균 식중독

이 균은 연쇄상구균이지만 성홍열, 화농의 원인이 되는 연쇄상구균과는 생물학적 성상이 다르므로 연쇄상구균 D군(Enterococcus group)으로 분류된다. 이 중에 *Enterococcus faecalis*만이 식중독을 일으킨다.

사람의 작은창자에 존재하는 세균으로서 장관(腸管)의 정상적인 생리작용에 필요한 균이며, 주로 분변오염의 지표로 삼는다. 발육온도는 10~45℃, 60℃에서 30분간 가열하여도 사멸하지 않고 식염농도 6.5%, pH 9.6의 배지에서도 발육이 가능하다.

이 균은 독소형인지 감염형인지 확실한 결론을 내리기 어려우나 장구균의 대사산물 중에 독소가 있는 것을 알 수 있다.

원인식품은 쇠고기, 햄, 치즈, 분유, 코코아, 크림, 두부 등에 의해 일어나는 것으로 추정되고 있다. 잠복기는 1~36시간(평균 5~10시간)이며, 주된 증상은 소화기계 증상인 설사, 구역질, 구토, 복통을 나타낸다.

### 3-4-3 *Aeromonas* 식중독

*Aeromonas*균 중 *A. hydrophila*와 *A. sobria*가 생산한 독소에 의해 감염되는 민물의 상재균으로서 1982년 3월에 식중독균으로 지정되었다. 이 균은 그람음성의 통성혐기성 간균으로 편모를 갖고 있으며, 발육 최적온도는 30~35℃이지만 10℃ 이하에서는 발육하지 못한다.

감염원은 음료수나 식품(마카로니, 크로켓 등)이며 잠복기는 5~9시간이고 주증상은 오심, 복통, 구토, 설사, 발열현상이 있다.

### 3-4-4 Vibrio fluvialis 설사증

해수세균으로 8% 식염농도에서도 증식하며 어패류를 매개로 하여 감염된다. 거의 모든 균주가 enterotoxin을 생산하여 설사를 일으킨다. 장염 *Vibrio* 식중독의 경우 이 균과 혼합되어 감염되기도 하고, 잠복기는 15~24시간 정도이다.

### 3-4-5 비브리오(*Vibrio vulnificus*) 패혈증

패혈증 또는 괴저병이라고 하는 이 질환은 1970년 미국의 루이지애나 주립의대 롤랜드팀에 의해 처음 보고되었고, 우리나라에서는 1980년에 보고되었다. 비브리오 패혈균 감염에 의한 급성패혈증으로 오염된 어패류를 생식하거나 상처 난 피부가 오염된 바닷물과 접촉할 때 감염된다.

#### (1) 원인균

*Vibrio vulnificus*로 그람음성 간균으로 NaCl 농도가 1~3%인 배지에서 잘 번식하는 호염

성균이다. 산성용액에는 사멸하고, 알칼리에서는 증식되며, 5℃ 이하에서는 활동이 중지되고 60℃ 이상에서는 사멸한다.

### (2) 감염경로

하절기에 해산물을 날로 또는 덜 익혀서 먹거나, 상처 난 피부가 오염된 바닷물에 접촉하거나, 이 균에 오염된 생선이나 게 등에 찔리거나 물리면 피부의 상처를 통해 감염된다. 사람 간 직접 전파는 없다.

### (3) 잠복기 및 증상

잠복기는 12~72시간이다. 발열, 오한, 혈압 저하, 복통, 구토, 설사 등의 증상이 발생하는데 1/3 정도의 환자는 저혈압이 나타난다. 대부분은 증상 발생 24시간 내 피부 병변이 생기고, 주로 하지에 피부병변이 발생하는데 피부병변은 발진, 부종으로 시작하여 수포 또는 출혈성 수포를 형성한 후 점차 범위가 확대되고 괴사성 병변으로 진행된다. 치사율은 균혈증 진행 시 50% 정도이다.

### (4) 예방법

① 간질환자(만성간염, 간경화, 간암 등), 알코올 중독자, 면역저하 환자 등은 어패류의 생식을 금지하고 충분히 가열, 조리하여 먹는다.
② 피부에 상처가 있는 사람은 오염된 바닷물과 접촉을 피하고, 바닷물에 접촉 시 깨끗한 물과 비누로 노출 부위를 씻는다.
③ 생굴이나 어패류를 취급할 경우 장갑을 착용한다.
④ 어패류는 흐르는 수돗물에 씻은 후 85℃ 이상으로 가열 조리하여 섭취한다.
⑤ 어패류를 조리하는데 사용한 칼, 도마, 식기류 등은 깨끗이 세척·소독한다.
⑥ 어패류는 5℃ 이하로 저장한다.

## 3-4-6 Plesiomonas 식중독

*Plesiomonas shigelloides*에 의해 일어나는 식중독균으로 그람음성의 통성혐기성 간균으로 포자나 협막이 없다. 생화학적 성상은 세균성 이질균과 유사하다. 감염원은 민물로서 이곳에서 잡은 어패류가 원인식품이다. 잠복기는 10~50시간이며 주증상은 설사, 복통, 오심, 두통, 발열(38℃) 등의 현상을 나타낸다.

### 3-4-7 *Arizona* 식중독

*Arizona*균(*Salmonella arizona*)은 1939년에 Caldwel과 Ryerson에 의해 미국 애리조나 주의 사막에서 서식하는 도마뱀에서 분리되었다. 특히 파충류의 정상 장내세균으로서 알려져 있고 그 외 가금류에도 존재하고 있다.

원인식품과 잠복기는 *Salmonella*와 유사하고, 닭이나 칠면조의 고기나 알(卵) 등이 감염원이 된다. 증상은 급성위장염과 발열을 나타내며 국소 감염증상으로서 중이염, 관절염, 골수염, 간농증 등이 보고되고 있다.

### 3-4-8 *Citrobacter* 식중독

이 균은 장내세균과에 속하고 *Escherichia coli*와 비슷한 균으로서 자연계에 널리 분포하고 있다. 토양, 물, 하수, 식품 및 사람과 동물의 장관에 상재하며, 사람과 동물의 분변에서도 발견된다. 주 원인균은 *C. freundii*이고 잠복기는 24시간이며 설사, 복통, 구토가 주된 증상이다.

## 3-5 세균성 식중독의 예방법

세균성 식중독의 예방원칙은 감염형, 독소형의 차이나 원인세균의 성상에 따라 다르지만 일반적인 공통점은 안전한 물과 원재료 사용하기, 청결유지, 분리보관, 냉장(5℃ 이하) 또는 열장(60℃ 이상)의 온도 관리, 완전히 익히기가 매우 중요하다.

### 3-5-1 안전한 물과 원재료 사용하기

① 안전한 물을 사용한다.
② 신선하고 질 좋은 식품재료를 사용해야 하며, 처리·조리·가공시간을 단축시켜 될 수 있는 한 세균에 오염되지 않도록 해야 한다.
③ 살균 우유와 같은 안전하게 가공된 식품을 선택 사용한다.
④ 과일이나 채소는 가열·조리 없이 그대로 섭취할 경우 깨끗이 씻는다.
⑤ 유통기한이 지난 식품은 사용하지 않는다.

## 3-5-2 청결유지

① 식품을 취급할 때는 2차 오염(Secondary contamination) 또는 교차 오염(Cross contamination)이 발생하지 않게 조리에 사용하는 기구 및 표면을 깨끗이 세척하고 소독해야 한다.
② 조리 장소와 식품을 곤충, 해충 및 기타 동물로부터 보호하기 위해 조리장과 가공공장에 방충·방서시설을 설치한다. 그리고 천장의 구조·작업장의 바닥·채광·공기정화 등의 시설이 완전해야 하며 작업완료 후 살균할 수 있는 상태가 되어야 한다.
③ 급수·폐수시설이 완전히 구비되어 있어야 하며, 특히 폐수구에는 뚜껑을 설치한다. 또한 오물처리장 및 변소 등은 위생적 시설을 갖추고 있어야 한다.
④ 식품취급자는 식품을 다루기 전과 조리하는 중간에 손을 청결히 하고 작업복, 신발, 손톱과 두발상태가 위생적이어야 한다.
⑤ 건강보균자나 환자, 특히 화농성 질환자의 경우는 작업에 종사시키지 말아야 한다.
⑥ 화장실에 다녀온 후 반드시 손을 씻는다.

## 3-5-3 분리보관

① 교차오염을 방지해야 한다. 익히지 않은 음식과 익힌 음식 간의 접촉을 피하기 위하여 식품은 별도의 용기에 담아 보관한다.
② 익히지 않은 육류, 가금류, 해산물을 다른 식품과 분리하여 보관한다.
③ 칼이나 도마 등의 조리기구는 음식 간의 오염을 매개할 수 있으므로 깨끗이 세척·소독하며 가열한 식품과 비가열 식품용으로 구분하여 사용한다.

## 3-5-4 안전한 온도에서 보관하기

① 조리한 식품은 실온에서 2시간 이상 방치하지 않는다.
② 조리한 식품 및 부패하기 쉬운 식품은 즉시 냉장고에 보관한다(5℃ 이하).
③ 조리한 식품은 먹기 전에 뜨거운 상태(60℃ 이상)로 유지한다.
④ 냉장고에 식품을 장기간 보관하지 않는다. 식품의 특성에 따라 냉장고의 온도, 보관량 및 보관기준을 적정수준으로 유지해야 한다.
⑤ 냉동식품은 절대로 실온에서 해동시키지 말고 냉장고 안이나 흐르는 물속에서 해동시킨다.
⑥ 식품의 운반·유통은 저온상태에서 이루어져야 한다.

## 3-5-5 완전히 익히기

① 육류, 가금류, 달걀 및 해산물 등은 충분히 가열한 후 섭취해야 한다. 즉 육류는 중심부 온도 75℃, 어패류는 85℃에서 1분 이상 가열하며, 수프 및 스튜와 같은 식품은 70℃까지 가열한다.

② 감염형 식중독은 살균하면 예방할 수 있으므로 살균 직후에 섭취한다.

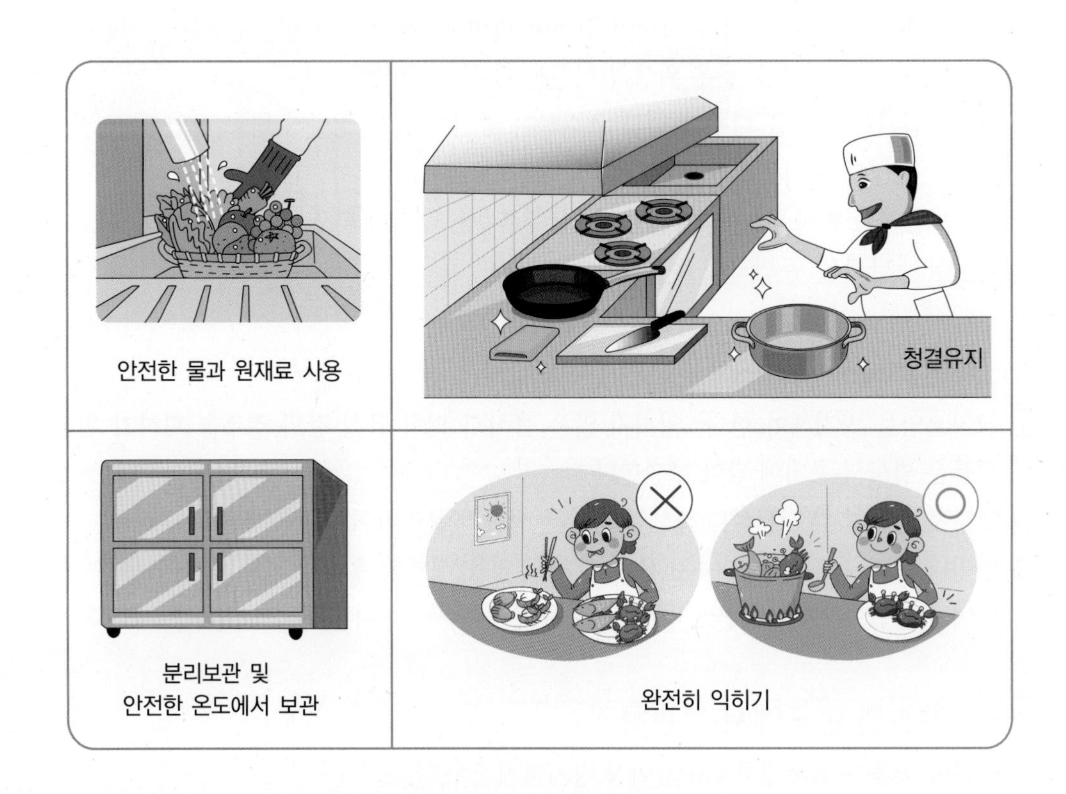


[그림 3-9] 식중독 예방의 원칙

# 3-6 바이러스성 식중독

최근 바이러스(virus)에 의한 식중독의 발생이 증가하고 있다[표 3-2]. 바이러스성 식중독이란 바이러스에 오염된 음식물을 섭취하여 일어나는 건강상의 장애를 말하며, 사람에게 주로 장염을 일으킨다. 주요 원인 바이러스는 노로바이러스(norovirus) 그룹이다. 노로바이러스는 매우 감염력이 강하여 사람과 사람으로 쉽게 전파된다. 그 외에도 아스트로바이러스(astrovirus), 장관아데노바이러스(adenovirus), 로타바이러스(rotavirus) A군 등에 의한 사례가 보고되고 있다.

노로바이러스는 1999년에 국내에 보고된 이래 2003년과 2004년에 집단설사를 유행시키면서 주목받기 시작했다. 특히 2006년 6월에 발생한 노로바이러스에 의한 학교급식 사고를 계기로 노로바이러스를 비롯한 4개 바이러스를 2006년 6월부터 감염병 예방법상 병원체 감시대상 지정감염병으로 분류 관리하고 있다.

**표 3-2 원인물질별/연도별 노로바이러스 식중독 발생현황(2011~2020년)**

| 원인물질 | 구분 | 2011년 | 2012년 | 2013년 | 2014년 | 2015년 | 2016년 | 2017년 | 2018년 | 2019년 | 2020년 | 합계 |
|---|---|---|---|---|---|---|---|---|---|---|---|---|
| 노로바이러스 | 발생건수 | 31 | 50 | 43 | 46 | 58 | 55 | 46 | 57 | 46 | 26 | 458 |
| | 환자수 | 1,524 | 1,665 | 1,606 | 739 | 996 | 1,187 | 968 | 1,319 | 1,104 | 239 | 11,347 |

바이러스성 식중독은 그 원인물질에 따라 생물학적 식중독으로 분류되고 감염형에 속한다. 바이러스성 식중독과 세균성 식중독의 가장 큰 차이점은 바이러스성 식중독은 미량의 개체(10~100)로도 발병이 가능하고, 2차 감염으로 인해 대형 식중독을 유발할 가능성이 높은 점 등 수인성 감염병과 유사한 점이다. 또한 바이러스는 크기가 매우 작고 항생제로 치료가 되지 않으며 사람의 체외에서는 생장할 수 없는 등 세균과는 매우 다르다. 따라서 바이러스와 세균이 일으키는 식중독은 매우 큰 차이가 있다[표 3-3].

표 3-3 세균성 식중독과 바이러스성 식중독의 차이

| | 세균 | 바이러스 | 비고 |
|---|---|---|---|
| 특성 | 균 또는 균이 생산하는 독소에 의하여 식중독 발병 | DNA 또는 RNA가 단백질 외피에 둘러싸여 있음 | |
| 증식 | 온도, 습도, 영양성분 등이 적정하면 자체 증식 가능 | 자체 증식이 불가능하며 반드시 숙주가 존재해야 증식 가능 | |
| 발병량 | 일정량(수백~수백만) 이상의 균이 존재하여야 발병 가능 | 미량(10~100) 개체로도 발병 가능 | |
| 증상 | 설사, 구토, 복통, 메스꺼움, 발열, 두통 등 | 메스꺼움, 구토, 설사, 발열, 두통 등 | 증상은 유사함 |
| 치료 | 항생제 등을 사용하여 치료 가능하며 일부 균은 백신이 개발되었음 | 일반적 치료법이나 백신이 없음 | |
| 2차 감염 | 2차 감염되는 경우가 거의 없음 | 대부분 2차 감염됨 | |

## 3-6-1 노로바이러스

### (1) 원인 바이러스

주요 원인 바이러스는 노로바이러스(norovirus) 그룹이고 음식물이나 물 등을 통해 섭취할 경우 사람에게 급성위장관염을 일으킨다.

1968년 미국 오하이오 주 노워크(Norwalk) 지역의 식중독 환자 분변에서 최초로 분리된 바이러스로 노워크바이러스, 캘리시바이러스(calicivirus), 소형구형 바이러스(SRSV; small round structured virus)로도 지칭한다. 노로바이러스는 외가닥 RNA를 가진 껍질이 없는(Non-envelop) 바이러스로 사람에게만 질병을 유발하는 바이러스로 5개 유전자형(GⅠ, GⅡ, GⅢ, GⅣ, GⅤ) 중 2개 유전자형(GⅠ, GⅡ)이 식중독을 유발한다. 최근 한국과 일본에서 발생한 노로바이러스 식중독의 90% 이상은 GⅡ 형이다.

### (2) 원인식품 및 감염경로

식중독은 음식(패류, 샐러드, 과일, 냉장식품, 샌드위치, 상추, 냉장조리 햄, 빙과류)이나 물에 의해 주로 발생한다. 특히 사람의 분변에 오염된 물이나 식품에 의해 발생한다.

사람은 다양한 경로를 통해 경구감염될 수 있다. 예를 들면 분변이나 구토물의 바이러스에 오염된 식품이나 음용수를 섭취했을 때, 오염된 물건을 만진 손으로 입을 만졌을 때, 질병이 있는 사람을 간호할 때 또는 환자와 식품, 기구 등을 함께 사용했을 경우 등이다[그림 3-10].

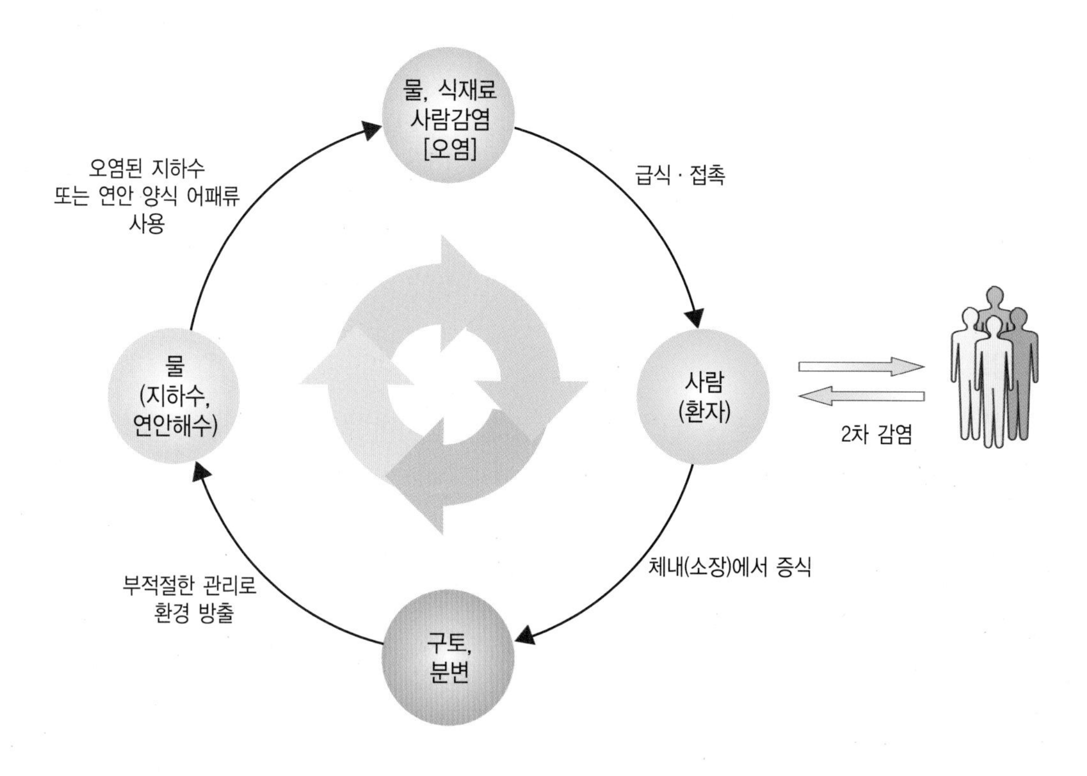


[그림 3-10] **바이러스성 식중독의 감염경로**

### (3) 잠복기 및 임상증상

잠복기는 24~48시간이다.

주된 증상은 설사와 구토로 구토는 설사 1~2일 후에 나타난다. 그 외 낮은 발열, 탈수, 호흡기 증상 등이 2~3일간 지속된다. 대부분의 사람은 1~2일 이내에 호전되며, 심각한 건강상 위해는 없으나, 때때로 어린이, 노인과 면역력이 약한 사람에 있어서는 탈수증상을 보이기도 한다.

## 3-6-2 로타바이러스

### (1) 원인 바이러스

로타바이러스(rotavirus)는 A~G의 7개 혈청형으로 분류되며, rota는 라틴어로 수레바퀴란 뜻을 가지고 있다. 7개의 혈청형 중 A형이 가장 많고 다음이 B형이며 C형은 드물다. A형 로타바이러스는 로타바이러스 위장염이라고 알려진 몇 가지 질병을 유발한다. 특히 유아와 어린이에게 심한 설사의 주요 원인이 된다.

#### (2) 원인식품 및 감염경로

감염된 작업자가 만지는 식품, 샐러드와 과일처럼 더 이상 익히기 힘든 식품이 오염될 수 있다.

주된 감염경로는 분변-구강경로를 통한 경구감염이다. 그 외 접촉 및 호흡기 감염, 바이러스에 오염된 물을 통한 감염 등이다. 오염된 손에 의한 사람과 사람 사이의 전파는 어린이집과 가정에서 유행적으로 발생할 확률이 매우 높다.

#### (3) 잠복기 및 임상증상

잠복기는 1~3일이며 증상은 구토, 발열, 수양성 설사 등이며 보통 증상은 4~6일 정도 지속된다.

증상이 콜레라와 비슷해 가성콜레라라고도 하는데, 심한 경우에는 탈수증상까지 나타난다. 보통 감기 증상에 이어 설사를 일으킨다. 대부분 회복되고 간혹 심한 탈수로 사망할 수 있으나 매우 드물다.

### 3-6-3 아데노바이러스

#### (1) 원인 바이러스

원인 바이러스는 아데노바이러스(adenovirus)로 항원성에 따라 49개의 혈청형이 있다. 1953년 외과수술로 적출된 소아의 편도와 adenoid(선양조직)에서 분리된 것이 최초인 것과 관련하여 adenovirus라 명명하였다.

#### (2) 원인식품 및 감염경로

이 바이러스는 분포도가 넓고 다양한 질환을 일으키며, 주요 원인식품은 오염된 해산물이며 이들을 가열하지 않고 섭취하여 식중독이 발생한다. 주요 감염경로는 분변을 통한 경구감염이다.

#### (3) 잠복기 및 임상증상

잠복기는 7~8일이며 바이러스가 배출되는 기간은 10~14일이다. 증상은 묽은 설사이며 설사 후에 구토가 나타난다. 그 외 2~3일간 지속되는 낮은 발열, 탈수, 호흡기 증상 등이 나타난다.

## 3-6-4 아스트로바이러스

아스트로바이러스(astrovirus)는 1975년 처음으로 설사 증상을 나타내는 소아의 분변에서 검출되었으며, 그 후 각종 동물에서도 설사의 원인 바이러스로 발견되었다. 주로 젖먹이 어린이에게 많이 발생하지만, 학생이나 성인 또는 노인 시설에서 유행한 예도 있다.

감염경로는 사람의 분변을 통한 경구감염이 대부분이지만, 음식물이나 물을 매개로 한 것도 많다. 잠복기는 1~4일(짧은 경우 24~36시간)이다.

임상증상은 경미한 설사, 두통, 권태감, 오심, 복통 등이며 구토는 드물다. 로타바이러스 식중독과 증상은 비슷하나 좀 더 경미하며 탈수를 덜 일으킨다. 각지에 널리 분포하며, 유행시기는 주로 겨울철이다.

## 3-6-5 바이러스성 식중독의 발생시기 및 예방법

바이러스성 식중독은 연중 발생하지만 일 년 중 온도가 낮은 겨울철(11월~2월)에 발생건수가 증가하는 경향이 있다. 바이러스성 식중독에 대한 치료법이나 감염예방 백신은 없다. 건강한 성인에게는 감염증상이 경미하나 소아, 노인, 환자에게 발생하는 탈수증상은 생명에 치명적인 위해를 가져올 수 있다.

치료법이 없기 때문에 예방이 가장 중요하다. 예방법은 다음과 같다.

① 조리 전, 식사 전, 화장실 사용 후 반드시 손을 깨끗이 세척한다.
② 과일과 채소는 흐르는 물에 깨끗이 세척하여 섭취한다.
③ 오염 지역에서 채취한 어패류는 85℃에서 1분 이상 가열하여 섭취한다.
④ 오염이 의심되는 지하수 등은 사용을 자제하고 식수나 세척용으로 사용이 불가피한 경우에는 반드시 끓여서 사용한다.
ⓐ 가열·조리한 음식은 맨손으로 만지지 않도록 주의한다.
ⓑ 2차 감염을 막기 위하여 노로바이러스 환자의 변, 구토물에 접촉하지 않는다. 부득이하게 오물 등을 처리할 시에는 반드시 1회용 비닐장갑 등을 착용하고 오물은 비닐 봉투에 넣은 후 염소산나트륨(200ppm)이 스며들 정도로 분무하고 밀봉하여 폐기한다.

**표 3-4 주요 세균성 식중독의 원인 및 증상**

| 병원체 | | 잠복기 | 증상 | 2차감염 |
|---|---|---|---|---|
| 바실러스 세레우스 | 구토독소 | 1~6시간 | 구토, 일부 설사, 간혹 발열 | × |
| | 설사독소 | 6~24시간 | 설사, 복통, 일부 구토, 간혹 발열 | × |
| 캠필로박터균 | | 2~7일 | 설사(가끔 혈변), 복통, 발열 | × |
| 클로스트리디움 퍼프린젠스 | | 8~24시간 | 설사, 복통, 간혹 구토와 열 | × |
| 장출혈성대장균(EHEC) | | 2~6일 | 수양성 설사(자주 혈변), 복통(가끔 심함), 발열은 거의 없음 | × |
| 장독소성대장균(ETEC) | | 6~48시간 | 정액성 설사, 복통, 오심 간혹 구토·발열 | × |
| 장병원성대장균(EPEC) | | 일정치 않음 | 수양성 설사(자주 혈변), 복통, 발열 | × |
| 장침입성대장균(EIEC) | | 일정치 않음 | 수양성 설사(자주 혈변), 발열, 복통 | × |
| 살모넬라균 | | 12~36시간 | 설사, 발열, 복통 | ○ |
| 황색포도알구균 | | 1~6시간<br>(2~4시간) | 심한 구토, 설사 | × |
| 장염비브리오균 | | 4~30시간 | 설사, 복통, 구토, 발열 | × |
| 여시니아 엔테로콜리티카 | | 1~10일<br>(통상 4~6일) | 설사, 복통(가끔 심함) | × |
| 리스테리아 모노사이토제네스 | | 1~6주 | 건강인: 감기와 유사 증상<br>임산부: 유산, 사산<br>면역력저하자: 수막염, 패혈증 | × |
| 클로스트리디움 보툴리늄 | | 12~36시간 | 구토, 복부경련, 설사, 근무력증, 착시현상, 신경장애, 호흡곤란 | × |

※ 식중독은 일반적으로 구토, 설사, 복통, 발열 등의 증상을 나타내며 원인 물질에 따라 잠복기와 증상의 정도가 다르게 나타난다.

**표 3-5 바이러스성 식중독의 원인 및 증상**

| 병원체 | 잠복기 | 증상 | | 전파기전 | 2차감염 |
|---|---|---|---|---|---|
| | | 구토 | 열 | | |
| 아스트로바이러스 | 1~4일 | 가끔 | | 식품, 물, 대변-구강전파 | ○ |
| 장관 아데노바이러스 | 7~8일 | 통상적 | | 물, 대변-구강전파 | ○ |
| 노로바이러스 | 24~48시간 | 통상적 | 드물거나 미약 | 식품, 물, 접촉감염, 대변-구강전파 | ○ |
| 로타바이러스 A군 | 1~3일 | 통상적 | | 물, 비말감염, 병원감염, 대변-구강전파 | ○ |

## CHAPTER 03 연습문제

**01 감염형 식중독이 아닌 것은?**

① 살모넬라균 ② 장염 비브리오균 ③ 보툴리누스균 ④ 병원성 대장균 ⑤ 노로바이러스

**02 독소형 식중독인 것은?**

① *Clostridium perfringens*
② *Campylobacter*
③ *Staphylococcus aureus*
④ Enterohemorrhagic *E.coli*
⑤ *Yersinia*

**03 살모넬라(*Salmonella*) 식중독의 특징으로 옳지 않은 것은?**

① 그람양성 ② 무아포 간균 ③ 통성혐기성 ④ 운동성 ⑤ 열에 대한 저항력이 약함

**04 살모넬라 식중독에 대한 예방법으로 옳지 않은 것은?**

① 식품의 저온유지 ② 식품의 가열 살균 ③ 오염 방지
④ 장기간의 저장 ⑤ 청결 유지

**05 살모넬라 식중독의 잠복기와 증상으로 옳지 않은 것은?**

① 일반적으로 12~36시간의 잠복기를 거친다.
② 두통, 복통, 설사, 구토 등을 일으킨다.
③ 4~5일이 경과하면 평열로 회복된다.
④ 치사율은 10%이다.
⑤ 주증상은 환자의 건강상태, 균량 등에 따라 다르게 나타날 수 있다.

**06 호염균이며 해수세균의 일종으로 2~4% 식염농도에 잘 생육하는 균은?**

① *Clostridium botulinum* ② *Vibrio Parahaemolyticus*
③ *Salmonella paratyphi* ④ *Bacillus cereus*
⑤ Enterohemorrhagic *E.coli*

**07 장염 비브리오 식중독의 특징으로 옳지 않은 것은?**

① 평균 3시간의 잠복기를 거친다. ② 복통, 설사, 구토 등을 일으킨다.
③ 37~38℃ 정도의 미열이 있다. ④ 병증은 1~7일 정도 지속된다.
⑤ 염증성 설사를 일으켜 이질로 의심되는 경우도 있다.

**08 유당을 분해하고 산과 가스를 발생하는 통성혐기성 균으로 옳은 것은?**

① 살모넬라균 ② 비브리오균 ③ 보툴리누스균 ④ 병원성 대장균 ⑤ 바이러스

**09 1982년 미국에서 햄버거에 의한 식중독으로 보고된 이후 세계에서 발생하고 있어서 주목받고 있는 대장균은?**

① 장출혈성 대장균 $O_{157}$:$H_7$ ② 장독소성 대장균
③ 장침입성 대장균 ④ 장병원성 대장균
⑤ 장출혈성 대장균 $O_{104}$:$H_7$

**10 보툴리누스균의 특징으로 옳은 것은?**

① 그람음성 ② 호기성 간균 ③ 운동성을 나타냄
④ 장독소를 함유 ⑤ 과일에 분포

**11 보툴리누스균 식중독에 관한 사항으로 옳은 것은?**

| | |
|---|---|
| (가) 독소는 열에 강하다. | (나) 신경마비성 식중독이다. |
| (다) 포자를 형성하지 않으며 혐기성균이다. | (라) 치사율이 약 5%이다. |

① (가) (나) (다) ② (가) (다) ③ (나) (라) ④ (라) ⑤ (가) (나) (다) (라)

**12 집단생활에서 발생하는 경우가 많고 사람의 분변이 오염원이 되며, 특히 겨울철 생굴과 비가열 식품이 원인이 되는 식중독은?**

① A형 간염 바이러스 식중독
② 노로바이러스 식중독
③ 아데노바이러스 식중독
④ 로타바이러스 식중독
⑤ 아스트로바이러스 식중독

**13 식중독을 일으키는 세균 중 잠복기가 가장 짧은 것은?**

① 포도알구균
② 장염비브리오균
③ 웰치균
④ 보툴리누스균
⑤ 캠필로박터균

**14 살균이 충분치 못한 통조림을 먹고 식중독을 일으키는 원인균은?**

① *Salmonella enteritidis*
② *Clostridium botulinum*
③ *E.coli*
④ *Vibrio parahaemolyticus*
⑤ *Yersinia enterocolitica*

**15 세균과 바이러스의 차이로 옳은 것은?**

① 세균은 자체 증식이 불가능하나 바이러스는 자체 증식이 가능하다.
② 세균은 미량의 개체로도 발병이 가능하나 바이러스는 일정량 이상의 균이 존재해야 발병이 가능하다.
③ 세균은 2차 감염이 되며 바이러스는 2차 감염되는 경우가 거의 없다.
④ 세균은 일반적 치료법이나 백신이 없으나 바이러스는 대부분 백신이 개발되었다.
⑤ 세균과 바이러스의 증상은 설사, 두통, 구토, 발열 등 유사하다.

# chapter 4

# 자연독 식중독

**학습목적**

식품에 내재하는 천연 위해물질과 곰팡이가 생성하는 위해물질의 종류를 이해하고, 이를 식중독 예방에 활용한다.

**학습목표**

01 복어 종류에 따른 복어독의 분포 부위를 인지한다.
02 계절에 따른 복어의 독성분을 설명한다.
03 복어독의 중독증상을 기술한다.
04 시구아테라(ciguatera) 중독을 일으키는 어류에 따른 중독증상을 열거한다.
05 조개류 중독의 특징을 설명한다.
06 조개류 중독의 유독성분과 증상을 연관 짓는다.
07 동물성 식중독을 예방하는 식생활지침을 제안한다.
08 식용식물 중 유독성분을 함유하는 식물을 이해한다.
09 오용하기 쉬운 유독식물을 구별한다.
10 독버섯의 유독성분과 중독증상을 연관 짓는다.
11 독버섯의 종류를 열거한다.
12 독버섯을 식별한다.
13 식물 내 유독성분과 증상을 연관 짓는다.
14 식물에서 발견되는 변이원성 및 발암성 성분에 대해 설명한다.
15 곰팡이독의 원인식품을 열거한다.
16 곰팡이독의 특징을 일반 미생물에 의한 질환과 비교하여 설명한다.
17 곰팡이독의 종류와 중독증상을 연관 짓는다.
18 곰팡이독과 원인균을 연관 짓는다.
19 곰팡이 독소의 생산 최적조건을 인지한다.
20 독소의 생성을 예방할 수 있는 저장 방법을 제안한다.
21 Aspergillus속 곰팡이독(아플라톡신 포함)의 특징을 설명한다.
22 Penicillium속 곰팡이독(황변미독 포함)의 특징을 설명한다.
23 Fusarium속 곰팡이독(붉은 곰팡이독)의 특징에 대해 설명한다.
24 곰팡이독 중독 예방법을 식품저장 및 준비과정에 적용한다.

# 4-1 동물성 자연독에 의한 식중독

동물에 자연적으로 함유되어 있는 유독성분에 의한 식중독을 동물성 자연독에 의한 식중독이라 하며 독성을 갖고 있는 동물은 대부분 어패류로서 육지의 동물이나 조류에서는 거의 자연독이 없다. 동물성 자연독에 의한 식중독을 일으키는 대표적인 것으로는 복어와 조개류, 어류 등이 있다.

## 4-1-1 복어(puffer fish, swell fish) 중독

복어는 복어목 복어과에 속하는 어류의 총칭으로, 우리나라 근해에는 40여 종이 분포하며 그 중 식용하는 것은 까치복, 졸복, 검복[그림 4-1] 등 10여 종 정도이다. 복어의 생식선(복어알), 간, 장(腸), 피부(다갈색, 암록색) 등에 독소가 함유되어 있으며, 이를 섭취하였을 때 중독을 일으킨다.

[그림 4-1] 까치복, 졸복, 검복

독성분은 tetrodotoxin($C_{11}H_{17}O_8N_3$)으로 맹독성 물질이며 성인에 대한 치사량은 1~2mg으로 추정된다.

표 4-1 여러 독소의 독성 비교

| 독 소 | $LD_{50}$ [㎍/kg](mouse) | 원인생물 | 분 자 량 |
|---|---|---|---|
| botulinus toxin A | 0.00003 | 세균 | 900,000 |
| tetrodotoxin | 8.7 | 복어, 도마뱀, 권패류<br>불가사리류, 연체동물 | 319 |
| saxitoxin | 10 | *Protogonyaulax sp.*<br>이매패류 | 299 |
| gonyautoxin-2 | 12 | 〃 | 395 |
| NaCN | 10,000 |  | 49 |

이 독소는 약염기성 물질로 106℃에서 4시간 정도 가열하여도 파괴되지 않고 산에 안정하나, 4% NaOH용액에서는 20분 내에 2-amino-6-hydroxymethyl-8-hydroxyquinazoline으로 가수분해되어 무독화한 것으로 보아 알칼리에는 불안정하다.

**표 4-2 복어별 각 부위의 독력과 독량(units)**

| 종류 | 성별 | 생식선(복어알) | 간 | 피부 | 창자 | 고깃살 | 혈액 | 안구 | 독의 강도 |
|---|---|---|---|---|---|---|---|---|---|
| 검 복 | ♀ | 4,000 | 100,000 | 2,000 | 4,000 | 100 | | | 맹독 |
| | ♂ | 100 | 10,000 | 4,000 | 2,000 | 100 | | | |
| 매리복 | ♀ | 4,000 | 20,000 | 10,000 | 4,000 | 400 | | | 맹독 |
| | ♂ | <20 | 400 | 1,000 | 200 | 100 | | | |
| 복 섬 | ♀ | 40,000 | 100,000 | 4,000 | 40,000 | 400 | | | 맹독 |
| | ♂ | 1,000 | 4,000 | 400 | 4,000 | 200 | | | |
| 졸 복 | ♀ | 20,000 | 100,000 | 10,000 | 4,000 | 100 | 100 | | 맹독 |
| | ♂ | 1,000 | 40,000 | 2,000 | 2,000 | 100 | 40 | | |
| 황 복 | ♀ | 100,000 | 4,000 | 2,000 | 4,000 | <20 | | | 맹독 |
| | ♂ | 100 | 2,000 | 200 | 400 | <20 | | | |
| 동가지복 | ♀, ♂ | 10,000 | 10,000 | 40 | 200 | <20 | <20 | <20 | 강독 |
| 까치복 | ♀ | 10,000 (독력 870,000) | 4,000 | 100 | 400 | <20 | | | 강독 |
| | ♂ | 40 | 200 | 40 | 40 | <20 | | | |
| 까칠복 | ♀ | 2,000 | <20 | 200 | 100 | <20 | | | 강독 |
| | ♂ | 400 | 40 | 100 | <20 | <20 | | | |
| 청 복 | ♀, ♂ | <200 | 200 | 4,000 | 400 | <20 | | | 강독 |
| 눈불개복 | ♀ | 4,000 | 4,000 | 2,000 | 400 | <20 | <20 | <20 | 강독 |
| | ♂ | <20 | 4,000 | 4,000 | 1,000 | <20 | <20 | <20 | |
| 강 복 | ♀ | <20 | <20 | <20 | <20 | <20 | | | 거의 무독 |
| | ♂ | <20 | <20 | <20 | <20 | <20 | | | |
| 밀 복 | ♀ | <20 | <20 | <20 | <20 | <20 | | | 거의 무독 |
| | ♂ | <20 | <20 | <20 | <20 | <20 | | | |

* 독력의 단위(unit)는 독력을 추출한 원액 1ml, 즉 원장기(原臟器) 1g이 살해할 수 있는 생쥐의 g수로서 나타냈다. 즉, 1,000unit라는 것은 장기 1g이 생쥐 1,000g(약 50~60마리)에 대하여 치명적임을 의미한다. 독성 = 독력 × 독량

독성을 다른 독소와 비교하면 [표 4-1]과 같으며, 독성은 NaCN의 1,000배 정도이다.

체내에 흡수된 tetrodotoxin은 신경근 접합부에 작용, $Na^+$의 세포 내 유입을 선택적으로 억제하는 작용을 나타내어 자율·운동신경의 흥분전도를 차단하여 독작용을 나타내는데, 중

독증상은 식후 2~3시간 이내에 입술·혀끝·손끝이 저리고 구토·복통·두통이 계속되다가 운동 불능 상태가 되며 지각마비, 언어장애, 혈압저하, 호흡곤란에 의한 cyanosis가 나타난다. 심한 경우에는 10분 이내에 사망하고, 중독시간이 8시간 경과해도 사망하지 않는 경우에는 대체로 회복되지만 근육마비 현상은 며칠간 계속된다. *Vibrio*속이나 *Pseudomonas*속 등 해수에 널리 분포되어 있는 세균이 tetrodotoxin의 1차 생산자라고 알려져 있다.

복어는 종류에 따라서 무독한 것도 있지만 유독한 것이 많고 부위와 계절에 따라서 독력의 차이가 많다[**표 4-2**].

복어중독은 동물성 자연독 중 가장 많이 발생하고 치사율도 60%에 가까우며 독력은 산란기 직전인 5~6월이 가장 강하다. 그러나 복어는 사계절요리로서 식중독이 많이 발생하고 있으며 가정에서도 일반 조리에 의해 발생하는 일이 많다.

복어 독에 의한 주된 증상을 임상증상별로 구분하여 살펴보면 다음과 같다.

① 지각이상: 가장 보편적으로 나타나는 초기증상으로 피부감각, 청각 등의 둔화와 마비가 있다.
② 운동장애: 중증일 때는 연하곤란, 입술·혀·성대의 마비가 일어나서 발성이 불가능하게 되며, 눈동자의 운동이 잘 되지 않고 동공확대가 일어난다. 급성인 경우에는 보행, 직립, 수족운동 능력을 상실한다.
③ 호흡장애: 호흡곤란, 청색증(cyanosis) 등의 현상이 일어나며 호흡마비가 사망의 원인이 된다.
④ 혈행장애: 혈압강하 및 말초신경마비 현상이 일어나며 허탈상태가 된다.
⑤ 위장장애: 구역질, 구토가 일어나지만, 위장에 통증은 없다.
⑥ 뇌증(腦症): 죽기 전까지 의식은 명료하고, 경련과 뇌증상은 일어나지 않는다.

소량 섭취한 경우의 치료법을 살펴보면 다음과 같다.

대증요법으로 먼저 구토, 위세척 및 설사 등을 통해 위장 내의 독소를 제거해야 하는데, 위세척은 중독 초기에는 2~5%의 중조를 사용하고, 그 후는 2~5%의 식염수로 세척하는 것이 좋다. 구토제는 초기에 사용해야 하며, 설사는 위세척과 동시에 실시하는 것이 좋다. 또한 혈압강하에는 강심제와 혈압상승제를, 호흡곤란에는 호흡촉진제를 투여하거나 인공호흡을 실시한다.

예방법으로는 복어요리 전문가가 만든 요리를 먹어야 하며, 알, 내장, 난소, 간, 피부 등에 독소가 많으므로 이들 부위는 먹지 않도록 해야 한다.

## 4-1-2 조개류 중독

유독조개류는 외관이나 맛, 냄새로는 무독조개와 구별이 곤란하고 화학적인 판별에서 알 수 있다. 또한 이들 독성물질은 주로 내장에 존재하며, 조리 시 열에 의해 파괴되지 않는다.

### (1) saxitoxin에 의한 식중독

검은조개(*Mytilus edulis*), 섭조개(*California mussels*), 진주담치(*Mytilus edulis*), 홍합(*Mytilus coruscus*), 대합조개(*Meretrix lusoria*) 등의 중장선(中腸腺)에 saxitoxin을 함유하고 있다. 이 독소는 미국 캘리포니아 연안과 알래스카 연안에 서식하는 유독 플랑크톤인 *Gonyaulax catenella*를 조개가 섭취함으로써 조개의 체내에 독소가 축적된 것이다. 이 *Gonyaulax catenella*는 2~8개의 짧은 연쇄상으로 된 식물성 플랑크톤으로 여름철에 주로 증식하며, 때로는 이들의 이상증식에 의하여 적조(赤潮)가 발생하기도 한다.

**[그림 4-2] 홍합, 진주담치**

또한 이들 독소는 1889년 Brieger에 의하여 아민의 일종인 mytilotoxin으로 명명되었고, 그 후 미국의 Rappoport는 유독성분을 순수 분리하여 saxitoxin($C_{10}H_{15}NO_2$)이라 명명하였다. 구조는 choline, trimethylamine을 함유하고 있으며 100℃에서 30분 가열하여도 분해되지 않는다.

중독증상은 식후 30분 내지 3시간 안에 입술, 혀, 잇몸 등의 마비로 시작하여 사지가 마비되어 보행이 곤란해지며, 언어장애, 유연, 두통, 구갈, 오심, 구토 등을 일으키고, 심하면 호흡곤란, 호흡마비를 일으켜 사망하게 되는데 사망은 12시간 이내에 일어나며 치사율도 15% 정도이다. Saxitoxin에 의한 중독은 복어중독과 비슷하게 말초신경의 마비증상을 나타내므로 일명 마비성 조개중독(paralytic shellfish poisoning; PSP)이라고도 한다.

우리나라에서는 PSP를 조사하여 가식부 100g당 80㎍ 이상인 지역에서는 조개류 채취를 금지하고 있으며 부산, 통영, 여수 등 남해안에서 생산되는 조개류의 경우 2~5월에 자주 검출되고 있는 실정이다.

유독성분은 STX(saxitoxin), GTX(gonyautoxin), PX(protogonyautoxin) 등 10여 종의 guanidyl 유도체이고, 시기적으로는 5~9월 특히 여름철에 독성이 강하다.

### (2) venerupin에 의한 식중독

모시조개(Cyclina sinensis), 바지락(Ruditapes philippinarum), 굴(Crassostrea gigas) 등의 이매패(二枚貝)에 의해 일어나는 식중독으로, venerupin이라 명명하였다. 1942년 일본에서 모시조개에 의해 334명이 식중독을 일으켜 114명이 사망한 예가 있다. 이들 독성분의 화학적 구조는 확실하지 않으나 에테르, 클로로포름, 에틸알코올에 불용이고 메탄올에는 잘 용해되는 담갈색의 간독성을 나타내는 물질로 발생 시기는 3~4월이고, 치사율은 비교적 높아 44~55%나 된다.

[그림 4-3] 바지락, 모시조개

100℃에서 3시간 정도 가열하여도 파괴되지 않으며 생쥐의 경우 치사량은 5mg/kg 정도이다.

잠복기는 12~48시간이고, 주된 중독증상은 초기에는 불쾌감, 전신권태, 구토, 두통, 미열, 피하의 출혈반점으로 배, 목, 다리 등에 적색 내지 암갈색의 반점이 나타나고, 황달현상도 나타난다. 중증일 때는 뇌증상으로 의식혼란, 불안상태가 계속되며, 치아출혈, 토혈, 혈변을 동반하여 10시간~7일 만에 사망한다.

### (3) 설사성 조개류에 의한 식중독

설사성 조개류 중독(diarrhetic shellfish poisoning; DSP)은 검은 조개, 가리비, 백합, 민들조개, 모시조개 등의 중장선에 독성분이 함유되어 있으며 섭취 후 4시간 이내에 설사를 주요 증상으로 메스꺼움, 구토, 복통을 일으키는 식중독이다. 유독화원인은 와편모조류인

[그림 4-4] 가리비

*Dinophysis fortii*, *D. acuminata*, *D. acuta*가 주요원인 플랑크톤으로 유독성분은 okadaic acid(OA), dinophysistoxin(DTX), pectenotoxin(PTX), yessotoxin(YTX) 등이며 이들은 내열성이어서 조리 시 독의 감소를 기대할 수 없으며 발증 3일 이후에 거의 회복된다.

### (4) 권패류 중독

독성이 있다고 생각되는 권패류(卷貝類)는 타액선에 테트라민(tetramine)이라고 하는 일종의 amine$(CH_3)_4N^+$을 함유하는 권패와 중장선에 시기적으로 형광색소를 다량 축적하여 광과민증(光過敏症)을 일으키는 권패 및 최근 식중독을 일으키는 수랑 등으로 구분한다.

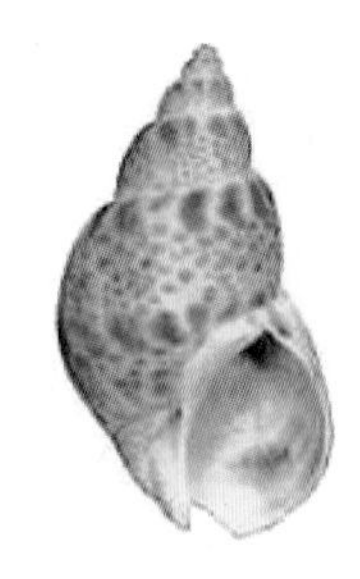

[그림 4-5] 소라고둥, 수랑, 조각매물고둥

① 소라고둥(*Neptunea arthritica*)

타액선에 테트라민을 함유하고 있기 때문에 식후 30분에 두통, 구토, 시각이상을 일으킨다. 중독량은 약 20개 정도 섭취하여야 한다.

② 수랑(*Babylonia japonica*)

육식성(肉食性) 권패로 중장선에 독성분이 함유되어 있으며 일종의 마비성 독으로 neosurugatoxin, prosurugatoxin이다. 중독증상은 섭취 1~24시간 후에 복통, 설사, 의식혼탁, 시력감퇴, 동공확대, 언어장애 등이 나타난다.

③ 조각매물고둥(*Neptunea intersculpta*)

독성분은 타액선의 테트라민으로 섭취하면 눈에 피로감을 느끼고 머리가 무겁고 시각이상, 식욕감퇴 현상이 나타난다.

④ **전복류**(*Haliotis sp.*)

독성분이 중장선에 함유되어 있으며, 해조류에서 유래하는 엽록소의 분해산물인 광과민성의 pheophorbide a와 pyropheophorbide a가 함유되어 있어 중장선을 섭취한 후 햇빛을 쬐면 피부가 빨갛게 되며 화상을 입은 것 같은 염증(광과민증)이 생긴다.

## 4-1-3 기타 어류에 의한 식중독

### (1) 독꼬치에 의한 식중독

독꼬치(*Sphyraena picuda*)는 몸길이가 1m 이상이며, 측선(側線)의 비늘 수는 80개 정도이지만 보통 식용 꼬치는 몸길이가 35cm, 비늘 수는 90~95개이기 때문에 구별이 가능하다. 독꼬치는 태평양의 열대지역이나 인도양, 미주대륙의 대서양 쪽 열대나 아열대연안에 분포되어 있으며 부주의에 의해 식용하는 경우가 많다. 독꼬치의 독성분은 지용성의 마비성 신경독으로 내열성이 강하여 일반 가열조리법으로는 파괴되지 않는다.

주된 증상은 30~90분 정도의 잠복기를 거쳐 입술, 안면, 사지 또는 전신에 가벼운 마비와 때로는 언어장애, 연하곤란, 보행곤란, 의식 장애, 구토, 설사가 나타난다.

그러나 복어중독에 비해 증상이 가벼우며 사망한 예는 없다.

### (2) Ciguatera에 의한 식중독

Ciguatera는 열대나 아열대 해역에 주로 서식하는 *Ciguatera*속 어류를 섭취하여 일어나는 치사율이 낮은 식중독의 총칭이다. 다시 말하면 ciguatera라는 어원은 카리브해에서 잡히는 cigua라는 권패(卷貝)에 의해서 일어나는 식중독을 지칭한 것인데, 지금에 와서는 남방해역의 독어(毒漁)에 의한 식중독을 총칭하고 있다. Ciguatera의 독화는 먹이연쇄에 의한 것으로서, 남조류(藍藻類)가 ciguatoxin의 기원이 된다고 한다. Ciguatera의 유독성분은 여러 종류가 있으나 아직 확실히 밝혀지지 않고 있으며 독성은 복어독만큼 강하다.

중독증상은 잠복기가 1~8시간이지만 2일 이상일 경우도 있으며, 회복기간은 경증일 경우는 2~3일, 중증은 1개월 정도로 회복기간이 길다. 주요 증상은 구토, 설사, 복통 등의 소화기계 증상과 입술·사지·전신마비, 두통, 현기증, 호흡곤란, 탈력감 등이며, 치사율은 낮으나 경우에 따라 저혈압 증상과 더불어 의식불명이 되어 사망한다.

### (3) 기타 어류의 독성분에 의한 식중독

어류알 속의 독성물질은 대부분 위장질환을 일으키며 또한 간장과 비장에 괴사(necrosis)를 일으킨다. 일반적으로 독성이 있다고 생각되는 어류는 동갈치(gars), 말씀뱅어(cabezon), 바벨(barbel), 베도라치과의 물고기(blenny), 곤돌매기(pikes), 킬리피시(killi fish), 클레올피시(creole fish), 돗돔 등이 있다.

# 4-2 식물성 자연독에 의한 식중독

식물 중에는 유독성분을 함유하고 있는 경우가 많으므로 버섯이나 산나물(山菜)이 나는 계절에 식중독이 많이 발생한다.

이들 식물성 식중독의 경우는 유독성분을 함유하고 있는 식물과 식용식물로 오용되기 쉬운 식물로 나눌 수 있다. 식물 중에는 특정 부위나 시기에 유독성분을 함유하고 있거나 항상 유독성분을 함유하고 있는 것이 있으며, 이에 대한 부주의로 식중독을 일으키게 되는데 유독성분에 따라 다음과 같이 분류한다. 오색두, 청매, 은행 등 청산배당체를 함유하는 것과 hyoscyamine 등 alkaloid를 함유하는 것, 기타 감자 등 배당체를 함유하는 것, 그리고 불명인 것 등이다.

## 4-2-1 유독성분을 함유하고 있는 식물

### (1) 감자에 의한 식중독

감자(*Solanum tuberosum*)의 발아부위와 일광에 노출되어 생기는 녹색부위에는 solanine($C_{45}H_{73}NO_{15}$)이라는 유독성분이 있다. Solanine은 배당체로 solanidine(steroid계 alkaloid)에 glucose, rhamnose, galactose 등의 당이 결합된 상태로 되어 있다.

[그림 4-6] 감자

감자는 2~13mg/100g의 solanine을 함유하고 있는데 발아·녹색부위에는 80~100mg/100g 이상이나 함유되어 있다.

유독성분의 함량이 0.2~0.4g/kg 이상일 때는 중독위험성이 있으며 보통 조리에 의하여 파괴되지 않는다. Solanine은 체내에 흡수되면 cholinesterase의 작용을 억제하여 독작용을 나타내며, 특히 용혈작용 및 운동중추의 마비작용을 일으킨다. 중독증상은 섭취 후 수 시간 뒤에 나타나고 위장장애, 복통, 두통, 허탈, 현기증, 졸음 및 가벼운 의식장애를 일으킨다.

한편, 부패한 감자에는 sepsine($C_5H_{11}N_2O_2$)이라는 유독성분이 있어 식중독이 발생하는 경우도 있다. 주로 감자중독은 산업체나 학교 등의 집단급식소에서 많이 발생하는데 그 이유는 감자를 다량으로 취급하므로 조리할 때 발아부위와 녹색부위가 완전히 제거되지 않기 때문이다.

### (2) 면실유에 의한 식중독

목화씨 기름인 면실유(綿實油)와 그 박(粕)에는 기름의 산화방지작용이 있는 polyphenol 화합물인 gossypol($C_{30}H_{30}O_8$)이 함유되어 있으며, 박 중에 0.7~1.5%가 들어 있다. 따라서 정제가 불충분하면 출혈성 신염(腎炎)과 신장염 등의 중독을 일으키게 된다.

[그림 4-7] 목화

### (3) 피마자에 의한 식중독

[그림 4-8] 피마자

피마자(*Ricinus Communis*)기름 및 그 박(粕)에 ricin, ricinine 등의 유독성분과 allergen을 함유하고 있어 사람에 따라 구토, 복통, 설사와 알레르기 증상을 일으킨다.

Ricin은 독성이 매우 강하나 열에 쉽게 파괴되고 피마자뿐만 아니라 많은 식물의 잎, 뿌리, 구근 및 콩과식물의 종자에 널리 분포되어 있으며, 적혈구를 응집시키는 식물성 hemagglutinin 또는 phytagglutinin이라는 특수단백질로 피마자기름을 용매로 추출한 후 용매를 제거하는 과정에서 독성이 제거되는 것으로 알려지고 있다.

유독 alkaloid인 ricinine은 소량이기 때문에 문제가 되지 않으며, allergen은 피마자박 중에 6~9% 들어 있는데 비교적 내열성이기 때문에 불활성화되지 않아 문제를 일으키기도 한다. 또한 피마자기름은 ricinoleic acid를 다량 함유하고 있어 설사제로 사용된다.

### (4) 청매, 살구씨(杏仁), 복숭아씨에 의한 식중독

[그림 4-9] 매실

청매(青梅, 미숙매실), 살구씨, 복숭아씨에는 amygdalin이라는 청산배당체를 함유하고 있으며  청매 자체의 효소(emulsin)나 인체 장내세균의 $\beta$-glucosidase에 의해 청산(HCN)을 생성시켜 두통, 소화기계증상과 호흡곤란, 경련 등을 일으키고 심하면 호흡중추 마비로 사망한다. 중독을 예방하려면 오래 끓여서 휘발시키거나 수용성이므로 물에 담가 용출 제거시킨다.

### (5) 오색콩, 카사바, 은행, 수수, 죽순에 의한 식중독

오색콩(五色豆, 미얀마콩)과 카사바에는 phaseolunatin(linamarin, $C_{10}H_{17}NO_6$)이라는 청산배당체가 함유되어 있으며 오색콩 자체의 효소에 의해 분해되어 청산(HCN)을 생성하여 구토, 복통, 설사 등의 소화기계 증상과 호흡 곤란, 전신강직성 경련, 호흡중추마비를 일으켜 사망하게 된다.

생체 내에서 HCN은 중추신경마비와 자극을 동시에 일으키고 혈액 중의 산화·환원작용을 상실시켜 사망하게 된다.

은행은 4-0-methylpyridoxine이라는 청산배당체가 있어 다량 섭취시 위장장애를 일으킨다. 수수에는 청산 배당체인 dhurrin 및 zieren이 있고, 죽순에는 taxiphyllin이 있다.

[그림 4-10] 수수, 은행

### (6) 두류에 의한 식중독

두류(대두, 완두콩, 땅콩, 강낭콩)에는 생체 내에서 단백질 분해효소의 구조를 변형시킴으로써 효소기능을 상실케 하는 trypsin inhibitor와 강한 용혈작용(hemolytic activity)이 있는 saponin과 그 aglycone인 sapogenin이 들어 있다.

[그림 4-11] 콩, 완두콩, 강낭콩

### (7) 꽃무릇에 의한 식중독

꽃무릇(Lycoris radiata)과에 속하는 다년생 식물로서 지하 인경(鱗莖)에는 전분이 약 8% 정도 함유되어 있어 전분원료로 이용되는데 정제가 불충분하면 맹독성 alkaloid인 lycorine($C_{16}H_{17}NO_4$)을 함유하게 되며 강한 구토작용, 경련, 호흡마비를 일으킨다.

[그림 4-12] 꽃무릇

### (8) 고사리에 의한 식중독

[그림 4-13] 고사리

고사리(Pteridium aguilinum)는 산나물로 즐겨 먹고 있는 것으로 ptaquiloside(배당체)라는 발암성물질을 함유하고 있으며, 이 성분은 불안정하므로 가열하여 물에 우려내는 처리로 쉽게 제거된다.

### (9) 소철에 의한 식중독

[그림 4-14] 소철

구황작물(救荒作物)로 이용되는 소철(Cycas revoluta)의 줄기와 종자에는 전분과 배당체가 들어 있는데 정제가 불충분한 것을 섭취하면 중독을 일으킨다. 유독성분은 cycasin(methyl azoxymethanol β-glucoside)이라는 배당체로 간장, 신장 등에 종양을 발생시키며 근위축성측색경화증(筋萎縮性側索硬化症)이나 운동실조를 일으키는 신경독 물질로 발암성이 있다.

## 4-2-2 식용식물로 오용되기 쉬운 식물

### (1) 독버섯

버섯은 분류학상 진균류에 속하고 5,000~6,000여 종(우리나라 버섯 700여 종)에 달하지만 식용으로 이용되는 것은 100여 종에 불과하다.

**[그림 4-15] 독버섯**

특유한 향기와 맛으로 식용하기에 좋은 식품이기 때문에 독버섯을 식용버섯으로 오인하여 섭취함으로써 중독발생이 자주 일어난다. 특히 우리나라에서는 독버섯에 의한 식중독이 동·식물에 의한 식중독 발생 중 수위를 차지하고 있으며, 사망자 수도 다른 식중독보다 높은 비율을 차지하고 있다. 이들 독버섯의 종류는 알광대버섯, 흰알광대버섯, 광대버섯, 무변색무당버섯, 굽은외대버섯, 독깔때기버섯, 갈황색미치광이버섯, 노랑싸리버섯, 마귀곰보버섯, 화경버섯, 말굽잔나비버섯, 흰땀버섯, 큰붉은젖버섯 등이 있다. 독성분에 대하여는 아직 충분히 밝혀지지 않았으나 이 중에서 가장 맹독성인 것은 amanitatoxin으로 알광대버섯의 독성분이며 열에 대하여 저항력이 강할 뿐만 아니라 독성 또한 강하다. 이 부류에 속하는 유독성분으로는 속효성의 phallotoxin군, 지효성의 amatoxin군이 있는데 모두가 tryptophan을 함유하는 환상 peptide 구조를 가지며, 이들 중 독성이 가장 강한 것은 $\alpha$-amanitin이다. 중독증상은 섭취 후 6~12시간에 구토 및 콜레라 증세와 같은 설사를 하며 중추신경 등의 흥분으로 경련을 일으켜서 혼수상태 후 사망한다. 독버섯의 유독성분별 주요 증상을 정리하면 [표 4-3]과 같다.

이 외에도 아직 밝혀지지 않은 유독성분이 있을 것으로 생각되며 이러한 유독성분은 동일한 종류일지라도 산지나 시기에 따라 함량에 차이가 있고 조리방법에 따라서도 다르다.

독버섯을 섭취하였을 경우 함유된 유독성분에 따라 중독증상이 다르게 나타나는데 Husemann에 의한 분류를 보면 다음과 같다.

① 위장장애형 증상: 구토, 설사 등의 위장염 증상과 허탈을 일으킨다.
② 콜레라형 증상: 심한 위장염 증상을 나타내고 허탈, 경련, 헛소리, 황달, 혈뇨(血尿), 용혈작용, 청색증을 일으킨다.
③ 뇌증형 증상: 이 증상은 두 가지로 나뉘는데 amanitatoxin에 의해 동공확대, 근육경직을 일으키고, muscarine에 의해 동공축소(縮瞳), 유연(流涎), 발한(發汗), 허탈 또는 장연동항진(腸蠕動抗進)을 일으킨다.

이러한 중독의 치료는 조기치료를 하면 경과가 좋아지나 치료가 늦어지면 근육변성, 지방변성이 남게 된다. 치료법으로는 위세척을 빨리 하는 것이 효과적이고 일정 기간이 경과한 후에는 강심제, 포도당 등을 주사하며 대증요법을 실시한다.

일반적으로 독버섯의 감별법은 다음과 같다.

① 버섯의 줄기가 세로로 쪼개지기 쉬운 것은 식용버섯이고 그렇지 않은 것은 유독하다. 그러나 유독버섯도 줄기가 세로로 쪼개지는 것이 있기 때문에 주의해야 한다.
② 색이 화려한 것은 유독하다.
③ 악취가 나는 것은 유독하다.
④ 줄기가 거칠거나 점조성(粘稠性)인 것은 유독하다.
⑤ 쓴맛, 신맛을 가진 것은 유독하다.
⑥ 버섯을 끓였을 때 나오는 증기에 은수저가 흑색으로 변하는 것은 유독하다.

**표 4-3** 독버섯의 유독성분과 주요 증상

| 유독성분 | 버 섯 명 | 주요 증상 |
|---|---|---|
| muscarine | 광대버섯, 땀버섯, 파리버섯 | 각종 체액분비항진, 침 흘림, 발한, 동공축소, 구토, 설사, 위장의 경련성수축, 자궁수축, 호흡곤란 |
| muscaridine(pilzatropin) | 광대버섯 | 뇌증상, 동공확대, 일과성 발작 |
| phaline | 알광대버섯, 독우산광대버섯 | 용혈작용, 콜레라상 증상(구토, 설사, 복통), 구토, 설사 |
| agaricic acid | 말굽잔나비버섯 | 위장카타르(catarrh), 구토, 설사, 두통 |
| amanitatoxin (amatoxin군, phallotoxin군) | 알광대버섯 독우산광대버섯 흰알광대버섯 | 콜레라상 증상(구토, 설사, 복통), 청색증, 경련, 간장·신장조직파괴, 핵산 생합성저해 |
| pilztoxin(균독소) | 광대버섯, 마귀버섯 | 반사항진, 평형장애, 강직성경련 |
| bufotenine | 광대버섯, 파리버섯 | 환각, 발한, 구역질, 동공확대 |
| psilocybin | 미치광이버섯, 목장말똥버섯 | 환각(흥분작용) |
| coprine | 두엄먹물버섯 | 안면홍조, 혈압저하, 구토, 구역질, 심장박동증가 |
| helvellic acid | 긴대안장버섯 | 용혈독 |
| fasciculol | 노란다발버섯 | 구토, 설사, 마비, 경련 |
| gyromitrin | 마귀곰보버섯 | 구토, 설사, 복통, 황달, 빈혈, 경련 |
| illudin S(lampterol) | 화경버섯 | 구토, 설사, 복통 |
| acromelic acid | 깔대기버섯 | 손발 끝이 붉어지고 화상을 입은 것 같은 통증 |
| Choline | 굽은외대버섯 | 구토, 설사, 복통 |
| ibotenic acid | 파리버섯, 마귀광대버섯 | 구토, 구역질, 현기증, 시력장애 |

## (2) 독미나리에 의한 식중독

독미나리(*Cicuta virosa*)는 미나리과의 다년생 초본으로 모양은 미나리와 비슷하지만 미나리보다 커서 구별하기가 쉽다. 주된 유독성분은 cicutoxin($C_{17}H_{22}O_2$)이다.

주로 지하경(地下莖)에 독이 많으며 중독증상은 수분 내지 2시간 이내에 나타나는데 경증일 때는 섭취 후 심한 위통, 구토, 현기증, 경련 등을 일으킨다. 치사량은 성인의 경우 근경(根莖) 하나 정도이다.

[그림 4-16] 독미나리

### (3) 미치광이풀에 의한 식중독

[그림 4-17] 미치광이풀(개별꽃)

미치광이풀(*Scopolia japonica* Maxim.)은 가지과의 다년생 초본으로 개별꽃이라고도 한다. 유독성분은 hyoscyamine($C_{17}H_{23}NO_3$) 및 atropine, scopolamine 등이고 뇌흥분, 심계항진, 호흡정지 등을 일으킨다. 미치광이풀의 근경은 생약으로 이용되며 atropine 제제의 원료로 사용된다.

### (4) 가시독말풀에 의한 식중독

[그림 4-18] 가시독말풀

가시독말풀(흰독말풀, *Datura metal* L.)은 가지과의 일년생 초본으로 종자는 참깨와 비슷하여 섭취하는 경우가 있다. 종자에는 hyoscyamine, scopolamine, atropine 등의 유독성분을 가지고 있으며, 중독증상으로는 뇌흥분, 심계항진(心悸亢進), 경련을 나타내고, 잎은 진통제로 이용되기도 한다.

### (5) 바꽃에 의한 식중독

바꽃(*Aconitum carmichaelli* Debx.)은 성탄꽃과에 속하는 다년생 초본으로서 한방에서 건조시킨 근경을 부자(附子) 또는 오두(烏頭)라 하여 진통제로 사용한다.

Alkaloid인 aconitine($C_{34}H_{47}NO_{11}$) 등 맹독성분을 함유하고 있어 마비성 중독을 일으키며 증상으로는 입술과 혀가 아프고 입과 얼굴이 저리며 위통, 구토, 사지마비, 언어장애 등을 일으킨다. 중증일 경우 3~4시간 후에 호흡이 마비되어 사망한다.

### (6) 붓순나무에 의한 식중독

[그림 4-19] 붓순나무

붓순나무(*Illicium anisatum*)의 줄기나 잎은 향기가 있고 열매는 향신료로 사용되는 대회향(大茴香)으로 오용하여 중독을 일으킨다. Shikimin, shikimitoxin, hananomin 등의 유독성분을 갖고 있으며, 중독증상은 현기증과 구토, 허탈상태를 나타낸다.

### (7) 독보리에 의한 식중독

[그림 4-20] 독보리

독보리(지네보리, 가라지; *Lolium temulentum*)는 밀과 혼생하는 일년생 초본으로 식물체 자체에는 독이 없지만 종피와 배유 사이에 곰팡이(*Endoconidium temulentum*)가 기생하여 temuline($C_7H_{12}N_2O$)이라는 유독한 수용성 alkaloid를 만든다. 이 독보리가 밀에 혼입되어 밀가루에 함유될 경우 중독될 수 있다.

중독증상은 소화기장애, 구토, 두통, 현기증, 이명(耳鳴)을 일으키고 중증일 경우 배뇨곤란, 허탈, 경련, 혼수상태가 되며 경우에 따라 사망한다.

### (8) 독공목에 의한 식중독

독공목(毒空木, *Coriaria japonica*)과에 속하는 낙엽관목으로 열매나 잎에는 coriamyrtin($C_{15}H_{18}O_5$)과 tutin($C_{15}H_{18}O_6$)이 함유되어 있으며, 단맛이 있는 열매를 보통 과일로 오인하여 먹는 경우 중독을 일으킨다.

중독증상은 구토, 동공축소, 전신경직, 경련 등이고 호흡곤란으로 사망하는 경우도 있다.

## 4-2-3 기타

① 민들레, 컴프리(comfrey)에는 pyrrolizidine alkaloid인 retrorsine이 함유되어 있으며 간 기능장애를 일으킨다.
② 감귤류, 특히 레몬즙에는 미량의 유독성분인 isopimpinellin, furocoumarin이 함유되어 있다.
③ 쥐방울풀에는 benzofuran toxol이 함유되어 있어 이것을 먹은 소의 우유에 혼입될 가능성이 있다.
④ 방풍나물(parsnip), 셀러리, 파슬리 등의 채소 중에는 myristicin이라는 환각작용을 일으키는 물질이 들어 있다.
⑤ 열대성 식물인 *Blighia sapida*의 미숙한 열매에는 hypoglycin a(β-methylene cyclopropylalanine)가 함유되어 있어 생체 내에서 혈당 감소를 초래한다.
⑥ 식물계에 분포되어 있는 tannin은 간 경련, 간암, 백혈병 등을 일으킨다.
⑦ 녹나무과 식물에서 추출한 Sassafras oil(soft drink의 착향료)에 함유되어 있는 safrol은 간암과 식도암을 일으킨다.

⑧ Lime oil, orange oil에는 발암 보조 작용물질이 함유되어 있다.
⑨ 명아주(*Ghenopodium album*)를 다량으로 섭취한 후 일광에 노출되면 부종, 소양감, 수포궤양성의 피부염을 일으킨다.
⑩ 쌀 속에 인지질의 일종인 lysolecithin이라는 용혈성독이 있다.
⑪ 까마중(*Solanum nigrum*)의 열매 속에 solanine 성분이 함유되어 있어 구토, 설사, 복통을 일으킨다.
⑫ 주목(*Taxus cuspidata*)의 침엽에는 독소가 함유되어 있어 구토, 설사, 복통, 경련, 혼수를 일으킨다.
⑬ 디기탈리스(*Digitalis purpurea*)에는 배당체인 digitoxin이 함유되어 과량섭취하면 용혈작용, 오심, 구토를 일으킨다.
⑭ 개쑥갓은 pyrrolizidine핵을 가진 alkaloid인 senecionine(간장독)을 함유하고 있다.
⑮ 옻나무에는 urushiol이라는 알레르기성 피부염 원인물질이 함유되어 있다.
⑯ 머위의 새순에는 petasitenine이라는 발암성 물질이 있다.
⑰ 박새(*Veratrum oxysepalum Turcz*)에는 스테로이드계의 veratramine이라는 최토성물질이 있다.
⑱ 코코아나무잎에는 cocaine이 들어 있으며 마취제로서 마약성분이다.

이상과 같이 식물은 부분적으로, 시기적으로 독소를 함유하고 있으므로 식용재료로 사용할 때 상당한 주의가 필요하다.

[그림 4-21] 독소를 함유한 식물

# 4-3 곰팡이독

곡류와 원예작물 등 농산물에 미생물이 기생함으로써 대사 작용에 의해 생성된 독소는 인체에 유해한 작용을 나타내며, 특히 인축의 건강에 중요한 문제를 야기하는 것으로 보인다. 곡류에 번식하는 곰팡이는 세 가지 형태로 곡류 수확 전에 포장(圃場)에서 번식하는 포장 곰팡이(field fungi)와 수확 후 저장 중에 기생하는 저장 곰팡이(storage fungi) 및 곡류의 부패가 심할 때 기생하는 부패 촉진성 곰팡이(advanced decay fungi)로 나눌 수 있다.

Mycotoxin은 진균독(眞菌毒)이라고 하며 곰팡이가 생산하는 2차 대사산물로 사람이나 동물에게 질병이나 생리적·병리적 장애를 유발하는 물질을 총칭한 것으로, mycotoxin을 경구적으로 섭취하여 일어나는 급·만성의 건강장애를 곰팡이중독증(眞菌中毒症, mycotoxicosis)이라 한다. 이들의 특징은 다음과 같다.

① 탄수화물이 풍부한 곡류에 압도적으로 많이 발생한다.
② 계절과 관계가 있다(봄, 여름에는 Aspergillus속, 겨울에는 Fusarium속).
③ 약제요법이나 항생물질에 의한 효과가 없다.
④ 동물에서 동물로 또는 사람에서 사람으로 이행되지 않는다.
⑤ 원인식품에서 곰팡이가 분리된다.

Conveney는 생체기관에 장애를 일으키는 mycotoxin을 다음과 같이 분류하였다.

① 간장독(hepatotoxin): 동물에 간경변, 간종양 및 간세포의 괴사를 일으키는 것으로 aflatoxin, cyclochlorotin, islanditoxin, luteoskyrin, ochratoxin, rubratoxin, sterigmatocystin 등이 있다.
② 신장독(nephrotoxin): 급성 또는 만성신장염을 일으키는 것으로 citrinin, citreomycetin, kojic acid 등이 있다.
③ 신경독(neurotoxin): 뇌나 중추신경계에 장애를 일으키는 것으로 citreoviridin, cyclopiazonic acid, patulin, tremorgen, maltoryzine 등이 있다.
④ 광과민성 피부염물질(photodynamic dermatoxic metabolite): 사람이 일광을 쪼이면 피부염을 일으키는 것으로 sporidesmin, psoralen 등이 있다.
⑤ 기타: slaframine(유연물질), zearalenone(발정유인물질), fusariogenin(조혈기능장애 물질, 조직출혈요인물질) 등이 있다.

한편 mycotoxicosis을 일으키는 균종과 주된 증상 및 원인식품은 [표 4-4]와 같다.

**표 4-4 사람 또는 가축에게 식중독을 일으키는 mycotoxin**

| 구분 | mycotoxins | 피해동물 | 원인식품 | 주요 증상 | 곰팡이 |
|---|---|---|---|---|---|
| 간장독 | aflatoxin | 사람, 조류, 포유동물 | 땅콩, 면실, 밀가루 | 간장애, 간암 | *Aspergillus flavus, A. parasiticus* |
| | cyclochlorotin | | 황변미 | 간장애 | *P. islandicum* |
| | islanditoxin | | 황변미 | 간출혈 | *P. islandicum* |
| | luteoskyrin | 사람 | 황변미 | 간장애, 간경변 | *P. islandicum* |
| | ochratoxin | 소 | 옥수수 | 지방간(脂肪肝) | *Asp. ochraceus* |
| | rubratoxin | 소, 돼지 | 옥수수 | 간·신장장애, 장기출혈 | *P. rubrum* |
| | sterigmatocystin | 사람, 원숭이 | 남아연방의 지방식물 | 간장애, 간암 | *Asp. versicolor* |
| 신장독 | citrinin | 사람 | 쌀 | 신장염 | *P. citrinum* |
| 신경독 | citreoviridin | 고양이, 사람 | 쌀 | 간장애, 중추신경장애 | *P. citreoviride* |
| | cyclopiazonic acid | 돼지 | 사료 | 경련 | *P. cyclopium* |
| | patulin | 젖소 | 사료 | 중추신경계 출혈 | *P. urticae, P. expansum, A. clavatus* |
| | maltoryzine | 젖소 | 맥아가 혼입된 사료 | 마비, 중추신경장애 | *A. oryzae var. microsporum* |
| | tremorgen | 젖소 | 사료 | 경련 | *P. cyclopium* |
| Fusarium 독소군 | fusariogenin | 사람 | 맥류 | 식중독성 무백혈구증 (조혈조직장애) | *F. poe, F.sporotrichoides* |
| | diacetoxy scirpenol | 소 | 옥수수 | 설사 | *F. tricinctum* |
| | T-2 toxin | | | 체중증가 정지 | *F. scripi* |
| | butenolide | | | | *F. equiseti* |
| | trichodermin | | | | *Trichoderma viride* |
| | nivalenol | 소, 돼지 | 밀 | 방사선 장애 | *F. nivale* |
| | zearalenone (F-2 toxin) | 돼지 | 옥수수 | 발정유인 | *F. graminerum* |
| | emetic factor | 사람, 돼지 | 밀, 보리 | 구토 | *Fusarium sp.* |
| 피부염 물질 | sporidesmin | 소 | 목초 | 간장장애가 선행되는 광과민성 안면 피부염 | *Pithomyces chartarum* |
| | 8-methyl psoralen | 사람, 가축 | 셀러리 | 광과민성 피부염 | *Sclerotinia sclerotiorum* |
| | 4,5',8-trimethyl psoralen | | | | |
| 기 타 | slaframine | 소, 젖소 | 붉은클로버 | 유연(流涎), 설사 | *Rhizoctonia leguminicola* |
| | stachybotryotoxicosis 원인 물질 | 사람, 가축 | 포자흡인 | stachybotryo 중독증 | *Stachybotrys atra* |

## 4-3-1 *Aspergillus*속 곰팡이독

### (1) Aflatoxin에 의한 중독

*Aspergillus flavus*와 *A. parasiticus*의 특정 균주에 의해 생성된 대사산물에 의한 급성 간장 장애를 일으키는 독소를 aflatoxin이라 한다. 1960년 영국에서 칠면조가 10만 마리 이상 폐사한 사고가 발생하여 그 원인을 조사한 결과 브라질에서 사료로 수입한 땅콩 박에 *Aspergillus flavus*가 기생하여 생성된 형광 대사산물이 원인으로 확인됐고, 그 독소를 생산하는 곰팡이의 이름에서 aflatoxin이라 명명하였다.

#### ① 생성조건

Aflatoxin 생성의 최적조건은 탄수화물이 풍부한 쌀, 보리, 옥수수 등을 주요기질로 하고 온도 25~30℃, 상대습도 80~85% 이상, 기질수분 16% 이상이다. 그러므로 농산물을 수확 직후 건조하여 수분함량을 낮추고 저장고의 상대습도를 70% 이하로 하여 aflatoxin 생성 균주의 생육을 억제시켜 피해를 방지해야 한다.

#### ② 종류

Aflatoxin은 곰팡이에 오염된 곡류를 methanol, acetone, chloroform 등의 유기용제로 추출하여, TLC 플레이트(plate)상에서 전개시킨 후 자외선을 조사한 결과 청색(blue)의 형광을 나타내는 $B_1$과 $B_2$, 녹황색(green)의 형광을 나타내는 $G_1$과 $G_2$ 및 자주색 형광을 나타내는 $M_1$, $M_2$ 등 16종의 이성체가 알려져 있다.

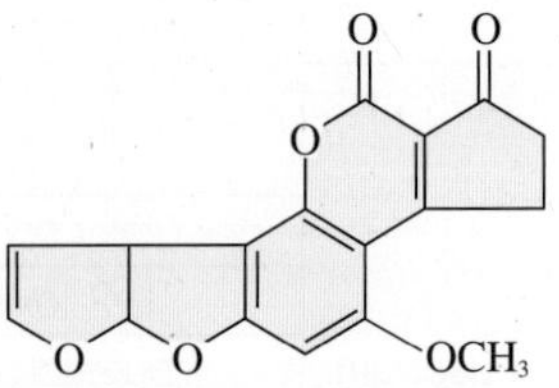

[그림 4-22] aflatoxin $B_1$

#### ③ 독성

Aflatoxin은 모든 종류에 독성이 있으며 이들 중 젖소에 투여한 결과, 우유 중에서 생성된 aflatoxin을 milk toxin(aflatoxin M)이라 한다.

이들 중 식품위생상 문제가 되는 것은 aflatoxin $B_1$과 $M_1$으로 모두 강력한 발암성을 갖고 있다. 특히 $B_1$은 사람에게 DMNA(dimethylnitrosamine)의 약 3,750배인 높은 발암성이 있다고 알려져 있으며 강산이나 강알칼리에 의해 분해되어 독력이 약화되지만 열에 의해서는 280~300℃ 정도에서 분해되므로 일반 식품과 같은 열처리에는 대단히 안정하다.

증상은 사람의 경우 폐 세포의 조직배양 결과 세포 성장 억제와 DNA합성 억제현상이 나타났다.

④ 발암기전

Aflatoxin $B_1$은 자체가 발암성이 있을 뿐 아니라 체내에서 간(肝)의 미크로솜(microsome)에서 대사되는 과정에서 반응성이 높은 epoxide체가 생성되어 이것이 염색체의 DNA와 비가역적인 공유결합을 형성하기 때문에 간암을 유발하는 것으로 알려져 있다.

⑤ 규제

우리나라 국민들이 즐겨 먹는 재래식 메주, 된장, 간장 등에서 aflatoxin이 검출되었다는 보고도 있어 발효식품에 대한 체계적이고 면밀한 연구가 수행되어야 할 것으로 보인다. 최근 곡류의 수입이 증가되는 상황에서 곰팡이독소가 동물이나 인체에 치명적인 위해를 줄 가능성이 있으므로 안전한 농산물을 공급받기 위해 수입, 운송, 저장 중의 오염 여부에 의문이 제기되고 있으며 많은 국가에서 허용기준치를 정해 규제하고 있는데, 기준치는 대체로 5~50ppb 수준을 유지하고 있다. FAO/WHO에서는 20μg/kg($B_1$, $B_2$, $G_1$, $G_2$의 총량, 전체식품), 미국은 20μg/kg(총량, 식품과 사료), 일본은 10μg/kg(총량, 전체식품), 한국은 10μg/kg($B_1$, 곡류, 두류, 땅콩, 견과류 및 그 단순가공품), 15μg/kg($B_1$, $B_2$, $G_1$, $G_2$의 총량) 이하로 설정하고 있다.

⑥ 해독법

Eaves와 Pons가 제안한 해독법은 다음과 같다.

㉠ 280~300℃ 가열로 분해한다.
㉡ NaOH, $Na_2CO_3$ 등의 알칼리로 분해한다.
㉢ 5% NaOCl, 10% $Cl_2$ 등의 산화제로 분해한다.
㉣ 암모니아 가스로 분해한다.

### (2) ochratoxin에 의한 중독

*Aspergillus ochraceus*가 옥수수에 기생하여 생성하는 ochratoxin은 A, B, C가 알려져 있으며 그중 A가 독성이 가장 강한 것으로 밝혀졌다. 동물에 대한 독성은 신장장애, 간장에 지방변성, 글리코겐 합성효소를 저해시킨다. Ochratoxin을 생성하는 곰팡이는 자연계에 널리 분포되어 쌀, 보리, 밀, 옥수수, 콩, 말린 과일, 커피 등에서 발견된다.

### (3) maltoryzine에 의한 중독

일본에서 1954년 맥아뿌리를 사료로 먹인 젖소에서 집단식중독이 발생하였는데, 그 원인은

*Aspergillus oryzae var. microsporus*에 의해 생성된 중추신경계 독소인 maltoryzine이었다. 중독된 젖소의 경우 식욕부진, 근육마비, 유즙분비 감소 등의 증세를 보인 후 사망하였다.

### (4) sterigmatocystin에 의한 중독

*Aspergillus versicolor*, *Asp. nidulans*가 생산하는 유독물질인 sterigmatocystin은 aflatoxin과 화학구조가 비슷하며 비교적 낮은 온도에서 생육할 수 있으므로 곡류에 오염될 가능성이 크다. 독소는 간장 장애를 일으키며 발암성은 aflatoxin의 1/250 정도이다.

## 4-3-2 *Penicillium*속 곰팡이독

### (1) 황변미에 의한 중독

수분을 14~15% 이상 함유한 저장미에 곰팡이가 발생하여 생성하는 대사산물에 의해 쌀이 황색으로 변하며, 이로 인한 중독을 황변미(黃變米, yellowed rice)에 의한 중독이라 한다.

#### ① Toxicarium 황변미

*Penicillium toxicarium*(*Penicillium citreoviride*)에 의한 황변미로 대만 쌀에서 발견되었으며, 독소는 citreoviridin(신경독)으로 경련, 호흡장애, 상행성(上行性) 마비를 일으킨다.

#### ② Islandia 황변미

*Penicillium islandicum*이 원인 곰팡이로 동남아시아산의 쌀에 많고, 동물실험 결과 간 경변을 일으킨다. 독소는 속효성과 지효성으로 나눌 수 있다.

속효성 독소는 islanditoxin($C_{24}H_{31}N_5O_7C_{12}$)이며 수용성 함염소 환상 peptide인 cyclochlorotin으로 주증상은 단시간 내에 간세포변성 및 간경변과 간암이 된다.

지효성 독소는 luteoskyrin($C_{30}H_{22}O_{12}$)으로 구조는 polyhydroxy anthraquinone계 색소로 지용성이고 장기간 투여로 간암을 일으킨다.

#### ③ Thai(태국) 황변미

*Penicillium citrinum*에 의한 것으로 독소는 citrinin이고 주증상은 신장독으로, 급성 또는 만성의 신장염(nephrosis)을 일으키고 신장에서의 수분 재흡수가 저해된다.

### (2) rubratoxin에 의한 중독

*Penicillium rubrum*이 옥수수에 기생하여 rubratoxin A와 B 독소를 생성한다. 가축의 사료로 사용할 경우 간 기능의 장애와 신장 및 폐에도 유해 작용을 나타내고 장기의 출혈을 일으키기도 한다.

### (3) patulin에 의한 중독

*Penicillium patulum*의 대사산물로 맥아 뿌리를 사료로 먹은 젖소가 집단식중독을 일으켰으며, 원인물질인 patulin은 *Aspergillus clavatus*, *Asp. giganteus*, *Pen. expansum* 및 *Pen. urticae* 등에 의해서도 생성되며, 부패된 사과나 사과주스 등에서도 발견된다. 신경독으로 출혈성 폐부종, 간·비장·신장의 모세혈관 손상, 뇌수종을 일으키며 뇌와 중추신경계에 출혈반(出血斑)이 생긴다.

### (4) penicillic acid에 의한 중독

*Penicillium puberulum*이 생산하는 독성물질로, 가축사료로 이용되는 옥수수중독의 원인물질이며 독성이 낮고 단백질과 핵산의 합성을 저해한다.

## 4-3-3 *Fusarium*속 곰팡이독

### (1) *Trichothecene*에 의한 중독

*Fusarium roseum*에서 vomitoxin(deoxynivalenol), *Fusarium tricinctum*에서 T-2 toxin, diacetoxyscirpenol 등 scirpene계(trichothecin계) 화합물을 생성한다. 이들 독소는 온도가 낮은 온난 지역과 한랭지역의 농산물에서 생성되며 독성은 강하다. 중독증상은 장관 비대 출혈, 흉선의 위축, 간장과 비장의 비대 등의 현상과 장 점막 상피, 흉선, 비장, 림프조직 등의 세포핵 붕괴 및 괴사 등이 일어난다.

### (2) 식중독성 무백혈구증(食中毒性無白血球症, Alimentary toxic aleukia, ATA)

식중독성 무백혈구증(ATA)은 기온이 낮고 강설량이 많은 우크라이나 지방의 보리, 밀에서 *Fusarium tricinctum*, *F. sporotrichoides*, *Cladosporium epiphylum* 등에 의해 발생된다. 생성되는 독소는 sporofusariogenin, epicladosporic acid, fagicladosporic acid이고 중독

증상은 구강과 소화기에 이상이 나타나며 만성중독일 경우는 조혈기능장애, 소화관과 신장의 출혈, 림프구의 증가, 백혈구의 감소, 혈액응고 시간 지연 등이 나타난다.

#### (3) zearalenone에 의한 중독

Zearalenone은 F-2 toxin, fermentation estrogenic substance(FES) 등으로 불리고 있으며 *Fusarium graminearum*, *F. roseum*, *F. tricinctum*, *F. oxysporum* 등의 대사산물이다. 옥수수, 보리 등이 잘 오염되는데 에스트로겐(여성 호르몬의 일종)과 비슷한 성질을 가지고 있는 독소로 발정증후군, 불임, 태아의 성장저해 및 유산 등의 생식장애를 유발하며, 국내산 및 수입산 옥수수에서 검출된 바 있다.

#### (4) fumonisin에 의한 중독

Fumonisin $B_1$, $B_2$는 *Fusarium moniliforme*에 오염된 옥수수에서 검출된 독소로 사람의 식도암 발생과 높은 상관관계가 있는 것으로 알려져 있다.

### 4-3-4 맥각독

호밀, 보리 등에 *Claviceps purpurea*(맥각균)라고 하는 곰팡이가 기생하여 종자상단부에 흑갈색의 균핵(菌核, sclerotium)이 생성되는데 이것을 맥각(麥角, ergot)이라 한다. 맥각의 성분은 ergotamine, ergotoxine, ergometrine 등의 알칼로이드와 histamine, tyramine 등의 아민으로 되어 있다. 이들 중 맥각의 독성분인 알칼로이드는 **[표 4-5]**와 같이 3개 군으로 나눌 수 있다.

맥각 알칼로이드는 어미에 '-ine'을 붙이는 좌선성인 Lysergic acid와 어미에 '-inine'을 붙이는 우선성인 isolysergic acid를 기본으로 하는 입체이성체를 가지고 있으며 서로 쉽게 상호 전환을 일으킨다. 한편, lysergic acid에 diethyleneamine기가 결합한 lysergic acid diethylamide(LSD)는 환각제로서 정신병분야의 의학연구에 사용되고 있다. 맥각은 곡물 중에 0.25~0.5% 정도 혼입되어 있으면 유독하고, 7% 이상이면 치사량이 되기 때문에 러시아는 0.15%, 미국은 0.3%, 캐나다는 0.2%로 규제하고 있다.

**표 4-5 맥각 알칼로이드의 종류**

| 군 | 명칭 | 분자식 | 융점(℃) | 비선광도(°) |
|---|---|---|---|---|
| ergotoxine | ergotoxine | $C_{35}H_{39}O_5N_5$ | | −226 |
| | ergocornine | $C_{31}H_{39}O_5N_5$ | 182~184 | −188 |
| | ergocryptine | $C_{32}H_{41}O_5N_5$ | 212 | −187 |
| | ergocristine | $C_{35}H_{39}O_5N_5$ | 100 | −183 |
| | ergotoxinine | $C_{35}H_{39}O_5N_5$ | | |
| | ergocorinine | $C_{31}H_{39}O_5N_5$ | 228 | +409 |
| | ergocryptinine | $C_{32}H_{41}O_5N_5$ | 240~242 | +408 |
| | ergocristinine | $C_{35}H_{39}O_5N_5$ | 226 | +366 |
| ergotamine | ergotamine | $C_{33}H_{35}O_5N_5$ | 180 | −155 |
| | ergosine | $C_{33}H_{37}O_5N_5$ | 228 | −179 |
| | ergotaminine | $C_{33}H_{35}O_5N_5$ | 241~243 | +385 |
| | ergosinine | $C_{33}H_{37}O_5N_5$ | 222 | +420 |
| ergometrine | ergometrine | $C_{19}H_{23}O_2N_3$ | 162~163 | −44 |
| | ergobasinine | $C_{19}H_{23}O_2N_3$ | 195~197 | +414 |

맥각의 생리작용은 교감신경 차단에 의한 혈관확장작용이 있으며, 자궁근육수축작용이 있어 산부인과에서 분만촉진용 의약품으로 사용하고 있다. 증상은 급성 중독되면 구토, 복통, 설사 등의 소화기계의 장애와 두통, 무기력증이 오며 중증일 때는 지각이상 등이 일어나 사망하게 된다. 임신부의 경우 유산이나 조산의 원인이 되기도 한다. 만성일 경우에는 다음과 같이 두 가지 형태의 증상이 나타난다.

[그림 4-23] 맥각

① 괴저(壞疽)형은 사지, 코끝, 귓불 등에 심한 통증이 온다.
② 경련(經攣)형은 사지의 근육위축과 정신장애가 온다.

맥각의 알칼로이드 작용은 수확 전에 가장 심하고 저장기간이 길면 서서히 상실된다.

### 4-3-5 광과민성 피부염 물질

두 종류의 대사에 의하여 일광피부염을 일으키는데, 그 하나는 *Sclerotina sclerotiorum*(celery 홍부병원균)에 의해 오염된 셀러리를 수확할 때 접촉한 사람이 햇빛을 받으면 피부염을 일으키는 것으로 유독성분은 4,5',8-trimethyl psoralen과 8-methoxy psoralen이다.

또 하나는 건초 등의 사물기생(死物寄生) 곰팡이인 *Sporidesmium bakeri*(*Pithomyces chartarum*)가 생성한 대사산물로 동물에게 체중감소, 황달 및 간의 이상대사의 결과로 일광피부염(안면일광피부염증)을 일으키는데, 그 유독성분은 sporidesmin A, B, C의 세 종류가 있다.

### 4-3-6 곰팡이독 중독증의 예방

우리나라는 고온다습한 여름철 기후로 곰팡이 번식에 적당하고, 곰팡이 독소는 비교적 열에 안정하여 독소에 오염된 식품을 가열하여도 분해하지 않고 잔류가능성이 높기 때문에, 곡류를 주식으로 하는 우리나라의 경우, 곰팡이독의 위험성이 높아 주의가 필요하다. 이의 예방을 위해서는 다음과 같다.

① 곡류나 견과류를 보관할 때에는 습도 60% 이하, 온도 10~15℃ 이하에서 보관해야 한다.
② 곰팡이독소는 물로 씻거나 가열조리하더라도 독소가 없어지지 않으므로 곰팡이가 핀 식품은 섭취하지 말아야 한다.
③ 쌀을 씻을 때 파란색이나 검은색 물이 나오면 일단 곰팡이 오염을 의심하고 확인해야 한다.
④ 곡류와 곡류가공품은 건냉소에 보관하고 가능하면 밀폐용기에 넣어 냉장고에 보관하여야 한다.
⑤ 정부에서는 국내유통식품의 곰팡이독 오염현황을 체계적으로 파악하고 지속적인 모니터링을 실시하여 소비자에게 위해요인으로 작용하는 곡류, 메주, 고추, 커피 및 건포도 등의 일부식품에서의 독소생성곰팡이 오염을 막아야 할 것이다.

# 4-4 식이성 allergy

## 4-4-1 정의

보통 사람에게는 아무런 반응을 나타내지 않는 음식물이지만 특정인에게 두통, 설사, 발진 등의 증상을 일으킬 수 있는 음식물에 의한 과민반응을 식이성 allergy라고 한다.

즉, 식이형태로 생체에 들어온 특정 단백질에 면역계가 과잉 반응하여 여러 가지 증상을 일으키는 것이다.

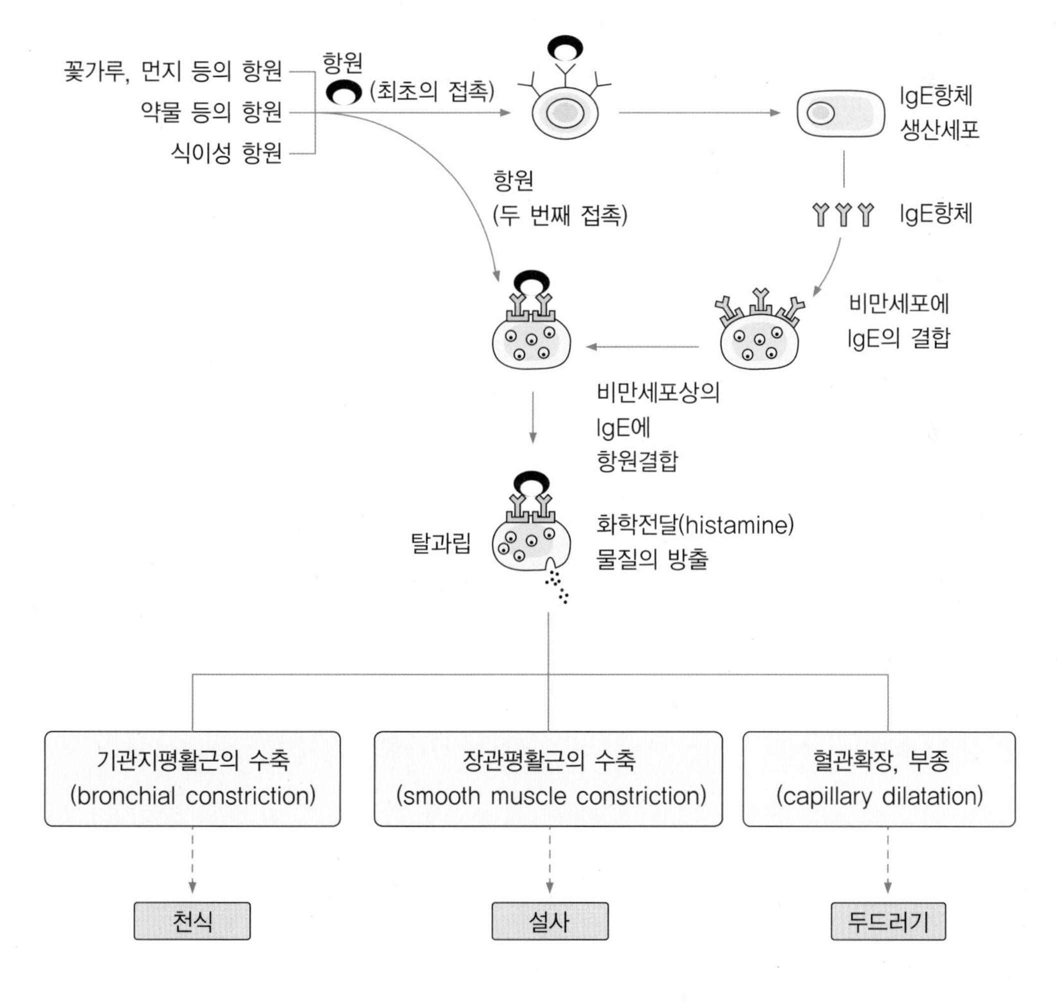


[그림 4-24] I형 allergy 반응의 발현기전

체외에서 유해물질인 항원성 물질(allergen)이 한 번 체내에 들어오면 체내에서는 림프계세포에 의하여 그 항원에 대한 항체(reagin)가 생기고 또다시 같은 항원이 인체에 들어왔을 때 체내에 생긴 항체와 결합하여 알레르기 반응을 일으키게 된다.

발생원인은 소화흡수과정에서 단백질은 아미노산 상태로 소화 분해되어 흡수되지만 아미노산 상태로 분해되기 전에 흡수되면 문제가 발생된다. 즉 소화와 분해과정이 잘 이루어지지 않을 때에는 큰 분자의 단백질 형태로 흡수되어 혈중에 들어가면 알레르기 반응을 일으키게 된다.

Allergy 반응은 allergen과의 접촉에서부터 증상이 발현되기까지의 속도에 따라 수분 내에 증상이 출현하는 즉시형 과민반응(immediate hypersensitivity)과 수 시간 또는 그 이상의 시간 간격에서 출현하는 지연형 과민반응(delayed hypersensitivity)으로 나눌 수 있다. 발현기전과 증상의 변화에 따라 I형에서 IV형까지 분류되며 식품에 의한 알레르기 반응은 주로 I형(anaphylaxis성 알레르기 반응)으로 IgE항체(reagin)의 생성에 의해 나타난다.

## 4-4-2 원인물질

### (1) 우유 allergy

보통 사람은 우유를 먹어도 이상이 없으나 알레르기성 체질을 가진 사람은 우유를 먹으면 우유가 항원이 되어서 체내에 항체가 만들어지고, 그 다음에 우유를 먹으면 항원 항체 반응(알레르기 반응)으로 알레르기성 설사가 일어난다. 일반적으로 알레르기 반응을 일으키기 쉬운 사람의 가족 중에는 같은 모양의 알레르기 반응을 일으키는 사람이 있기 때문에 알레르기성 체질(특이체질)이라 한다.

우유단백질에는 20종 이상의 allergen이 확인된 바 있다. 또한 우유 가열 시 maillard 반응에 의하여 $\beta$-lactoglobulin이 유당과 결합하여 항원성이 증대한다는 보고도 있다. 그러나 가장 중요한 allergen은 $\alpha s_1$-casein과 $\beta$-lactoglobulin으로 생각된다. 이들은 우유에 대량으로 함유되어 있고, 이와 유사한 단백질이 모유에는 함유되어 있지 않기 때문이다.

### (2) 달걀 allergy

달걀 알레르기는 소아에게 가장 발생빈도가 높으며 우유 알레르기와는 달리 성인에게도 발견된다. 주요 allergen은 달걀 전체 중량의 60% 이상을 차지하는 난백에 존재하고, 난황 단백질은 알레르기와 관련이 매우 낮은 것으로 알려져 있다.

난백은 20종 이상의 단백질이 알려져 있는데, 그중에서도 대표적인 것은 ovalbumin(OVA), ovomucoid(OM), 달걀 lysozyme이다. 이 중 중요한 allergen으로는 OVA와 OM이 있는데 OVA는 전체 난백단백질의 54%를, OM은 전체 난백단백질의 11%가량을 차지한다.

**표 4-6 알레르기를 일으키기 쉬운 식품**

| 식품 | 종류 |
|---|---|
| 곡류 | 대두, 옥수수, 빵, 메밀국수, 우동 |
| 육류 | 우육, 햄, 소시지, 베이컨 |
| 난류 | 달걀 |
| 유제품 | 우유, 아이스크림 |
| 어패류 | 고등어, 가다랑어, 다랑어, 전갱이, 정어리, 대구, 연어, 꽁치, 새우, 오징어, 낙지, 조개류 |
| 채소류 | 가지, 토마토, 시금치, 양파, 버섯, 고사리, 마, 토란, 죽순 |
| 과일류 | 바나나, 딸기, 귤 |
| 견과류 | 호두, 땅콩 |
| 주류 | 소주, 양주 |

## 4-4-3 증상

### (1) 소화기 증상

식이성 알레르기 증상 중 가장 나타나기 쉬운 증상은 소화기 증상으로 복통, 설사 등이 많고 점액변이 보이기도 한다. Allergen을 섭취하면 위장관의 연동운동이 촉진되어 빠른 속도로 장을 통과하여 점액분비의 항진, 흡수의 장애에 의한 설사와 탈수가 일어난다. 소화기 증상은 식중독이나 신경성 위장장애와 그 증상이 유사하므로 주의해서 구별할 필요가 있다. 소화기 증상을 일으키기 쉬운 식품으로서는 우유, 달걀, 고등어, 죽순, 국수 등이 있다.

### (2) 피부증상

식이성 알레르기 중에는 소화기 증상 외에도 두드러기가 발생한다. 이는 흡수된 식품항원이 피부조직의 비만세포(mast cell)에 부착한 항체와 반응해 히스타민을 유리한 결과이다. 식이성 알레르기에 의한 두드러기는 주로 가슴, 배, 등, 허리에 나타나는 경우가 많고 식후 30분 정도에서 수 시간 사이에 발생한다. 국부적으로 피부가 붉게 부어오르고 점점 넓어지며 가려움증을 동반한다. 두드러기 외에 아토피성 피부염을 일으키는 것도 많다. 특히 어린아이에게 allergen이 되는 식품은 주로 우유, 달걀 등이며 어류, 곡류가 원인인 경우도 있다.

#### (3) 호흡기 증상

호흡기 증상으로는 흡입성 알레르기로 보이는 알레르기성 비염과 천식이 나타난다. 식이성 알레르기로 천식이 나타나는 것은 그 사람의 기관지가 히스타민 등의 화학전달물질(chemical mediator)에 대해 특히 민감하여 기관지 평활근의 수축작용에 의해 나타나는 것으로 생각된다. 일반적으로 소화기 증상을 동반하는 경우가 많고 국수, 죽순, 달걀, 양주 등이 주요 allergen이 된다.

### 4-4-4 치료

치료방법으로는 원인 식품을 섭취하지 않거나 제한하는 원인요법과 증상에 따라 처치하는 대증요법이 있다. 대증요법에 주로 사용되는 약제는 항히스타민제, 교감신경흥분제, steroid제 등이 있다.

## 4-5 유전자재조합식품

유전자재조합식품(유전자조작식품, 유전자변형식품, genetically modified organism, GMO)은 품종개량으로 병충해와 제초제에 대한 저항성을 강화시켜 식량증산 강화 등을 목적으로 본래의 유전자를 인위적으로 재조합(변형)시켜 만든 농·축·수산물 중 안전성이 확인된 것을 이용하여 만들어진 식품(건강 기능성식품 포함) 또는 식품첨가물을 말한다. 유전자 재조합기술은 어떤 생물의 유전자에서 유용한 유전정보(예: 추위, 병충해, 살충제, 제초제에 대한 저항성 등)를 갖는 부분을 효소 등을 사용하여 절단, 연결하여 재조합 DNA를 만들고 이것을 생 세포에 삽입하여 신품종을 만들거나, 이 신품종을 이용하여 유용한 물질을 생산하는 기술을 말한다. 농작물 생산 방법에는 아그로박테리움(*Agrobacterium*)법, 원형질체(protoplast)융합법, 입자총(particle-gun)법이 있다.

최초의 식품은 1994년 미국에서 개발한 무르지 않는 토마토로 FDA의 승인을 받아 유통되기 시작한 후 현재는 콩, 옥수수, 토마토, 감자, 호박, 사탕무, 면실, 파파야, 피망, 알팔파, 캐놀라 등 20개 작물 100여 개의 품종이 개발되어 있다. 이러한 종자가 식품으로 이용되기까지는 수년간의 연구와 실험재배를 거치게 되며 개발된 농산물에 대하여 유전적 특성, 농산물의 성분분석, 독성 및 영양성 시험을 거쳐 기존의 식품과 차이가 없는지를 검토하여 안전성을 평가하고 있다. 몬산토, 신젠타, 바이엘, 듀폰, 다우 등이 유전자 재조합 농작물의 주요 개발업체이다.

그러나 유전자재조합식품의 안전성에 대한 논란이 있다. 즉 품종이 개량된 농작물에서 새로 삽입된 유전자에 의해 새로운 단백질이 만들어지고, 그 유전자가 들어감으로써 본래의 유전자 배열에 변화가 생겨 새로운 단백질이나 변화된 성분이 인체에 유해한 영향을 미칠 우려가 있다는 견해다.

유전자재조합기술을 활용하여 재배·육성된 농·축·수산물 등을 식용을 목적으로 최초로 수입·개발·생산하는 경우, 평가 후 10년이 경과하고 유통·판매되고 있는 경우, 10년 이내라도 새로운 위해요인이 발견되었을 경우 유전자재조합식품의 안전성 평가를 받아야 한다.

유전자재조합식품의 안전성에 대한 평가는 신규성, 알레르기성, 항생제 내성, 독성 등이다. 신규성은 유전자재조합기술을 이용한 식품이 기존의 식품과 성분상의 차이가 오차범위에 있을 때에 기존의 것과 동일하게 취급하여 안전한 것으로 볼 수 있으며, 이것은 안전성 평가의 필요범위와 정도를 제시하는 자료로 이용된다. 또한 유전자재조합식품은 알레르기 반응을 일으킬 수 있으며, 장내세균의 항생제에 대한 내약성의 변화, 살충제, 제초제에 대한 내약성 유발, 새로운 병원성 미생물의 생성 가능성, 독성의 증가 등이 위험성으로 지적되고 있다.

유전자재조합식품 표시제도란 소비자들에게 올바른 정보를 제공하여 알고 선택할 권리를 보장하기 위한 제도이다. 유전자재조합식품의 표시 대상 식품 또는 식품첨가물은 안전성평가를 받은 주요 원재료를 1가지 이상 사용하여 제조, 가공 후에도 유전자재조합 DNA 또는 외래단백질이 남아있는 경우로, 국내에서 표시 의무화되어 있는 27개 가공식품은 콩가루, 가공두부, 된장, 고추장 등 콩 원료식품과 옥수수통조림, 옥수수가루 등 옥수수 원료식품, 기타 빵이나 견과류 등이다. 표시방법은 제품의 용기나 포장에 바탕색과 구별되는 색깔과 활자(10포인트 이상)로 주표시면이나 원재료명 옆에 표시해야 한다. 또한 유전자 재조합 여부를 알 수 없는 경우 '유전자 재조합 ○○포함 가능성 있음' 등으로 표시할 수 있다.

## CHAPTER 04 연습문제

**01 겨울철에 많이 먹는 복어에 들어 있는 독소는?**

① tetrodotoxin ② saxitoxin ③ venerupin ④ amanitatoxin ⑤ cicutoxin

**02 복어독에 관한 설명이다. 잘못 설명한 것은?**

① 독소를 함유하는 부위는 생식선(난소), 간, 창자, 피부 등 이다.
② 100℃, 30분 가열로 파괴된다.
③ 자율운동신경계를 차단하여 마비 증상을 일으켜 사망에 이르게 한다.
④ 치사율이 60% 정도이며 산란기 직전인 5~6월이 독성이 강하다.
⑤ 임상증상으로 지각이상, 운동장애, 호흡장애, 혈행장애, 위장장애, 뇌증 등이 있다.

**03 바지락, 모시조개, 굴 등이 원인이 되는 동물성 유독성분은?**

① saxitoxin ② venerupin ③ ergotoxin ④ tetramine ⑤ ciguatoxin

**04 다음 식물성 자연독의 원인성분과 식품의 연결이 바르지 않은 것은?**

① 감자 - solanine ② 꽃무릇 - lycorine ③ 청매 - amygdalin
④ 수수 - saponin ⑤ 피마자 - ricin

**05 고시폴(gossypol)은 식물독으로서 정제과정에서 제거되는데 다음 어느 것에 함유되어 있는가?**

① 미강유 ② 들기름 ③ 면실유 ④ 콩기름 ⑤ 참기름

**06 다음 중 청산(HCN)배당체를 함유하지 않는 것은?**

① 청매 ② 살구씨 ③ 고사리 ④ 오색콩(미얀마콩) ⑤ 복숭아씨

**07 다음 중 식용버섯은?**

① 마귀곰보버섯 ② 광대버섯 ③ 화경버섯 ④ 싸리버섯 ⑤ 흰땀버섯

**08 다음 중 독버섯의 유독성분이 아닌 것은?**

① muscarine ② amanitatoxin ③ bufotenine ④ phaline ⑤ temuline

**09 아플라톡신(aflatoxin)을 생성하는 미생물은?**

① *Aspergillus oryzae* ② *Aspergillus niger* ③ *Aspergillus flavus*
④ *Aspergillus ochraceus* ⑤ *Aspergillus versicolor*

**10 아플라톡신(aflatoxin)에 관한 설명 중 틀린 것은?**

① 강한 간암 유발물질이다.
② 280~300℃ 가열로 분해된다.
③ 생성곰팡이의 최적조건은 온도 25~30℃, 상대습도 80~85%이다.
④ 생성곰팡이의 주요기질은 단백질이며 수분함량은 16%이상이다.
⑤ 쌀, 보리, 옥수수 등에서 많이 발생한다.

**11 Mycotoxin의 종류가 아닌 것은?**

① patulin ② sterigmatocystin ③ maltoryzine ④ zearalenone ⑤ lipovitellin

**12 다음 중 황변미의 독성분이 아닌 것은?**

① citrinin ② aflatoxin ③ citreoviridin ④ luteoskyrin ⑤ islanditoxin

**13 맥각에 의한 식중독을 일으키는 곰팡이는?**

① *Penicillium islandicum* ② *Penicillium citrinum*
③ *Fusarium graminerum* ④ *Claviceps purpurea*
⑤ *Mucor mucedo*

**14 다음 중 알레르기성 식중독을 일으키는 원인 물질은?**

① histamine ② ergotoxin ③ neurotoxin ④ cicutoxin ⑤ citrinin

**15 다음 중 유전자재조합 개발방법이 아닌 것은?**

① 아그로박테리움(Agrobacterium)법
② 원형질체 융합법
③ 입자총법
④ 식물세포배양법
⑤ 최확수법

# 화학성 식중독

**학습목적** 식품오염 물질의 오염원, 종류, 화학적 특징, 인체에 미치는 영향을 이해하고, 이를 오염물질이 인체에 노출되지 않도록 방지하는 데 활용한다.

**학습목표**

01 식품 잔류물을 정의한다.
02 농약이 식물에 잔류하는 메커니즘을 이해한다.
03 농약이 어패류에 농축되는 메커니즘을 설명한다.
04 농약의 종류와 인체에 미치는 독성 작용을 연관 짓는다.
05 발암 가능성 농약의 종류를 열거한다.
06 인체에 영향을 미칠 수 있는 사료 첨가물에 대해 인지한다.
07 항생물질이 축산물에 잔류하는 원인을 열거한다.
08 동물 사료에 첨가하는 항생물질을 인지한다.
09 제조 가공 중 첨가하는 항생물질을 설명한다.
10 식품 중 잔류하는 항생물질이 인체에 일으킬 수 있는 문제점을 이해한다.
11 유해 금속원소 노출에 대한 식품군별 기여도를 설명한다.
12 금속원소의 독성을 나타내는 한계량의 개념을 인지한다.
13 금속의 화학적 형태에 따른 독성 작용을 비교한다.
14 납의 독성 특징에 대해 설명한다.
15 비소의 독성 특징에 대해 설명한다.
16 수은의 독성 특징에 대해 설명한다.
17 카드뮴의 독성 특징에 대해 설명한다.
18 유해 금속의 오염경로를 인지한다.
19 금속 오염에서 안전한 식품을 선택한다.
20 금속 기구 및 용기·포장에서 중금속이 용출되는 조건에 대해 설명한다.

21 도자기나 법랑제품에서 오염의 문제를 일으키는 경우에 대해 기술한다.
22 고무제품에서 오염의 문제를 일으키는 경우에 대해 설명한다.
23 합성수지제품에서 식품오염의 문제가 되는 화합물의 종류를 열거한다.
24 합성수지제품에서 오염물질이 식품에 전이되는 조건에 대해 설명한다.
25 프탈산 에스테르가 인체에 미치는 작용에 대해 기술한다.
26 기구 및 용기 · 포장에서 화합물의 전이를 최소화할 수 있는 방법을 식품관리 및 식사 준비에 적용한다.
27 가공이나 보존 중에 생성되는 유해 화합물의 종류를 열거한다.
28 가공이나 보존 중에 생성되는 유해 화합물의 종류와 인체에 미치는 작용을 연관 짓는다.
29 식품에서 지질 과산화물의 생성 메커니즘을 인지한다.
30 N-niroso 화합물의 생성 메커니즘을 이해한다.
31 식품에서의 다환 방향족 탄화수소(PAH)의 생성 메커니즘을 설명한다.
32 유해 화합물의 생성을 최소화할 수 있는 방법을 식사 준비에 적용한다.
33 식품을 오염시킬 가능성이 있는 물질의 화학적 특성을 설명한다.
34 오염물질의 생물농축 현상을 설명한다.
35 먹이사슬에 의한 유해물질의 이행, 축적 경로를 설명한다.
36 유기염소화합물이 주요 위해 오염원으로 작용하는 이유를 설명한다.
37 PCB의 구조와 위해도의 관계를 연관 짓는다.
38 PCB의 오염경로에 따른 주 오염 식품을 열거한다.
39 다이옥신의 오염경로를 설명한다.
40 다이옥신의 중독증상을 인지한다.
41 트리할로메탄(trihalomethane)의 오염경로를 인지한다.
42 유해 유기염소 화합물의 오염에서 안전한 식품을 선택한다.
43 대기오염물에 의해 영향을 받는 식품의 종류를 기술한다.
44 수질오염에 의해 식품이 피해를 받는 경로를 이해한다.
45 오염물질이 토양을 통해 식품에 유입되는 경로를 이해한다.
46 오염물질이 인체에 미치는 영향의 정도를 결정하는 인자를 열거한다.

식품의 제조, 가공, 조리 등의 생산과정에서 오용(誤用)이나 고의(故意)로 사용하여 혼입된 화학물질에 의해 오염된 식품을 섭취하여 중독증상을 일으키는 것을 화학성 식중독이라 하며 원인별로 분류하면 다음과 같다.

① 동·식물의 생육환경에서의 농약에 의한 중독
② 항생물질 및 합성항균제에 의한 중독
③ 중금속에 의한 중독
④ 유해성 식품첨가물에 의한 중독
⑤ 기구·용기·포장재에서 용출되는 유독성분
⑥ 식품제조·조리 및 물소독 과정에 생성되는 유독성분
⑦ 환경오염에 기인하는 식품 유독성분

# 5-1 농약에 의한 중독

농약은 사용목적에 따라 살충제, 살균제, 제초제 등으로 구분되며, 일반적으로 농약은 살포 후에 일정한 기간 동안 농작물의 표면에 부착하여 있거나 식물의 내부조직에 흡수되어 분해되지 않고 남아 있을 때가 있다. 대부분의 농약들은 유기화합물이기 때문에 무기화합물보다 인체 조직에 더 용이하게 흡수·축적되는 반면, 그 분해속도나 체외로 배설되는 속도가 느리므로 체내에서 독성을 제거하는 것은 매우 어렵다.

또 식품에 잔류되는 농약의 양이 적은 경우라 하더라도 인체에서의 축적효과를 고려할 때 그 잔류농약에 의한 피해를 무시할 수는 없다.

## 5-1-1 농약의 분류

### (1) 유기인제

유기인제는 parathion, malathion, diazinon, smithion, EPN 등으로 다른 농약보다 탁월한 살충효과를 가지고 있으나, 독성이 강하므로 중독사고가 많이 일어나고 있다. 이들 유기인제는 독성이 강한 반면, 동·식물체 내에서 비교적 빨리 분해되어 무독화되므로 만성중독을 일으키는 일은 거의 없다.

유기인제는 인체에 흡수되면 체내 효소인 cholinesterase의 작용을 억제하여 혈액과 조직 중에서 acetylcholine의 분해가 저해되어 acetylcholine이 체내에 과잉으로 축적되므로 신경 흥분의 전도가 불가능하게 된다. 인체 내에서 cholinesterase의 활성이 정상 상태보다 40% 이하로 저하되면 생명(5~10% 정도)이 위험하게 된다.

중독증상은 부교감신경 증상(오심·구토·발한·축동·청색증 등), 교감신경 증상(혈압상승 등), 중추신경 증상(현기증·두통·발열·혼수 등), 근력감퇴 및 전신경련 등이 나타난다. 주로 급성중독이 일어나고 만성중독의 경우는 드물다.

유기인제를 살포할 때는 흡입하지 않도록 주의하고, 특히 피부나 손에 묻지 않도록 주의해야 한다. 과일이나 채소류는 식품용 세제로 세척한 후에 섭취해야 안전하다.

### (2) 유기염소제

살충제로 널리 사용되는 유기염소제로는 DDT(dichloro diphenyl trichloroethane), DDD(dichloro diphenyl dichloroethane), methoxychlor, $\gamma$-BHC(benzene hexachloride), aldrin, endrin, dieldrin 등이고, 제초제로는 PCP, 2,4-D, 2,4,5-T 등이 많이 사용되어 왔으나 DDT와 $\gamma$-BHC는 현재 사용금지 품목이다.

살충제나 제초제로 주로 이용되는 유기염소제는 유기인제에 비하여 독성이 적어서 급성 중독 사고는 적은 편이다. 그러나 잔류성이 크고 지용성이기 때문에 인체의 지방조직에 축적되므로 각국에서는 사용금지나 사용제한 등의 조치와 더불어 식품 중의 잔류량을 규제하고 있다.

유기염소제에 의한 중독증상은 섭취 30분 후에 복통·설사·구토·두통·시력감퇴·전신 권태 등의 증상이 나타나며, 중증일 경우는 혼수상태가 계속되다가 사망한다. 유기염소제는 토양 중에서 수년~10년 정도 잔류하는데, 자세한 것은 [표 5-1]과 같다.

**표 5-1 평균적 토양 중의 유기염소제의 소실**

| 화합물 | 잔류율(%) | | 95% 소실 소요년수 |
|---|---|---|---|
| | 1년 후 | 2년 후 | |
| aldrin | 26 | 5 | 3 |
| DDT | 80 | 50 | 10 |
| dieldrin | 75 | 40 | 8 |
| $\gamma$-BHC | 60 | 25 | 6.5 |

### (3) 유기수은제

종자 소독, 방미제(fumigicide), 토양살균, 특히 벼의 도열병 방지제로 사용되고 있는 유기수은제의 주성분은 phenylmercuric acetate(PMA)이다. 독성이 강하지만 다른 농약에 비해서 맹독성은 아니다. 그러나 체내 흡수가 용이하며, 무기 수은과는 달리 유기 상태이기 때문에 배설 속도가 매우 느려 인체에 축적성이 크고 만성중독을 일으킨다.

중독증상은 피부염 · 위장장애 · 신경증상 등이며, 특히 alkyl 수은중독인 때는 경련 · 시야축소 · 언어장애 등의 중추신경계 장애가 심하고, 회복되어도 영구장애를 갖는 경우가 많다.

### (4) Carbamate제

유기염소제의 사용금지에 따라 그 대용으로 만들어진 살충제 및 제초제로서, 아미노기와 카르복실기가 결합한 카르밤산($NH_2COOH$)의 메틸유도체이다.

유기인제와 비슷하여 인체에서 cholinesterase 저해작용으로 중독을 일으킨다. 증상은 즉시 발병하지만 생체 내에서의 대사가 빨라 짧은 시간 안에 회복된다. Cholinesterase 활성이 4시간 정도면 회복되고 24시간 후에는 정상적 상태로 된다. 알디캅(aldicarb), 카르바릴(carbaryl)이 대표적인 carbamate제이다.

### (5) 유기불소제

대표적인 것은 쥐약인 fratol(sodium monofluoroacetate)과 깍지벌레나 진딧물 등의 살충제인 fussol(monofluoroacetamide), nissol(N-methyl-N-(1-napthyl)monofluoroacetamide) 등이 있으며, 모두 독성이 강하다.

이들은 체내에서 aconitase의 강력한 저해제인 monofluorocitric acid를 생성하여 Kreb's cycle의 중간체인 구연산이 cis-aconitic acid로 되는 것을 억제하므로 구연산이 체내에 축적되어 독작용을 나타낸다.

중독증상은 심장장애와 중추신경 증상으로 섭취 30분~2시간 후가 되면 경증일 때는 전신위화감 · 두통 · 위통 · 구토 · 현기증 등이 나타나고, 중증일 때는 보행장애 · 언어장애 · 간질 때와 비슷한 강직성 경련을 거쳐 의식혼탁 · 청색증 · 심장장애를 일으키고 심부전증으로 사망하게 된다.

### (6) 금속함유 농약

주요한 금속함유 농약을 보면 비소화합물이 가장 많은데 살충제로 쓰이는 비산납(lead arsenate), 비산석회(calcium arsenate), 비산망간(manganese arsenate) 등은 무기비소제이고, 살균제로 쓰이는 asozin(methylarsine sulfide), neoasozin(ferric ammonium salt of methyl arsenic acid), urbacid(methylarsine bis-dimethyl dithiocarbarmate) 등은 유기비소제이다.

그 밖에 구리제로서 살균제로 쓰이는 석회 bordeaux액, 황산동(copper sulfate) 등과 저장곡류 해충약으로 쓰이는 인화알루미늄(aluminium phosphide)이 있다. 구리, 납, 비소 등의 금속함유 농약이 생체 내에 흡수되면 단백질의 변성을 일으키고 원형질을 침해하여 -SH기와 결합하여 단백질의 기능이나 효소의 작용까지도 저해하므로 독작용을 나타낸다.

## 5-1-2 농약의 식품오염 방지

식품위생과 환경오염을 고려할 때 독성이 강한 농약의 사용은 극히 위험한 일이다. 우리나라의 경우 다른 나라에서는 사용이 금지된 malathion, EPN, 2,4-D, diazinon 등의 고독성 농약이 현재까지도 사용되고 있어 문제가 되고 있다. 유기인제와 같이 대체로 독성이 강한 농약은 살포과정과 유통과정에서 급성중독을 일으킬 가능성이 크다. 유기인제의 해독제로는 pam정제와 atropine주사가 이용되고 있다.

농약의 취급과정에서 농약에 의한 중독 못지않게 위험한 것이 농약의 식품오염인데 이러한 오염을 사전에 예방하기 위하여 세계 각국에서는 식품 중의 농약잔류한도에 대한 규제를 실시하고 있다.

농산물의 농약 오염방지법으로는 농산물에 잔류하는 농약의 양을 제한하는 잔류허용량(tolerance of residue)을 설정하는 방법과 농약의 최종 사용일에서부터 수확까지의 사용제한기간(preharvest interval)을 설정하는 방법이 있다.

우리나라는 정부에서 농약의 안전사용기준을 설정하여 고시하고 있으며, 아울러 농산물의 잔류허용기준을 마련하여 시행함으로써 두 가지 방법을 동시에 채택하고 있다.

# 5-2 항생물질 및 합성항균제에 의한 중독

식생활의 서구화와 더불어 최근에는 육류·우유를 비롯하여 수산물의 수요가 급증하고 있다. 이에 따라 가축의 사육이나 수산물의 양식과정에서 생산성을 향상시킬 목적으로 배합사료의 사용이 늘고 있다.

그러나 배합사료는 질병치료나 발육촉진을 목적으로 항생물질, 합성항균제 및 합성호르몬제가 첨가되고 있어, 이들이 식육·우유 또는 수산물에 잔류하여 식품을 통하여 인체에 이행될 가능성이 있다. 뿐만 아니라 농작물 병해방제나 동물용 의약품으로 사용되는 항생물질의 잔류문제도 관심의 대상이 되고 있다.

## 5-2-1 식품 중 항생물질의 잔류

### (1) 동물(가축·어류)의 사료 및 의약품

가축의 질병예방과 치료 및 성장촉진을 위해 동물사료에는 tetracycline류와 tylosin, virginiamycin, ampicillin, streptomycin, monensin, chloramphenicol 등의 항생물질이 첨가된다. 또한 sulfadimethoxine 등의 합성항균제가 사용되고 diethylstilbestrol(DES) 등의 성장호르몬제가 불법으로 쓰이기도 한다.

한편 치료용 동물의약품으로는 각종 항생제, corticosteroid, nitroxinil, bromophenophos 등이 자주 사용된다. 우리나라에서는 사료관리법에서 배합사료에 첨가되는 이들 물질의 사용량과 사용방법을 규제하고 있고, 식품위생법에서 항생물질, 합성항균제 및 성장호르몬제의 잔류허용기준을 정하여 시행하고 있어 이들 물질의 과용 또는 남용을 제한하고 있다. 그러나 식품에 인위적으로 이들 물질의 첨가를 금지하고 있다.

### (2) 농용(農用) 항생물질

농약으로 사용되는 항생물질로 그 작용에 따라 항곰팡이성, 항세균성 및 항바이러스성의 3가지로 나눈다. 항생제는 수확 직전이나 수확 후의 생식용 채소 살균에 사용하는 일은 금해야 한다.

### 5-2-2 잔류의 문제점과 대책

잔류의 문제점으로는 급·만성 독성, 내성균의 출현, 균교대증(菌交代症), allergy의 발현 등이 지적되고 있다.

소비자들에게 폭로 가능성이 가장 높은 것은 동물사료 중 항생물질이고, 그 다음이 동물의 약품이라 할 수 있다. 80% 이상의 동물이 항생물질 등이 첨가된 사료로 사육되고 있다. 현실적으로는 항생물질에 의한 내성균의 출현 문제가 가장 중요한 과제이다.

## 5-3 중금속에 의한 식품오염

매연·폐수·하수·고형폐기물 등에는 각종 중금속이 함유되어 있고, 이것에 의해 대기오염·수질오염·토양오염이 발생하는것은 물론 식품도 오염되어 먹이연쇄를 통하여 농축되고 최종적으로 인체에 흡수, 축적되어 만성중독을 일으키게 된다. 더욱이 산업화 과정에서 공업의 급속한 발전과 인간 활동의 증가는 중금속에 의한 환경오염을 가중시켰고 나아가 식품을 오염시켜 국민보건에 심각한 위협을 초래하기에 이르렀다.

식품오염과 관련하여 관심의 대상이 되는 것은 인체에 비교적 독성이 강한 As, Cd, Hg, Pb 등으로, 이들은 생물 본래의 구성성분이 아니고 동·식물의 생육과정이나 식품의 제조·가공 중에 외부로부터 오염되어 혼입되는 이른바 환경오염성 중금속이다.

중금속은 일반적으로 단백질의 변성제이다. 특히 단백질의 –SH기와 결합하여 구조단백질을 변성시키거나, 효소단백질의 활성을 저해하기도 한다. 또 생체에 필요한 금속의 대사에 영향을 주거나 치환에 의하여 영향을 주기도 한다.

### 5-3-1 수은

수은은 지각(地殼)의 구성성분이고, 세계 연간 생산·사용량은 1만 톤 이상이며 주요한 용도는 가성소다공업, 전기제품, 도료, 약품, 농약제조 등이다.

수은은 무기수은과 유기수은으로 구분된다. 무기수은에는 수은증기($Hg^+$), 수은이온($Hg^+$, $Hg^{2+}$)이 있고, 유기수은에는 메틸수은($CH_3Hg^+$)과 같은 alkyl수은과 페닐수은($C_6H_5Hg^+$)과 같은 aryl수은이 있다.

환경 중으로 배출되는 수은은 무기수은인 데 반해 어패류 등 동물성 식품 중에는 50~100%가 메틸수은이다. 그 이유는 무기수은이 자연계에서 메틸화되기 때문이다. 식품에는 미량이나마 수은이 함유되어 있고 어패류, 특히 다랑어류에 많다.

메틸수은은 지용성이 크므로 소화관과 폐에 흡수되어 중추신경계와 태아조직에 농축되며 생물학적 반감기는 70일이다. 오줌과 머리털은 수은의 폭로와 축적정도를 판단하는 좋은 재료가 된다. 임상증상이 나타나는 한계점은 머리털의 경우 50ppm 이상이라고 한다.

1950년대에 들어와 일본에서 발생한 미나마타(水俣) 사건은 대표적인 수은중독 사례로 수은의 환경오염 가능성과 생태계 파괴 위험성을 인식하게 하는 계기가 되었다. 쿠마모토현(熊本縣) 미나마타만 연안 주변 어업가족에게 원인을 알 수 없는 신경장애질환이 1953~1960년에 걸쳐서 발생하였다. 팔다리가 마비되고 보행장애, 언어장애, 시야협착, 난청 등의 증상(Hunter-Russel증후군)을 나타내다가 6개월 정도가 되면 대개 사망하는데, 살아남아도 후유증으로 완전회복은 곤란하였다. 또 이 병은 태아에게도 치명적인 영향을 끼쳐 선천적인 장애아가 태어나기도 하였다.

원인을 조사한 결과 미나마타만 상류의 신일본질소주식회사에서 플라스틱 제조 시 촉매인 염화제2수은이 폐수 중으로 방출되어 이토(泥土)의 혐기적 조건에서 메틸수은으로 전환되었고, 이것이 수중에서 먹이연쇄에 의해 바다 연안 내의 어패류에 농축된 것을 섭취한 것이 사람에게 이행, 축적되었기 때문이었다.

## 5-3-2 카드뮴

카드뮴은 비교적 최근인 1817년에 발견된 금속으로 아연과 공존한다. 공업적으로는 합금, 전기도금, 배터리, 용접, 도료 등에 널리 이용되고 있어서 환경이나 식량자원의 오염을 야기하고 있다. 용기, 식기에 도금된 카드뮴 성분이 용출되어 식품을 통해 중독되는 경우도 있다.

카드뮴은 주로 벼와 같은 식물에 잘 흡수되므로 곡물류에서 0.01~0.15ppm이 검출된다. 동물성 식품에서는 간장이나 신장부위에 많고, 조개, 가리비, 굴과 같은 어패류의 내장에 특히 많아 0.1~1.0ppm까지 함유되며, 소라고둥의 간에서는 200ppm까지 검출된다.

우리나라에서 가장 우려되는 것은 매일 섭취하는 쌀 중의 함량으로 아직까지 큰 문제가 되지 않고 있으나 폐광의 증가로 오염 우려가 크므로 폐광 주변의 쌀은 주의를 요한다.

카드뮴의 소화관 흡수율은 5~8% 정도로 낮고, 칼슘 함량이 낮을수록 흡수가 촉진되는데, 아연은 길항작용으로 흡수를 방해한다. 사람에서의 생물학적 반감기는 10년 이상으로 축적성이 매우 높다. 축적은 metallothionein과 결합된 상태로 신장과 간에서 일어난다.

표적장기는 신장으로, 카드뮴은 신장세뇨관 손상으로 단백뇨를 일으키므로 중독의 초기증상 판단에 쓰인다. 조직에서는 칼슘과 인 대사의 불균형을 초래하여 골다공증을 일으키고 주로 대변으로 배설된다.

급성독성이 강한 금속으로 그 증상은 메스꺼움, 구토, 설사, 복통 등이다. 만성중독 시 신장기능장애를 일으키고 당, 아미노산 및 저분자단백질의 소변을 통한 배설이 현저히 증가한다. 또 근위세뇨관의 병변에 의한 Ca와 P의 손실로 골연화증을 일으킨다.

일본에서는 1940년대를 전후하여 도야마현(富山縣) 진쓰우가와(新通川) 유역에서 이타이이타이(itai itai)병이 발생하여 세계적인 관심을 끌게 되었다. 이 병은 강 상류에 있던 미쓰이(三井) 금속광업제련소에서 카드뮴이 함유된 폐수가 배출되었고, 이것을 벼 재배 시에 관개용수로 사용하여 생산한 쌀이 카드뮴에 오염되어 이를 장기간 섭취하여 발생한 것으로, 이때의 쌀 중 카드뮴 농도는 0.35~3.35ppm이었다.

1961년부터 문제가 되어 20여 년에 걸쳐 258명이 중독되고 128명이 사망하였는데 초기에는 어깨, 허리, 무릎 등에 신경통과 같은 통증이 생기고 이어 상완부(上腕部), 대퇴부(大腿部) 등의 몸 전체에 통증이 퍼지는 증상이 나타나다가 마침내 보행이 어려워지고 약간의 충격에도 골절되며 아프다고 신음하면서 사망하게 된다.

이것은 카드뮴에 의한 골연화증으로 중년부인 특히 출산횟수가 많은 사람에게서 발생빈도가 높았다.

## 5-3-3 납

납의 독성은 예부터 많이 알려져 있으며 인체섭취량의 약 60%는 식품에서 유래한다. 쌀, 채소, 어패류가 주요한 원인식품이며, 특히 어패류는 수질오염을 통하여 오염된다. 용기에 기인하는 것으로 소성온도가 불충분한 도자기 그릇에서 산성 식품으로 납이 용출되어 중독이 일어나는 경우도 있다. 땜납으로 밀봉한 통조림 식품에서도 중독 사례가 보고되고 있다.

납이 많이 사용되는 작업은 도료 및 배터리 제조, 납용융, 제련, 인쇄 등이고 그 밖에 크레파스, 유약을 바른 도자기 등에서도 중독이 일어난다. 대기 중의 납은 노킹(knocking)방지용으로 가솔린에 첨가하는 테트라에틸납(tetraethyl lead)에서 유래한다. 테트라에틸납과 같은 유기납은 주로 중추신경계에 장애를 일으킨다. 반면에 무기납에 중독되면 조혈기, 중추신경계, 신장, 소화기에 장애를 볼 수 있다.

더욱 진행되면 안면창백, 연연(鉛緣: 구강 치은부에 암청회색의 PbS가 침착하여 생긴 청회색선), 말초신경염, 신근(伸筋)마비, 급성 복부산통(疝痛) 등의 증상이 나타난다.

가장 심각한 납중독은 어린이의 뇌질환이다. 중독자의 25% 정도는 사망하고 살아남더라도 심각한 후유증으로 고생한다. 사람에게서 혈중 납의 반감기는 약 1개월이지만 뼈에서는 약 20년으로 길어진다. 임신 중에는 태반을 통하여 납이 태아에게 전이되기도 한다.

## 5-3-4 비소

비소는 자연계에서는 주로 $As^{3+}$, $As^{5+}$의 화합물로 존재한다. 오래전부터 의약품으로, 또한 안료, 방부제, 살서제, 농약으로도 널리 사용되어 왔다.

대부분의 식품에는 비소가 함유되어 있으나 특히 해산물의 비소 함량은 대단히 높다. 흡수된 비소의 80%는 체내 축적되어 분포한다. 주요 축적 장기는 간, 신장, 뼈, 피부이고 특히 손·발톱, 모발에 축적된다. 손톱에는 미스선(Mee' s line: 손톱을 가로지르는 흰 선)이 나타나므로 손톱의 성장과 그 선의 거리를 비교하여 폭로시간을 추정한다. 배설은 소변, 대변, 피부, 손·발톱, 모발을 통하여 이루어진다.

비소화합물에 의한 급성중독 시에는 발열, 식욕부진, 구토, 탈수증상 뒤에 복통, 체온저하, 혈압저하, 경련 등의 증상이 나타나고 혼수상태가 되어 사망한다. 대기오염에 의한 중독은 흑피증(melanosis), 백반(白斑) 등의 피부증상, 비중격천공(鼻中隔穿孔) 등을 볼 수 있다.

만성중독의 경우에는 피부가 청색으로 변하고, 손발, 피부에 각화현상이 일어나고 구토, 복통, 빈혈, 체중감소, 신열을 일으키는데 황달이 특징적이다.

식품 중의 비소에 의한 중독으로는 가장 유명한 1955년 일본 모리나카(森永) 조제분유사건이 있다. 비소로 오염된 분유($As_2O_3$로서 25~28ppm)에 의하여 12,344명의 어린이 환자와 138명의 사망자가 발생했다. 그 원인은 원유의 산도를 안정화시키기 위하여 사용한 제2인산나트륨 중에 불순물로서 아비산이 3~9% 함유되어 있었기 때문이다.

## 5-3-5 기타

크롬은 도금이나 합금 재료 등으로 널리 사용되고 있는 중금속으로, 그 화합물은 도금, 안료 제조, 가죽 가공 및 요업 등에 이용된다. 인체 필수금속원소인 크롬은 체내에서 포도당의 대사에 관여하는 내당성 영양소로 결핍되면 체중 감소와 더불어 혈당 제거능의 손상으로 고혈당이 나타나는 당뇨병의 원인이 되기도 한다. 크롬은 자연 상태에 2가에서 6가까지 존재하며, 자연계에 주로 존재하는 $Cr^{3+}$ 화합물은 비교적 독성이 낮으나, 크롬산염과 중크롬산염의 주류를 이루고 있는 $Cr^{6+}$ 화합물은 독성이 강한 것으로 알려져 있고, $Cr^{3+}$는 인체 내에서

$Cr^{6+}$로 산화될 수 있다. 크롬의 급성 독성은 오심, 구토와 더불어 위, 간 및 신장 손상이 나타나며, 만성 중독으로 폐암 등 종양 발생이 보도되고 있다. 크롬은 조리 기구와 이를 통해 오염된 식품이나 크롬 함유 합금으로 된 파이프나 수도관의 부식으로 오염된 식수를 통해서 체내에 유입될 수 있다.

니켈은 주로 합금과 도금에 사용되는 중금속으로 식품과 식수 뿐만 아니라, 공기 등 다양한 경로로 인체에 유입될 수 있으며, 급성 독성으로 인하여 오심, 구토, 어지럼증 등이 유발된다. 장기간에 걸쳐 니켈을 흡입한 근로자에서 만성 중독 증상으로 비중격 천공증과 더불어 만성기관지염 등 폐와 신장의 기능 저하가 보고되고 있으며, 과다한 노출은 폐암과 간경변증 등의 원인으로 알려지고 있다.

알루미늄은 경금속으로 토양, 수질, 동·식물체 등 자연계에 가장 널리 분포하는 금속원소로 가볍고 단단하여 산업 전반에 널리 이용되고 있어 현대를 알루미늄의 시대라고도 한다. 특히 식품 관련 분야에서는 알루미늄이나 그 화합물들이 식기, 캔, 포장재 뿐만 아니라 식품첨가물인 착색제와 팽창제로 사용하고 있다. 알루미늄은 인체의 소화계에서 흡수율이 낮아 별다른 독성을 유발하지 않는 것으로 알려져 왔으나, 동물실험 결과 알루미늄의 과다 노출은 중추신경계 손상에 따른 알츠하이머병 뿐만 아니라 신장 손상 및 고혈압의 원인으로 알려지고 있으며, 또한 인체의 만성적인 알루미늄 노출은 중추신경계 손상에 따른 인지능력 저하와 골연화증 등이 보고되고 있다. 한편 인체에서 알루미늄 축적과 알츠하이머병 발생 사이의 상관성은 명확하지 않다. 그러나 산성 pH에 약한 알루미늄의 특성과 포장재나 식기류 및 식품첨가물 등 식품 관련 분야에서 대단히 많이 사용되고 있는 점을 고려해 볼 때 알루미늄의 인체 섭취는 지속적이고 장기적으로 이루어 질 수 있으므로 주의가 요구된다.

## 5-4 유해성 식품첨가물

식품첨가물에 의한 식중독은 ① 허용되지 않은 첨가물의 사용 ② 오용 ③ 허용된 첨가물의 과다 사용 ④ 불순한 첨가물의 사용 등의 경우에 일어나기 쉽다. 불법으로 사용되는 첨가물에 한하여 문제점을 설명하면 다음과 같다.

### (1) 착색료

착색료는 식품의 기호성을 높이기 위해, 즉 식품의 미화 및 천연식품과 비슷하게 보이려는 목적으로 사용되고 있다. 예전에는 주로 식물성 착색료를 사용하였으나 요즈음은 tar색소를 많이 사용하고 있다. Tar색소는 원료 의료품(衣料品)의 염색에 사용되고 있으며, 제조과정 중 불순물이 함유될 가능성이 있어 인체에 유해한 경우가 많다. 유해성 착색료는 값이 싸고 색이 선명하며 사용이 간편하므로 불량식품을 위장할 목적으로 사용하여 중독되는 경우가 많다. 현재 사용이 허가된 것은 15종의 tar색소와 기타 6종으로 모두 21종인데, 과거에 부적합한 방법으로 많이 쓰이던 유해 색소류는 auramine(단무지), rhodamin B(토마토케첩, 과자 등), malachite green(해조류, 그린 피스 등), $\rho$−nitroaniline(과자), 혼합색소(부정음료수, 팥고물, 초콜릿 등), silk scarlet(대구알젓), butter yellow· spirit yellow(마가린), sudamⅢ(고춧가루) 등이 있다.

### (2) 표백료

표백료는 색깔이 좋지 않은 식품 원료나 식품을 표백하여 제품의 색을 보기 좋게 하기 위하여 사용된다. 산화작용을 이용한 $H_2O_2$, 환원작용을 이용한 아황산 계통의 표백제가 식품첨가물로 지정되어 있으나, 지정되지 않은 유해한 공업용 약품이 이용되는 경우도 있다. 과거에 많이 쓰였던 유해 표백료에는 rongalite(물엿), 삼염화질소(밀가루), 형광표백제(국수, 압맥) 등이 있다.

### (3) 보존료

식품첨가물로 허가된 보존료일지라도 완전히 무해한 것은 아니므로 사용량과 그 대상식품의 기준을 엄수해야 한다. 사용 금지된 보존료는 보존효과와 싼 가격 때문에 자주 사용되고 있으므로 주의해야 한다. 사용 금지된 보존료는 붕산(햄, 베이컨), 포름알데히드(주류, 장류, 유류, 육류), 승홍(주류), 불소화합물(육류, 알코올음료), $\beta$−naphtol(간장) 등이 있다.

### (4) 감미료

설탕 대용으로 사용하고 있는 인공감미료는 그 유해성이 문제가 되어 대부분 사용이 금지되고 있다. 그러나 설탕보다 가격이 싸고 감미도가 매우 높기 때문에 설탕과 혼합해서 부적합하게 사용하여 만성중독을 일으킬 수 있으므로 주의해야 한다. 과거에 사용되었던 유해감미료에는 $\rho$−nitro−$o$−toluidine, ethylene glycol, peryllartine, dulcin, cyclamate, glucin 등이 있다.

#### (5) 증량제

곡분·설탕·어분·향신료 등에 식품의 부피를 증가시킬 목적으로 산성백토·벤토나이트(bentonite)·탄산칼슘·탄산마그네슘·규산알루미늄·규산마그네슘·규조토·백도토·석회 등 영양가가 없는 광물성 물질을 첨가하여 판매하는 경우가 있다. 그러나 과량을 섭취하면 소화불량·복통·설사·구토 등의 위장염 증상을 나타내므로 식품위생법상 목적 이외의 사용을 엄격히 규제하고 있다.

## 5-5 기구 · 용기 · 포장재에서 용출되는 유독성분

### 5-5-1 용기·포장의 특성

식품은 그 상품적인 가치와 청결 및 위생을 유지하기 위하여 반드시 용기에 담고 포장을 한다. 용기 및 포장의 발달은 식품의 보존성을 높이고 대량 생산을 가능하게 하였으며, 상품의 가치를 향상시켜 식품공업의 발전에 크게 기여하였다. 그러나 용기와 포장은 식품과 직접 접촉하기 때문에 각종 용기 및 포장에 사용되는 원재료나 첨가제들이 식품으로 이행되어 식품위생상 문제를 야기할 수 있다.

### 5-5-2 용기

#### (1) 금속제품

음식물의 조리용 기구나 용기는 은·구리·알루미늄·주석·철·아연·납·안티몬·카드뮴 등의 금속을 단독 또는 합금으로 사용하여 만들고 있다. 이러한 금속제 용기에서 식품위생상 문제가 되는 것은 금속 자체의 용출과 금속 중에 함유되어 있는 불순물의 용출이다.

#### (2) 유리제품

유리는 내용물을 투시할 수 있고 위생적이어서 술·간장·청량음료 등 액체식품의 용기로 많이 사용되고 있으며, 컵·접시·잔 등에도 유리제품이 많이 사용되고 있다. 유리 용기는 산성식품과 오랫동안 접촉되면 유리 중의 알칼리 성분이 용출되며, 또 산성성분인 규산이 유리

표면으로부터 떨어져 나와서 중독을 일으키는 수가 있다. 그러나 실제 유리제품에 의한 중독 현상은 별로 나타나지 않는다.

### (3) 도자기 및 법랑 피복제품

법랑제품이라 함은 철기의 표면에 유약을 바르고 구운 것으로서 금속산화물을 함유하며 특히 납이나 안티몬 등을 함유한 것은 주의해야 한다.

도자기 용기의 위생문제는 유약에 함유되어 있는 유해금속의 용출이다. 도자기의 표면에 칠하는 유약으로부터 금속의 용출은 도자기 제조 시 소성온도가 불완전할 때 생긴다. 용출되는 금속은 주로 납으로 이러한 용기를 식기로 사용하면 중독을 일으키게 된다.

### (4) 합성수지

합성수지는 그 자체의 고유한 물성으로 식품의 보존성을 높이는 데 큰 효과가 있으며, 식품의 용기로도 많이 사용되고 있다. 합성수지가 식품용기, 포장재료로 가장 중요한 장점은 화학적으로 안정하여 유해하지 않다는 점이다. 그러나 합성수지는 제조 가공 중에 첨가제가 가해지고 중합공정상 약간의 단량체(monomer)가 잔존하여 용출되는 경우가 있다. 합성수지 중 phenol수지, 요소수지, melamine수지 등은 열경화성 수지로서 제조 시 가열·가압조건이 부족할 때는 미반응 원료인 페놀, 포름알데히드가 유리되어 용출되는 경우가 있다.

열가소성 수지에는 polyethylene, polypropylene, 염화 vinyl수지 등이 있는데 제조원료인 단량체와 가소제(可塑劑), 안정제, 착색제 등으로 첨가되는 물질이 식품에 이행되어 식품위생상 문제가 되는 경우가 있다.

## 5-5-3 포장

### (1) 종이 및 가공품

종이류는 모든 식품에 광범위하게 사용되는 포장재료이다. 종이는 위생상 문제가 되는 것은 별로 없으나 가공품 중에 유해한 물질이 용출되어 나올 경우에는 문제가 되기도 한다.

합성수지와 조합하여 가공한 가공지는 내수성·방수성·유연성·내유성이 강화되고 열접착(heat seal)도 가능하여 식품 포장용으로 점차 다양하게 사용되고 있다.

종이는 목재펄프인 천연 cellulose가 주원료로서 사이즈(size)제, 전료(塡料), 점성물질 조절제(slimicides), 착색제, 표백제 등을 첨가하여 제조한다.

종이류가 위생상 문제가 되는 것은 착색료의 용출, 형광염료의 이행, 파라핀, 납 등이며, 최근에는 polychlorobiphenyl(PCB) 등 유해물질의 혼입도 우려되고 있다.

### (2) 합성수지

포장재료로 사용되는 plastic은 열가소성 수지가 대부분이다. 이것은 단량체를 중합하여 만들었기 때문에 일반적으로 내열성이 약하며, 종류에 따라서는 용매에 용해되는 결점이 있다. 열가소성 수지로서 위생상 문제가 되는 것은 단량체와 저분자량 물질의 혼입, 제조공정 중 첨가하는 가소제·안정제 및 기타 첨가물의 용출이다. Polyethylene(PE)·polypropylene(PP)·polystyrene(PS)·polyvinyl chloride(PVC) 등이 열가소성 수지에 속하며, 식품 포장용으로 많이 사용된다.

## 5-6 식품 제조 및 물 소독 과정에서 생성되는 유독성분

### (1) 다환방향족 탄화수소류

가열식품 중에는 강력한 발암성 또는 변이원성 물질이 포함되어 있음이 밝혀지고 있어 많은 관심의 대상이 되고 있다.

1964년 불에 구운 고기에서 benzo[α]pyrene이 분리된 이래 각종 다환방향족탄화수소(polycyclic aromatic hydrocarbon; PAH)가 불고기, 불갈비, 훈제육 등에서 발견되었다[그림 5-1].

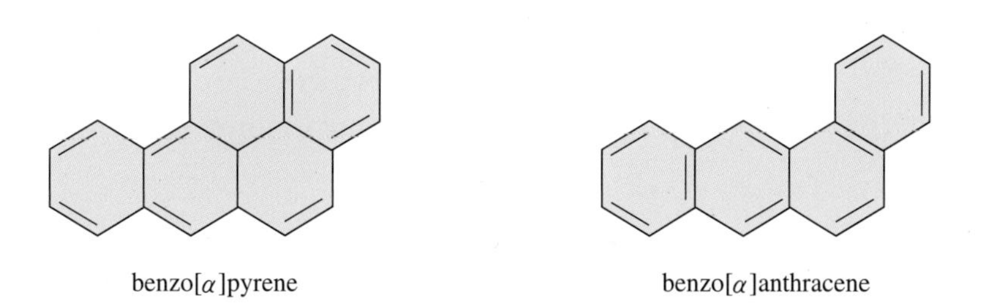


[그림 5-1] PAH의 화학구조

PAH는 산소가 부족한 상태에서 식품이나 유기물을 가열할 때 생기는 타르(tar)상 물질의 구성성분으로 그중 benzo[α]pyrene(3,4-benzpyrene)이 가장 강력한 발암물질로 알려져 있다. PAH의 생성은 300℃ 또는 그 이상의 고온에서 촉진되며, 식품의 가열가공이나 훈연과정에서도 이 온도에 쉽게 접근할 수 있다. 식품 중 benzo[α]pyrene의 함량은 식품의 종류, 가열방법에 따라 다르지만 훈연품, 구운 생선, 구운 육류 등에서는 100ppb를 초과하는 경우도 있다고 한다.

### (2) 헤테로고리아민류

Benzo[α]pyrene 외에 1970년대에 들어와 구운 생선이나 육류로부터 새로운 돌연변이 유발물질인 헤테로고리아민류(heterocyclic amines)가 발견되었다. 이들은 식품 자체 또는 아미노산, 단백질을 300℃ 이상 온도에서 가열할 때 생성되는 열분해산물(pyrolysate)로부터 분리·확인되었다.

헤테로고리아민류는 구운 육류의 가열·분해에 의해 생성되는 것 외에도 마이야르(Maillard) 반응에 의해서도 생성된다는 사실이 그 후의 연구에서 밝혀졌다. 이들 물질은 300℃ 이하의 일상적인 조리온도에서도 생성되고, 육류에 당분을 첨가할수록 돌연변이 유발 가능성이 높아진다는 사실에 근거한 것이다.

대부분의 헤테로고리아민류는 생쥐(mouse)에서는 주로 간장에, 쥐(rat)에서는 간장, 소장, 대장에 암을 유발한다.

### (3) N-nitrosamine

아질산염은 반응성이 대단히 강해서 식품의 가공·보존 중 식품성분이나 첨가물에 쉽게 반응한다. 이들 반응 생성물 중 아질산염이 아민이나 amide류에 반응하여 생성하는 N-nitroso화합물은 발암물질이어서 식품위생상 중요한 문제를 야기한다.

N-nitroso화합물은 동물실험에서 90% 이상이 발암성과 관련되어 있음이 증명되었고, 사람에게도 암을 일으킨다는 간접적인 증거가 발견되었다.

N-nitroso화합물은 N-N=O의 관능기를 가지며 N-nitrosamine과 N-nitrosamide의 2가지 그룹으로 나눌 수 있다.

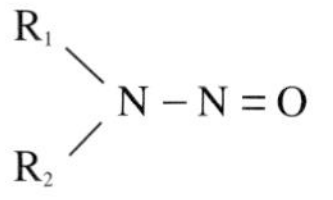

$$R_1R_2N-N=O \quad \text{(N-nitrosamine)}$$

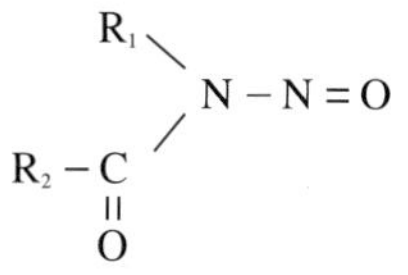

$$R_1(R_2-C(=O))N-N=O \quad \text{(N-nitrosamide)}$$

N-nitrosamine은 일반적으로 식품에서 매우 안정하지만 N-nitrosamide는 pH 2 이상에서 불안정하여 식품 조리과정에서 파괴된다.

N-nitrosamine은 다음 반응식과 같이 생체 내 또는 생체 외에서 아민과 아질산과의 반응에 의해 생성된다. 생체 내에서는 pH 1~3의 위 내에서 이루어진다.

$$R_1R_2NH + HNO_2 \longrightarrow R_1R_2N-NO + H_2O$$

(2급 아민) (아질산) (N-nitrosamine)

식품의 안전성을 생각할 때는 N-nitrosamine뿐 아니라 그 전구체가 되는 아민, 아질산염, 질산염의 존재에 대해서도 관심을 가지게 된다.

아질산염과 질산염은 육류의 발색제로 육류의 색소고정 외에 *Clostridium botulinum*의 억제효과를 나타내는 등 유용하게 사용되는 첨가물이고 식품 중에도 상당량 분포되어 있다.

질산염은 채소, 특히 절임채소 등에 함유되어 있다. 아질산염도 소량이나마 채소류에 존재하며, 질산염의 경우는 음료수에도 미량 함유되어 있다.

아민은 식품 중 특히 어패류에 많은데 dipropylamine, dimethylamine이 주성분이고, diethylamine도 미량 함유한다.

N-nitrosamine은 가열처리에 의해서 그 함량이 현저히 증가한다고 한다.

### (4) 메틸알코올

메틸알코올(methyl alcohol, $CH_3OH$, 메탄올)은 주류의 위화(違化)에 오래전부터 쓰였고, 중독되기 쉽다. 메탄올은 알코올발효에서 pectin이 존재하면 생성되기 때문에 포도주, 사과주 등의 과실주와 정제 불충분한 에탄올이나 증류주에는 미량이 함유되어 있다. 그렇기 때문에 식품위생상 메탄올을 0.5mg/ml(과실주는 1.0mg/ml) 이상 함유하는 주류는 판매나 제조를 금한다.

메탄올의 중독증상은 급성일 때 두통, 현기증, 구토, 복통, 설사 등을 일으키는 외에 시신경에 염증을 일으켜 시각장애를 초래하는 경우가 많다. 독성은 배설이 완만하고 체내에서 산화불충분으로 개미산, 포름알데히드를 생성하기 때문이다.

### (5) 트리할로메탄

미량이지만 발암성이나 만성중독을 유발하는 화학물질에 의한 상수원의 오염이 문제가 되고 있으며, 우리나라에서도 먹는 물(수돗물)의 안전성을 확보하기 위한 방편으로 이들 화학물질에 대한 기준이 크게 강화되고 있다.

가장 관심의 대상이 되는 것은 할로겐화탄화수소류인 트리할로메탄(trihalomethane, THM)이다. THM은 일반식 $CHX_3$(X는 할로겐원소)로 표시되며, 수돗물 생산과정에서 자연적으로 생성되므로 문제가 되고 있다. 최초로 비교적 검출량이 많고 가장 독성이 강한 chloroform(trichloromethane, $CHCl_3$)이 발견되었고, 이어 브롬화트리할로메탄류인 bromodichloromethane($CHBrCl_2$), chloro-dibromomethane($CHBr_2Cl$), tribromomethane ($CHBr_3$)이 확인되었으며, 이들 4종은 가장 빈번히 발견되므로 총(total) THM이라 한다.

THM은 humin질(humic substance)에서 유래하는 부식산(humic acid) 등 물속의 유기물 또는 화학물질이 염소 처리 시 염소와 반응하여 생성된다.

THM의 독성은 최기형성, 약한 변이원성, 발암성, 강한 간독성 등인 것으로 알려져 있다.

# 5-7 환경오염에 기인하는 유독성분

## 5-7-1 환경오염물질의 생물농축과 먹이연쇄

생물에 의해 특정원소 또는 화합물이 먹이사슬에 의해 선택적으로 섭취·흡수·저장되어 농축되는 현상을 생물농축(bioconcentration, bioaccumulation)이라 한다.

환경오염물의 생물농축은 식품을 오염시키고 독성화하는 가장 큰 요인으로 작용한다. 살충제 DDT와 BHC, 유해화학물질 PCB 등 유기염소계 화합물은 수중에서는 미량이지만 어패류에 의해 흡수되고 고농도로 농축되어 지방층에 용해된다. 이들 어패류를 식품으로 사용할 경우 고농도의 유독오염물질을 섭취하는 것이 되어 중독을 일으킬 가능성이 커진다.

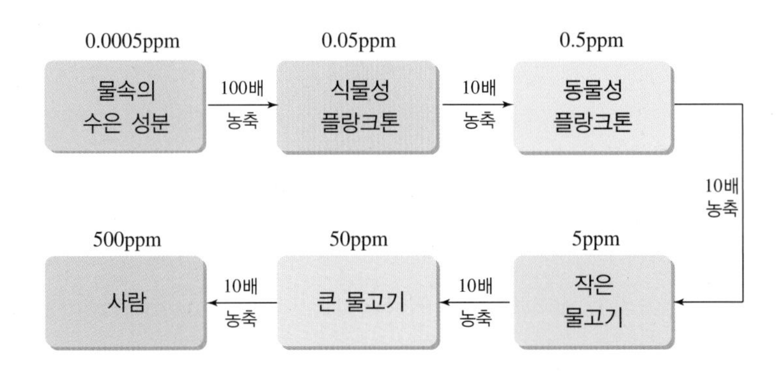


[그림 5-2] 생물농축

더욱이 생물농축은 자연계에서의 물질 흐름의 동적 평형상태인 먹이연쇄(food chain)를 통하여 더욱 증폭된다.

예를 들면 수생생물의 경우, 식물성 플랑크톤(생산자) → 동물성 플랑크톤(1차 소비자) → 소형 어패류(2차 소비자) → 중·대형 어류(3차 소비자)라는 먹이연쇄를 거치게 된다. 이러한 먹이연쇄를 통하여 각 생물에 의해 농축된 유독물질은 점차 고차소비자로 이행되고 고차소비자는 다량의 먹이를 섭취함으로써 유독물질의 축적은 급격히 일어난다.

일본에서 일어난 minamata병과 itai itai병이 오염물질의 생물농축에서 비롯된 대표적인 예라 할 수 있다.

### (1) PCB(polychlorobiphenyls)

1968년 일본에서 PCB 중독(미강유사건)이 발생하였는데, 그 원인을 조사해 본 결과 열매체인 PCB가 담긴 스테인리스관에 구멍이 생겨서 PCB가 새어나와 기름에 혼입되었고, 이 미강유를 섭취한 가정에서 환자가 발생하였다.

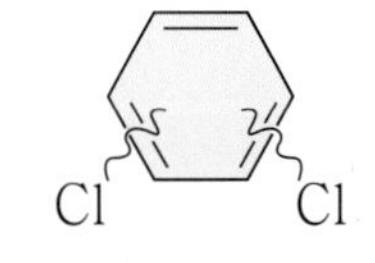


[그림 5-3] PCB 구조

PCB는 비점이 높고 불활성으로 산·알칼리·산화제 등에 내약품성·내열성·내염성이 강하다. 또한 폭발성이 없고 전기절연성이 우수하며, 지용성이어서 고무·플라스틱 등과 혼합이 잘 되어 많이 사용된다.

중독증상은 여드름과 비슷한 피부발진, 손톱의 착색, 모공의 흑점 발생, 구강점막과 치은(잇몸) 착색, 손발이 저리는 증상, 관절통, 월경이상, 체중감소가 나타나며, 심하면 간경화, 식욕부진, 두통, 간종양을 일으킨다. PCB는 DDT, BHC와 같이 안정하고 지용성이어서 인체의 지방조직에 축적되며 배설속도가 아주 느리기 때문에 만성중독을 일으킨다.

### (2) 폴리염화디벤조 다이옥신(PCDD)

① Dioxin의 개념과 구조

Dioxin이라 부르는 화합물은 화학적으로는 그 명칭이 정확하지 않다. 이 물질은 비교적 안정하면서도 발암성이나 기형아 유발작용이 있는 독성이 대단히 강한 지상 최악의 물질 중 하나로 알려져 있다.

Dioxin은 dibenzo-ρ-dioxin(DD)이 골격이 되는데 2개의 benzene ring이 2개의 산소와 결합해서 3개의 ring을 가지는 구조이다[그림 5-4].

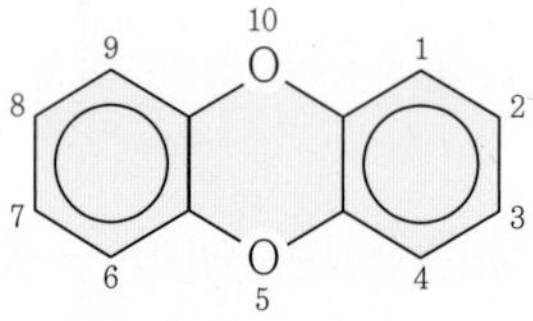

(dibenzo-ρ-dioxins)

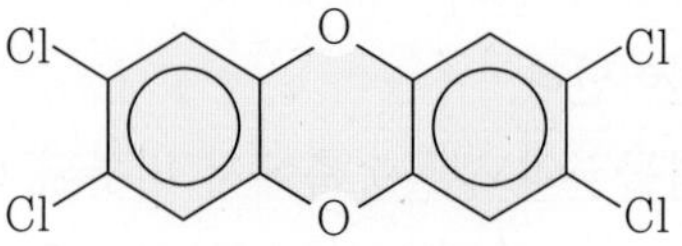

(2,3,7,8-4 염화 dibenzo-ρ-dioxins)

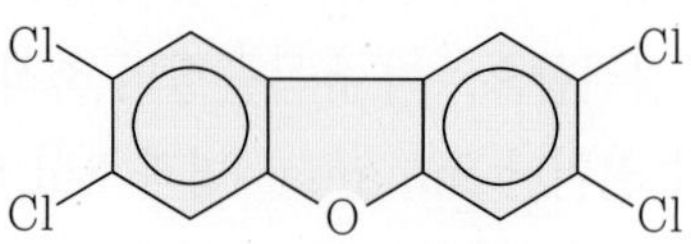

(2,3,7,8-4 염화 benzopuran)

[그림 5-4] Dioxin의 구조와 유사 화합물의 구조

따라서 DD의 염소화합물인 dioxin은 75개의 이성체가 가능하다. 2,3,7,8-tetrachlorodibenzo-ρ-dioxin(2,3,7,8-TCDD)은 그중의 하나인데 극히 강한 최기형성이 있는 것으로 알려져 있다. Polychlorodibenzodioxin(PCDD)은 상온에서 무색이며, 물에는 녹지 않으나 유기용매에 잘 녹는다. 염소수 3개까지의 저염소화합물일 때 비교적 휘발성이 있고 염소 수가 증가하면 비휘발성이 된다.

베트남 전쟁에서 고엽제(枯葉劑)로 사용된 2,4-D, 2,4,5-T에는 2,3,7,8-TCDD가 1.98ppm이나 함유되어 있었는데 지금도 유산, 사산 및 기형 등의 후유증이 여러 나라에서 나타나고 있다.

② Dioxin의 생성

Dioxin은 본래 자연계에는 존재하지 않는 물질로 인간이 만들어 낸 화학물질 중에서 사상 최악의 독극물로 알려져 있다. 또 석유화학제품인 폴리염화비닐, 폴리염화비닐리덴, 유기염소계 농약 등 유기염소계화합물은 폐기물 처리 과정에서 850℃ 이하의 온도에서 소각하게 되면 뜻하지 않게 dioxin이 발생된다.

③ Dioxin에 대한 대책

석유화학제품의 사용을 일상생활에서 배제할 수 없으므로 dioxin에 의한 환경오염을 방지하기 위해서는 현재로서는 이 물질의 배출을 억제하는 길밖에 없다. Dioxin의 발생을 최소화하기 위해서는

㉠ 염화비닐이나 염화비닐리덴 등의 염소가 들어간 것은 태우지 않는다.
㉡ 불완전 연소를 시키지 않는다.
㉢ 850℃ 이상의 고온에서 태운다.
㉣ 집진기의 온도를 200℃ 이하로 한다.

염소가 들어간 것을 태우지 않는 것은 이론적으로는 가능하지만 실제로는 불가능하다. 염소가 들어간 것을 태우면 다량의 dioxin의 발생한다. 소각로가 작으면 작을수록 소각능력은 낮아지고, 불완전 연소가 되기 쉬우며, 소각온도가 300~600℃일 때 염화벤젠이 잘 만들어져 dioxin이 가장 발생하기 쉽다. 그러므로 소각로가 작을수록 dioxin의 발생이 많아진다. 또 젖어 있는 쓰레기를 태울 때나 불을 끌 때도 온도가 내려가기 때문에 dioxin이 잘 발생하게 된다.

우리나라에서는 아직까지 dioxin에 의한 오염사건은 발생하지 않았지만 일반 및 특정 폐기물의 소각과정에서 발생할 수 있어 주의가 요망된다.

### (3) 방사성 물질

방사성 물질은 원폭 실험, 원자력 발전소, 핵연료 재처리 시설 등으로부터 발생한다.

방사성 물질에 오염된 음료수, 농작물, 축산물 및 수산식품을 섭취하게 되면 방사성 물질은 그 핵종 고유의 성질에 따라 흡수, 침착, 배설되는데 이 과정에서 방사선을 방출하여 여러 장애를 일으킨다.

방사성 동위원소는 에너지가 다른 $\alpha$, $\beta$, $\gamma$선을 방출하는데 전리작용은 $\alpha$선, $\beta$선, $\gamma$선의 순서로 크다고 알려져 있다. 신체에 대한 장애는 방사선이 DNA나 효소에 에너지가 흡수되어

전리가 일어나기 때문인데 장애의 정도는 이 전리작용에 비례한다.

방사선의 인체에 대한 장애는 오염된 식품의 경우 만성적 장애가 대부분이다. 주요 장애로는 탈모, 눈의 자극, 궤양의 암변성, 세포분열 억제, 세포기능장애, 세포막투과성 변화, 생식불능, 백혈병, 염색체의 파괴, 유전자의 변화, 돌연변이 유발 등인데 방사성 물질은 신체의 조직에 침착되는 성질이 있으므로 친화성과 침착부위에 따라 장애부위가 다르다.

식품과 관련된 핵종 중에서 $Sr^{90}$은 $Ca^{2+}$과 마찬가지로 뼈조직에 침착하여 $\beta$선을 방출한다. 배설이 매우 완만하고 물리학적 반감기가 28년, 유효반감기가 18년으로 매우 길기 때문에 문제가 있다. 백혈병, 조혈기능장애, 골수암 등을 일으키며 동물실험에서는 유전적 영향이 큰 것으로 알려지고 있다. $Cs^{137}$도 물리학적 반감기가 30년, 유효반감기가 70일이나 되고 $\beta$선을 방출하여 근육, 특히 연골조직에 모이게 되어 $Sr^{90}$과는 달리 장기간 잔류하지는 않으나 생성률이 비교적 크고 잘 흡수되므로 문제가 된다. $I^{131}$은 물리학적 반감기가 매우 짧아서 8.1일이고 유효반감기가 7.6일 정도이지만 생성률이 크기 때문에 문제가 되며 $\beta$ 및 $\gamma$선을 방출하여 갑상선장애를 일으킨다. 주요 방사성 핵종과 그 표적조직을 **[표 5-2]**에 나타내었다.

**표 5-2 주요 방사성 핵종과 그 표적조직**

| 핵 종 | 방사선 | 유효반감기*(일) | 표적조직 |
|---|---|---|---|
| $Sr^{90}$ | $\beta$ | 6,400 | 뼈, 백혈병, 조혈기능장애, 골수암 |
| $Cs^{137}$ | $\beta$ | 70 | 연골, 내장 |
| $I^{131}$ | $\beta, \gamma$ | 7.6 | 갑상선 장애 |

* 유효반감기: 생체 내에서의 방사성 동위원소의 반감기를 말하며 다음 식으로 구한다.
생물학적 반감기 × 물리적반감기 / 생물학적 반감기 + 물리적 반감기

1986년 국제식량농업기구(FAO)가 '음식물의 국제무역에 적용하는 잠정 방사능 기준'을 $Cs^{134}$와 $Cs^{137}$은 모든 식품에서 370Bq/kg(L), $I^{131}$은 우유 및 유가공품에서는 150Bq/kg(L) 이하, 기타 식품은 300Bq/kg(L)으로 설정하였다. 2011년 일본 도후쿠 지방 태평양 앞바다의 지진으로 발생한 쓰나미로 인해 후쿠시마 원자력발전소의 냉각시스템이 고장 나서 방사능이 유출된 사건이 있었다.

### (4) 내분비 교란물질(Endocrine disruptors; ED)

① 내분비 교란물질의 개념

내분비(內分泌) 교란물질(攪亂物質)이란 생명체의 정상적인 호르몬 기능에 영향을 주는 합성, 혹은 자연 상태의 화학물질을 말하며 일반적으로 환경호르몬이라고 칭하기도 한다. 이는 사람·동물의 호르몬 움직임을 교란시키는 유해화학물질로 자연계에 배출된 화학물질이 체내로 유입되어 마치 호르몬처럼 작용한다고 해서 일컫는 말이다.

미국 환경보호청(Environmental Protection Agency; EPA)은 내분비 교란물질을 항상성(恒常性, homeostasis)의 유지와 발육과정의 조절을 담당하는 체내의 자연호르몬의 생산, 방출, 이동, 대사, 결합, 작용 혹은 배설을 간섭하는 체외 이물질이라고 정의하고 있다.

② 내분비 교란물질의 특성

내분비 교란물질은 일반적으로 합성화학물질로 물질의 종류에 따라 저해호르몬의 종류 및 저해방법이 각각 다르다. 그러나 수많은 화학물질 중 명확하게 내분비 교란물질로 밝혀진 것은 일부분이며, 대부분의 물질이 잠재성 위험성이 있는 것으로만 알려져 있다.

생체 내에서 합성되는 호르몬과 비교하여 내분비계 교란물질의 특성은 다음과 같다.

㉠ 내분비계에 작용하므로 극미량으로 생식기능장애를 유발한다.
㉡ 강한 지용성으로 자연의 먹이사슬을 통해 동물이나 사람의 체내에 축적된다.
㉢ 생체호르몬과는 달리 자연환경이나 생체 내에서의 반감기가 길어 쉽게 분해되지 않고 안정하다.

③ 내분비 교란물질의 종류

세계야생동물보호기금(World Wildlife Fund; WWF)에서는 내분비 교란물질로 총 67종의 화학물질을 선정하였다. 여기에는 dioxin류 등 유기염소 물질 6종, 농약류 44종, pentanonyl phenol류, phthalate류 등 8종, 수은 등 중금속 3종, 기타 bisphenol, styrene dimer, styrene trimer, benzopyrene이 포함되어 있다[표 5-3].

한편, 일본 후생성에서는 가소제, 플라스틱물질, 산업장 및 환경오염물질, 농약류, 중금속, 식품첨가물과 기타 의약품 및 식물 유래의 호르몬 유사물질 등 모두 142종의 물질을 내분비 교란물질로 분류하고 있다.

**표 5-3 내분비 교란물질의 종류(세계야생동물보호기금 지정)**

| 확인물질 | 미확인 물질 |
|---|---|
| **환경오염물질**<br>dioxins/furans, PCBs, benzo-α-pyrene, pentanonyl phenol, PBBs, octachlorostyrene, tributylyin oxide(TBT) | 2,4-dichlorophenol, diethylhexylladipate, benzophenone, N-butyl benzene |
| **살충제**<br>2,4-D, 2,4,5-T, alachlor, aldicarb, amitrole, atrazime, benomyl, carbaryl, chloridane, cypermethrin, DBCT, DDT, DDE, dicofol, dieldrin, endosulfan, esfenvalerate, ethylparation, fenvalverate, lindane, heptachlor, h-epoxied, captafol, kepone, malathion, mancozeb, maneb, methomyl, methoxychlor, metribuzin, synthetic pyrethroids, hexachlorobenzene, pentachlorophenol, toxaphene, trasnonachlor, trifluralin, vinclozolin, zineb, ziram | |
| **플라스틱 가소제**<br>diethylhexyl phthalate(DEHP), dihexyl phthalate(DHP), butyl benzyl phthalate(BBP), dipropyl phthalate(DPP), di-n-butyl phthalate(DBP), diethyl phthalate(DEP), dicyclohexyl phthalate(DCHP), di-n-pentyl phthalate(DPP), styrene dimers and trimers | |

㉠ 비스페놀 A

비스페놀 A 2,2-bis[4-hydroxyphenyl] propane는 환경호르몬으로 밝혀지기 전까지 폴리카보네이트(PC)의 원료로 사용되어 영유아 젖병, 생수병, 컵 등 주방 용기나 전자레인지용 기구, 급식용 도구 등 생활 전반에 널리 이용되어 왔다. 그러나 플라스틱 용기에 액상식품을 넣고 가열하거나 낡은 식품용기에 음식을 계속 넣어두면 용기에 함유된 비스페놀 A가 음식으로 이행될 가능성이 매우 높다. 현재 식약처에서 정한 식품용기용 PC 수지의 비스페놀 A 함유규격은 500ppm 이하이고 용출규격은 2.5ppm 이하이다.

㉡ DES

최초로 알려진 약물성 환경호르몬인 DES(diethyl stilbestrol)는 여성호르몬인 에스트로겐과 유사한 작용을 하여 에스트로겐 유사물질로도 알려져 있던 강력한 여성호르몬 합성제제이다. 유산방지용으로 가축 외에도 상당수의 여성에게 많이 처방되었던 DES를 복용한 산모에게서 태어난 여아들에게 자궁경부암 증세가 나타나 DES의 심각성을 알게 되었다.

㉢ TBT

주석에 3개의 부틸기가 결합된 무색 또는 황색의 액체인 TBT(tributhyltin)는 독성을 가진 유기주석화합물이다. TBT는 각종 플라스틱 안정제, 산업용촉매, 살충제, 살균제, 목재 보존제 등 다양한 용도로 쓰이다가 일본에서는 해양구조물, 어망, 어구, 가두리양식용 어망의 양식어구나 목석에서 따개비 등의 부착생물이 달라붙지 못하게 하고 죽이는 강력한 방오제로 사용되어 왔다. 미국은 유조선이나 화물선박의 밑면에 생물 부착을 방해하는 방오페인트로 TBT를 광범위하게 사용하여 왔다. 연안으로 유입된 TBT는 바닷물에 서서히 녹아 확산되어 양식중인 이매패류(굴, 홍합)의 체내에 1만 배까지 축적이 일어나고 양식생물의 성장 억제 및 패각기형을 유발한다.

㉣ 프탈레이트

프탈레이트(phthalates)는 열가소성수지 중에서 각종 PVC(poly vinyl chloride) 제품의 제조시 가소제로 첨가되어 유연성을 제공하여 부드러운 플라스틱으로 되도록 하거나 향수, 화장품, 가정용 바닥재, 목재가공, 알루미늄 포일, 식품용기에 인쇄된 잉크 등 광범위하게 사용되어 왔다. 가장 위험한 프탈레이트 가소제는 6종인데 이에는 DEHP, DBP, BBP, DINP, DIDP, DNOP가 있다.

프탈레이트 가소제는 실험동물에게서 폐, 신장, 간에 나쁜 영향을 미치고 수컷 쥐의 정소 위축, 20% 정자 수 감소 및 정자 DNA 파괴 등 생식기에 유해한 것으로 나타났으며, 인체에서는 생식능력을 저하시키고 암을 유발하여 내분비계 장애를 일으킬 수 있는 것으로 알려졌다. 실제로 2002년 말 미국 하버드대 연구팀은 프탈레이트가 인간 정자 DNA를 파괴한다고 발표하였고, PVC 제조공장 주변 거주 여성의 소변에서 검출된 고농도의 프탈레이트는 임신 복합증과 유산에 관계있는 것으로 추정되었다.

PVC 제품의 제조 시 사용된 프탈레이트 가소제는 플라스틱과 단단한 결합이 어려워 플라스틱에 녹아나온다. 따라서 플라스틱으로 된 식품용 포장재나 포장 용기, 알루미늄 포일로부터 녹아나온 프탈레이트는 식품으로 이행된다. 프탈레이트는 대부분의 환경호르몬처럼 지용성이므로 버터, 마가린, 치즈, 초콜릿, 피자, 햄버거 등의 유지류 식품을 쉽게 오염시키므로 용기나 포장재 선택 시 이 점을 주의해야 한다.

㉤ 스티렌

스티롤, 비닐벤젠이라고도 하는 인화성이 매우 큰 무색의 액체이고, 지용성과 특유한 냄새를 가진 방향족 화합물이다. 스티렌은 구조식 중 비닐기로 인해 쉽게 중합하므로 폴리스티렌 수지, 폴리에스테르수지, 스티렌부타디엔 고무 원료인 단량체 성분이나 도료, 건성유의 원료로 쓰인다.

폴리스티렌은 도시락, 두부포장, 요구르트 병 제조에 사용되고 가스 충진하여 발포시킨 용기는 일회용 식기, 컵라면 용기, 도시락 용기로 사용되는데 이때 끓는 물을 부어 단시간에 음식을 익히는 동안 폴리스티렌의 성분인 스티렌다이머나 스티렌트리머가 식품으로 이행되어 문제를 야기한다. 폴리스티렌 컵라면 용기와 멜라민수지 식기류는 전자레인지에서 사용하지 말 것을 권하고 있다.

㉥ 알킬페놀류

알킬페놀류(alkylphenols)는 페놀의 벤젠고리에 알킬그룹이 결합되어 있는 고분자 화합물로 향수나 화장품 원료, 각종 제조공정(섬유, 펄프, 제지, 살충제, 제초제 등의 농약)의 계면활성제, 공업용 또는 가정용 세제 및 합성수지 PVC, PS 제조시 산화방지제, 안정제와 비이온성 계면활성제의 용도로 주로 사용된다.

그러나 탄소수가 5~9개를 가진 알킬페놀은 세계야생동물보호기금(WWF) 등에서 내분비장애 추정 물질로 분류하고 있다.

④ 내분비 교란물질의 작용

호르몬이 체내에서 영향을 나타내기 위해서는 호르몬의 합성, 분비, 표적장기로의 이동, 표적장기 수용체와의 결합 및 유전적 발현과정을 거치게 된다.

내분비 교란물질은 이러한 각 단계의 작용을 교란하게 되는데 요약하면 [표 5-4]와 같다.

**표 5-4 내분비계 호르몬의 작용과정 및 내분비 교란물질의 작용 예**

| 호르몬 작용단계 | 내분비 교란물질의 작용 예 |
|---|---|
| 1. 호르몬 합성<br>2. 내분비선에서 호르몬 방출<br>3. 표적장기로 혈액을 통해서 이동 | 뇌하수체에서의 호르몬 합성저해<br>(styrene dimers and trimers) |
| 4. 호르몬 수용체의 인식, 결합 및 활성화 | 유사작용<br>[PCBs, nonyl phenol, 비스페놀 A, phthalate ester, 봉쇄작용 DDE, vinclozolin(농약의 일종)] |
| 5. DNA에 작용하여 기능단백의 생산 또는 세포분열을 조절하는 신호발생 | Dioxin류(촉발작용)<br>유기주석화합물(TBT, TPT) |

⑤ 대처방안

앞으로 내분비 교란물질에 대한 연구를 중점적으로 추진해야 할 분야는 첫째, 내분비 교란물질의 계측법과 생물에 영향을 미치는 농도평가 방법의 개발 둘째, 체내에서의 작용기전 연구 셋째, 야생동물에 대한 영향 및 사람의 정자 감소 실태 등을 들 수 있다.

내분비 교란물질에 대한 대책은 어느 한 분야에서 노력한다고 해서 해결되는 문제가 아니다. 이미 dioxin에 대한 대책에서도 언급한 바와 같이 석유화학제품의 활용도가 계속 늘어나고 있으며 쓰레기 소각, 환경오염, 농약의 계속적인 살포 등을 근원적으로 막을 수 없기 때문에 대책 수립 또한 어려운 문제이다.

다행한 것은 우리나라도 1998년 하반기부터 관련부처 연구기관 및 민간전문가로 구성된 전문연구협의회를 운영하고 있다는 점이다. 또한, 한·일 간의 공동연구를 통하여 이들 내분비 교란물질에 대한 현황과 환경생태계에 대한 영향 등을 조사, 평가하고 시험법 등을 제정함과 동시에 노출평가 및 국내 역학조사 등을 통한 위해성 평가, 내분비 교란물질 지정 등 과학적 규제 방안을 마련 중에 있다.

## 5-7-2 수질오염의 지표

공장폐수는 식품공장 등에 의해서 생성되는 유기성 폐수와 화학공장, 금속공장, 도금공장 등에 의한 무기성 폐수로 나눌 수 있다. 유기성 폐수는 생화학적 산소요구량(biochemical oxygen demand; BOD)이 높은 동시에 부유물질(suspended solid)이 많으므로 미생물 생육조건에 알맞아 이들에 의한 2차적 오염 가능성이 크다.

반면에 무기성 폐수는 화학적인 유해·유독물질이 많아 어패류나 원예작물 등에 직접적인 피해를 주고 있다. 그 예로 일본에서 유기수은에 의한 미나마타병(水俣病)이 발생하여 많은 사람이 사망한 사건도 있으므로 이와 같은 폐수에 의한 공해는 생산업체의 주의가 필요하다.

수질오염의 정도는 공장의 종류나 시험방법에 따라 판정이 달라지므로 개별적인 항목뿐만 아니라 이들 기준을 종합적으로 판단해야 한다.

### (1) 용존산소(dissolved oxygen; DO)

물에 용해된 산소를 말하며 용존산소가 많다는 것은 물에 부패성 유기물질이 적다는 뜻이 된다. 그러나 유기성 부패물질이 많으면 물에 용해된 산소가 소비되어 용존산소의 양을 감소시킨다. 일반적인 위생하수의 용존산소 최소량은 4mg/L 이상이어야 한다. 우리나라에서 어패류가 생존하려면 최소한 DO가 5mg/L 이상이어야 하며 환경보존법상 담수의 경우 6.5mg/L 이상, 해수는 5mg/L 이상으로 규정되어 있다. 용존산소만을 측정한 폐수의 오염 판단은 정확성이 없으므로 생화학적 산소요구량과 함께 측정하여 판단하는 것이 정확하다.

### (2) 생물학적 산소요구량(biological oxygen demand; BOD)

물속의 오염물질이 생물·화학적인 산화를 받아 주로 무기성 산화물과 가스가 되는데, 이에 필요한 산소의 소비량을 생물학적 산소요구량이라 한다. 생물학적 산소요구량이 높을 경우에는 하천, 호수, 해수 등에 부패(주로 혐기성 발효)가 일어나고 생물의 사멸 등을 일으키는 동시에 농수산물에 막대한 피해를 주기 때문에 이러한 폐수를 방류하기 전에 폐수처리를 해야 한다. 위생하수의 생물학적 산소요구 최대량은 20mg/L이어야 한다.

### (3) 화학적 산소요구량(chemical oxygen demand; COD)

물속의 산화가능 물질이 산화되어 주로 무기성 산화물과 가스로 되는 과정에서 소비되는 산화제(주로 $K_2Cr_2O_7$이나 $KMnO_4$)에 대응하는 산소량을 말한다. 이는 주로 하수의 유기물량을 측정하는 방법으로서 산화물에 대한 선택적 화학반응에 의한 산화작용이므로 자연계의 하수 산화 현상과 일치하지는 않는다. 위생하수의 화학적 산소요구량은 50~100mg/L이어야 한다.

### (4) pH(수소이온농도)

물에 들어 있는 수소이온농도의 지수로 음료수의 적당한 pH는 5.8~8.5이다.

### (5) SS(부유물질, suspended solids)

여과나 원심분리로 분리되는 0.1㎛ 이상의 입자로, 현탁물질이라고도 한다. 유기질과 무기질이 있고 물을 흐리게 하며 가라앉아서 오니(汚泥: sludge)가 된다. 유기물질이면 용존산소를 소모시켜서 어패류를 폐사시키고 유해가스를 발생하며 수중식물의 광합성 장해를 일으킨다.

### (6) 질소화합물

유기성 질소와 무기성 질소가 있으며 생물학적으로 암모니아성 질소, 아질산성 질소, 질산성 질소 등의 무기성 질소로 분해된 것도 있다. 질소화합물은 분뇨, 생활하수, 공장폐수 등에서 유래된다. 질소화합물 중 암모니아성 질소($NH_3$-N), 아질산성 질소($NO_2$-N), 질산성 질소($NO_3$-N)는 음료수의 위생학적 안전도를 확인하는 지표 물질이다.

다량의 질산염이 함유된 물을 어린아이가 음용하면 위액의 산도가 낮아져서 위속의 세균에 의한 환원작용으로 $NO_3$-N으로부터 $HNO_2$이 생성되고 혈중 헤모글로빈과 반응함으로써 메트헤모글로빈혈증이 유발되어 산소부족에 따른 blue baby(청색아) 증상이 발생할 수도 있다.

### (7) 페놀류

공장 폐수 등에 포함되어 있으며, 0.01~0.1mg/L에서도 악취가 난다. 페놀류 제거에는 활성탄 흡착법과 오존산화법이 있다.

### (8) 어류의 TLm치(medium tolerance limit)

수질오염의 지표로 쓰이지 않지만 미국에서 수산어패류의 수질오염 시 공장폐수에 의한 어류의 치사량을 구할 때 TLm치를 채택하여 이용하고 있다.

Doudoroff의 제안에 따라 동물의 반수치사량은 $LD_{50}$으로 표현하는 반면, 어류는 반수생존한계농도 TLm치로 나타내는데 48시간의 반수치사농도를 급성물질의 기준, 즉 어류 주위의 수중에 있는 독성물질의 양으로 표시한다.

## CHAPTER 05 연습문제

**01 유기인제 농약에 대한 설명 중 틀린 것은?**

① 체내효소인 cholinesterase의 작용을 억제시킨다.
② 잔류기간이 다른 농약에 비하여 짧은 편이다.
③ 대표적인 농약은 parathion이다.
④ 주로 만성중독을 일으킨다.
⑤ 중독증상은 부교감 · 교감신경 증상과 중추신경계이상 증상을 나타낸다.

**02 유기염소제의 특징을 설명한 것 중 맞는 것은?**

① 체내 지방조직에 축적되어 주로 만성 중독을 일으킨다.
② 급성중독이 많다.
③ 주로 살균제다.
④ 특히 조류에 대해서는 맹독성을 나타낸다.
⑤ 급성중독이 신경과민, 체중감소를 일으킨다.

**03 다음 중 잔류성이 가장 긴 농약은?**

① 유기염소제 ② 유기인제 ③ 유기비소제 ④ 유기불소제 ⑤ 유기수은제

**04 산성식품 통조림과 도자기의 문제 중금속은?**

① 아연 ② 비소 ③ 납 ④ 구리 ⑤ 수은

**05 식품에 항생물질이나 합성항균제를 사용할 경우 잔류에 문제가 되는 현상은?**

| ㈎ 균교대증 현상 ㈏ 내성균 출현 ㈐ 알레르기의 발현 ㈑ 급·만성 독성 유발 |
|---|

① ㈎ ㈏ ㈐ ② ㈎ ㈐ ③ ㈏ ㈑ ④ ㈑ ⑤ ㈎ ㈏ ㈐ ㈑

**06 화학 물질과 중독증상으로 틀린 것은?**

① methanol – 시신경 장애
② rhodamin B – 습진성 피부염
③ cadmium – 만성 축적독, 이타이이타이병
④ sodium cyclamate – 방광염, 발암성
⑤ parathione – cholinesterase의 작용 저해

**07 미나마타병의 원인 금속은?**

① Cu ② Hg ③ Cd ④ Pb ⑤ Zn

**08 안정하여 체내에서 거의 분해되지 않고 동물의 지방층이나 뇌신경 등에 축적되어 만성 중독을 일으키는 농약은?**

① 구리제 ② 유기인제 ③ 유기수은제 ④ 유기염소제 ⑤ 유기비소제

**09 PCB(polychlorobiphenyl)의 특징이 아닌 것은?**

① 손톱의 착색 및 관절통
② 피부에 여드름상의 발진
③ 식육제품에서 많이 발생
④ 입술과 손톱 착색
⑤ 인체의 지방조직에 축적

**10 포름알데히드가 용출될 우려가 있는 플라스틱 제품은?**

① polystyrene ② polyester ③ urea 수지
④ polyvinyl chloride ⑤ polyethylene

**11 맥각에 의한 식중독균은?**

① *Mucor mucedo* ② *Claviceps purpurea*
③ *Aspergillus oryzae* ④ *Lactobacillus plantarum*
⑤ *Penicillium islandicum*

**12 일본의 미나마타현을 중심으로 하여 발생한 만성식중독은?**

| (가) 해산물을 날것으로 먹어서는 안 된다. (나) 유기수은은 만성독을 나타낸다.<br>(다) 조개류에도 자연독이 있다. (라) 강에 방류한 공장폐수가 원인이 될 수 있다. |
|---|

① (가) (나) (다) ② (가) (다) ③ (나) (라) ④ (라) ⑤ (가) (나) (다) (라)

**13 염화비닐수지(PVC)의 가소제로 사용되는 유해성 물질은?**

| (가) polychorinated biphenyl (나) dioxin (다) formalin (라) dihexyl phthalate |
|---|

① (가) (나) (다) ② (가) (다) ③ (나) (라) ④ (라) ⑤ (가) (나) (다) (라)

**14 식품자체 또는 아미노산이나 단백질을 300℃ 이상 온도에서 가열할 때 생성되는 유독물질은?**

① PCB ② tetrodotoxin ③ mycotoxin
④ 헤테로고리아민류 ⑤ N-nitrosoamine

**15 불에 구운 고기나 훈제육에서 발견되는 발암성 물질은?**

① TMA ② PAH ③ PCB ④ VBN ⑤ DDVP

**16 N-nitroso 화합물에 대한 설명 중 틀린 것은?**

① 발암물질이다.
② N-nitroso 화합물은 N-nitrosoamine과 N-nitrosamide 두 그룹으로 나눈다.
③ Nitroso화 반응은 할로겐이온 존재 하에서는 촉진되고 비타민 C 존재 하에서는 저해된다.
④ N-nitrosamine은 가열처리에서는 함량이 저하된다.
⑤ N-nitrosamide는 pH 2 이상에서 불안정하여 조리 시 파괴된다.

**17. 트리할로메탄(THM)은 무엇에 의해 생성되는가?**

① 수돗물 소독의 염소처리 시 ② 육가공 훈연처리 시
③ 이질산염이 아민과 반응하여 ④ 알코올 발효 시
⑤ 생물농축과 먹이연쇄 시

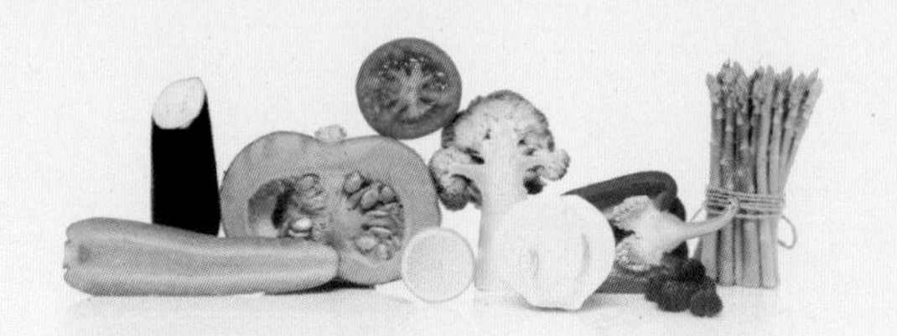

이해하기 쉬운 **식품위생학**

FOOD HYGIENE

# 식품과 감염병

**학습목적**

경구감염병, 인축공통감염병의 특징을 이해하고 이를 방제 대책에 활용한다.

**학습목표**

01 세균성 식중독과 경구감염병의 차이점을 설명한다.
02 경구감염병의 요인별 예방 대책을 기술한다.
03 경구감염병을 종류별로 분류하고 설명한다.
04 인축공통감염병을 정의한다.
05 인축공통감염병을 종류별로 분류하고 설명한다.
06 인축공통감염병의 예방 대책을 기술한다.

# 6-1 감염병의 개요

병원체의 감염으로 인해 질병이 발생되었을 경우를 감염성 질환(infectious disease)이라 하며, 이 감염성 질환이 전염성을 가지고 새로운 숙주에게 질병을 전파시키는 것을 감염병(感染病, infectious disease)이라 한다. 즉, 감염병은 병원체 또는 그의 독성산물에 의해 일어나는 질환으로 사람이나 동물로부터 직접적으로 또는 생물이나 무생물인 매개체(媒介體)를 통하여 전파되는 질환을 총칭한다.

감염병의 병원체에는 바이러스(virus), 리케차(rickettsia), 세균(bacteria), 원충(protozoa) 등이 있다[표 6-1].

**표 6-1 병원체에 따른 감염병의 분류**

| 병원체 | 감염병의 종류 |
|---|---|
| 세균 | 콜레라, 장티푸스, 세균성이질, 파라티푸스, 성홍열, 렙토스피라, 수막구균성 수막염, 디프테리아, 백일해, 파상풍, 결핵 |
| 바이러스 | 폴리오, 유행성간염, 인플루엔자, 유행성이하선염, 홍역, 일본뇌염 |
| 리 케 차 | 발진티푸스, 발진열, 쯔쯔가무시병, Q열 |
| 원생동물 | 아메바성 이질 |

## 6-1-1 감염병 발생과정

감염병 발생의 3대 요인은 감염원(병원체를 내포하는 모든 것), 감염경로(병원체 전파수단이 되는 모든 것), 숙주의 감수성 등이다. 즉, 감염병이 발생하는 일반적인 과정은 병원체, 병원소, 병원소로부터 병원체 탈출, 전파, 숙주의 감염 및 감수성의 6개 요인이 형성되어야 하며, 이런 과정이 연쇄적으로 이루어질 때 감염병이 발생된다.

### (1) 감염원(感染原)

감염병의 병원체를 내포하고 있어 감수성 숙주에게 병원체를 전파시킬 수 있는 근원이 되는 모든 것을 의미한다. 병원체가 생존하고 증식하여 질병이 전파될 수 있는 상태로 저장되는 장소인 병원소(病源巢, reservoir of infection)는 물론 오염된 식품, 물, 기구나 생활용구 등도 감염원이 된다. 병원소로는 인간병원소(환자, 보균자), 동물병원소 및 토양 등이 있다. 환자는 병원체에 감염되어 임상증상이 있는 사람으로 자타가 경계를 하고 대비를 하나 보균자는 임상증세가 없이 병원체를 보유한 자로서 환자보다 역학적으로 더욱 중요한 병원소이다. 보균자는 잠복기보균자, 병후보균자(회복기보균자), 건강보균자 등이 있다. 동물병원소는 동물이 병원체를 보유하고 있어 병원체가 인간숙주에게 감염되어 질병을 일으킬 수 있는 동물을 말한다[그림 6-1].

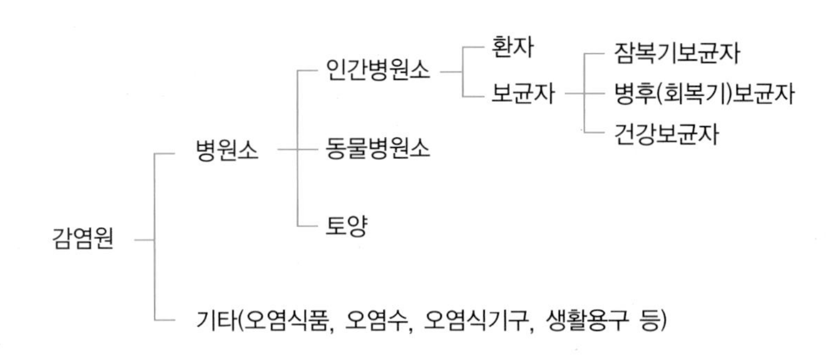


[그림 6-1] **감염원의 분류**

### (2) 감염경로(感染經路)

감염원으로부터 감수성자에게 병원체가 운반되는 과정이다. 여기에는 접촉감염(직접 및 간접접촉), 공기전파(비말전파), 동물매개전파, 매개물전파 등이 있다. 직접전파란 환자나 보균자로부터 탈출한 병원체가 중간매개체 없이 감수성자에게 직접 전파되어 감염되는 것으로 피부접촉, 비말접촉 등이 있다. 간접전파란 환자나 보균자로부터 나온 병원체가 여러 가지의 매개체에 의해 전파됨으로써 감염되는 경우로 파리, 모기, 벼룩 등과 같은 활성 전파체와 물, 식품, 공기, 완구, 생활용구 등 무생물 전파체가 있다. 공기전파는 재채기, 기침, 대화 시 감염원인 환자의 입과 코에서 분비되는 물질이 비산하여 공기 중에 부유하다가 다른 사람에게 흡입, 감염되는 것을 말한다. 흡혈절지동물에 의한 감염병의 전파는 기계적 전파와 생물학적 전파로 구분된다. 기계적 전파는 매개곤충의 다리나 체표에 부착되어 있는 병원체를 아무런 변화 없이 전파하는 것을 말하며 생물학적 전파는 매개곤충 내에서 일정 기간 발육 또는 증식하는 등 생물학적 변화를 거쳐 전파하는 것을 말한다.

### (3) 숙주의 감수성(感受性)과 면역

#### ① 감수성 지수

숙주에 병원체가 침입하여 질병이 발생하는 경우를 감수성이 있다고 한다. 감수성이 높은 집단은 감염병 유행이 잘 되지만 면역성이 높은 집단에서는 유행이 잘 이루어지지 않는다.

고트슈타인(Gottstein)은 접촉에 의해 전파되는 급성호흡기계 감염병에 있어서 감수성 보유자가 감염되어 발병하는 비율이 대체로 일정하다 하여 이를 감수성 지수 또는 접촉감염지수(contagious index)라 하였다. 또 데 루더(De Rudder)는 이를 %로 표시하였는데 두창 95%, 홍역 95%, 백일해 60~80%, 성홍열 40%, 디프테리아 10%, 폴리오 0.1%이다.

#### ② 면역(immunity)

면역이란 병원체의 침입에 대한 방어를 의미하는 것으로 일반적으로 후천적으로 얻게 되는 면역을 의미하지만 선천적으로 지니고 있는 비특이적 저항력을 선천적 면역이라 한다. 면역의 종류를 분류하면 [그림 6-2]와 같다.

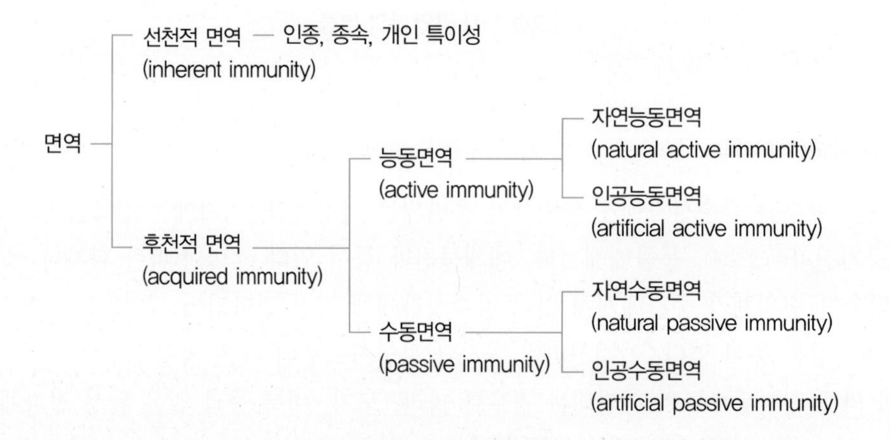


[그림 6-2] 면역의 종류

후천적 면역은 감염병 발생 후나 예방접종 실시 후에 후천적으로 획득하는 면역을 말한다. 능동면역은 병원체에 노출된 숙주 스스로가 면역체를 형성하여 면역을 지니게 되는 것으로, 어떤 항원의 자극에 의해서 항체가 형성되는 상태다. 자연능동면역은 여러 감염병에 이환된 후에 만들어지는 면역으로 감염병의 종류에 따라 효력지속 기간이 다르다. 인공능동면역은 생균백신, 사균백신 및 순화독소를 사용하여 인위적으로 면역이 생기게 한 것이다. 수동면역은 이미 면역을 보유하고 있는 개체가 가지고 있는 항체를 다른 개체가 받아서 면역력을 가지는 경우다. 자연수동면역은 태아가 모체로부터 태반이나 수유를 통하여 받은 면역을 말하며, 감마글로불린(γ-globulin), 회복기혈청, 면역혈청 등을 주사하여 얻는 면역을 인공수동면역이라 한다.

**표 6-2 인공능동면역 방법과 질병**

| 방법 | 예방해야 할 질병 |
|---|---|
| 생균백신(living vaccine) | 두창, 탄저, 광견병, 결핵, 황열, 폴리오(Sabin), 홍역 |
| 사균백신(killed vaccine) | 장티푸스, 파라티푸스, 콜레라, 백일해, 일본뇌염, 폴리오(Salk) |
| 순화독소(toxoid) | 디프테리아, 파상풍 |

**표 6-3 자연능동면역되는 질병**

| 항목 | 질병 |
|---|---|
| 1. 한 번 이환하면 다시 이환하는 일이 드문 감염병(영구면역이 잘 되는 종류) | 두창, 홍역, 수두, 유행성 이하선염, 백일해, 성홍열, 발진티푸스, 장티푸스, 페스트, 콜레라 |
| 2. 불현성 감염에 의해서 강한 면역이 형성되는 감염병(영구면역이 잘 되는 종류) | 일본뇌염, 폴리오 |
| 3. 이환되어도 약한 면역만 형성되는 것 | 디프테리아, 폐렴, 인플루엔자, 수막 구균성 수막염, 세균성 이질 |
| 4. 감염면역만 형성되는 것 | 매독, 임질, 말라리아 |

## (4) 병원체의 식품오염경로

경구감염병의 병원체는 환자나 보균자의 배설물, 호흡기 또는 흡혈성 곤충 등으로부터 배출되어 직접 또는 간접적인 경로를 통해 식품을 오염시킨다. 즉, 병원체가 함유된 이들 물질이 1차적으로 식품에 오염되었을 경우 이를 사람이 섭취하거나 아니면 병원체가 함유된 이들 물질이 1차적으로 물을 오염시키거나 손, 기구 등에 부착하여 이로부터 2차적으로 식품이 오염되는 경우 등을 생각할 수 있다. 전자를 1차 오염, 후자를 2차 오염이라 하는데, 대개 1차 오염이 2차 오염보다 발생규모가 더 큰 특징을 가지고 있다[그림 6-3]. 우리나라에서 발생된 감염병의 발생상황은 [표 6-4]와 같다.

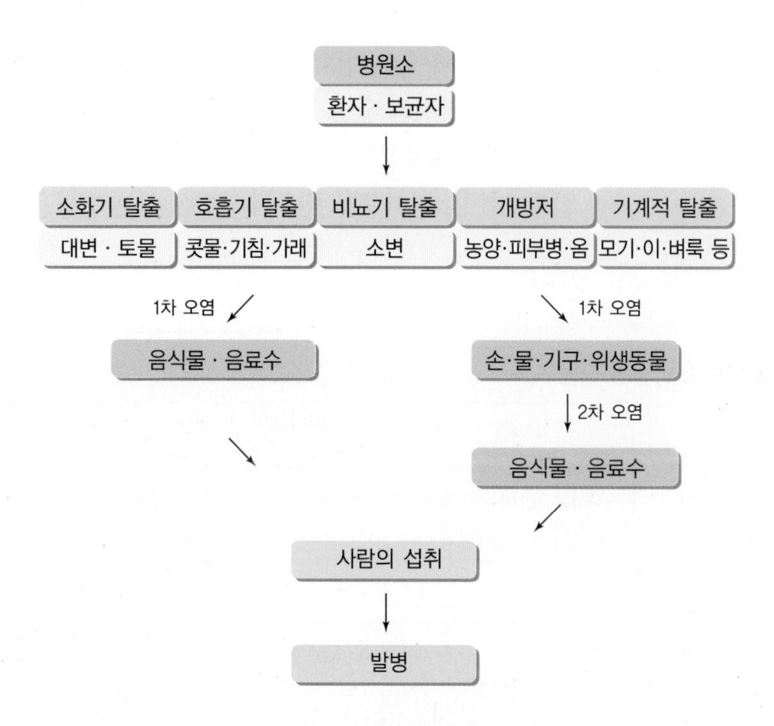


[그림 6-3] 경구감염병의 감염경로

**표 6-4 법정감염병 전수감시 환자발생 신고 현황(2009~2020년)**

구분: 발생수

| 구분 | | 2009 | 2010 | 2011 | 2012 | 2013 | 2014 | 2015 | 2016 | 2017 | 2018 | 2019 | 2020 |
|---|---|---|---|---|---|---|---|---|---|---|---|---|---|
| 1급 | 에볼라바이러스병 | – | – | 0 | 0 | 0 | 0 | 0 | 0 | 0 | 0 | 0 | 0 |
| | 마버그열 | – | – | 0 | 0 | 0 | 0 | 0 | 0 | 0 | 0 | 0 | 0 |
| | 라싸열 | – | – | 0 | 0 | 0 | 0 | 0 | 0 | 0 | 0 | 0 | 0 |
| | 크리미안콩고출혈열 | – | – | 0 | 0 | 0 | 0 | 0 | 0 | 0 | 0 | 0 | 0 |
| | 남아메리카출혈열 | – | – | 0 | 0 | 0 | 0 | 0 | 0 | 0 | 0 | 0 | 0 |
| | 리프트밸리열 | – | – | 0 | 0 | 0 | 0 | 0 | 0 | 0 | 0 | 0 | 0 |
| | 두창 | 0 | 0 | 0 | 0 | 0 | 0 | 0 | 0 | 0 | 0 | 0 | 0 |
| | 페스트 | 0 | 0 | 0 | 0 | 0 | 0 | 0 | 0 | 0 | 0 | 0 | 0 |
| | 탄저 | 0 | 0 | 0 | 0 | 0 | 0 | 0 | 0 | 0 | 0 | 0 | 0 |
| | 보툴리눔독소증 | 0 | 0 | 0 | 0 | 0 | 1 | 0 | 0 | 0 | 0 | 1 | 1 |
| | 야토병 | 0 | 0 | 0 | 0 | 0 | 0 | 0 | 0 | 0 | 0 | 0 | 0 |
| | 신종감염병증후군 | 0 | 0 | 0 | 0 | 0 | 0 | 0 | 0 | 0 | 0 | 0 | 0 |
| | 중증급성호흡기증후군(SARS) | 0 | 0 | 0 | 0 | 0 | 0 | 0 | 0 | 0 | 0 | 0 | 0 |
| | 중동호흡기증후군(MERS) | – | – | – | – | – | – | 185 | 0 | 0 | 1 | 0 | 0 |
| | 동물인플루엔자 인체감염증 | 0 | 0 | 0 | 0 | 0 | 0 | 0 | 0 | 0 | 0 | 0 | 0 |
| | 신종인플루엔자 | – | – | 0 | 0 | 0 | 0 | 0 | 0 | 0 | 0 | 0 | 0 |
| | 디프테리아 | 0 | 0 | 0 | 0 | 0 | 0 | 0 | 0 | 0 | 0 | 0 | 0 |

| 구분 | | 2009 | 2010 | 2011 | 2012 | 2013 | 2014 | 2015 | 2016 | 2017 | 2018 | 2019 | 2020 |
|---|---|---|---|---|---|---|---|---|---|---|---|---|---|
| 2급 | 수두 | 25,197 | 24,400 | 36,249 | 27,763 | 37,361 | 44,450 | 46,330 | 54,060 | 80,092 | 96,467 | 82,868 | 31,430 |
| | 홍역 | 17 | 114 | 42 | 3 | 107 | 442 | 7 | 18 | 7 | 15 | 194 | 6 |
| | 콜레라 | 0 | 8 | 3 | 0 | 3 | 0 | 0 | 4 | 5 | 2 | 1 | 0 |
| | 장티푸스 | 168 | 133 | 148 | 129 | 156 | 251 | 121 | 121 | 128 | 213 | 94 | 39 |
| | 파라티푸스 | 36 | 55 | 56 | 58 | 54 | 37 | 44 | 56 | 73 | 47 | 55 | 58 |
| | 세균성이질 | 180 | 228 | 171 | 90 | 294 | 110 | 88 | 113 | 112 | 191 | 151 | 29 |
| | 장출혈성대장균감염증 | 62 | 56 | 71 | 58 | 61 | 111 | 71 | 104 | 138 | 121 | 146 | 270 |
| | A형간염 | – | – | 5,521 | 1,197 | 867 | 1,307 | 1,804 | 4,679 | 4,419 | 2,437 | 17,598 | 3,989 |
| | 백일해 | 66 | 27 | 97 | 230 | 36 | 88 | 205 | 129 | 318 | 980 | 496 | 123 |
| | 유행성이하선염 | 6,399 | 6,094 | 6,137 | 7,492 | 17,024 | 25,286 | 23,448 | 17,057 | 16,924 | 19,237 | 15,967 | 9,922 |
| | 풍진(2018년이전) | 36 | 43 | 53 | 28 | 18 | 11 | 11 | 11 | 7 | 0 | 0 | 0 |
| | 풍진(선천성) | 0 | 0 | 0 | 0 | 0 | 0 | 0 | 0 | 0 | 0 | 0 | 0 |
| | 풍진(후천성) | 0 | 0 | 0 | 0 | 0 | 0 | 0 | 0 | 0 | 0 | 8 | 2 |
| | 폴리오 | 0 | 0 | 0 | 0 | 0 | 0 | 0 | 0 | 0 | 0 | 0 | 0 |
| | 수막구균 감염증 | 3 | 12 | 7 | 4 | 6 | 5 | 6 | 6 | 17 | 14 | 16 | 5 |
| | b형헤모필루스인플루엔자 | – | – | – | – | 0 | 0 | 0 | 0 | 3 | 2 | 0 | 1 |
| | 폐렴구균 감염증 | – | – | – | – | – | 36 | 228 | 441 | 523 | 670 | 526 | 345 |
| | 한센병 | – | – | 7 | 5 | 7 | 6 | 2 | 4 | 3 | 6 | 4 | 3 |
| | 성홍열 | 127 | 106 | 406 | 968 | 3,678 | 5,809 | 7,002 | 11,911 | 22,838 | 15,777 | 7,562 | 2,300 |
| | 반코마이신내성황색포도알균(VRSA) 감염증 | – | – | – | – | – | – | – | – | 0 | 0 | 3 | 9 |
| | 카바페넴내성장내세균속균종(CRE) 감염증 | – | – | – | – | – | – | – | – | 5,717 | 11,954 | 15,369 | 18,113 |
| | E형간염 | – | – | – | – | – | – | – | – | – | – | – | 191 |
| 3급 | 파상풍 | 17 | 14 | 19 | 17 | 22 | 23 | 22 | 24 | 34 | 31 | 31 | 30 |
| | B형간염 | – | – | 462 | 289 | 117 | 173 | 155 | 359 | 391 | 392 | 389 | 382 |
| | 일본뇌염 | 6 | 26 | 3 | 20 | 14 | 26 | 40 | 28 | 9 | 17 | 34 | 7 |
| | C형간염 | – | – | – | – | – | – | – | – | 6,396 | 10,811 | 9,810 | 11,849 |
| | 말라리아 | 1,345 | 1,772 | 826 | 542 | 445 | 638 | 699 | 673 | 515 | 576 | 559 | 385 |
| | 레지오넬라증 | 24 | 30 | 28 | 25 | 21 | 30 | 45 | 128 | 198 | 305 | 501 | 368 |
| | 비브리오패혈증 | 24 | 73 | 51 | 64 | 56 | 61 | 37 | 56 | 46 | 47 | 42 | 70 |
| | 발진티푸스 | 0 | 0 | 0 | 0 | 0 | 0 | 0 | 0 | 0 | 0 | 0 | 0 |
| | 발진열 | 29 | 54 | 23 | 41 | 19 | 9 | 15 | 18 | 18 | 16 | 14 | 1 |
| | 쯔쯔가무시증 | 4,995 | 5,671 | 5,151 | 8,604 | 10,365 | 8,130 | 9,513 | 11,105 | 10,528 | 6,668 | 4,005 | 4,479 |
| | 렙토스피라증 | 62 | 66 | 49 | 28 | 50 | 58 | 104 | 117 | 103 | 118 | 138 | 114 |
| | 브루셀라증 | 24 | 31 | 19 | 17 | 16 | 8 | 5 | 4 | 6 | 5 | 1 | 8 |
| | 공수병 | 0 | 0 | 0 | 0 | 0 | 0 | 0 | 0 | 0 | 0 | 0 | 0 |
| | 신증후군출혈열 | 334 | 473 | 370 | 364 | 527 | 344 | 384 | 575 | 531 | 433 | 399 | 270 |
| | 크로이츠펠트-야콥병(CJD) 및 변종크로이츠펠트-야콥병(vCJD) | – | – | 29 | 45 | 34 | 65 | 33 | 43 | 38 | 54 | 53 | 64 |
| | 황열 | 0 | 0 | 0 | 0 | 0 | 0 | 0 | 0 | 0 | 0 | 0 | 0 |
| | 뎅기열 | 59 | 125 | 72 | 149 | 252 | 165 | 255 | 313 | 171 | 159 | 273 | 43 |
| | 큐열 | 14 | 13 | 8 | 10 | 11 | 8 | 27 | 81 | 96 | 163 | 162 | 69 |
| | 웨스트나일열 | – | – | 0 | 1 | 0 | 0 | 0 | 0 | 0 | 0 | 0 | 0 |

| 구분 | | 2009 | 2010 | 2011 | 2012 | 2013 | 2014 | 2015 | 2016 | 2017 | 2018 | 2019 | 2020 |
|---|---|---|---|---|---|---|---|---|---|---|---|---|---|
| 3급 | 라임병 | – | – | 2 | 3 | 11 | 13 | 9 | 27 | 31 | 23 | 23 | 18 |
| | 진드기매개뇌염 | – | – | 0 | 0 | 0 | 0 | 0 | 0 | 0 | 0 | 0 | 0 |
| | 유비저 | – | – | 1 | 0 | 2 | 2 | 4 | 4 | 2 | 2 | 8 | 1 |
| | 치쿤구니야열 | – | – | 0 | 0 | 2 | 1 | 2 | 10 | 5 | 3 | 16 | 1 |
| | 중증열성혈소판감소증후군(SFTS) | – | – | – | – | 36 | 55 | 79 | 165 | 272 | 259 | 223 | 243 |
| | 지카바이러스감염증 | – | – | – | – | – | – | – | 16 | 11 | 3 | 3 | 1 |

1) 감염병의 예방 및 관리에 관한 법률에 근거하여 국가감염병감시체계를 통하여 보고된 감염병 환자 발생 신고를 기초로 집계됨
2) 의료기관 신고일 기준으로 집계함
3) 지역별 통계는 환자주소지 기준으로 집계함(단, VRSA 감염증과 CRE 감염증은 신고한 의료기관 주소지 기준임)
4) 감염병별 신고 범위에 따라 감염병환자, 감염병의사환자, 병원체보유자가 포함될 수 있음
5) 매해 통계 자료는 변동가능한 잠정통계임
6) 0: 환자발생이 없는 경우, –: 신고·보고 대상이 아닌 경우
7) 인구 10만명당발생률의 인구는 주민등록연앙인구 기준임
8) 주별 통계는 일요일부터 토요일까지 신고된 자료로 집계하며(예: 2018년 45주는 2018.11.4.~11.10), 1주 통계는 당해년도의 1월1일이 속한 주의 일요일부터 토요일까지의 신고자료로 집계함(예: 2018년 1주는 2017.12.31.~2018.1.6.)
9) 1급 중동호흡기증후군은 2015년 신규지정된 법정감염병임
10) 2급 홍역, 풍진은 '홍역·풍진 사례판정회의' 결과 환자로 분류된 건수와 차이가 있을 수 있음
11) 2급 b형헤모필루스인플루엔자는 2013년 신규지정된 법정감염병으로 2013년 9월 23일부터 집계된 자료임
12) 2급 폐렴구균은 2014년 신규지정된 법정감염병으로 2014년 9월 19일부터 집계된 자료임
13) 2급 반코마이신내성황색포도알균(VRSA) 감염증은 2017년 지정감염병에서 제3군감염병으로 군분류 변경(표본감시에서 전수감시체계로 전환)되었으며, 2017년 6월 3일부터 집계된 자료임
14) 2급 카바페넴내성장내세균속균종(CRE) 감염증은 2017년 지정감염병에서 제3군감염병으로 군분류 변경(표본감시에서 전수감시체계로 전환)되었으며, 2017년 6월 3일부터 집계된 자료임
15) 3급 C형간염은 2017년 지정감염병에서 제3군감염병으로 군분류 변경(표본감시에서 전수감시체계로 전환)되었으며, 2017년 6월 3일부터 집계된 자료임
16) 3급 B형간염은 감염병의 진단기준 고시 개정에 따라 2016년 1월 7일부터 급성B형간염에 한해 신고함
17) 3급 중증열성혈소판감소증후군은 2013년 신규지정된 법정감염병으로 2013년 4월 30일부터 집계된 자료임
18) 3급 지카바이러스감염증은 2016년 신규지정된 법정감염병으로 2016년 1월 29일부터 집계된 자료임

## 6-1-2 식품위생상 경구감염병 예방법

경구감염병을 예방하기 위해서는 감염원, 감염경로, 숙주의 감수성에 대한 적절한 대책이 필요하다[그림 6-4].

[그림 6-4] **경구감염병 예방대책**

## 6-1-3 법정감염병의 분류 및 종류

감염병의 발생과 유행을 방지하고 국민보건을 향상·증진시키기 위해 1954년 「전염병 예방법」이 제정되었다. 그 후 여러 차례 개정을 거쳐 현재에 이르렀다. 2020년 1월부터 시행되는 법정감염병은 질환별 특성(물/식품매개, 예방접종대상 등)에 따른 군(群)별 분류에서 심각도·전파력·격리수준을 고려한 급(級)별 분류로 개편되었으며 분류 및 종류는 [표 6-5]와 같다.

**표 6-5 법정감염병의 분류 및 종류**

| 구분 | 제1군감염병(17종) | 제2군감염병(21종) | 제3군감염병(26종) | 제4군감염병(23종) |
|---|---|---|---|---|
| 특성 | 생물테러감염병 또는 치명률이 높거나 집단 발생 우려가 커서 발생 또는 유행 즉시 신고, 음압격리와 같은 높은 수준의 격리가 필요한 감염병 | 전파가능성을 고려하여 발생 또는 유행 시 24시간 이내에 신고, 격리가 필요한 감염병 | 발생을 계속 감시할 필요가 있어 발생 또는 유행 시 24시간 이내에 신고하여야 하는 감염병 | 유행 여부를 조사하기 위하여 표본감시 활동이 필요한 감염병 |
| 종류 | 가. 에볼라바이러스병<br>나. 마버그열<br>다. 라싸열<br>라. 크리미안콩고출혈열<br>마. 남아메리카출혈열<br>바. 리프트밸리열<br>사. 두창<br>아. 페스트<br>자. 탄저<br>차. 보툴리눔독소증<br>카. 야토병<br>타. 신종감염병증후군[1]<br>파. 중증급성호흡기증후군(SARS)<br>하. 중동호흡기증후군(MERS)<br>거. 동물인플루엔자 인체감염증<br>너. 신종인플루엔자<br>더. 디프테리아 | 가. 결핵<br>나. 수두<br>다. 홍역<br>라. 콜레라<br>마. 장티푸스<br>바. 파라티푸스<br>사. 세균성이질<br>아. 장출혈성대장균감염증<br>자. A형간염<br>차. 백일해<br>카. 유행성이하선염<br>타. 풍진<br>파. 폴리오<br>하. 수막구균 감염증<br>거. b형헤모필루스인플루엔자<br>너. 폐렴구균 감염증<br>더. 한센병<br>러. 성홍열<br>머. 반코마이신내성황색포도알균(VRSA)감염증<br>버. 카바페넴내성장내세균속균종(CRE) 감염증<br>서. E형간염 | 가. 파상풍<br>나. B형간염<br>다. 일본뇌염<br>라. C형간염<br>마. 말라리아<br>바. 레지오넬라증<br>사. 비브리오패혈증<br>아. 발진티푸스<br>자. 발진열<br>차. 쯔쯔가무시증<br>카. 렙토스피라증<br>타. 브루셀라증<br>파. 공수병<br>하. 신증후군출혈열<br>거. 후천성면역결핍증(AIDS)<br>너. 크로이츠펠트-야콥병(CJD) 및 변종크로이츠펠트-야콥병(vCJD)<br>더. 황열<br>러. 뎅기열<br>머. 큐열<br>버. 웨스트나일열<br>서. 라임병<br>어. 진드기매개뇌염<br>저. 유비저<br>처. 치쿤구니야열<br>커. 중증열성혈소판감소증후군(SFTS)<br>터. 지카바이러스 감염증 | 가. 인플루엔자<br>나. 매독(梅毒)<br>다. 회충증<br>라. 편충증<br>마. 요충증<br>바. 간흡충증<br>사. 폐흡충증<br>아. 장흡충증<br>자. 수족구병<br>차. 임질<br>카. 클라미디아감염증<br>타. 연성하감<br>파. 성기단순포진<br>하. 첨규콘딜롬<br>거. 반코마이신내성장알균(VRE) 감염증<br>너. 메티실린내성황색포도알균(MRSA) 감염증<br>더. 다제내성녹농균(MRPA) 감염증<br>러. 다제내성아시네토박터 바우마니균(MRAB) 감염증<br>머. 장관감염증[2]<br>버. 급성호흡기감염증[3]<br>서. 해외유입기생충감염증[4]<br>어. 엔테로바이러스 감염증<br>저. 사람유두종바이러스 감염증 |
| 감시 방법 | 전수감시 | 전수감시 | 전수감시 | 표본감시 |
| 신고[5] | 즉시 | 24시간 이내 | 24시간 이내 | 7일 이내 |
| 보고[6] | 즉시 | 24시간 이내 | 24시간 이내 | 7일 이내 |

1) 신종감염병증후군: 급성출혈열증상, 급성호흡기증상, 급성설사증상, 급성황달증상 또는 급성신경증상을 나타내는 신종감염병증후군
2) 장관감염증: 살모넬라균 감염증, 장염비브리오균 감염증, 장독소성대장균(ETEC) 감염증, 장침습성대장균(EIEC) 감염증, 장병원성대장균(EPEC) 감염증, 캄필로박터균 감염증, 클로스트리듐 퍼프린젠스 감염증, 황색포도알균 감염증, 바실루스 세레우스균 감염증, 예르시니아 엔테로콜리티카 감염증, 리스테리아 모노사이토제네스 감염증, 그룹 A형 로타바이러스 감염증, 아스트로바이러스 감염증, 장내 아데노바이러스 감염증, 노로바이러스 감염증, 사포바이러스 감염증, 이질아메바 감염증, 람블편모충 감염증, 작은와포자충 감염증, 원포자충 감염증
3) 급성호흡기감염증: 아데노바이러스 감염증, 사람 보카바이러스 감염증, 파라인플루엔자바이러스 감염증, 호흡기세포융합바이러스 감염증, 리노바이러스 감염증, 사람 메타뉴모바이러스 감염증, 사람 코로나바이러스 감염증, 마이코플라스마 폐렴균 감염증, 클라미디아 폐렴균 감염증
4) 해외유입기생충감염증: 리슈만편모충증, 바베스열원충증, 아프리카수면병, 샤가스병, 주혈흡충증, 광동주혈선충증, 악구충증, 사상충증, 포충증, 톡소포자충증, 메디나충증
5) 신고: 의사, 치과의사, 한의사, 의료기관의 장 → 관할 보건소로 신고
6) 보고: 보건소장 → 특별자치도지사 또는 시장·군수·구청장 → 특별시장·광역시장·도지사 → 질병관리본부로 보고

# 6-2 경구감염병

경구감염병(經口感染病)이란 병원체가 사람에게 경구적으로 침입하여 발생하는 감염병이다. 세균성 식중독과 경구감염병은 식품을 매개로 미생물이 인체 내에 들어와 질병을 일으키는 것으로 초기의 임상증상이 서로 유사하나 양자는 근본적으로 차이가 있으며 간단히 비교하면 [표 6-6]과 같다. 경구감염병 중에서 식품위생상 관련성이 큰 감염병은 [표 6-7]과 같다.

**표 6-6 경구감염병과 세균성 식중독의 비교**

| 구분 | 경구감염병 | 세균성 식중독 |
|---|---|---|
| 감염원 | 식품·물 | 식품 |
| 식품의 역할 | 운반매체 | 증식매체 |
| 균체의 양 | 미량이라도 감염 | 다량 |
| 2차 감염 | 2차 감염이 많고 파상적 전파 | 거의 없고 최종감염은 사람 |
| 잠복기간 | 보통 길다(2~7일) | 비교적 짧다(3~24시간) |
| 면역성 관계 | 면역성이 있는 경우가 많다 | 일반적으로 없다 |
| 병원균의 독력 | 강하다 | 약하다 |
| 예방조치 | 거의 불가능 | 식품 중에 균의 증식을 막으면 가능 |
| 격리 필요성 | 있다(필요 시) | 없다 |

**표 6-7 경구감염병의 특성**

| 감염병명 | 병원체 | 잠복기 | 감염경로 | 증상 |
|---|---|---|---|---|
| 장티푸스 | *Salmonella typhi* | 3~60일 | 오염된 음식물이나 음료수에 의해 감염 | 고열, 오한, 두통, 복통, 설사나 변비, 상대적 서맥, 피부발진, 간·비장종대 |
| 파라티푸스 | *Salmonella paratyphi A, B, C* | 1~10일 | 오염된 음식물이나 음료수에 의해 감염 | 고열, 오한, 두통, 복통, 설사나 변비, 상대적 서맥 |
| 콜레라 | *Vibrio cholera* | 수시간~5일 | 오염된 식수, 음식물, 과일, 채소, 연안의 어패류에 의해 감염 | 수양성 설사가 갑자기 나타나며 심한 탈수현상으로 저혈량성 쇼크가 나타남. 무증상 감염 많음 |
| 세균성 이질 | *Shigella dysenteriae(A)*<br>*Shigella flexneri(B)*<br>*Shigella boydii(C)*<br>*Shigella sonnei(D)* | 12시간~7일 | 환자나 보균자에 의한 직접 및 간접감염 | 경미한 증상이나 무증상이 나타나기도 하나 고열, 구토, 구역질, 경련성 복통, 설사, 잔변감 |

| 감염병명 | 병원체 | 잠복기 | 감염경로 | 증상 |
|---|---|---|---|---|
| 폴리오 | 폴리오바이러스 1, 2, 3형 | 4~35일 | 대변-경구감염, 경구-경구감염, 드물게 오염된 음식물에 의해 감염 | 불현성 감염이나 비특이적 열성질환이 대부분이며 드물게 뇌수막염이나 마비성 폴리오가 나타남 |
| 성홍열 | A군 β -용혈성 연쇄상구균 (group A β -hemolytic streptococci) | 1~7일 | 환자나 보균자의 호흡기 분비물과의 직접접촉에 의한 감염 또는 손이나 물건을 통한 간접접촉에 의한 감염 | 일부는 발진을 일으키는 중증까지 다양함 인후통에 동반되는 갑작스러운 발열, 두통, 식욕부진, 구토, 인두염, 복통, 얼굴은 홍조가 나타나나 입 주위는 창백함, 딸기 모양의 새빨간 혀, 편도선이나 인두 후부에 점액성의 삼출액이 덮여 있을 수도 있으며 림프절은 부어 있는 경우가 많음 |
| 디프테리아 | *Corynebacterium diphtheriae* | 2~5일 | 환자나 보균자의 콧물, 인후분비물, 기침 등에 의해서 감염되지만 간혹 피부병변 접촉이나 비생물학적 매개체에 의해서 감염되기도 함 | 발열, 피로감, 인후통 등의 초기증상 이후에 코, 인두, 편도, 후두 등의 상기도 침범부위에 위막을 형성하고 호흡기 폐색을 유발하기도 함<br>다양한 합병증이 발생하는데 심근염, 신경염이 가장 흔함 |
| 간염 | A형(Hepatitis A virus)<br>B형(Hepatitis B virus)<br>C형(Hepatitis C virus)<br>E형(Hepatitis E virus) | A형 (15~50일)<br>B형 (60~150일)<br>C형 (2주~6개월)<br>E형 (15~64일) | A형: 분변-경구경로, 오염된 물이나 음식물, 주사기, 수혈, 성 접촉<br>B형: 주산기 감염, 성 접촉, 수혈, 오염된 도구<br>C형: 주사기, 수혈, 혈액투석, 성접촉, 모자 간 수직감염<br>E형: 오염된 손·물·음식물, 주사기, 혈액투석, 모자 간 수직감염 | A형: 발열, 식욕감퇴, 구역·구토, 암갈색 소변, 권태감, 식욕부진, 황달. 만성간염으로 진행되지 않음<br>B형: 황달, 흑뇨, 식욕부진, 오심, 근육통, 피로, 우상복부 압통<br>C형: 급성-감기몸살 증세, 전신권태감, 오심, 구역질, 식욕부진, 우상복부 불쾌감<br>만성-만성피로감, 간부전, 문맥압항진증<br>E형: 발열, 피로감, 식욕부진, 구역질, 구토, 복통, 황달, 검은색 소변, 관절통 |

## 6-2-1 장티푸스(Typhoid fever)

급성전신성열성 질환으로 연중 발생한다. 경증 혹은 불현성 감염이 많고 한 번 앓고 나면 수년간 재감염이 잘 안 되며, 같은 균주에 대하여는 면역항체를 가진다. 그러나 근래에는 항생물질에 의해 쉽게 치유되므로 영구면역이 되지 않는 경우도 있다.

### (1) 병원체

병원체는 *Salmonella typhi*로 사람만이 병원소이다. 장내세균으로 그람음성 무포자 간균이며 협막은 없고 편모가 있어 활발한 운동을 한다. 소장의 장상피 세포층을 통과하여 림프절을 통해 전신으로 퍼진다. 열에 약하며 생존기간이 비교적 길고 추위에도 강하여 위생상태가 나쁜 지역에서 유행이 계속된다.

### (2) 감염경로

환자나 보균자의 배설물(대변 또는 소변)에서 균이 배출되며 이들에 의해 오염된 음식물이나 음료수 등을 통해 감염된다.

### (3) 증상

잠복기는 3~60일(평균 8~14일)이나 균수에 따라서 다르다. 증상은 고열이 지속되면서 오한, 두통, 복통, 설사나 변비, 상대적 서맥, 피부발진(장미진), 간·비장종대 등이 나타난다. 치료하지 않을 경우 4주 내지 8주 동안 발열이 지속될 수 있다. 3~4주 후 위·장출혈 및 천공과 같은 합병증이 발생할 수도 있다. 2~5%는 대·소변으로 균을 배출하는 만성보균자가 된다.

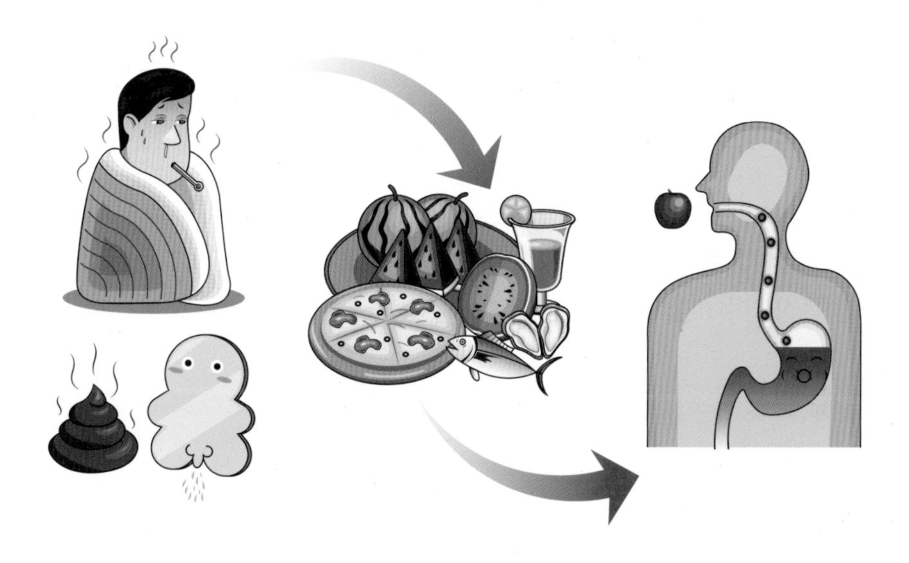

[그림 6-5] 장티푸스의 감염경로

### (4) 전염기간

수일에서 수주까지 대·소변으로 균이 배출될 수 있으나 보통 회복 후 1주일가량 배출된다. 치료하지 않는 경우 약 10%의 환자는 발병 후 3개월까지 균을 배출하며, 2~5%는 만성보균자가 된다.

### (5) 예방법

① 올바른 손 씻기를 생활화한다.
② 안전한 음식물을 섭취한다(물과 음식물은 반드시 끓여 먹는다).
③ 환경위생을 철저히 한다(상하수도 완비 및 소독, 쓰레기 처리 철저).
④ 위생적으로 조리한다(청결도가 불분명할 때는 식품을 선별하여 조리하거나 익혀서 먹고, 과일의 껍질을 벗겨 먹는다).
⑤ 예방접종은 고위험군의 경우 선별적으로 접종한다.

## 6-2-2 파라티푸스(Paratyphoid fever)

급성전신성열성 질환으로서 장티푸스와 임상적 또는 병리적 소견이 비슷하지만 증상이 가볍고 사망률도 낮다. 보통 장티푸스에 비해 발생 수준이 낮다.

### (1) 병원체

병원체는 *Salmonella paratyphi* A, B, C의 3형이 있다. 그람 음성 간균으로 운동성이 있다. 소장의 장상피 세포층을 통과하여 림프절을 통해 전신으로 퍼진다.

### (2) 감염경로

사람이 주된 병원소이며 드물게 가축이 병원소일 때도 있다. 환자나 보균자의 대소변에 의하여 오염된 음식물이나 물에 의해 감염된다.

### (3) 잠복기 및 증상

잠복기는 1~10일이다. 증상은 발열이 지속되면서 오한, 두통, 복통, 설사나 변비, 상대적 서맥 등 장티푸스와 비슷하나 경미하다. 2~5%는 대·소변으로 균을 배출하는 만성보균자가 된다.

### (4) 전염기간

수일에서 수주까지 대·소변으로 균이 배출될 수 있으나 보통 회복 후 1주일가량 배출된다. 치료하지 않는 경우 약 10%의 환자는 발병 후 3개월까지 균을 배출하며, 2~5%는 만성보균자가 된다.

### (5) 예방법

① 올바른 손 씻기를 생활화한다.
② 안전한 음식물을 섭취한다(물과 음식물은 반드시 끓여 먹는다).
③ 환경위생을 철저히 한다(상하수도 완비 및 소독, 쓰레기 처리 철저).
④ 위생적으로 조리한다(청결도가 불분명할 때는 식품을 선별하여 조리하거나 익혀서 먹고, 과일의 껍질을 벗겨 먹는다).

## 6-2-3 콜레라(Cholera)

콜레라균 감염에 의한 급성장관 질환이다. 대부분 경미한 증상을 나타내지만 심한 물과 같은 설사, 구토 및 팔다리 저림 등의 심한 증상을 나타내기도 한다. 적절한 치료를 하지 않으면 수 시간 내에 탈수현상과 이로 인한 쇼크로 사망할 수 있다. 무증상 보균자가 많아서 급속히 전파될 수 있다.

### (1) 병원체

*Vibrio cholerae* O1 또는 *Vibrio cholerae* O139로 그람음성 간균이다. 56℃에서 15분 가열이나 pH 6.0 이하에서는 죽는다. 그러나 실온에서는 물에는 수일간, 하천과 해수에서는 더 오래 생존한다. 콜레라 독소(cholera)가 분비성 설사를 유발한다.

### (2) 감염경로

병원소는 주로 사람이며 환경에서는 기수(汽水) 및 하구에 존재하는 요각류 또는 동물성 플랑크톤이다. 환자나 보균자의 구토물이나 대변으로 배출된 균에 의해 오염된 식수, 음식물, 과일, 채소 특히 연안에서 잡히는 어패류를 통해 감염된다. 환자는 균 배출기간이 약 2~3일 정도로 짧고, 감염에는 1억~100억 개에 이르는 많은 수의 균이 필요하므로 환자 또는 병원체 보유자와의 직접접촉전파는 유행의 전파에 큰 구실을 못한다.

### (3) 잠복기 및 증상

잠복기는 수시간~5일(보통 2~3일)이다. 증상은 처음에는 복통 및 발열이 없이 수양성 설사가 갑자기 나타나는 것이 특징이며 구토를 동반하기도 한다. 심한 탈수현상으로 저혈량성 쇼크 등이 나타나며, 무증상 감염이 많다. 5~10% 정도는 증상이 심하게 나타날 수 있다.

### (4) 전염기간

환자의 균 배출 기간은 회복 후 약 2~3일 정도이다. 무증상 환자의 대변 오염에 의한 감염 가능 기간은 7~14일 정도이며 간혹 수개월간 간헐적으로 균을 배출하기도 한다.

### (5) 예방법

① 흐르는 물에 비누를 사용하여 30초 이상 올바른 손 씻기를 생활화한다.
② 물과 음식물은 반드시 끓이거나 익혀서 섭취한다.
③ 위생적으로 조리한다(청결도가 불분명할 때는 식품을 선별하여 조리하거나 익혀서 먹고, 과일의 껍질을 벗겨 먹는다).
④ 콜레라 유행 또는 발생지역을 방문하는 경우에는 백신 접종을 권고한다.

## 6-2-4 세균성 이질(Shigellosis, Bacillary dysentery)

급성염증성 장염을 일으키는 질환으로 항생제의 광범위한 사용으로 인한 항생제내성균주가 중요한 문제로 대두되고 있다. 전 연령층에 걸쳐 발생하며, 특히 10세 이하가 환자의 40% 이상을 차지하고 있으며 이유기의 소아 등에서 감수성이 높고 중증화되기 쉽다.

### (1) 병원체

*Shigella*속으로 그람음성, 무포자 간균이며 통성혐기성으로 *Shigella dysenteriae*(A), *Shigella flexneri*(B), *Shigella boydii*(C), *Shigella sonnei*(D) 등 4종(species)의 혈청형이 있다. 이들은 neurotoxin, enterotoxin, cytotoxin과 같은 체외독소를 만들며 항균제에 대한 내성이 잘 생기는 특성이 있다. 병원체는 대변으로 배설된다.

이질균의 점막 침입에 의해 전형적인 양상인 혈액, 점액 및 화농성 설사가 나타난다.

### (2) 감염경로

사람이 병원소이며 주로 오염된 식수 및 식품 등에 의해서 전파된다. 환자나 병원체 보유자에 의한 직접감염과 간접적인 접촉에 의한 간접감염도 일어난다. 매우 적은 양(10~100개)의 세균으로도 감염될 수 있기 때문에 배변 후 손톱 밑이나 손을 깨끗이 씻어야 한다. 변소의 손잡이, 타월 및 수세식 변소의 앉는 자리 등에 세균이 붙었다가 전파되기도 한다. 가족 내 2차 발병률이 10~40% 정도로 높으며, 특히 위생상태가 불량하고 밀집되어 거주하는 고아원 등과 같은 사회복지시설, 정신병원, 교도소, 캠프 및 선박 등에서 집단발생이 많다.

### (3) 잠복기 및 증상

잠복기는 12시간~7일(보통 1~4일)이다. 임상증상은 균종이나 환자의 감수성에 따라 경미하거나 증상이 없이 지나가기도 하지만 고열(38~39℃), 구역질, 구토, 경련성 복통, 설사(혈변, 점액변), 잔변감 등이 주증상이며 경증의 경우 증상은 4~7일 후 저절로 호전된다. *Shigella dysenteriae*(A)가 가장 심한 증상을 보이며 *Shigella flexneri*, *Shigella sonnei*로 갈수록 증상이 약해진다.

### (4) 전염기간

이환기간 및 증상 소실 후 대변에서 균이 검출되지 않을 때까지 전파 가능하며, 보통 발병 후 며칠~4주 이내 전염력이 소실된다. 드물게 보균상태가 수개월 이상 지속이 되는 경우도 있다.

### (5) 예방법

① 올바른 손 씻기를 생활화한다.
② 안전한 음식물을 섭취한다(물과 음식물은 반드시 끓여 먹는다).
③ 위생적으로 조리한다(청결도가 불분명할 때는 식품을 선별하여 조리하거나 익혀서 먹고, 과일의 껍질을 벗겨 먹는다).
④ 설사하는 사람은 가능하면 식품을 취급하지 말아야 한다.

[그림 6-6] 세균성 이질의 감염경로

## 6-2-5 폴리오(Poliomyelitis)

급성회백수염, 소아마비(*acute infantile paralysis*)라고도 하며 급성이완성 마비를 일으키는 질환이다. 감염은 대개 위생상태가 불량한 지역에 거주하는 영유아나 소아에게서 많이 발생하며, 연중 발생하나 온대지방은 늦여름부터 초가을에 걸쳐 많이 발생한다. 백신 도입 전에는 전 세계적으로 발생했지만 1950년대 폴리오 백신이 개발된 이래 마비성 환자는 급격히 감소하였다.

### (1) 병원체

장바이러스(*enterovirus*)속의 폴리오바이러스로 1, 2, 3형의 3가지 혈청형이 있으며 3가지 모두 소아마비를 일으키나 *poliovirus* 1형이 마비 경향이 가장 강하다.

### (2) 감염경로

바이러스는 환자 및 불현성 감염자의 인후분비물과 대변으로 배출된다. 감염은 대변-경구 감염 또는 경구-경구 감염을 통해 이루어지며 드물게 대변에 오염된 음식물에 의해 전파된다.

[그림 6-7] 폴리오의 감염경로

### (3) 잠복기 및 증상

잠복기는 3~35일(평균 7~10일)이다. 불현성 감염이나 비특이적 열성질환이 대부분이며 드물게 뇌수막염이나 마비성 폴리오가 나타난다. 비특이적 열성질환은 발열, 권태감, 인후통, 근육통, 두통 등을 보이나 대체로 3일 이내에 사라진다. 뇌수막염은 발열, 권태감이 나타난 후에 수막염 증상이 나타난다. 마비성 폴리오는 발열, 인후통, 구역, 구토 등의 비특이적 증상을 보이다가 수일간의 무증상기를 거친 후 비대칭성의 이완성 마비가 나타난다. 가장 흔하게 볼 수 있는 합병증은 다리마비이며 만약 호흡기 계통의 마비가 나타나면 치명적이다.

### (4) 전염기간

발병 후 6주까지 대변을 통해서 바이러스 배출이 가능하다.

### (5) 예방법

① 권장 접종일정에 맞춰 예방접종을 받는 것이 가장 효과적인 예방법이다. 권장 접종일정은 생후 2, 4, 6개월(3회)과 만 4~6세(4차)이며, 총 4회 접종이 필요하다.
② 특별한 치료법이 없으며 이완된 신경의 급성 증상에 대해서는 보존치료를 시행하고 증상이 호전된 후에는 치유되지 않은 마비에 대한 재활치료를 한다.

## 6-2-6 간염(Hepatitis)

바이러스가 간세포에 침입하여 염증을 일으키는 간염질환으로 각종 전신증상을 나타낸다.

### (1) 병원체

유행성 간염바이러스(*epidemic hepatitis virus*)인 A형(*hepatitis* A *virus*), 혈청 간염인 B형(*hepatitis* B *virus*)과 C형(*hepatitis* C *virus*) , E형(*hepatitis E virus*)등이 있다. 간염의 병원체는 일반 소독약품으로도 잘 죽지 않는다.

### (2) 감염경로

① A형간염

병원소는 사람, 침팬지, 원숭이류 등이다.

바이러스는 주로 분변을 통하여 배출된다. 감염경로에는 분변에 오염된 손을 통하여 다른 사람에게 접촉하여 일어나는 분변-경구 경로를 통한 전파, 환자의 분변에 의해 오염된 물이나 음식물 섭취를 통한 간접 전파, 주사기를 통한 감염(습관성 약물 중독자)이나 혈액제제를 통한 감염, 또한 성 접촉을 통한 감염이 있다. 바이러스가 장관을 통과하여 혈액으로 진입 후 간세포 안에서 증식하여 염증을 일으킨다.

② B형간염

산모에서 신생아로의 주산기 감염, B형간염 바이러스 전염력을 가진 사람과의 성적 접촉, 감염된 혈액을 수혈 받을 때, 사용 중 상처를 일으킬 수 있는 오염된 도구(주삿바늘, 면도기 등)나 바이러스보유자의 체액이 묻은 바늘이나 칼에 상처를 입었을 경우 감염된다. 식수나 음식물을 통해서는 전파되지 않는다. 유치원, 학교 등에서의 일상생활로 감염되는 경우는 극히 드물다.

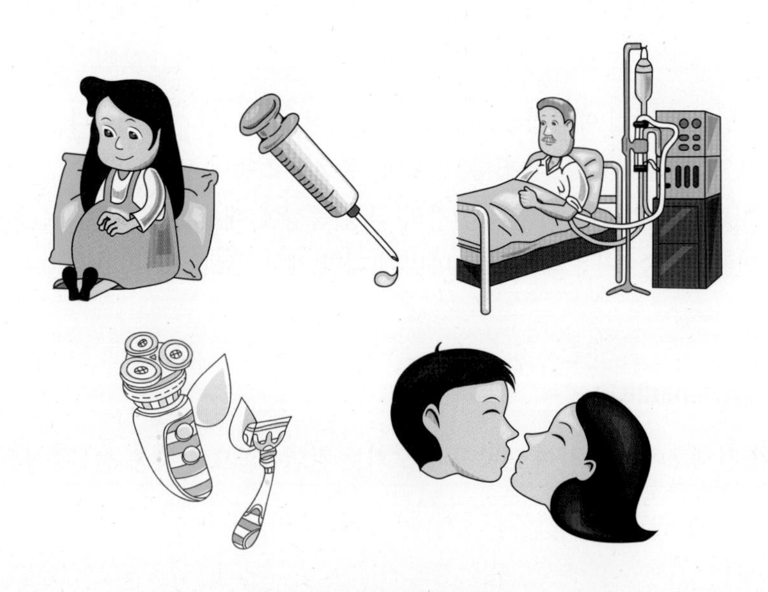

[그림 6-8] **B형간염의 전파경로**

③ C형간염

주사기 공동 사용, 수혈, 혈액투석, 성 접촉, 모자 간 수직감염 등 혈액을 매개로 전파되며, 일상생활에서 사람 간 전파 가능성은 극히 낮다.

④ E형간염

병원소는 사람 및 동물이다. 감염된 환자의 분변에 오염된 손을 통해 다른 사람에게 접촉하여 전파되거나, 바이러스에 오염된 물이나 음식물 섭취를 통하여 감염될 수 있으며 또한 주사기나 혈액을 통한 감염, 드물게 임신부로부터 태아로의 수직감염이 일어날 수 있다. 바이러스가 장관을 통과해 내장 및 혈류를 통해 간으로 진입 후 간세포 안에서 증식하면서 간에 염증을 일으킨다.

### (3) 잠복기 및 증상

① A형간염

급성 간염 질환으로 잠복기는 15~50일(평균 28일)이다. 증상은 발열, 식욕감퇴, 구역 및 구토, 암갈색 소변, 권태감, 식욕부진, 복부팽만감, 황달 등이며 6세 미만의 소아에서는 대부분 무증상(약 70%)이고, 약 10%에서 황달이 발생하나 연령이 높아질수록 70% 이상 황달이 동반되며 증상이 심해진다. 수주~수개월 후에 대부분 회복하며 만성간염으로는 진행되지 않는다. 치사율은 0.1~0.3%이나 50세 이상에서는 1.8%이다.

② B형간염

급성 간염 질환으로 잠복기는 45~150일(평균 120일)이다. 증상은 급성으로 황달, 흑뇨, 식욕부진, 오심, 근육통, 심한 피로, 우상복부 압통 등이 나타나나 무증상 감염도 있을 수 있다. 일반적으로 6개월 이내에 임상증상 및 간기능 검사상 이상이 회복되고 바이러스가 제거되지만 6개월 이상 지속되고 B형간염 표면항원(HBsAg) 양성을 보이는 경우 만성간염으로 이행한다.

③ C형간염

급·만성 간질환으로 잠복기는 2주~6개월(평균 6~10주)이다. 급성 C형인 경우 약 70~80%의 환자에서는 증상이 나타나지 않으며 증상은 경증에서 중증까지 다양하게 나타난다. 주요 증상으로는 서서히 시작되는 감기 몸살 증세, 전신 권태감, 오심, 구역질, 식욕부진, 우상복부 불쾌감 등의 증상이 나타난다. 만성 C형간염의 경우 대부분의 환자(약 60~80%)에서 무증상이며, 만성피로감, 간부전이나 문맥압항진증 등의 간경변증이 발생한다.

④ E형간염

급·만성 간질환으로 잠복기는 15~64일(평균 26~42일)이다. 증상은 발열, 피로감, 식욕감소, 구역질, 구토, 복통, 황달, 검은색 소변, 관절통 등이다. 증상 및 무증상 감염의 비율은 1:2~1:13이다. 감염된 임산부는 전격 간염과 사망 등 중증 질환으로 진행될 위험이 높다. 기저 만성질환자의 경우 임상경과가 심하게 나타날 수 있다. 대부분 완전 회복되며 만성간염으로 진행하지는 않는다. 그러나 일부에서 만성간염 및 간경변증으로 진행할 수 있다.

#### (4) 전염기간

① A형간염

증상 발현 2주 전부터 황달이 생긴 후 1주일까지이다. 황달이 없는 경우 전염기간은 최초 증상 발생일로부터 14일간이다.

② B형간염

B형간염 표면항원 양성인 경우 전파가 가능하다.

③ C형간염

혈액에서 RNA가 검출되는 시기이다.

④ E형간염

증상 발현 1주 전부터 증상 발생 후 14일까지이다.

#### (5) 예방법

① 위생상태가 나쁜 지역에서 전파가 잘 되므로 상하수도 보급, 대변 처리 등 위생 상태를 개선한다.
② 손 씻기를 철저히 한다(용변 후, 음식물 취급 전, 환자를 돌보거나 아이를 돌보기 전 흐르는 물에 비누로 30초 이상 손 씻기).
③ 물은 끓여 마시고 음식물은 익혀서 먹는다.
④ 위생적으로 조리한다(청결도가 불분명할 때는 식품을 선별하여 조리하거나 익혀서 먹고, 과일의 껍질을 벗겨 먹는다).

### 6-2-7 성홍열(Scarlet fever)

A군 베타 용혈성 연쇄구균(Group A β-hemolytic Streptococci)의 발열성 외독소에 의한 발열과 홍반을 특징으로 하는 급성열성질환이다. 온대지방에 많이 유행하고 계절에 관계없이 발생하나 늦은 겨울과 초봄에 많이 발생한다. 5~15세에서 주로 발생하며 이후 감소한다.

#### (1) 병원체

병원체는 A군 β-용혈성 연쇄상구균(group A β-hemolytic *streptococci*)으로 발열외독소를 생산하는 Streptococcus pyogenes이다. 일반적으로 적혈구를 파괴시키는 용혈성(hemolysis)에 따라

$\alpha$(부분용혈), $\beta$(완전용혈), $\gamma$(용혈 없음)의 3군으로 나누며 이 셋 중에서 적혈구를 완전히 용해시키는 $\beta$-용혈성 연쇄구균이 가장 병원성이 강하다.

### (2) 감염경로

환자와 보균자의 호흡기 분비물(점액 및 타액)과 직접접촉에 의한 감염과 환자와 보균자의 호흡기 분비물이 손이나 물건을 통한 간접접촉에 의해 감염되며, 그 외에 음식물을 통한 전파도 가끔 일어난다.

### (3) 잠복기 및 증상

잠복기는 1~7일(평균 3일)이다. 무증상 보균자는 8~22% 정도이다. 일부에서는 발진을 일으키는 중증까지 매우 다양하다. 증상은 인후통에 동반되는 갑작스러운 발열(39~40℃), 두통, 식욕부진, 구토, 인두염, 복통이다. 발진은 1~2일 후면 작은 좁쌀 크기로 입 주위 및 손발바닥을 제외한 전신에 나타나지만, 병의 첫 징후로 나타나기도 하며 3~4일 후면 사라지기 시작하며 간혹 손톱 끝, 손바닥, 발바닥 주위로 피부 껍질이 벗겨지기도 한다. 얼굴은 홍조가 나타나나 입 주위는 창백하다. 혀는 처음에는 회백색이 덮이고 돌기가 현저히 두드러지는 모양에 발병 후 2~3일이 지나면 붉은색을 띠고 돌기가 붓는 딸기 모양으로 새빨간 혀(strawberry tongue)가 된다. 편도선이나 인두 후부에 점액 화농성의 삼출액이 덮여 있을 수도 있으며 림프절은 부어 있는 경우가 많다[그림 6-9].

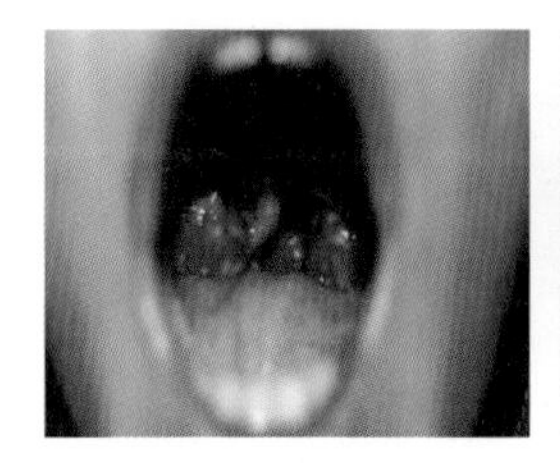 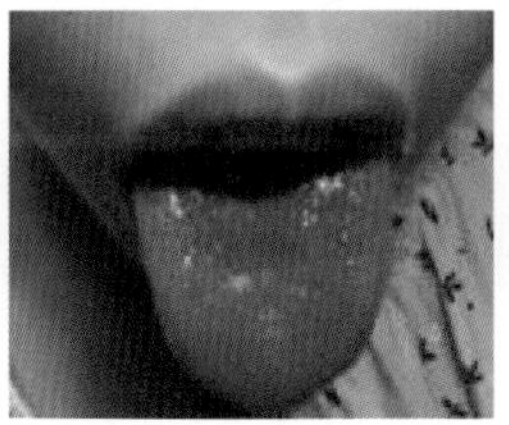 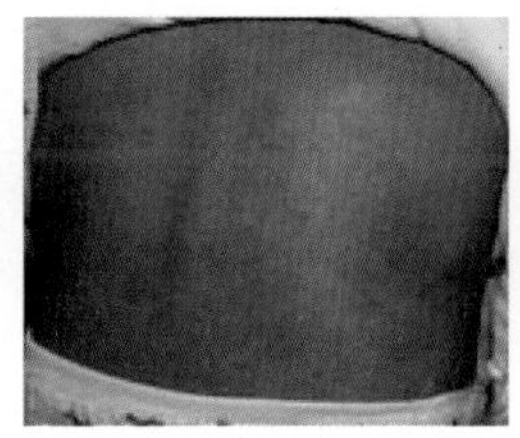 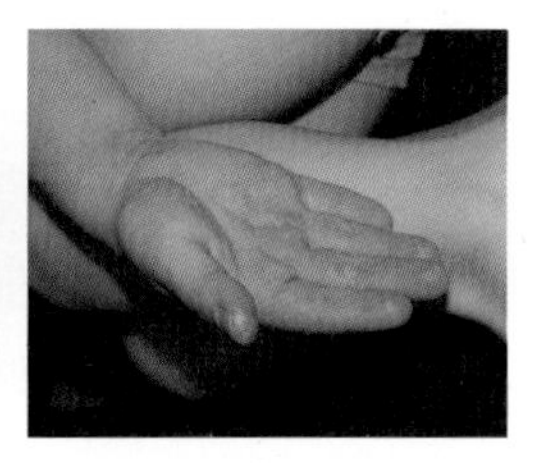

[그림 6-9] **편도선·인두후부 점액농성 삼출액, 혀, 등, 손바닥의 성홍열**

### (4) 전염기간

적절한 항생제로 치료를 시작할 경우 24시간이 지나면 전염력이 소실된다. 치료하지 않는 경우 수주에서 수개월간 전염 가능성이 있다.

### (5) 예방법

① 올바른 손 씻기(흐르는 물에 비누로 30초 이상 손 씻기)를 한다.
② 기침이나 재채기는 휴지나 옷소매 위쪽으로 입과 코를 가리고 하는 올바른 기침예절을 지킨다.
③ 발열 및 호흡기 증상이 있으면 마스크를 쓴다.
④ 수건, 물 컵, 식기구 등 개인용품을 함께 사용하지 않는다.
⑤ 우유나 식품이 매개체이므로 목장이나 식품취급소에서는 이들의 취급에 주의한다.
⑥ 화농성 분비물에 의해 오염된 물건은 소독해야 한다.

## 6-2-8 디프테리아(Diphtheria)

호흡기 점막과 피부에 국소적 염증을 일으키는 급성 호흡기 감염병이다. 1950년대 말부터 백신 도입으로 발병률은 현저하게 감소하였고 1987년 이후 국내 발생은 전무한 상태이다. 전 세계적으로 발생하며 온대지역에서 더 많이 발생한다. 계절적으로 겨울과 봄에 많으며 4세 이하의 환자가 전체 환자의 60%를 차지하고 10세가 넘으면 급격히 감소한다.

### (1) 병원체

*Corynebacterium diphtheriae*이며 그람양성 무포자 간균이다.

### (2) 감염경로

환자나 보균자의 콧물, 인후분비물, 기침 등을 통해서 배출되는 균과의 접촉에 의해서 전염되지만, 간혹 피부병변 접촉이나 비생물학적 매개체(non biological fomites)에 의한 전파가 일어나기도 한다.

### (3) 잠복기 및 증상

잠복기는 1~10일(평균 2~5일)이다. 증상은 발열, 피로감, 인후통 등의 초기증상 이후에 코, 인두, 편도, 후두 등의 상기도 침범부위에 위막을 형성하고, 호흡기 폐색을 유발하기도 한다 [그림 6-10]. 독소에 의한 다양한 합병증이 발생하며 심근염, 신경염이 가장 흔하다.

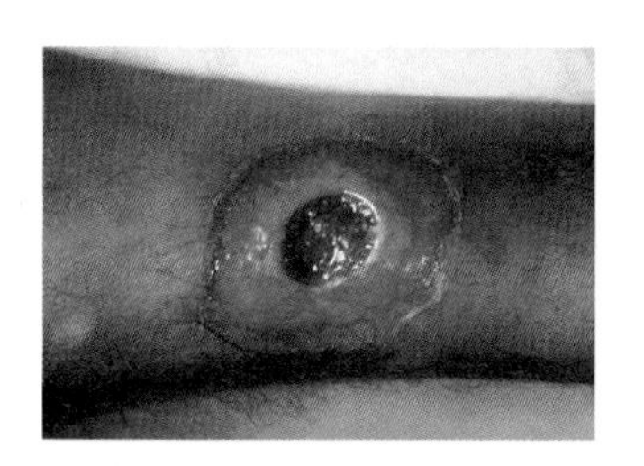

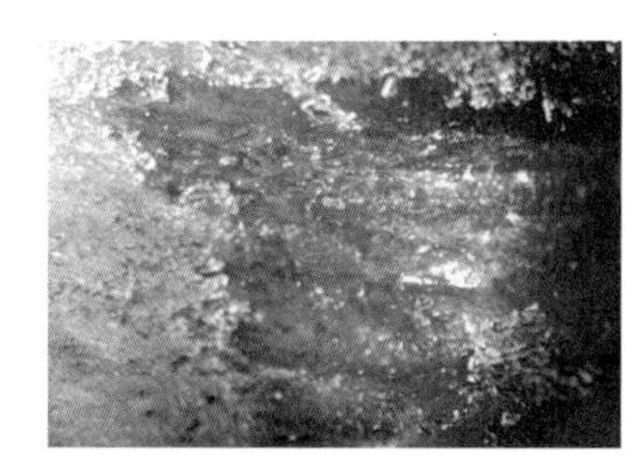

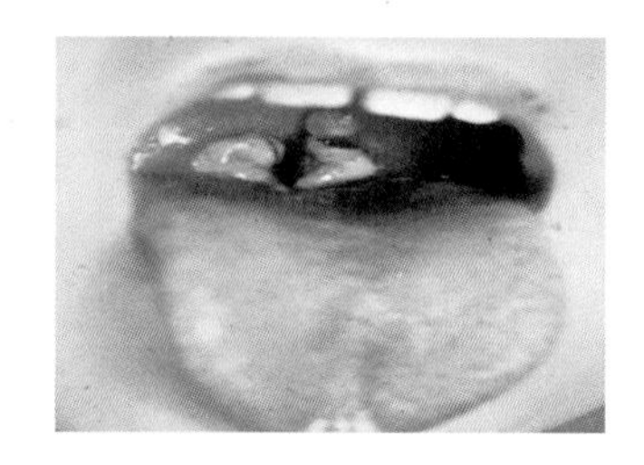

[그림 6-10] 디프테리아의 피부병변 및 인후두를 덮고 있는 막

## (4) 전염기간

전염기간은 2~4주이다.

## (5) 예방법

예방접종이 가장 중요하며 환자 및 보균자의 조기발견 및 격리, 음식물의 오염방지 등이 필요하다.

**표 6-8 어린이 필수예방접종 표준일정표**

| 대상감염병 | 백신종류 | 횟수 | 출생~1개월 이내 | 1개월 | 2개월 | 4개월 | 6개월 | 12개월 | 15개월 | 18개월 | 19~23개월 | 24~35개월 | 만4세 | 만6세 | 만11세 | 만12세 |
|---|---|---|---|---|---|---|---|---|---|---|---|---|---|---|---|---|
| 결핵 | BCG(피내용) | 1 | 1회 | | | | | | | | | | | | | |
| B형간염 | HepB | 3 | 1차 | 2차 | | | 3차 | | | | | | | | | |
| 디프테리아 파상풍 백일해 | DTaP | 5 | | | 1차 | 2차 | 3차 | | 4차 | | | | 5차 | | | |
| | Td/Tdap | 1 | | | | | | | | | | | | | 6차 | |
| 폴리오 | IPV | 4 | | | 1차 | 2차 | 3차 | | | | | | 4차 | | | |
| b형헤모필루스 인플루엔자 | Hib | 4 | | | 1차 | 2차 | 3차 | 4차 | | | | | | | | |
| 폐렴구균 | PCV | 4 | | | 1차 | 2차 | 3차 | 4차 | | | | | | | | |
| | PPSV | - | | | | | | | | | | 고위험군에 한하여 접종 | | | | |
| 홍역 유행성이하선염 풍진 | MMR | 2 | | | | | | 1차 | | | | | 2차 | | | |
| 수두 | VAR | 1 | | | | | | 1회 | | | | | | | | |
| A형간염 | HepA | 2 | | | | | | 1~2차 | | | | | | | | |

| 대상감염병 | 백신종류 | 횟수 | 출생~1개월 이내 | 1개월 | 2개월 | 4개월 | 6개월 | 12개월 | 15개월 | 18개월 | 19~23개월 | 24~35개월 | 만4세 | 만6세 | 만11세 | 만12세 |
|---|---|---|---|---|---|---|---|---|---|---|---|---|---|---|---|---|
| 일본뇌염 | IJEV (불활성화 백신) | 5 | | | | | | 1~2차 | | | | 3차 | | 4차 | | 5차 |
| | LJEV (약독화 생백신) | 2 | | | | | | 1차 | | | | 2차 | | | | |
| 사람유두종 바이러스 감염증 | HPV | 2 | | | | | | | | | | | | | 1~2차 | |
| 인플루엔자 | IIV | - | | | | | 매년 접종 | | | | | | | | | |

※ 생후 2, 4, 6개월, 만 4~6세에 DTaP, IPV 백신 대신 DTaP-IPV 혼합백신으로 접종할 수 있음

※ 예방접종 시기가 동일한 경우 DTaP-IPV/Hib(디프테리아, 백일해, 파상풍, 폴리오, b형헤모필루스인플루엔자) 혼합백신으로 접종 가능(혼합백신 접종 시에는 기초접종 3회를 동일 제조사의 백신으로 접종하는 것이 원칙임)

**표 6-9 성인 예방접종 일정표**

| 대상감염병 | 백신종류 | 만 19~29세 | 만 30~39세 | 만 40~49세 | 만 50~59세 | 만 60~64세 | 만 65세 이상 |
|---|---|---|---|---|---|---|---|
| 인플루엔자 | Flu | 위험군에 대해 매년 1회 | | | 매년 1회 | | |
| 파상풍 디프테리아 백일해 | Tdap/Td | Tdap으로 1회 접종, 이후 매 10년마다 Td 1회 | | | | | |
| 폐렴구균 | PPSV23 | 위험군에 대해 1회 또는 2회 | | | | | 1회 |
| | PCV13 | 위험군 중 면역저하자, 무비증, 뇌척수액누출, 인공와우 이식 환자에 대해 1회 | | | | | |
| A형간염 | HepA | 2회 | | 항체검사 후 2회 | 위험군에 대해 항체검사 후 2회 | | |
| B형간염 | HepB | 위험군 또는 3회 접종/감염력이 없을 경우 검사 후 3회 접종 | | | | | |
| 수두 | Var | 위험군 또는 접종력/감염력이 없을 경우 항체검사 후 2회 접종 | | | | | |
| 홍역 유행성이하선염 풍진 | MMR | 위험군 또는 접종력/감염력이 없을 경우 1회 또는 2회 접종(가임 여성은 풍진 항체 검사 후 접종) | | | | | |
| 사람유두종 바이러스감염증 | HPV | 만 25세~26세 이하 여성 hd 3회 | | | | | |
| 대상포진 | HZV | | | | | 1회 | |
| 수막구균 | MCV4 | 위험군에 대해 1회 또는 2회 | | | | | |
| b형헤모필루스 인플루엔자 | Hib | 위험군에 대해 1회 또는 3회 | | | | | |

▬ 연령 권장: 면역의 증거가 없는(과거 감염력이 없고 예방접종력이 없거나 불확실) 대상 연령의 성인에게 권장됨
※ 연령 권장의 경우에도 해당 질병의 위험군에게는 접종을 더욱 권장함

▬ 위험군 권장: 특정 기저질환, 상황 등에 따라 해당 질병의 위험군에게 권장

▬ 국가예방접종사업으로 무료 접종

# 6-3 인축공통감염병(Zoonosis)

## 6-3-1 개요

인축공통감염병(人畜共通感染病, Zoonosis)이란 사람과 동물(특히 척추동물) 사이에서 같은 병원체에 의하여 발생하는 질병이나 감염된 상태를 말한다. 인축공통감염병의 병원체는 세균, 리케차, 바이러스, 곰팡이, 플라스마, 기생충 등이 있다[표 6-10].

**표 6-10 병원체에 따른 인축공통감염병의 분류**

| 병원체 | 인축공통감염병 |
|---|---|
| 세균 | 브루셀라증, 돈단독, 리스테리아, 결핵, 야토병, 탄저 |
| 리케차 | 발진열, 발진티푸스, Q열, 쯔쯔가무시병 |
| 바이러스 | 일본뇌염, 인플루엔자, 광견병, 유행성출혈열 |

인류는 오랜 세월 동안 육류를 식품으로 이용해왔는데, 축산물을 사용할 때는 식품위생상 여러 가지 문제가 있다. 즉 동물 자체가 인축공통감염병에 감염되었을 경우 축산물을 매개로 하여 인체에 질병을 감염시키게 되므로 예방에 만전을 기해야 한다.

**표 6-11 중요한 인축공통감염병**

| 병명 | 이환되는 가축명 | 병원체 |
|---|---|---|
| 탄저(炭疽, Anthrax) | 소, 양, 낙타, 영양 | 탄저균(*Bacillus anthracis*) |
| 야토병(野兎病, Tularemia) | 토끼, 사향쥐, 다람쥐 | 야토병균(*Pasteurella tularensis*) |
| 결핵(結核, Tuberculosis) | 소 | 결핵균(*Mycobacterium tuberculosis*) |
| 파상열(波狀熱, Brucellosis) | 소, 돼지, 양, 염소, 낙타, 개 | *Brucella melitensis*, *Brucella suis*, *Brucella abortus*, *Brucella canis* |
| Q열(Q-fever) | 소, 양, 사슴, 개, 고양이, 토끼 | *Coxiella burnetii*(*Rickettsia burnetii*) |
| 렙토스피라(Leptospirosis) | 쥐, 소, 돼지, 개 | *Leptospira interrogans* |
| 리스테리아증(listeriosis) | 소, 양, 돼지, 조류 | *Listeria monocytogenes* |

인축공통감염병의 예방을 위한 조치는 다음과 같다.

① 동물 사이의 유행을 방지하기 위하여 가축의 건강관리, 예방접종, 감염된 동물의 조기발견, 격리 및 도살 등 가축의 위생관리를 철저히 한다.

② 이환된 동물의 고기나 우유가 식품으로 유통되지 않도록 도축장이나 우유처리장의 검사를 철저히 한다.
③ 외국으로부터 수입되는 가축, 육류 및 유제품에 대한 감시 및 검역을 철저히 한다.

## 6-3-2 탄저(炭疽, Anthrax)

농업지역에서 야생 또는 사육척추동물[소, 양, 낙타, 영양(羚羊) 등 초식동물]에게 발생하는 가축의 급성감염성질환이다. 사람은 주로 감염된 동물이나 그 부산물에 의해 감염되며 또한 인명살상용 생물학적 무기로도 사용될 수 있는 질병이다. 주로 아프리카, 중앙아시아, 남부아시아 등의 다양한 동물들에서 발생한다. 국내에서는 1952~1968년 사이에 4번의 집단발생에서 환자 85명이 발생하였으며 그 후 산발적으로 발생하였다.

### (1) 병원체

병원체는 *Bacillus anthracis*로 그람양성 간균으로 호기성이며 조직 내에서는 협막(capsule)을 형성한다. 동물이나 인체 밖 환경에서는 포자(spore)를 형성하여 고온, 건조한 조건에서도 생존하고 자외선, 감마선, 기타 소독제에 대한 저항력이 있어서 수십 년까지도 생존 가능하다. 열에 대한 저항력이 강하며 10% 포르말린에 15분간 처리하면 사멸한다. 1차적으로 초식동물에 병을 일으키며 인체에 침범하면 증식형으로 변환한다.

### (2) 감염경로

사람과 사람 사이의 전파는 거의 일어나지 않고 감염된 동물 접촉 또는 감염된 동물을 이용한 제품을 만드는 작업, 감염된 동물 육류의 부적절한 조리 후의 섭취 등에 의해서 많이 발생한다. 농업이나 축산업종사자, 농부, 도살업자, 피혁업자, 양모취급자, 수의사 등에게 주로 발생한다.

### (3) 잠복기 및 증상

잠복기는 1일~8주(평균 5일)이며 노출량과 노출 경로에 따라 다르다. 즉 피부 노출 시 1~12일(보통 5~7일), 섭취 시 1~6일, 흡입 시 1~43일(최대 60일까지 가능)이다.

피부탄저는 병원체가 작업자의 피부상처 또는 찰과상을 통하여 감염되는데 침입부위(손, 팔, 얼굴, 목 등)에 작은 물집 또는 발진으로 인한 가려움, 피부상처 주위의 부종과 종기형성(종기는 가운데가 검은 색이고 아프지 않음) 등이 나타난다. 치명률은 항생제 치료 시 1%, 항생제 미치료 시 20%이다.

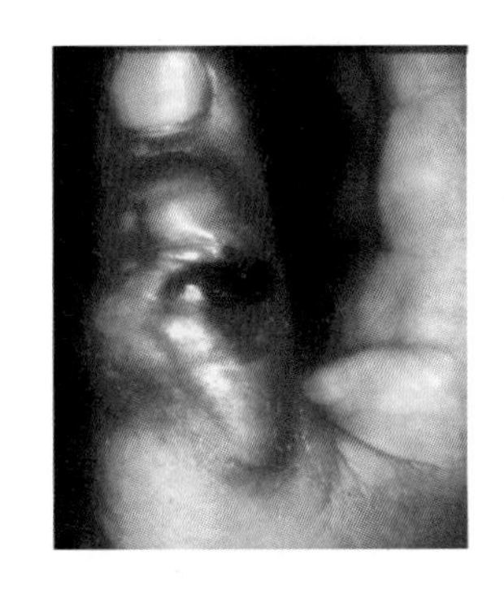

[그림 6-11] 피부탄저 병변

위·장관탄저는 감염된 동물의 육류를 익히지 않거나 덜 익은 상태에서 섭취한 후 발생한다. 전신증상으로 발열과 오한, 두통, 홍조 등이 나타나고 위·장관증상으로 메스꺼움, 구토, 복통, 복부팽창, 설사 또는 혈변이 나타나며, 그 외 목이 부풀어 오르고, 목 쓰림, 삼키기 곤란, 목쉼 등이 나타난다. 치명률은 항생제 치료 시 불확실하며, 항생제 미치료 시 25~60%이다.

흡입탄저는 감염된 동물의 양모, 가죽, 털 같은 동물제품을 다루면서 공기 중에 있는 탄저균 포자를 흡입하여 발생한다. 전신증상으로 발열과 오한, 땀(흠뻑 젖음), 극도의 피로감, 현기증, 몸살 등이 나타나며 호흡기 증상으로 가슴 불편, 호흡곤란, 기침, X-ray상 종격동 확장 및 흉수 등이며 위·장관 증상으로 메스꺼움, 구토, 복통 등이 나타난다. 치명률은 항생제 치료 시 75%, 항생제 미치료 시 97%이다.

### (4) 예방법

① 가축감염병 예방법에 따라 사육동물의 예방접종을 실시하며, 병에 걸린 가축의 조기발견, 격리, 치료를 철저히 해야 한다.

② 도살장 위생을 철저히 한다(이환된 동물의 사체를 소각해야 한다). 불가능할 경우 동물을 파내지 못하도록 깊이 묻어야 한다. 또한 분비물, 혈액 등이 토양을 오염시키지 않도록 한다.

③ 탄저균에 오염될 위험이 있는 작업장은 관리를 철저히 해야 한다(배출기 설치, 작업복 착용 등)

④ 탄저에 대한 국내 유효백신은 없으며 환자 및 노출자는 항생제를 투여한다.

## 6-3-3 결핵(結核, Tuberculosis)

신장, 신경, 뼈 등 우리 신체 대부분의 조직이나 장기에 질병을 일으킬 수 있으며 특히 폐에 감염되어 나타나는 폐결핵이 대부분을 차지하기 때문에 일반적으로 결핵이라 하면 폐결핵을 가리킨다. 선진국에서는 발생률이 낮으나 개발도상국은 여러 가지 사회경제적 이유로 발생률이 높아 대표적인 후진국병으로 인식되고 있다. 우리나라는 보건의료수준의 향상과 사회경제적 발전으로 인해 결핵환자 수가 많이 줄기는 했으나 OECD 가입국 중 결핵 발생률 1위, 사망률 2위로 여전히 높은 수준을 보이고 있으며(WHO, 2019년), 우리나라 법정 감염병 중 가장 사망자가 많다. 세계적으로 결핵환자는 1000만명 정도로 해마다 약 150만명이 목숨을 잃고 있다.

### (1) 병원체

*Mycobacterium tuberculosis complex*로 호기성 간균이며 운동성은 없다. 세대시간이 18~24시간으로 매우 느리게 증식한다. 지방성분이 많은 세포벽에 둘러싸여 있어 건조한 환경에서도 잘 견디고 강산이나 강알칼리 및 일반 항균제에도 저항성을 나타내며 열과 빛에 약해서 직사광선을 쪼이면 수 분 내에 죽는다. 주로 사람에 침입하는 인형균(人型菌, human type)과 수류(獸類), 특히 소에 침입하는 우형균(牛型菌, bovine type), 그리고 조류에 침해하는 조형균(鳥型菌, avine type) 등이 있다.

### (2) 감염경로

균의 배출은 사람의 경우 활성병소에 따라 다른데, 폐결핵 및 후두결핵 환자의 경우 객담이나 비말로 배출되며, 소의 경우는 우유, 대변 등으로 배출된다. 사람의 감염은 주로 사람에서 사람으로 공기를 통하여 전파된다. 즉 전염성 결핵환자가 대화, 기침 또는 재채기를 할 때 결핵균이 포함된 미세한 가래 방울이 일시적으로 공기 중에 떠 있다가 주위 사람들이 숨을 쉴 때 그 공기와 함께 폐 속으로 들어가 감염된다. 우형 결핵은 균에 오염된 우유나 유제품을 통해 감염되며, 농민이나 가축을 다루는 사람의 경우 공기를 통해 감염되기도 한다.

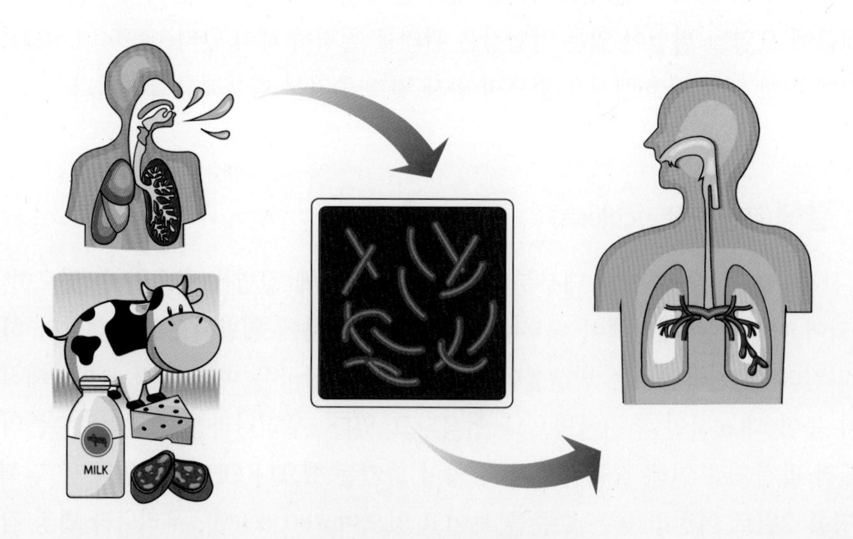


[그림 6-12] 결핵의 전파경로

### (3) 잠복기 및 증상

결핵에 감염되었다 해도 모두 결핵환자가 되는 것은 아니다. 감염자 중 90%는 단순히 잠복결핵감염 상태를 유지한다. 즉 100명이 감염되면 그 중 90명은 평생 건강하게 살고 5명은 1~2년 안에 발병하며 나머지 5명은 그 후 10~50년 후에도 발병할 수 있다. 잠복결핵감염 상태는 다른 사람에게 결핵균을 전파하지 않는다.

결핵에 대한 감수성은 누구나 가지고 있는데, 특히 3세 미만이 가장 높고 3~12세가 가장 낮으며 그 후로는 감수성이 다시 증가한다.

증상은 감염부위(폐, 신장, 흉막, 척추 등)에 따라 매우 다양한데 일반적인 공통증상은 발열, 전신피로감, 식욕감퇴, 식은땀, 체중감소 등이다. 폐결핵의 증상으로는 공통증상 외에 기침, 가래, 혈당, 흉통, 심한 경우 호흡곤란 등을 나타낸다.

### (4) 예방법

결핵 진단검사 방법으로는 흉부 x-선 검사, 흉부 CT검사, 객담검사, 분자생물학적 검사(결핵균 핵산증폭검사, PCR), 약제감수성 검사, 기관지 내시경 검사가 있으며 잠복결핵감염 진단 방법으로는 투베르쿨린(tuberculin) 피부반응 검사, 인터페론 감마분비검사(IGRA) 등이 있다.

결핵예방을 위해서는 BCG(Bacillus Calmette Guerin)접종을 하는데 생후 4주 이내에 BCG 예방접종을 받도록 권장하고 있다.

① 결핵균은 저온살균에 의해 사멸하므로 반드시 우유의 살균이 필요하다.
② 쇠고기의 생식은 위험하므로 충분히 가열한 다음에 식용해야 한다.
③ 결핵은 심한 피로, 스트레스, 무리한 체중 감량 등으로 인한 면역력 저하가 원인이 될 수 있으므로 충분한 영양상태를 유지하여 면역력을 강화한다.
④ 술과 흡연을 삼간다.
⑤ 기침을 할 때 반드시 휴지나 손수건으로 입을 가리고 한다.

## 6-3-4 야토병(野兎病, Tularemia)

미국 캘리포니아 주 Tulare지방에서 처음 발견된 설치류(齧齒類)의 질환으로 토끼류와 설치류가 야토균에 감수성이 높아 대유행이 발생할 경우 집단폐사가 발생하며, 사람은 다양한 경로로 감염된다. 위도 30~71° 사이의 북반구를 중심으로 발생하며, 주로 5월에서 8월 사이 매개체에 물리거나 오염된 동물을 취급하는 과정에서 발생한다.

### (1) 병원체

*Francisella tularensis*로 호기성, 그람음성 구간균으로 무포자이며, 협막(capsule)이 있다. 56~58℃에서 10분 이내에 사멸하며, 0.1% 포름알데히드 용액에는 24시간 이내에 사멸한다.

### (2) 감염경로

감염원은 산토끼를 비롯한 설치동물(집토끼, 사향쥐, 다람쥐)과 진드기이다. 사람의 감염은 감염된 동물 또는 병원균을 보유한 매개체(이, 진드기, 벼룩, 사슴등애 등)에 물리거나 감염된 동물의 사체를 취급할 때 피부결막 및 인두점막에 접촉되어 경피감염되는 일이 많으며, 때로는 충분히 가열, 조리되지 않은 산토끼의 고기 및 오염된 물을 섭취함으로써 감염되는 경우도 있다. 또한 병원체에 오염된 에어로졸이나 먼지(토양, 곡물, 건초, 분진 등)를 흡입함으로써 감염된다. 사람간 전파는 일어나지 않는다.

### (3) 잠복기 및 증상

잠복기는 1~14일(일반적으로 3~7일)이다. 증상은 신체의 어느 부위에 침범했느냐에 따라 증상의 차이가 있으나 고열은 일반적으로 모든 유형의 야토병에서 발생하며 오한, 두통, 근육통이 동반하는 경우도 흔하다. 매개체에 물리거나 감염동물을 다루면서 야토균에 접촉한 경우, 관련 신체 근처에서 림프절 부종이 나타나는데, 직접 물린 경우라면 해당 부위에 궤양도 발생한다. 오염된 물이나 음식을 섭취해서 발생한 경우는 구강주변으로 염증이나 복통, 구토, 설사 등이 나타날 수 있고, 오염된 에어로졸이나 먼지를 통해 폐로 침범한 경우 기침, 흉통, 호흡곤란 등의 증상이 나타날 수 있으며, 눈을 침범한 경우에는 눈의 통증과 염증도 일어난다.

전체적인 야토병의 사망률은 2~8% 내외이지만 장티푸스 또는 폐렴 야토병일 경우 치명률이 높아질 수 있고 조기에 적절히 항생제로 치료받으면 사망률은 1% 미만이다.

### (4) 예방법

수렵가, 식육 취급자, 조리사, 동물 실험가, 피혁 취급자 등에서 많이 발생한다. 따라서 진드기가 많이 서식하는 곳에 갈 때는 파리, 모기 및 진드기 등에 물리지 않도록 옷을 착용하고 장화를 신고 DEET(N,N-diethyl-meta-toluamide)등이 포함된 방충제 등을 피부에 바르거나 퍼머스린(permethrin)으로 처리된 방호복을 착용한다. 야토균에 감염된 동물이나 그 사체를 다룰 때 장갑, 마스크 등의 보호구를 착용한다. 음식을 조리할 때 완전히 익혀 먹거나 식수는 반드시 끓여 마신다. 감염된 산토끼의 고기를 −15℃에 저장할 경우 3년 이상 감염력이 남아 있다. 즉, 냉동육으로부터 감염의 위험성이 있으므로 산토끼 수육을 섭취할 때는 충분한 가열이 필요하다.

## 6-3-5 파상열(波狀熱, Brucellosis, Undulant fever)

염소, 양, 소, 돼지, 개 등과 같은 척추동물에게 만성감염을 유발하여 자궁점막과 태막(胎膜)에 염증, 그리고 불임과 유산을 일으키며 2차적으로 사람에게 침입하여 열성질환을 일으킨다. 전 세계적으로 어느 곳에서나 발생하며 질병 관리 프로그램이 정립되지 못한 국가에서 흔하게 발생한다.

### (1) 병원체

*Brucella melitensis*(염소, 양, 낙타), *Brucella abortus*(소), *Brucella suis*(돼지), *Brucella canis*(개)이며 그람음성 무포자 간균으로 호기성이며 운동성이 없다. 열에 대한 저항력이 약하여 저온살균으로 사멸된다. *B. melitensis*가 병원성이 가장 높은 균으로 고위험병원체로 지정되어 있으며 *B. abortus*는 국내에서 감염을 일으키는 주된 균이다.

### (2) 감염경로

소, 돼지, 염소, 양 등 육고기 가축들이 주요 감염원이다. 주요 감염 경로로는 먼저 식품섭취 감염, 즉 저온 살균되지 않은 유제품을 섭취하여 감염되며 드물게 감염된 가축을 충분히 가열하지 않고 섭취하여 감염된다. 경피감염은 감염된 가축의 분비물, 태반 등에 의하여 피부 상처나 결막이 노출되어 감염된다. 흡입전파는 오염된 먼지를 흡입함으로써 감염될 수 있다. 사람과 기타 감염 경로로 드물게 성 접촉, 수혈, 조직이식, 출산, 모유수유를 통한 전파 사례도 있다. 가축 사육자, 도축장 종사자, 수의사, 실험실 근무자 등이 감염되는 경우가 많다[그림 6-13].

### (3) 잠복기 및 증상

잠복기는 5일~5개월(평균 1~2개월)이며 감염 시 뚜렷한 특징이 없다. 비특이적 증상이라고 하여 일반적인 질환에서 나타나는 포괄적인 증상이 나타난다. 갑작스러운 발열, 냄새가 좋지 않은 발한, 피로감, 식욕부진, 미각 이상, 체중감소, 두통 및 관절통 등의 증상이 나타난다.

거의 모든 장기에서 병변 유발이 가능하며 침범된 장기에 따른 증상은 다양하다. 발열은 오전에는 괜찮은 듯 하다가 오후나 저녁이 되면 고열이 발생한다. 이러한 상태가 2~3주간 지속된 후에 열이 내려가는 증상이 나타난다. 이것이 수 주일 또는 수개월의 간격을 두고 재현하는 것이 특징이고, 이러한 의미에서 파상열이라 하며 불현성 감염이 많다.

치료하지 않으면 만성질환의 형태로 위의 증상이 몇 년씩 계속되고 때로는 중추신경계나 심장을 침범하여 요추염증, 우울증, 수막염, 척수염 등의 합병증을 유발한다.

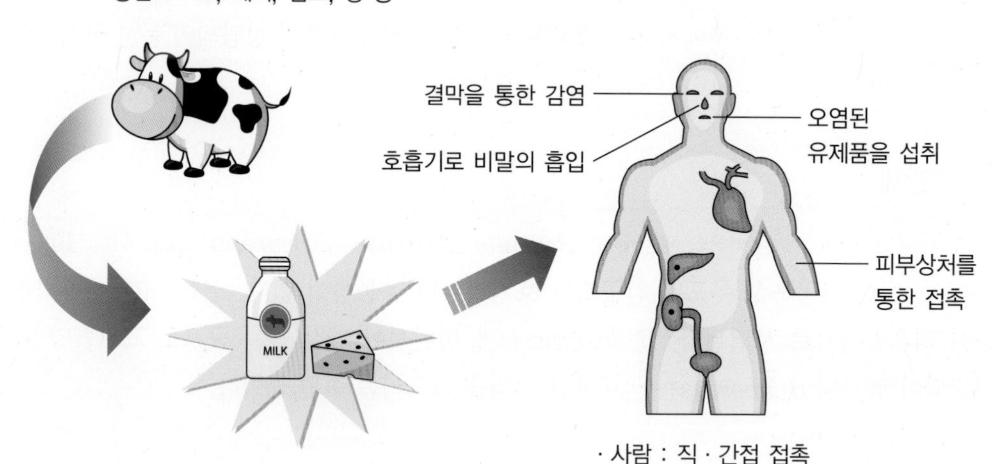


[그림 6-13] **파상열의 전파경로**

### (4) 예방법

가축의 예방접종과 이환된 가축을 조기에 발견하여 격리, 치료 및 도살시킨다. 감염된 동물의 혈액, 소변 또는 조직에 의한 피부감염을 막기 위해 작업 후에는 반드시 손 소독제를 사용하고 상처가 있을 경우 감염 물질이 들어가지 않도록 주의한다. 모든 유제품은 섭취 전 또는 가공 전에 반드시 저온 살균 처리를 하고 생으로 고기를 섭취하지 않도록 한다. 도축 시 모든 기구, 기계, 배수로, 바닥 등은 소독약을 이용하여 세척하고 고온수로 재차 세척한다.

## 6-3-6 Q열(Q-fever)

1935년 호주 퀸즐랜드에서 처음으로 발견되었으며 초기에는 원인 병원균이 확인되지 않아 '의문의 열병' 이라는 뜻의 '퀴리 열(Query fever)' 이라 불린다. 소, 양, 염소, 개, 고양이, 토끼 등의 동물과 조류 그리고 사람에게 감염되는 인축공통감염병으로 불현성 감염이 많다.

### (1) 병원체

리케차(rickettsia)속에 속하는 *Coxiella burnetii*로 그람 음성 간균이다. 사람은 감수성이 강해 매우 적은 수의 병원체만으로도 감염된다. 건조에 저항력이 강하고 상당히 안정적이며 특히 동물의 태반에 고농도로 존재할 수 있다. 여러 가지 소독제에 대해서 높은 저항성을 보인다.

### (2) 감염경로

주로 감염된 동물(소, 양, 염소 등)의 젖, 대변, 소변뿐만 아니라 출산 시 양수 및 태반을 통해서 병원체가 고농도로 배출되는데 이 물질에 존재하는 균으로 오염된 먼지를 흡입하여 감염되며, 또한 감염된 가축 및 그 부산물을 가공하는 시설 및 사체 부검실 등에서도 공기전파(흡입전파, 공기전염)를 통해 감염된다. 그리고 저온 살균 소독하지 않은 오염된 유제품 또는 오염된 음식의 섭취로 감염된다. 그 외 드물게 성 접촉, 수혈, 골수이식 등을 통해 감염된 사례도 있다. 사람 간의 전파는 보고된 적이 없다. 브루셀라증과 마찬가지로 감염된 동물과 접촉할 기회가 많은 수의사, 축산물 가공업자, 목장 종사자, 축산업자, 도축업자, 실험실 근무자 등에게 많이 발생한다.

### (3) 잠복기 및 증상

임상 증상은 매우 다양하고 비특이적이다. Q열에 감염된 환자의 50~60%는 불현성 감염으로 현증 감염의 경우에도 증세가 경미한 경우가 많아 5% 정도만 입원이 필요하다. 또한 급성 감염과 만성 감염으로 구분되는데 급성 감염의 1~11%가 만성 감염으로 진행된다.

급성 Q열의 잠복기는 3일~1개월(평균 2~3주)이다. 임상증상은 갑작스러운 고열, 심한 두통, 전신 불쾌감, 근육통, 혼미, 인후통, 오한, 발한, 가래 없는 기침, 오심, 구토, 설사, 복통, 흉통 등이다. 발열은 1~2주간 지속되며 체중감소가 상당기간 지속될 수 있으며 환자의 30~50%는 폐렴으로 진행되며 상당수의 환자에게서 간염이 발생한다. 대부분의 환자는 치료하지 않아도 수개월 안에 회복되나 1~2%는 사망할 수도 있다.

만성 Q열은 증상이 6개월 이상 지속되는 경우로서 흔하지 않으며 중증의 양상을 보인다. 장기 이식환자, 암환자, 만성 신장질환자 등에서 나타나며 대부분 심각한 합병증인 심내막염의 형태로 나타난다. 급성 감염자의 경우 최초 감염 1년에서 20년까지 만성 Q열에 이환될 가능성이 있다. 치료를 하지 않을 경우 최대 65% 정도가 사망하며 적절히 치료하면 10년 이내 19% 정도가 사망한다.

#### (4) 예방법

감염된 동물들과 접촉을 피하거나 가축의 태반 등 출산 적출물, 대소변의 부산물을 소각하거나 폐기하는 등의 적절한 처리를 해야 한다. 모든 우유 및 유제품들은 섭취하기 전 또는 가공 전에 반드시 멸균 소독한 후 가공 및 섭취한다. 간, 비장, 콩팥, 유방, 태반, 고환은 매우 많은 수의 균을 포함할 수 있는 부위이므로 반드시 충분히 가열하여 섭취한다.

### 6-3-7 렙토스피라증(Leptospirosis, Weil's disease)

일종의 급성전신성 열성감염증으로 동물에 있던 *Leptospira*가 사람에게 전파되어 생기는 혈관염이 특징인 질환이다. 세계 도처에서 발생되며 렙토스피라 발생이 많은 열대지방에서는 건기보다 우기에 비교적 많이 발병한다. 우리나라의 경우 9월부터 환자의 발생이 증가하여 11월에 정점을 보인 후 12월부터 감소한다. 주로 50대 이상의 남성에게서 많이 발생한다.

#### (1) 병원체

*Spirochaeta*의 일종인 *Leptospira*로서 *L. interrogans*와 *L. biflexa*의 2가지 종(species)으로 분류하는데 이 중 *L. interrogans*가 병원성을 가진다. *Leptospira*는 나선형이며 활발한 운동성을 가진다. 환경조건만 적합하면 비교적 오래 생존하고 증식도 한다.

#### (2) 감염경로

병원체는 감염된 동물(설치류, 소, 돼지, 개 등), 특히 이환된 쥐(들쥐의 경우 20%가 감염)의 오줌을 통해 균이 배설된다. 감염된 동물의 오줌에 오염된 풀, 토양, 음식물, 물 등과 접촉할 때 점막이나 상처 난 피부를 통해 감염되며, 오염된 음식을 먹거나 비말 흡입, 감염된 동물의 소변 등과 직접 접촉 시 감염되기도 한다[그림 6-14]. 농부, 광부, 오수처리자, 낚시꾼, 군인, 동물과 접촉이 많은 직종 종사자들이 고위험군이며 홍수 후나 추수기 벼 베기 작업과 관련하여 집단 발생이 가능하다. 사람 간 전파는 거의 없다.

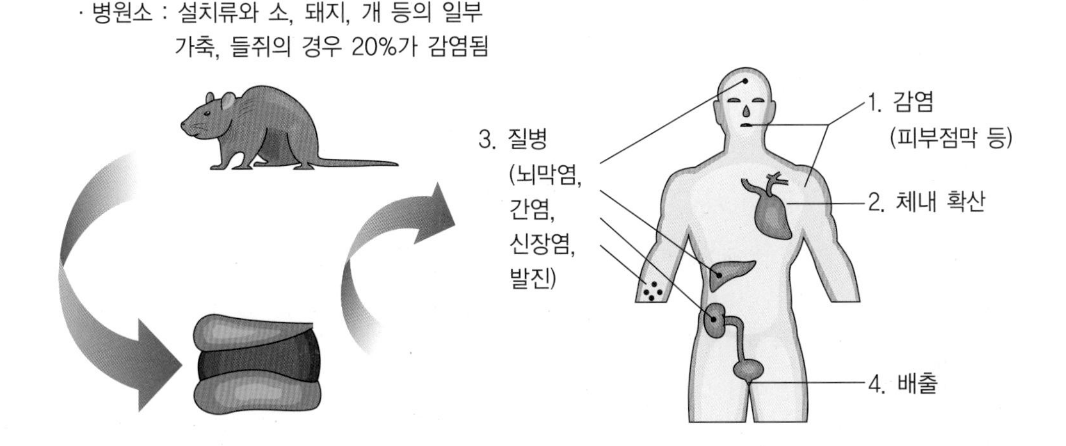


[그림 6-14] 렙토스피라의 전파경로

## (3) 잠복기 및 증상

잠복기는 2~14일(평균 10일)이다. 증상은 가벼운 감기증상에서부터 황달이 나타나는 와일병(Weil's disease)까지 다양한데 황달이 없는 경증환자가 90% 정도이며, 황달이 나타나는 중증환자는 5~10%에 불과하다. 임상증상은 먼저 갑작스러운 발열, 오한, 결막부종, 근육통, 두통, 구역질, 구토 등의 독감 유사증상이 4~7일 지속된 후 균이 폐에 침범하고 일부에서는 객혈이 나타난다. 그 후 1~2일의 열소실기를 거친 다음 뇌막자극증상, 발진, 포도막염, 근육통 등을 나타내는데 15~80%가 무균성 수막염 증상을 보인다.

## (4) 예방법

오염이 되었을 가능성이 있는 물에서는 목욕 및 수영을 하지 않아야 하며, 벼 베기 작업 및 홍수 뒤에 벼 세우기 작업 등 위험환경에 노출될 때에는 장갑, 장화 또는 긴 옷 등을 착용하고 작업을 하며, 일을 마친 뒤 농경지의 고인 물에 씻지 말고 반드시 깨끗한 물에 씻는다. 그리고 가급적 논의 물을 빼고 마른 뒤에 벼 베기 작업을 한다. 작업 후 발열 시 빠른 시간 내에 의료기관에서 진료 및 치료를 받아야 한다. 백신은 효과적이지 못하여 권장되고 있지 않다.

## CHAPTER 06 연습문제

**01 경구감염병의 특징으로 옳은 것은?**

① 2차 감염은 거의 없다.
② 잠복기가 비교적 짧다.
③ 식품은 감염병균의 증식매체로 작용한다.
④ 균의 독력은 세균성 식중독균보다 강하다.
⑤ 식품 중의 균 증식을 막으면 예방조치가 가능하다.

**02 바이러스에 의해서 발생하는 경구감염병은?**

① 콜레라 ② 발진열 ③ 아메바성 이질 ④ 폴리오 ⑤ 성홍열

**03 염소, 양, 소, 돼지 등과 같은 척추동물에게는 불임과 유산을 일으키며 사람은 가열하지 않은 우유나 유제품 섭취로 인한 경구감염이나 피부상처·결막을 통한 경피감염을 일으켜 발열, 발한, 두통, 관절통, 피로감, 식욕부진 등을 일으키는 인축공통감염병은?**

① 결핵 ② 탄저병 ③ 야토병 ④ 파상열 ⑤ 렙토스피라증

**04 식품을 매개로 해서 감염되는 질환 중 환자나 보균자의 분변은 물론 소변으로도 감염될 수 있는 경구감염병은?**

① 장티푸스, 콜레라 ② 세균성 이질, 폴리오 ③ 폴리오, 파라티푸스
④ 성홍열, 디프테리아 ⑤ 장티푸스, 파라티푸스

**05 경구감염병의 예방법 중 감염원의 대책은?**

① 정기적인 예방접종 ② 작업장의 청결유지
③ 위생해충 및 동물의 구제 ④ 환자 및 보균자의 조기발견 및 치료
⑤ 음식의 조리 및 식사 전 손 세척 철저

**06 세균성 이질에 대한 설명으로 옳지 않은 것은?**

① 이유기의 소아 등에게 감수성이 높고 중증화하기 쉽다.
② 위생상태가 불량하고 밀집되어 거주하는 고아원, 사회복지시설, 캠프 등에서 집단발생이 많다.
③ 항생제의 광범위한 사용으로 인한 항생제내성균주가 문제로 대두되고 있다.
④ 적은 양으로 감염되므로 배변 후 손톱 밑이나 손을 깨끗이 씻으면 예방할 수 있다.
⑤ 병원체는 *Salmonella*속으로 neurotoxin, enterotoxin 등과 같은 체내독소를 만든다.

**07 자연능동면역에 해당되는 것은?**

① 태아가 수유를 통하여 획득한 면역
② 생균 백신을 접종한 후 획득한 면역
③ 어떤 감염병에 이환된 후 만들어지는 면역
④ 태아가 모체로부터 태반을 통하여 받은 면역
⑤ 감마글로불린($\gamma$-globulin)을 주사하여 얻은 면역

**08 멸균되지 않은 우유를 통하여 감염될 수 있는 감염병은?**

① 결핵 ② 탄저 ③ 야토병 ④ 폴리오 ⑤ 돈단독

**09 감염병과 병원균의 연결이 옳은 것은?**

① 콜레라 – *Salmonella typhi*
② 폴리오 – *Hepatitis virus*
③ 성홍열 – *Shigella dysenteriae*
④ 탄저 – *Brucella melitensis*
⑤ 결핵 – *Mycobacterium tuberculosis*

**10 간염에 대한 설명으로 옳은 것은?**

① B형간염은 감마글로불린($\gamma$-globulin)을 주사하여 면역을 얻는다.
② B형간염은 음식물이나 식수 등을 통해서 전파되며 일상생활로 잘 감염된다.
③ B형간염은 증상이 6개월 이상 지속되고 B형간염 표면항원 양성을 보이는 경우 만성간염으로 이행한다.
④ A형간염은 음식물, 식수 등에 의한 감염은 드물고 주로 수혈에 의해서 감염된다.
⑤ B형간염은 만성화 경향이 C형보다 높으며 만성간염, 간경변, 간암으로 이행된다.

# 기생충과 위생동물

**학습목적** | 기생충 및 위생동물의 특징을 이해하고 이를 방제 대책에 활용한다.

**학습목표**

01 기생충의 감염원, 감염방식, 중간숙주를 설명한다.
02 기생충이 인체에 미치는 영향을 분류하고 설명한다.
03 기생충 감염의 예방원칙을 실행한다.
04 채소류 감염 기생충을 분류하고 설명한다.
05 수육 감염 기생충을 분류하고 설명한다.
06 어패류 감염 기생충을 분류하고 설명한다.
07 위생동물에 의한 위해나 피해를 기술하고 방제 대책을 수립한다.

# 7-1 기생충

## 7-1-1 개요

정부의 노력과 국민의 교육 및 경제적 수준 향상에 힘입어 2000년 이후 우리나라에서는 수검자의 평균 충란양성률은 과거에 비해 대단히 낮아져 2012년 제8차 전국 장내 기생충 감염실태조사 결과, 조사 대상자의 2.6%에서 양성 결과가 나왔고, 이를 바탕으로 산출한 전체 장내 기생충 감염자 추정치는 130만 명으로 나타났다. 이는 2004년의 제7차 조사 때의 추정 감염 인원 180만 명보다 줄어든 것으로, 장내 기생충 중 간흡충 감염율이 1.9%로 가장 높았고, 그 다음이 편충(0.41%)과 요코가와흡충(0.26%)이었다. 요충은 나오지 않았고 회충 등 나머지 기생충은 0.04% 이하로 나타났다. 그러나 올바르지 못한 식습관 때문에 아직도 간흡충 등과 같은 기생충의 감염율은 선진국에 비해 대단히 높은 것으로 보고되고 있어 공중보건상 중요한 문제가 되고 있다.

① 원충류(圓蟲類, protozoa): 이질아메바, 람블편모충, 말라리아원충, 톡소플라스마, 트리코모나스 등
② 흡충류(吸蟲類, trematode): 간흡충, 폐흡충, 요코가와흡충, 일본주혈흡충 등
③ 조충류(絛蟲類, cestode, tapeworm): 광절열두조충, 무구조충, 유구조충, 왜소조충, 위립조충 등
④ 선충류(線蟲類, nematode): 회충, 구충, 요충, 동양모양선충, 편충, 선모충, 분선충 등

기생충에 의한 인체의 장애는 다수의 기생충이 기생함으로써 나타나는 기계적 장애와 영양결핍으로 인한 빈혈증상, 충체에서 분비된 독소 등의 자극으로 인한 조직의 손상과 염증 그리고 이로 인한 미생물 침입의 조장 등이 있다.

## 7-1-2 채소류를 통하여 감염되는 기생충

우리나라에서는 분변을 채소의 재배에 이용하였기 때문에 분변 속에 존재하는 기생충란이 채소에 부착하는 기회가 많았으며, 오염된 채소를 생식함으로써 기생충의 감염률이 높았다.

### (1) 회충(*Ascaris lumbricoides*)

회충[그림 7-1]은 전 세계적으로 분포하며, 인체에 기생하는 선충류 중 가장 큰 것으로 위생상태가 불량한 지역 및 어린이들의 감염률이 높다.

**[그림 7-1] 회충 충체**

충체는 흰색 및 담홍색으로 앞뒤가 가늘고 뾰족하며 수컷은 10~31cm, 암컷은 22~35cm 정도이고, 1일 평균 20만 개 정도의 배란을 한다.

인체에 경구감염되면 소장 상부에서 부화하여 유충이 된 다음 장벽을 뚫고 세정맥이나 임파관을 통해 간문맥과 심장을 통과해 폐로 이행된다. 폐로 이행된 유충은 폐모세혈관을 파괴하고 폐포로 나온 다음 기관지, 기도, 식도, 위를 통해 소장으로 이동해 성충이 된다. 충란이 감염되어 산란하기까지는 60~80일 정도 소요되며 12~18개월간 생존한다.

회충으로 인한 증상은 다양하나 기생하는 수가 적을 때에는 별다른 증상을 나타내지 않는 경우도 있다. 유충에 의한 증상은 일과성 폐렴과 심한 기침 등이며, 성충에 의한 증상은 복통, 식욕부진, 체중감소, 구토 및 구역질 등이 나타난다. 충란은 65℃에서는 10분 이상 가열하면 사멸하나 영하 15℃에서도 월동하여 봄까지 생존한다. 건조에 대한 저항성은 약한 편이지만 소금 절임 채소 속에서는 40일 후에도 약 40%의 회충란이 검출된다. 그리고 크레졸, 포르말린 및 알코올 등과 같은 소독약품에 대한 저항력도 강한 것으로 알려져 있다.

예방법은 퇴비로 분변을 사용하지 않는 것이 좋으며, 충란을 사멸시키기 위해 채소를 가열처리하는 것이 좋으나 영양소의 파괴가 우려되므로 1~2% 중성세제에 담근 후 흐르는 물로 세척하고 희석 차아염소산용액으로 소독한 다음 물로 세척하는 방법이 좋다. 정기적으로 충란검사를 행하여 기생충의 감염상태를 확인하고 구충제를 투여하여 인체 내에 기생하고 있는 성충을 구제해야 한다.

### (2) 구충(*Ancylostoma duodenale*)

구충(鉤蟲, hook worm, **[그림 7-2]**)은 십이지장충이라고도 하며 경구 및 경피감염되는 구충과에 속하는 선충의 일종으로 위생상태가 좋지 않은 온대와 아열대지방에서 감염률이 높다. 인체에 기생하는 구충으로는 병원성이 강한 두비니 구충(*Ancylostoma duodenale*)과 병원성이 약한 아메리카 구충(*Necator americanus*) 두 종류가 있으며 이로 인한 질병을 채독증(菜毒症) 또는 구충증이라고 한다.

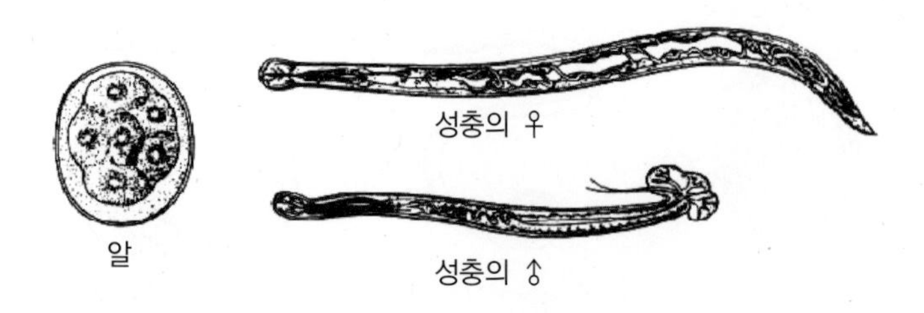


[그림 7-2] **구충의 충체**

성충은 원통형의 회백색 선충으로 수컷은 5~11mm, 암컷은 9~13mm 정도의 크기이다. 분변과 같이 배출된 충란은 적당한 습도와 온도에서 부화하여 유충이 되고 유충은 강한 촉주성(觸走性, thigmotaxis)으로 숙주의 발등 또는 손가락과 발가락 사이의 모공, 세공 또는 피부를 통해 침입한다. 경피감염된 유충은 정맥을 통해 심장과 폐로 이행한 다음 폐의 모세혈관을 파괴하고 폐포로 유입된 후, 기관지와 기도를 거쳐 장관에 도달하여 성충이 되고 소장의 점막에 부착하여 흡혈한다. 감염 후 약 5~6주 후 성충이 되어 산란을 시작하고 수명은 약 5년 정도이다.

구충으로 인한 증상은 유충이 침입한 피부 부위의 소양감(搔痒感), 작열감(灼熱感), 홍반(紅斑), 구진(丘疹) 및 수포(水疱) 형성 및 피부염, 알레르기와 천식(喘息)성 기침이 발생한다. 성충에 의해서는 빈혈과 소화장애 및 신체 발육장애가 나타난다. 충란의 저항성은 회충란에 비해 약한 편이고 생존기간은 약 75일 정도이며, 분변은 적당한 부숙기간을 두었을 때 감염력을 상실한다. 유충은 70℃에서 1초간, 직사광선에서는 1~2일 내에 사멸하며, 소독약품에 대한 저항성은 비교적 약하다.

예방법으로는 경피 및 경구감염이 가능하므로 야외에서의 배변을 금지해야 하며, 또한 토양에 피부가 직접 노출되는 것을 피해야 한다. 충란에 오염된 채소는 소독과 세척을 통해 제거해야 하며 정기적 분변검사를 통해 감염 여부를 확인한 다음 구충제를 복용하여 성충을 구제해야 한다.

### (3) 동양모양선충(*Trichostrongylus orientalis*)

동양모양선충은 구충과의 기생충으로 반투명의 회백색을 띤 가늘고 긴 모양의 충체로 4~7mm 정도의 크기이며 암수 모두 구충보다 작다. 배설된 충란은 부화, 탈피, 발육하여 감염력이 있는 유충상태가 되며 경구적 감염을 주로 하지만 간혹 경피감염이 되기도 한다. 생활사는 십이지장충과 동일하며 기생장소는 소장이다. 감염증상은 구충보다 경미하고 십이지장충 예방법에 따른다.

### (4) 편충(*Trichuris trichiura*)

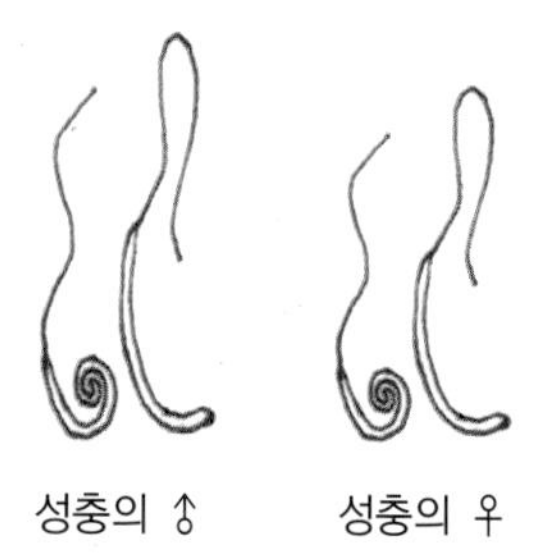


[그림 7-3] **편충의 충체**

편충(鞭蟲, [그림 7-3])은 세계 각지에 분포하는 기생충으로 감염 경로가 회충과 유사하며, 우리나라에서 감염률은 회충과 비슷한 수준이다.

성충은 수컷 30~45mm, 암컷 35~50mm 정도이고 채찍과 같은 가느다란 전반부가 충체 길이의 3/5 정도를 차지하며, 후반부는 굵은 모양의 충체이다. 유충이 들어있는 충란이 인체에 경구감염되면 소장상부에서 부화된 다음 맹장 부근으로 이동하여 충체 전반부의 채찍과 같은 가는 부위를 숙주의 대장점막에 삽입한 상태로 기생한다. 충란 섭취 후, 산란까지는 약 1~3개월 정도가 소요되며 수명은 보통 4~6년 정도이다.

편충에 의한 증상은 회충의 경우와 마찬가지로 중증 감염이 아니면 거의 증상이 나타나지 않는다. 특징적인 임상적 소견으로 혈액이 비치는 설사, 복통, 오심, 구토 및 빈혈과 체중감소 등이 나타나고 가끔 두통과 미열이 발생하는 경우도 있다. 충란의 저항성은 회충에 비해 약하며 예방방법은 회충과 동일하다.

### (5) 요충(*Enterobius vermicularis*)

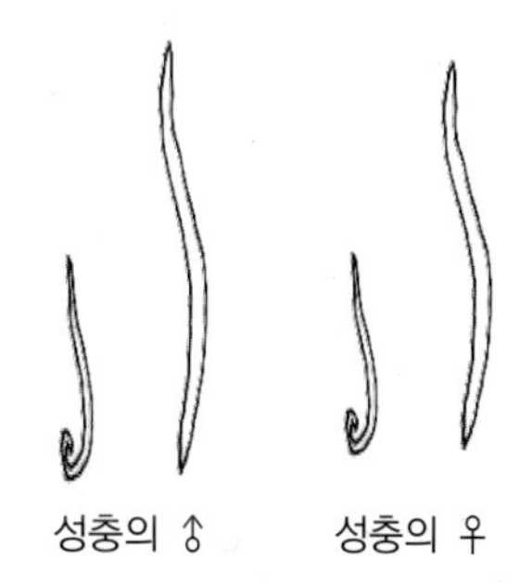


[그림 7-4] **요충의 충체**

요충(蟯蟲, [그림 7-4])은 세계 각지에서 발견되는 소형 기생충으로 pinworm 혹은 seatworm이라고도 하며 암컷 성충의 크기는 8~13mm이다.

경구감염된 충란은 소장에서 부화한 다음 맹장 주위에서 기생하며 항문 주위로 이동해 산란한다. 취침할 때, 항문 주위로 이동하여 산란하기 때문에 충란은 분변 속에서보다는 항문 주위에서 발견된다. 산란된 충란은 3~6시간 후에 성숙란으로 발육하여 사람의 손 또는 분변으로 오염된 음식물을 통해 경구적으로 감염된다. 침구류, 의자 및 욕조를 통해 감염될 수 있기 때문에 단체생활을 하는 고아원 등과 같은 곳에서는 집단감염의 가능성이 높다.

요충에 의한 증상은 항문 주위의 소양증으로 인한 불면증과 신경질, 체중감소, 야뇨증, 복통, 소화장애, 만성장염, 소화불량, 빈혈 등이다. 예방은 집단감염이 우려되므로 가족 전체가 구충제를 복용해야 하고, 동시에 감염자의 침구류와 의복 등도 가열 소독해야 하며 항상 손을 깨끗이 씻어야 한다.

## 7-1-3 어패류를 통하여 감염되는 기생충

우리나라 사람들은 생선회를 섭취하는 경우가 많아 어패류를 통한 기생충의 감염이 국민보건상 중요한 문제로 대두되고 있다.

### (1) 간흡충(간디스토마, *Clonorchis sinensis*)

간흡충(肝吸蟲)은 한국, 일본, 중국, 태국 및 베트남 등에서 보고되고 있는 기생충으로 민물고기를 생식하는 사람뿐만 아니라 개, 고양이, 돼지 등과 같은 포유동물에서도 기생한다. 한국에서는 제주도를 제외한 남한의 전 지역에 분포하며, 특히 낙동강 유역에서 감염률이 높다.

성충은 자웅동체로 소화관이 퇴화되어 버드나무 잎 모양으로 길고 납작하며, 앞쪽은 뾰족하고 뒤쪽은 둥근 형태이고 구흡반(口吸盤)과 복흡반(腹吸盤)으로 부착 기생한다.

간흡충은 2개의 중간숙주를 가지며, 제1중간숙주는 왜우렁이 등과 같은 연체류이고, 제2중간숙주는 담수어류인 잉어과에 속하는 23개 속 약 40여 종의 어류가 해당되며 감염된 민물고기를 생식하면 소장에서 탈낭한 유충이 총수담관을 통해 간 내의 담관 말단부까지 이행하여 기생한다[그림 7-5].

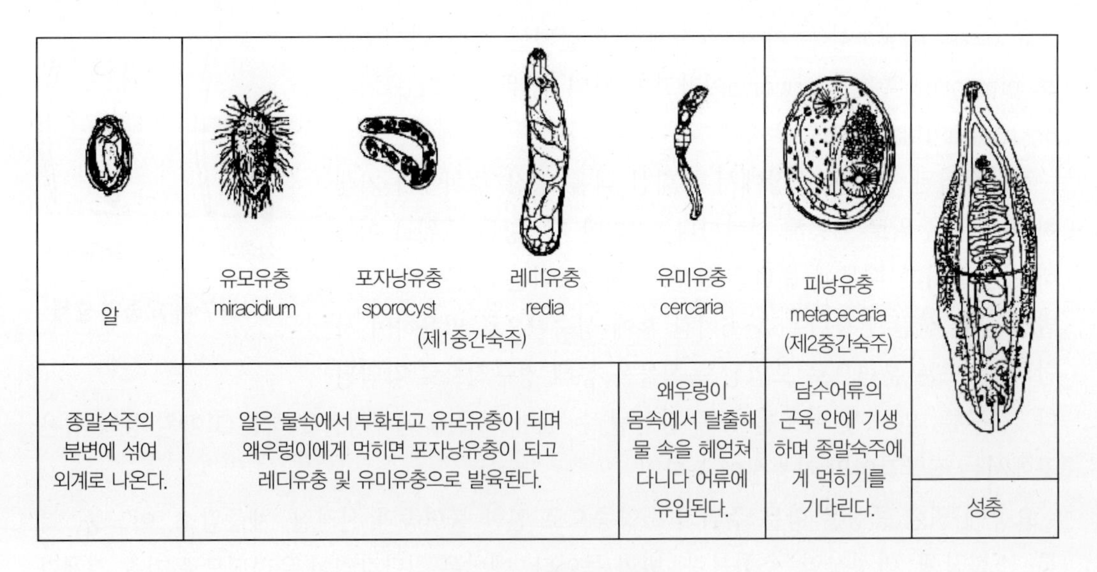


[그림 7-5] 간흡충의 생활사

감염증상은 충체의 기계적 자극 및 독소에 의한 간조직의 손상과 더불어 황달, 부종, 소화장애 등이 나타나며 심하면 간경변증으로 진행되어 사망하기도 한다.

피낭유충은 비교적 저항력이 강하여 냉동하여도 6일 동안 생존하고, 식초 속에서도 4일간 생존한다. 그러나 열에는 약하여 55℃에서 15분, 끓는 물 속에 1분 이상 두면 사멸한다. 예방은 제2중간숙주인 담수어의 생식을 금하는 것이 중요하며, 조리용 칼이나 도마를 통하여 감염될 수 있기 때문에 철저한 소독관리가 필요하고 정기 분변검사를 통해 감염 사실이 확인되면 구충제를 복용해야 한다.

### (2) 폐흡충(폐디스토마, *Paragonimus westermani*)

폐흡충(肺吸蟲)은 한국, 일본, 중국 및 태국 등에서 보고되고 있는 기생충으로 자웅동체이며, 성충은 콩 모양의 담홍색 낭상으로 충체의 앞면은 편평하고 뒷면은 불룩하며 같은 크기의 구흡반과 복흡반을 가지고 있다[그림 7-6].

[그림 7-6] 폐흡충의 충체

폐의 충낭이 터지면서 충낭 밖으로 나온 충란은 분변이나 객담과 함께 배출된다. 생활사는 간흡충의 경우와 동일하며 제1중간숙주인 다슬기의 체내에서 포자낭충, 레디유충, 유미유충으로 발육한 다음 물속으로 탈출해 다시 제2중간숙주인 게나 가재 등과 같은 민물 갑각류의 근육이나 내장에서 피낭유충이 된다.

열처리가 불충분한 게나 가재를 종숙주인 사람이 섭취했을 때 피낭유충이 소장에서 탈낭한 다음 장벽, 복강, 횡격막 및 흉강을 통해 폐에 도달하고 기관지 말단에서 섬유조직으로 된 충낭을 형성하여 성충이 된다. 또한 폐 이외 뇌와 같은 다른 기관에도 기생하여 이소(異所)기생병소(ectopic lesion)를 형성하기도 한다.

감염된 숙주에서는 알레르기성 반응과 기침, 가래, 혈담, 흉통, 흉막염과 더불어 충낭이 존재하는 부위에 염증이 발생한다. 이소기생으로 충체가 뇌에 기생하면 간질 및 다양한 감각이상 증상과 시각장애가 나타나기도 한다.

피낭유충의 저항성은 게의 체내에서는 55℃에서 30분 만에 사멸하며 식초나 간장에서는 2시간 내에 사멸하지만, 10% 식염수 속에서는 48시간 동안 생존이 가능하다. 예방은 유행지역에서 제2중간숙주인 게나 가재의 생식을 금해야 하며, 게나 가재를 조리할 때 기구에 묻어 2차적으로 오염될 가능성이 있으므로 기구를 충분히 세척 및 소독해야 한다. 또한 물을 통해서도 감염될 우려가 있기 때문에 물을 끓여 먹도록 해야 하며 감염자는 구충제를 복용해야 한다.

### (3) 요코가와흡충(횡천흡충, *Metagonimus yokogawai*)

요코가와흡충(橫川吸蟲)은 한국, 일본 및 중국에 많이 분포하는 기생충으로 자웅동체이며 인체 기생 흡충류 중 가장 작은 것이다. 분변과 함께 체외로 배출된 충란은 약간의 차이는 있으나 간 및 폐흡충과 유사한 생활사를 보인다. 즉, 제1중간숙주인 다슬기의 체내에서 포자낭충, 레디유충, 유미유충으로 그리고 제2중간숙주인 잉어나 은어 등과 같은 민물어류의 체내에서 피낭유충으로 성장한다.

피낭유충이 들어있는 민물어류를 생식하게 되면, 유충이 십이지장에서 탈낭하여 성충이 되어 공장 부위에서 기생한다. 감염에 의한 특별한 증상은 없으나 많은 수가 기생하면 위장장애와 점막의 염증, 설사, 복통, 빈혈을 일으킨다. 피낭유충의 저항력은 대단히 강하여 식초 중에서는 1시간, 식염수 속에서 4일, 70℃에서 15분 정도 가열하여도 사멸하지 않으며 0.3%의 염산용액 속에서 6시간 정도 생존한다. 예방은 민물어류의 생식을 금하는 것이 가장 중요하며, 감염자는 구충제를 복용해야 한다.

### (4) 광절열두조충(*Diphyllobothrium latum*)

광절열두조충(廣節裂頭條蟲)은 긴촌충이라고도 하며 담수어 및 반담수어류인 연어, 송어, 농어, 꼬치어 등을 생식하는 지방에 많이 분포한다. 황회색의 성충은 길이 3~10m, 폭은 2~2.5cm 정도이며 3,000개 정도의 편절을 가진 인체 조충류 중 가장 큰 것이다. 두절은 곤봉모양이고 머리에 두 줄기의 홈통이 있어서 갈라진 것처럼 보이기 때문에 열두(裂頭)라고 하며 성숙편절은 길이보다 너비가 넓은 편이어서 광절이라고 한다[그림 7-7].

분변으로 배설된 충란이 물속에서 제1중간숙주인 물벼룩에 섭취되며, 제2중간숙주인 연어, 송어 및 농어가 물벼룩을 포식하게 되면 근육에 침입한 다음 유충으로 발육하게 된다. 인체 감염은 반담수어를 생식할 경우이다.

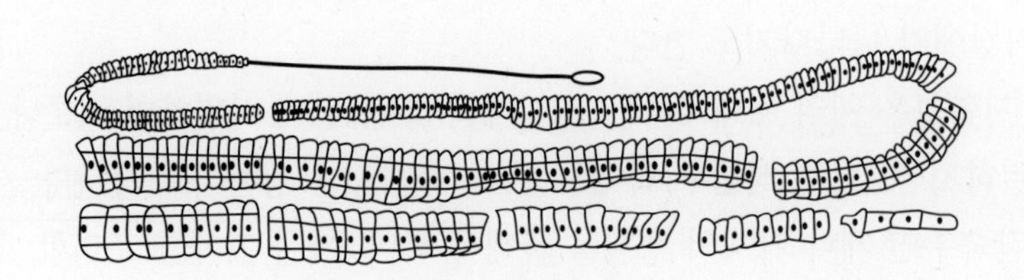

[그림 7-7] 광절열두조충의 충체

감염증상은 소화기장애, 빈혈, 구역질, 구토, 복통, 영양장애, 식욕감퇴 등이 일어나며, 장내에서 과잉의 비타민 $B_{12}$를 흡수함으로써 빈혈이 일어난다. 유충의 저항력은 비교적 강하여 건조, 훈연, 염장, 냉동에도 사멸하지 않으며, 50℃에서 10분 이상 가열해야 사멸한다. 예방은 담수어나 반담수어의 생식을 금하고, 감염자는 구충제를 복용해야 하며 약물 복용 후 반드시 두절이 배출되어야 완치된 것이다.

### (5) 스파르가눔(만손고충, *Sparganum mansoni*)

열두조충과(裂頭條蟲科)에 속하는 조충류의 유충이 인체 내에 기생하는 것을 스파르가눔(sparganum)이라고 하며 이로 인하여 발생하는 질병을 스파르가눔증(sparganosis) 또는 만손고충증(孤蟲症)이라고 한다. 충체는 백색으로 길이 수 cm, 폭 2~3mm 정도의 크기이며 성충은 광절열두조충과 비슷하나 크기가 작고 종숙주인 개나 고양이의 장에 기생한다. 제1중간숙주는 물벼룩, 제2중간숙주는 개구리, 뱀 및 담수어, 조류, 포유류 등이다.

인체감염은 유충이 기생하는 물벼룩에 오염된 물을 섭취하는 경우와 유충에 감염된 뱀, 개구리를 생식하거나 뱀, 개구리 등을 먹은 닭의 근육을 완전한 열처리를 하지 않고 섭취함으로써 야기되며 피하조직에서 종류(腫瘤)를 형성하여 기생한다. 감염증상은 감염된 부위에 따라 차이가 있으나 담마진과 부종 및 홍반을 나타내며 오한, 발열 등이 수반되기도 한다. 예방은 물을 끓여 마셔야 하며 담수어 등 중간숙주는 완전히 익혀서 먹어야 한다. 치료는 유충을 외과적으로 제거하는 것이다.

### (6) 유극악구충(*Gnathostoma spinigerum*)

유극악구충(有棘顎口蟲)은 어류를 먹는 포유동물의 장벽에 종양을 형성하는 홍색의 큰 선충이다. 제1중간숙주는 물벼룩이며, 제2중간숙주는 가물치, 뱀장어, 미꾸라지 등 민물어류이고, 종숙주는 개나 고양이지만 닭, 오리, 돼지 등과 같은 동물이 제2중간숙주인 물고기를 섭취하였을 때에도 유충이 가금류나 돼지의 골격근으로 이행, 충낭을 형성하여 기생한다.

인체는 비호적 숙주이며 감염 경로는 제2중간숙주인 물고기를 섭취함으로써 감염되거나, 가열이 불충분한 돼지고기나 닭고기를 통해서도 감염될 수 있다. 인체에 감염되면 체내에서 성충이 되지 못하고 유충의 상태로 기생하는 것으로, 피하조직에서 특유의 이동성 피부종양을 일으키며 발적과 가려움증을 수반한다.

### (7) 아니사키스(*Anisakis simplex*)

해산어류에 의해 인체에 감염되는 아니사키스 유충은 고래회충으로 사람은 종숙주가 아니다. 충체는 상아색, 흰색, 갈색 또는 분홍색의 기생충으로 해산포유류의 위장 속에서 발견되는 머리카락 굵기의 기생충이다[그림 7-8]. 충란은 고래의 분변과 함께 해수 중에 배출되어 제1중간숙주인 해산갑각류에 섭취되고 다시 제2중간숙주인 해산어류가 갑각류를 섭취함으로써 어류의 근육이나 내장에서 유충이 된다. 해산어류를 종숙주인 고래와 같은 해산포유류가 섭취하게 되면 종숙주의 위벽에서 성충이 된다.

[그림 7-8] 아니사키스의 충체

사람의 경우에는 제2중간숙주나 고래고기를 섭취할 때 감염되며 위나 장에서 자충으로 기생한다. 감염증상은 위장형의 경우 구토와 심한 상복부 통증이 있고, 소장형의 경우 구토와 하복부의 통증을 야기한다. 유충은 열에 약하여 50℃에서 10분, 55℃에서 2분 정도면 사멸하나, −10℃에서 6시간 정도 생존한다. 예방은 생선회를 먹지 않는 것이 좋으나, 냉동시켜 기생충을 사멸시킨 다음 섭취하면 무방하다. 특히 복부근육에 대부분의 유충이 기생하고 있기 때문에 복부근육은 생식하지 않는 것이 좋다.

## 7-1-4 육류를 통하여 감염되는 기생충

우리나라에서는 일반적으로 육류를 가열 조리하여 섭취하고 있어 수육을 통하여 감염되는 기생충의 감염률은 비교적 낮은 편이다. 그러나 육회나 충분히 가열하지 않아 설익은 것을 섭취하면 감염될 수가 있다.

### (1) 무구조충(*Taenia saginata*)

무구조충(無鉤條蟲)은 민촌충 또는 쇠고기촌충(beef tapeworm)이라고도 하며, 주로 쇠고기를 많이 섭취하는 나라에서 감염률이 높은 조충이다.

자웅동체로 1,200~1,300개의 편절로 구성되어 있는 길이 4~10m, 폭 1.5~2cm 정도의 대형 조충이며 머리 부분에 4개의 흡반이 있고 갈고

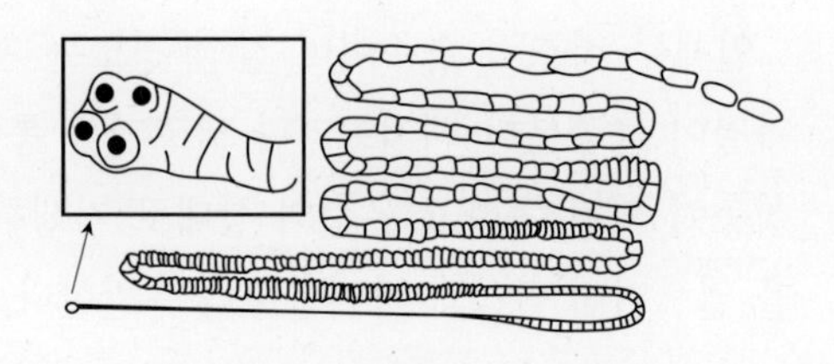

[그림 7-9] 무구조충의 충체

리는 없다[그림 7-9]. 편절은 발육순으로 경부(頸部), 미성숙편절, 성숙편절, 수태(受胎)편절로 연결되어 있다. 수태편절 1개당 약 10만 개의 충란을 가지고 있으며, 보통 하나씩 떨어져 나와 자체운동으로 항문 부위까지 나오거나 분변과 함께 나오기도 한다. 충란에 오염된 풀이나 채소를 소가 섭취하면 위 속에서 탈피되고 장액에 의해 부화된 유충은 장관벽을 뚫고 혈관 내로 침입하여 근육 등 여러 부위에 분산되어 무구낭충(*Cysticercus bovis*)이 된다.

이러한 무구낭충을 가진 쇠고기를 사람이 섭취하면 장액에 의해 탈낭하고 공장점막에 부착하여 성충이 되어 기생한다. 감염증상은 충체에 의한 장폐색증이 나타나기도 하며 빈혈, 설사, 복통, 구역질, 구토, 신경증상 등을 일으킨다. 무구낭미충은 −10℃에서는 5일간 생존하며 71℃에서 5분 정도 가열하면 사멸한다.

예방은 쇠고기의 생식을 금하고 충분히 가열하여 섭취해야 하며, 감염자는 구충제를 복용해야 한다.

### (2) 유구조충(*Taenia solium*)

유구조충(有鉤條蟲)은 갈고리촌충 또는 돼지고기촌충(pork tapeworm)이라고 하며 우리나라에서도 흔히 발견되는 기생충이다.

자웅동체이며 길이가 2~4m 정도로 두부는 구형이고 22~32개의 크고 작은 두 줄의 갈고리를 가지고 있다. 갈고리의 주위에는 4~6개의 흡반이 있으며 체절은 800~900개 정도이고, 성숙편절은 사각형 모양으로 아래쪽으로 갈수록 비대하다[그림 7-10]. 중간숙주인 돼지가 충란을 섭취하면 충란 속의 유충이 탈피한 다음 장관벽을 관통해 혈관을 타고 근육으로 이동하여 유구낭충이 된다.

낭충이 들어 있는 돼지고기를 사람이 섭취함으로써 감염되며 장액에 의해 부화한 다음 공장점막에 부착하여 성충이 되고 수태편절을 배출한다. 수태편절은 숙주에서 배출되기 전에 파괴되어 3만~5만 개 정도의 충란이 방출된다. 가끔씩 사람의 장관 속에서 편절이 파괴되고 충란이 부화하여 장벽 내에서 낭미충으로 되는 경우가 있다. 이것을 자가감염이라고 한다. 감염증상은 성충에 의한 소화장애, 설사, 구토, 공복통, 체중감소 등이며, 유충에 의한 장애로 낭미충증이 흉근, 안구, 심장, 피하조직 등에서 발생하며 성충에 의한 장애보다 심하다. 유구낭충의 저항력은 비교적 강하여 −10℃ 이하에서 4일 정도 생존하며 일시적인 염장이나 훈제육에서도 잘 사멸하지 않으며 50℃에서 30분 정도 가열해야 사멸한다.

예방은 돼지고기를 완전히 익혀서 섭취해야 하며 감염자는 구충제를 복용해야 한다.

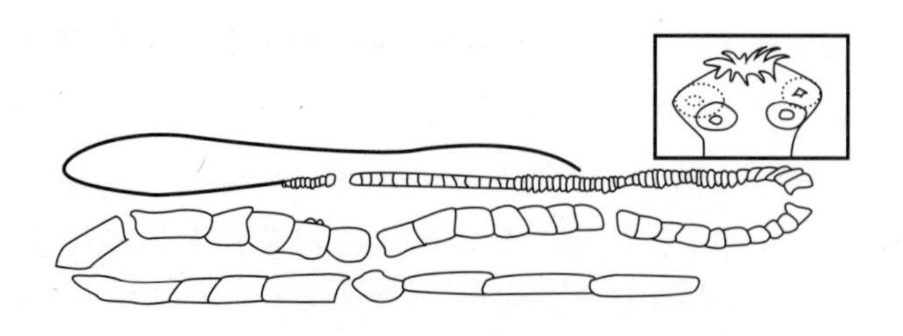

[그림 7-10] **유구조충의 충체**

### (3) 선모충(*Trichinella spiralis*)

선모충(旋毛蟲)은 유럽과 중국에 많은 기생충으로 자연계에서는 쥐에 만연(蔓延)하여 있으며 2차적으로 돼지나 개, 여우, 고양이 등에 자연감염되기도 한다. 자웅이체의 선충으로 피낭자충을 가진 돼지고기를 사람이 섭취하면 소장에서 탈피한 유충이 장점막에 침입한다. 성충이 된 후 암컷은 공장 상부의 점막 내에 침입하여 기생한다. 또한 유충은 혈관을 따라 신체 각 부분의 근육으로 이동해 발육하며 근섬유에 둘러싸이게 된다. 성충과 유충이 같은 숙주 안에 있으며 유충이 성충보다 장기간 감염된다. 감염되면 위장증상, 수면증상에 이어 발열(40℃)이 있고 유충에 의한 근육통이 나타나며 심하면 빈혈이나 폐렴을 발생시켜 사망하는 경우도 있다.

예방은 돼지고기를 65℃에서 1시간 동안 가열하여 섭취하거나 영하 27℃에서 36시간 동결보존하여 자충을 완전 사멸시켜 섭취해야 한다.

### (4) 톡소플라스마(*Toxoplasma gondii*)

원충류인 톡소플라스마는 포낭이 내포되어 있는 돼지고기를 섭취함으로써 경구감염되며, 종숙주는 고양이, 개, 쥐, 양, 토끼 등이나 거의 모든 포유동물 및 조류의 장기나 조직에서 성장이 가능하다. 고양이가 포낭에 감염된 쥐를 잡아먹으면 위장관 내에서 톡소플라스마가 유리되고 소장의 상피세포 내에서 증식하여 낭포체가 생겨난다. 낭포체는 상피세포를 파괴하고 장내로 나와 고양이의 분변과 함께 배출된다. 낭포체를 배출하는 것은 고양이과 동물뿐이지만 돼지, 소, 양을 비롯한 여러 동물들이 낭포체를 섭취함으로써 감염되며 동물의 근육조직 내에 감염력이 있는 포낭이 생기게 된다.

인체의 감염은 포낭이 들어 있는 돼지, 소 및 양고기를 덜 익힌 것이나 날것으로 먹었을 때 야기된다. 대부분은 별다른 증상이 없으나 임산부가 감염되면 태반감염을 일으켜 장애아를 출산하거나 유산이나 조산의 원인이 되기도 하며 중추신경계 친화성이 있어 뇌수종, 맥락막염 등을 일으킨다. 예방은 돼지고기를 충분히 가열하여 섭취해야 하며 고양이의 배설물이 식품이나 물을 오염시키지 않도록 주의해야 한다.

# 7-2 위생곤충과 위생동물

## 7-2-1 개요

위생곤충 및 위생동물은 식품을 오염시키고 병원체를 전파시켜 인체에 질병을 일으키거나 자상(刺傷)이나 흡혈 등의 직접 상해를 통하여 많은 피해를 주고 있으며 식품에 번식하거나 침입하여 외관을 손상시켜 식품의 상품적 가치를 저하시킨다. 또한 이들의 사체와 배설물 등은 불쾌감과 더불어 식품위생상의 문제를 야기할 뿐만 아니라 직접 및 간접적으로 질병을 전파한다.

위생곤충 및 위생동물에 의한 직접적인 피해는 위생곤충이나 위생동물의 구부(口部)에 의한 기계적 손상으로 피부조직의 파괴와 더불어 2차적인 병원성 미생물의 침입에 의한 염증이 발생하거나 독성물질에 의한 알레르기 반응과 피부염 및 기관지 천식 등의 증상이 나타날 수 있다. 한편 간접적인 피해는 병원체의 기계적 및 생물학적 전파를 들 수 있다. 기계적 전파는 병원체가 위생곤충 및 위생동물의 체내에서는 증식하지 않고 단지 운반되어 음식물이나 물 등에 오염된 것을 사람이 섭취함으로써 전파되는 양식이며 파리, 바퀴벌레, 쥐 등에 의한 대부분의 식중독과 경구감염병 및 일부 기생충의 전파양식이 여기에 해당한다. 생물학적 전파는 병원체가 위생곤충 및 위생동물의 체내에서 발육이나 증식과 같은 생물학적인 과정을 거쳐 인체에 감염이 가능한 형태로 전환되어 위생곤충 및 위생동물이 인체의 피부를 물었을 때 병원체가 체내에 주입됨으로써 전파되는 방식이다. 이러한 방식을 통한 전파는 모기에 의한 일본뇌염, 체체파리에 의한 수면병, 진드기에 의한 쯔쯔가무시병 등이 있다. 그리고 물벼룩 등과 같은 곤충은 기생충의 중간숙주로서의 역할을 한다.

## 7-2-2 위생곤충

### (1) 파리(fly)

파리의 종류는 대단히 많으나 식품위생상 문제가 되는 것은 대형인 집파리류, 쉬파리류, 금파리류, 큰검정파리류 및 소형인 초파리류, 벼룩파리 등이 있다. 파리류는 완전변태를 하는 곤충으로 알, 유충(구더기), 번데기, 성충의 순으로 발육한다. 알에서 성충이 될 때까지의 기간은 종과 환경조건에 따라 차이가 있으나 대략 20~60일 정도이며 수명은 평균 30일 정도이다.

① 매개질병

㉠ 소화기계 감염병: 이질, 콜레라, 장티푸스, 파라티푸스 등
㉡ 호흡기계 감염병: 결핵
㉢ 기생충증: 회충, 십이지장충, 편충 등
㉣ 화농성 질환 및 나병
㉤ 유충에 의한 질병: 사람의 피하, 소화관, 비뇨기, 귀 등에 질병을 초래한다.

② 구제법

㉠ 환경적(생태적) 구제: 분뇨 및 진개(塵芥)의 완전처리 등을 통한 환경개선으로 발생을 방지하는 방법이다.
㉡ 기계적(물리적) 구제: 파리채, 끈끈이 등을 이용해 사멸시키는 방법이다.
㉢ 화학적 구제: 살충제 및 훈증제를 이용해 사멸시키는 방법이다.

### (2) 진드기(tick)

진드기류는 알과 유충을 거쳐 성충이 되는 불완전한 변태를 하지만 곤충과는 다른 점이 많다. 알에서 부화하여 3쌍의 다리를 갖는 유충을 거쳐 4쌍의 다리를 갖는 자충으로 발육하여 성충이 된다. 진드기는 20℃ 이상의 고온, 다습한 곳에서 증식속도가 빠르다.

식품 중에 자주 기생하는 진드기의 종류와 특징은 [표 7-1]과 같으며 구제법은 다음과 같다.

**표 7-1 진드기의 종류와 특징**

| 종 류 | 특 징 |
|---|---|
| 긴털가루진드기 | 우리나라의 모든 저장식품에서 흔히 볼 수 있으며 유백색 혹은 황백색으로 25℃, 습도 75% 조건에서 곡류, 곡분, 과자, 건조과일, 치즈, 건어물 등에 잘 기생한다. 0.3~0.5mm 크기로 여름에 많이 발생한다. |
| 수중다리가루진드기 | 유백색으로 곡류, 저장식품, 종자, 건조과일 및 치즈 등에 기생하며 다량 발생하면 곰팡이 냄새가 난다. |
| 설탕진드기 | 난형의 유백색으로 설탕이나 된장의 표면이나 건조과일 등에 번식한다. |
| 보리가루진드기 | 타원형의 유백색으로 주로 곡류에 번식한다. |
| 집고기진드기 | 타원형으로 설탕이나 치즈에 잘 번식한다. |
| 작은가루진드기 | 유백색의 소형진드기로 소맥분, 흑설탕, 건조란 등에 잘 번식한다. |
| 고노수수렝이진드기 | 건어물에 특히 잘 번식한다. |
| 가루살갗진드기 | 배합사료나 곡분에 잘 번식한다. |
| 보리먼지진드기 | 식품뿐만 아니라 사람의 분뇨에서도 발견되는 것으로 뇨진드기증을 일으킨다. |
| 굵은발톱진드기 | 난형의 담갈색으로 보행속도가 대단히 빠르다. |

① 화학적 구제

식품 중에 직접 살충제를 살포할 수는 없으나 독성이 낮은 유기인제(sumithion) 등을 외부에 살포하면 효과가 있고 식품창고 등에는 인화수소, 클로로피크린(chloropicrin) 등을 훈증하여도 효과가 있다.

② 물리적 구제

온도 및 습도조절 등에 의해 진드기를 구제할 수 있다.

진드기는 10℃ 이하의 온도에서는 증식하지 못하고 냉동이나 70℃ 이상에서는 사멸한다. 그리고 진드기는 습도가 낮으면 증식이 불가능하므로 식품 자체의 수분함량을 10% 이하로 낮추고 방습용기에 보존하면 번식을 막을 수 있다. 또한 식품을 밀봉 포장하면 진드기의 침입을 막을 수 있으며, 포장으로는 위생 처리된 알루미늄박이 가장 좋다.

### (3) 바퀴(cockroaches)

바퀴는 바퀴목에 속하는 곤충으로 우리나라에 가장 많은 것은 독일바퀴, 이질바퀴(미국바퀴), 검정바퀴 및 일본바퀴 등 4종이다. 바퀴는 알, 유충, 성충의 순으로 발육하는 불완전변태를 하며 번식속도가 빠르다. 성충의 수명은 종류에 따라 다르나 3~12개월 정도이며 잡식성으로 위생상 문제가 되는 가주성(家住性) 바퀴는 습도와 온도가 적당한 곳이면 어디서나 서식하지만 주로 부엌이나 찬장 뒤 등 어두운 곳에서 무리를 지어 서식한다. 일광을 피하여 낮에는 은신처에 숨어 있다가 밤이 되면 먹이 섭취를 위해 활동한다.

바퀴에 의한 피해는 다음과 같다.

① 직접피해: 자극성 물질을 분비하여 피부병을 유발하거나 특이체질인 사람에게는 알레르기 반응에 의한 호흡기질환을 일으키기도 한다.
② 간접피해: 세균, 기생충, 바이러스 등의 병원체를 몸의 표면이나 다리의 털, 분변 등에 부착시켜 식품 등을 오염시킴으로써 식중독 및 경구감염병 등의 질병을 전파한다.

바퀴의 구제 방법은 다음과 같다.

① 환경적 구제: 바퀴의 은신처를 제거하고 주위를 깨끗이 하며, 음식물 관리를 철저히 하여 바퀴의 먹이를 없앤다.
② 물리적 구제: 창문, 각종 파이프, 쓰레기통을 통하여 들어오는 경우가 있으므로 방충시설을 철저히 한다.
③ 화학적 구제: 식품에 살충제를 혼합시켜 섭취하도록 하는 독이법(poison baits) 및 잔류분무법(훈증법 및 훈연법)으로 휘발성 살충제를 연무하거나 pyrethrin 또는 DDVP로 훈연한다.
④ 생물학적 구제: 최근 미국 등지에서 바퀴에 산란하는 말벌을 천적으로 이용하기 위한 시도를 하고 있다.

## 7-2-3 위생동물

### (1) 쥐(rat)

국내에 서식하는 쥐 중 식품위생상 문제가 되는 것은 시궁쥐(집쥐), 곰쥐(지붕쥐), 생쥐 등 세 종류이다. 쥐의 임신기간은 3주 정도이며 연간 5~6회 임신하고 생후 2~3개월이면 성체가 된다. 수명은 자연계에서는 보통 2년 이내인 것으로 알려져 있으며 이들 3종의 특징은 [표 7-2]와 같다.

쥐는 야간에 주로 활동하고 행동반경은 대단히 좁다. 시각의 발달이 나쁘고, 색맹이지만 청각, 후각, 촉각은 예민하여 소리나 사물에 대한 경계심이 대단하며 문치(門齒)가 빠른 속도로 자라기 때문에 계속 단단한 물질을 갉아 마모시켜야 음식물을 섭취할 수가 있다. 그리고 쥐는 사람이 생활하는 곳을 따라 이동하고 서식하는 장소와 통로가 일정하며, 잡식성으로 저장식품이나 작물 등을 먹는 외에 바퀴벌레 등의 곤충도 먹는다.

**표 7-2** 쥐의 종류와 특징

| 종류 | 집쥐 (*Rattus norvegicus*) | 곰쥐 (*Rattus rattus*) | 생쥐 (*Mus musculus*) |
|---|---|---|---|
| 1회 출산수 | 8~9마리 | 5~6마리 | 약 8마리 |
| 체 중 | 300~400g | 약 250g | 약 50g |
| 형 태 | 꼬리는 몸통보다 약간 길고 귀는 작다. | 꼬리는 몸통보다 길고 귀는 작다. | 소형이나 꼬리는 길다. |
| 행 동 | 마루 밑, 돌담 사이, 시궁창의 측면, 지하 등에서 서식한다. | 천장이나 헛간에 서식하며 동작이 민첩하고 건물의 측면을 기어올라 다닌다. | 아파트 문이나 통풍구로 침투한다. 천조각이나 솜뭉치로 둥지를 만들어 아무 곳에서나 서식한다. |

쥐에 의한 피해는 다음과 같다.

① 음식물과 농작물에 피해를 주고 의복이나 가구 등을 손상시키며 벽, 천장, 담, 부엌 등에 구멍을 내고 건물의 붕괴나 가스 유출 사고를 낸다.
② 살모넬라증, 페스트, 와일병(leptospirosis), 서교증(鼠咬症), 결핵, 장티푸스, 이질 등 세균성 질환과 리케차성 발진열 및 쯔쯔가무시병, 유행성 출혈열 등과 같은 바이러스성 질환, 선모충 등과 같은 기생충도 전파한다.
③ 쥐의 둥지에 집진드기가 번식하여 사람의 피부에 습진 등을 일으킨다. 그 외 흡혈성인 진드기가 쥐에 의해 오염되어 2차적으로 사람에게 피해를 입히고 질병을 전파한다.

쥐의 구제방법은 다음과 같다.

① 환경적 구제: 음식물 처리 등 환경을 깨끗이 하고, 건물 기초의 지하 부분은 쥐의 침입을 막을 수 있는 처리를 한다.
② 기계적 구제: 쥐틀이나 쥐장 등을 설치하여 쥐를 잡는 방법이다.
③ 화학적 구제: warfarin이나 nor bromide제와 같은 살서제를 사용하며, 창고의 경우에는 시안산, 인화수소, 클로로피크린 등으로 훈연을 하면 효과가 있다.
④ 생물학적 구제: 고양이와 같은 천적을 이용하여 쥐를 구제하는 방법이다.

## CHAPTER 07 연습문제

**01 피부 감염이 가능한 기생충은?**

① 회충 ② 구충 ③ 광절열두조충 ④ 유구조충 ⑤ 편충

**02 다음 중 돼지고기를 매개로 하여 감염되는 기생충은?**

① 편충 ② 아니사키스 ③ 선모충 ④ 간흡충 ⑤ 무구조충

**03 광절열두조충의 감염경로는?**

① 왜우렁이 – 담수어 – 간
② 물벼룩 – 연어 – 소장
③ 다슬기 – 참게 – 폐
④ 물벼룩 – 숭어 – 소장점막
⑤ 다슬기 – 담수어 – 소장점막

**04 사람에 대하여 일어날 수 있는 기생충의 장해와 관계가 먼 것은?**

① 영양물질 유실 ② 조직의 파괴 ③ 기계적 장해 ④ 마비성 장해 ⑤ 유독물질 생산

**05 돼지고기 생식시 감염이 우려되는 것끼리 모은 것은?**

① 회충, 십이지장충 ② 선모충, 십이지장충 ③ 민촌충, 아니사키스
④ 갈고리촌충, 선모충 ⑤ 유구조충, 편충

**06 다음 중 유충을 포함한 충란이 채소에 부착되어 감염되는 기생충은?**

① 선모충 ② 간흡충 ③ 편충 ④ 광절열두조충 ⑤ 무구조충

**07 다음 기생충과 그 감염원이 되는 식품의 연결이 잘못된 것은?**

① 가재, 게 – 폐흡충
② 오징어, 가다랑어 – 광절열두조충
③ 쇠고기 – 무구조충
④ 돼지고기 – 유구조충
⑤ 잉어, 붕어 – 간흡충

**08 대구, 고등어, 청어 등의 해산어류를 생식했을 때 감염되기 쉬운 기생충은?**

① 간흡충 ② 광절열두조충 ③ 아니사키스 ④ 무구조충 ⑤ 선모충

**09 채소류의 기생충란을 제거하기 위한 세척방법으로 가장 좋은 것은?**

① 소금물로 씻는다.
② 40℃의 따뜻한 물로 씻는다.
③ 흐르는 수돗물에 5회 이상 씻는다.
④ 물을 그릇에 받아 2회 씻는다.
⑤ 중성세제로 씻는다.

**10 다음 중 관련 없는 것끼리 연결된 것은?**

① 잉어, 붕어 – 간흡충 ② 돼지 – 유구조충 ③ 가재, 게 – 폐흡충
④ 채소 – 동양모양선충 ⑤ 소 – 선모충

**11 흡충류의 life cycle이 옳은 것은?**

① Sporocyst–Redia–Cercaria–Metacercaria
② Sporocyst–Cercaria–Redia–Metacercaria
③ Sporocyst–Cercaria–Metacercaria–Redia
④ Redia–Cercaria–Metacercaria–Sporocyst
⑤ Redia–Cercaria–Sporocyst–Metacercaria

**12** 다음중 연결이 잘못된 것은?

① 간흡충 : 왜우렁이 – 붕어
② 요코가와흡충 : 다슬기 – 은어
③ 광절열두조충 : 물벼룩 –가물치
④ 만손고충 : 물벼룩 – 뱀, 개구리
⑤ 폐흡충 : 다슬기 – 게, 가재

**13** 인체에서 유산 혹은 조산을 초래하는 기생충증은?

① 톡소플라스마증 ② 회충증 ③ 구충증 ④ 선모충증 ⑤ 횡천흡충증

**14** 종말숙주가 사람이 아닌 것은?

① 선모충 ② 아메리카 구충 ③ 만손고충 ④ 요코가와흡충 ⑤ 아니사키스

**15** 종말숙주가 개 및 고양이인 것은?

① 유극악구충 ② 광절열두조충 ③ 아니사키스
④ 아메바성 이질 ⑤ 요코가와흡충

**16** 인체 기생부위가 다른 것은?

① 구충 ② 회충 ③ 편충 ④ 동양모양선충 ⑤ 요코가와흡충

**17** 최근 한국에서 가장 감염율이 높은 것으로 알려져 있는 기생충은?

① 민촌충 ② 유구조충 ③ 회충 ④ 편충 ⑤ 간흡충

**18** 주로 맹장에 기생하며, 야간에 항문 주위로 이동·산란하여 항문 소양증을 유발하는 기생충은?

① 갈고리촌충 ② 요충 ③ 요코가와흡충 ④ 유극악구충 ⑤ 편충

**19 동일한 제1중간숙주를 가지는 기생충으로 조합된 것은?**

① 폐흡충, 횡천흡충　② 간흡충, 횡천흡충　③ 광절열두조충, 민촌충
④ 선모충, 무구조충　⑤ 횡천흡충, 아니사키스

**20 쥐에 의해 감염되는 질병이 아닌 것은?**

① 유행성 출혈열　② 렙토스피라증　③ 발진열　④ 발진티푸스　⑤ 살모넬라 식중독

**21 우리나라 모든 저장식품에서 가장 흔하게 발견되는 진드기는?**

① 수중다리가루진드기　② 표본진드기　③ 설탕진드기
④ 긴털가루진드기　⑤ 보리먼지진드기

**22 우리나라에서 가장 많이 존재하는 바퀴는?**

① 독일바퀴　② 이질바퀴　③ 미국바퀴　④ 먹바퀴　⑤ 집바퀴

# 식품 안전관리 인증기준(HACCP)

**학습목적** | HACCP을 이해하고 설명한다.

**학습목표**

01 HACCP 개요 및 특징을 설명한다.
02 HACCP 선행요건 및 7원칙을 설명한다.
03 CODEX 지침에 의한 HACCP 적용순서를 설명한다.
04 단체급식 및 외식산업에서의 HACCP을 설명한다.

새로운 식품위생 관리기법인 HACCP(안전관리인증기준)이 1995년 우리나라에 도입된 이래 잘 정착되어 가고 있고, 앞으로는 그 적용이 모든 식품으로 확대될 전망이다. 이 장에서는 HACCP에 대하여 설명한다.

# 8-1 HACCP

## 8-1-1 HACCP의 개요

### (1) HACCP의 정의

HACCP은 위해요소분석(Hazard Analysis)과 중요관리점(Critical Control Point)의 영문 약자로서 해썹 또는 식품안전관리인증기준이라 한다.

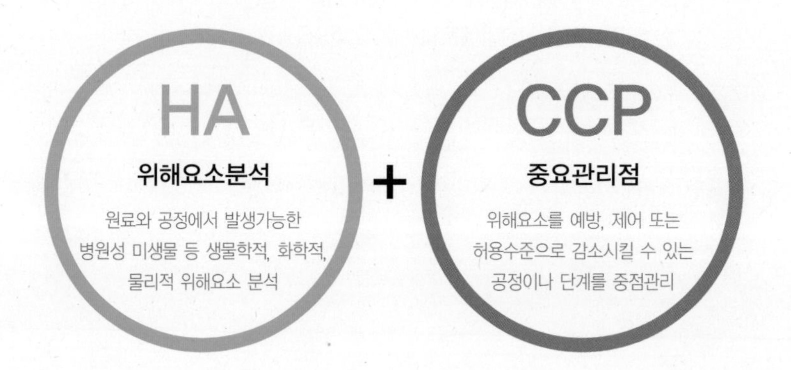


위해요소 분석이란 '어떤 위해를 미리 예측하여 그 위해요인을 사전에 파악하는 것' 을 의미하며, 중요관리점이란 '반드시 필수적으로 관리하여야 할 항목' 이란 뜻을 내포하고 있다. 즉 해썹(HACCP)은 위해방지를 위한 사전 예방적 식품안전관리체계를 말한다. 해썹(HACCP) 제도는 식품을 만드는 과정에서 생물학적, 화학적, 물리적 위해요인들이 발생할 수 있는 상황을 과학적으로 분석하고 사전에 위해요인의 발생 여건들을 차단하여 소비자에게 안전하고 깨끗한 제품을 공급하기 위한 시스템적인 규정을 말한다. 즉 해썹(HACCP)이란 식품의 원재료부터 제조, 가공, 보존, 유통, 조리단계를 거쳐 최종소비자가 섭취하기 전까지의 각 단계에서 발생할 우려가 있는 위해요소를 규명하고, 이를 중점적으로 관리하기 위한 중요관리점을

결정하여 자율적이며 체계적으로 효율적인 관리로 식품의 안전성을 확보하기 위한 과학적인 위생관리체계이다.

해썹(HACCP)은 전 세계적으로 가장 효과적이고 효율적인 식품안전관리체계로 인정받고 있으며, 미국, 일본, 유럽연합, 국제기구(Codex, WHO, FAO) 등에서도 모든 식품에 해썹을 적용할 것을 권장하고 있다.

### (2) HACCP의 역사

식품에서 HACCP 적용은 1950년대 후반 미국 Pillsbury사가 NASA(미항공우주국)의 우주조종사용 식품을 납품하면서 비롯되었다. 우주에서 조종사들의 임무 수행 중에 식품으로 인한 식중독 발생을 방지하기 위하여 NASA는 엄격한 식품품질관리를 요구하였고, Pillsbury사는 이의 기준을 충족시키기 위하여 사전에 위해요소를 차단하는 방법을 고안하였다. 그 후 1973년 미국 FDA(식품의약품청)에 의해 통조림의 우량제조기준(GMP)에 도입되었고, 1985년에는 미국 과학아카데미(NAS)에서 식품생산자의 자주적인 위생 및 품질관리방법으로 도입할 것을 권장하였으며, 1989년 미국 식품미생물기준 자문회의(NACMCF)에서 「HACCP의 7가지 원칙」을 최초로 제시하여 적용하기 쉽게 표준화하였다.

미국에서 시작된 HACCP은 그 효율성이 널리 알려져 1990년대 캐나다, 호주 등 일부 국가에서도 적용하였다. HACCP이 국제적으로 확산됨에 따라 1993년 FAO/WHO의 합동 국제식품규격위원회(Codex)가 「HACCP 적용을 위한 지침」을 제시하고 전 세계적인 도입을 권장하게 되었다.

### (3) HACCP의 적용 현황

미국은 1993년에 FDA가 HACCP의 의무화를 발표하여 1995년에 어류 및 수산제품에, 1996년에 식육 및 가금육에, 2000년에는 모든 제품에 적용하게 하였다. EU(유럽연합)는 1996년부터 EU에 수출하는 모든 수산식품에 대하여 HACCP의 적용을 의무화하였다. 일본에서는 HACCP을 1996년에 우유, 유제품 및 식육제품에, 1997년에 레토르트파우치식품과 어육연제품에 적용하도록 하였다.

우리나라는 식품의 제조, 가공, 유통, 외식, 급식의 모든 분야에 HACCP를 적용하고 있다. 즉 2003년 어묵류 등 6개 식품유형에 식품안전관리인증기준(HACCP) 의무화 규정을 신설한 이래 안전한 식품소비를 위하여 식품안전관리인증기준 대상을 점차 확대하여 관리하고 있으며 식품안전관리인증기준 대상 식품은 다음과 같다.

① 수산가공식품류의 어육가공품류 중 어묵·어육소시지 ② 기타수산물가공품 중 냉동 어류·연체류·조미가공품 ③ 냉동식품 중 피자류·만두류·면류 ④ 과자류, 빵류 또는 떡류 중 과자·캔디류·빵류·떡류 ⑤ 빙과류 중 빙과 ⑥ 음료류[다류(茶類) 및 커피류는 제외한다] ⑦ 레토르트식품 ⑧ 절임류 또는 조림류의 김치류 중 김치(배추를 주원료로 하여 절임, 양념혼합과정 등을 거쳐 이를 발효시킨 것이거나 발효시키지 아니한 것 또는 이를 가공한 것에 한한다) ⑨ 코코아가공품 또는 초콜릿류 중 초콜릿류 ⑩ 면류 중 유탕면 또는 곡분, 전분, 전분질원료 등을 주원료로 반죽하여 손이나 기계 따위로 면을 뽑아내거나 자른 국수로서 생면·숙면·건면 ⑪ 특수용도식품 ⑫ 즉석섭취·편의식품류 중 즉석섭취식품(즉석섭취·편의식품류의 즉석조리식품 중 순대) ⑬ 식품제조·가공업의 영업소 중 전년도 총 매출액이 100억원 이상인 영업소에서 제조·가공하는 식품 등이다.

## 8-1-2 HACCP의 특징

### (1) HACCP의 구조

HACCP은 식품안전성 보장을 위한 예방관리체계로 기존의 우량제조기준(GMP)과 위생표준운영절차(SSOP)의 기본적 여건 위에서만 효과적으로 작동한다.

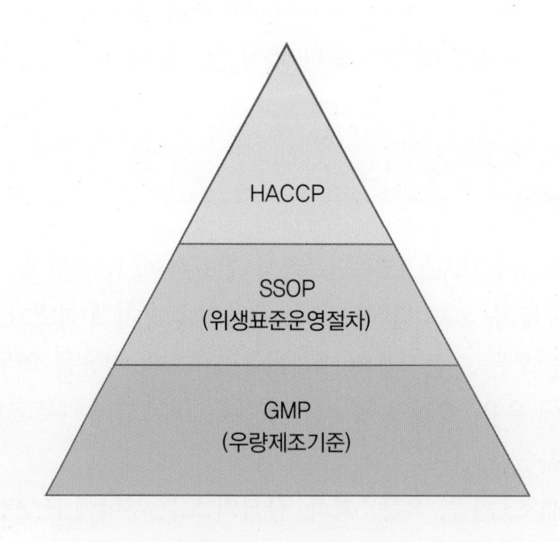


[그림 8-1] HACCP의 구조

GMP(good manufacturing practice)는 위생적인 환경에서 식품을 제조해야만 생산된 식품의 안전성과 품질이 보증된다는 전제하에 시설, 장비, 개인위생 및 공정관리의 기준을 설정한 것이고, SSOP(sanitation standard operating procedure)는 식품취급 중 외부로부터 위해요소가 유입되는 것을 방지하기 위한 조치들을 규정한 것이며, HACCP은 특정 공정의 중요 관리점에서 식품 자체에 존재하는 위해요소를 제거하거나 허용기준 이하로 감소시키는 것이다. 따라서 HACCP이 효과적으로 작동하기 위해서는 반드시 GMP와 SSOP의 기초 위에서 시행되어야 한다. GMP가 컴퓨터의 하드웨어라면 SSOP 및 HACCP은 소프트웨어라 할 수 있다[그림 8-1].

### (2) HACCP과 기존 방식의 비교

HACCP을 기존 위생관리 방식과 비교해보면[표 8-1], 기존 방식은 사후관리 방법으로 실험실 등에서 전문 검사원이 작업현장과 완제품을 검사 및 관리하는 데 비하여, HACCP은 사전관리 방법으로 현장에서 작업에 임하는 종업원이 위해요소를 관리하면서 작업을 하게 된다.

**표 8-1 기존 위생관리방식과 HACCP방식의 비교**

| 항목 | 기존 방법(GMP 등) | HACCP |
|---|---|---|
| 조치단계 | 문제발생 후의 반작용적 관리 | 문제발생 전 선조치 |
| 숙련 요구성 | 시험결과의 해석에 숙련 요구 | 이화학적 관리로 전문적 숙련 불필요 |
| 신속성 | 시험분석에 장시간 소요 | 필요시 즉각적 조치 가능 |
| 소요비용 | 제품분석에 많은 비용 소모 | 저렴 |
| 공정관리 | 현장 및 실험실 관리 | 현장관리 |
| 평가범위 | 제한된 시료만 평가 | 각 Batch별 많은 측정 가능 |
| 위해요소 관리범위 | 제한된 위해요소만 관리 | 많은 위해요소 관리 |
| 관리자 | 숙련공만 가능 | 비숙련공도 관리 가능 |

관리지표[표 8-2]도 기존 방식은 최종제품에서 무작위로 시료를 채취하여 미생물학적, 화학적, 관능적 검사를 실시하여 기준에 합격하면 출하하는 데 반하여, HACCP은 각 공정에서 위해요소가 제대로 관리되고 있는지를 확인하여 이상이 없으면 출하하는 것이다.

표 8-2 기존 위생관리방식과 HACCP방식의 관리지표 비교

| GMP 등 기존 위생관리방식 (최종제품 관리 또는 검사) | HACCP 방식 (공정관리 또는 검사) |
|---|---|
| 최종제품 | 원재료: 입고검사 |
| ↓ | ↓ |
| 일정 수량 무작위 채취 | 혼합: 혼합비율 |
| ↓ | ↓ |
| 세균시험 | 열처리: 온도·시간 |
| 화학분석 | ↓ |
| 관능검사 | 포장: 충격·온도 |
| ↓ | ↓ |
| 출하 | 출하: 100% 안전성 보증 |

## 8-1-3 HACCP 적용절차

식품 제조·가공 업체 및 집단급식소에서 해썹(HACCP) 적용을 추진할 때 절차는 다음과 같다.

### (1) 해썹(HACCP) 추진팀 구성 및 역할분담

① 해썹(HACCP)시스템의 확립과 운용을 주도적으로 담당할 해썹(HACCP)팀을 구성한다.
② 품질관리, 생산, 공무, 연구개발 등 다양한 분야의 직원으로 구성 팀장 및 팀원별로 각각 구체적이고 실질적인 역할을 분담한다.

### (2) 현장위생점검 및 시설·설비 개보수

① 식품을 위생적으로 생산·조리하기 위한 기본적인 위생시설·설비 및 위생관리 현황을 점검한다.
② 기본적인 GMP, SSOP 구축·운영에 필요한 문제점을 개선·보완한다.

### (3) 선행요건프로그램 기준서 작성 및 현장 적용

① 영업장, 위생, 제조시설·설비, 냉장·냉동설비, 용수, 보관·운송, 검사, 회수프로그램

관리를 포함하는 선행요건 프로그램 기준서를 작성한다.

② 현장 적용 후 실행 상의 문제점 · 개선점을 파악, 기준서를 개정한다.

### (4) 제품설명서, 공정흐름도면 등 작성

① 제품성분, 규격, 유통기한, 사용용도 등을 포함하는 제품설명서를 작성한다.

② 제조 · 가공 · 조리공정도, 작업장 평면도, 공조시설 계통도, 용수 및 배수처리 계통도 등을 작성한다.

③ 상기 자료는 위해분석의 기초자료로 활용한다.

### (5) 위해요소 분석, 해썹(HACCP) 관리계획 수립

① 원료별 제조공정별 발생가능한 위해요소들에 대한 위해평가를 실시한다.

② 중요관리점, 한계기준, 모니터링 방법, 기준이탈시 개선조치 방법 등을 포함하는 해썹(HACCP) 관리계획을 수립한다.

### (6) 해썹(HACCP) 관리기준서 작성

해썹(HACCP)팀 구성, 제품설명서, 공정흐름도, 위해요소분석, 중요관리점 결정, 한계기준 설정, 모니터링 방법의 설정, 개선조치, 검증, 교육훈련, 기록유지 및 문서화 등을 포함하는 해썹(HACCP) 관리기준서를 작성한다.

### (7) 해썹(HACCP) 교육·훈련 및 시범적용

① 현장 종업원, 관리자, 해썹(HACCP) 팀원 등을 대상으로 수립된 해썹(HACCP) 관리계획에 대한 교육 · 훈련 후 현장에 시범 적용한다.

② 실제 수립된 계획이 현장에 적용하였을 경우 효과적으로 적용 · 운영되는지 반드시 확인(유효성 평가 실시)한다.

### (8) 해썹(HACCP) 시스템의 본가동

유효성 평가 결과를 해썹(HACCP) 관리계획에 반영하여 문제점을 개선하여 해썹(HACCP) 시스템을 본격적으로 운영하고 지방식품의약품안전청에 해썹(HACCP) 적용업체 인증 신청을 한다.

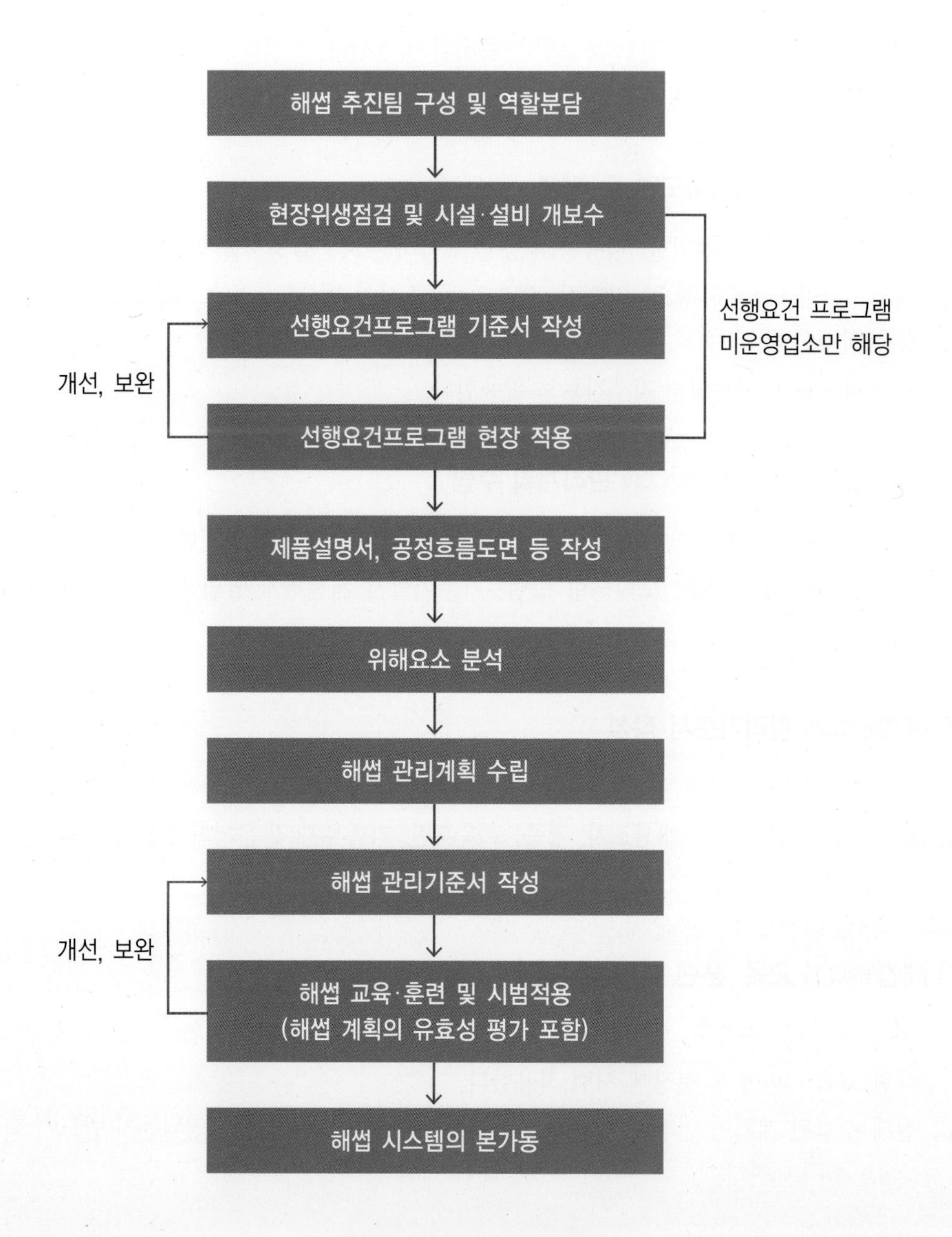


[그림 8-2] HACCP 적용절차

## 8-1-4 HACCP 선행요건

### (1) 개요

해썹(HACCP) 관리계획은 안전하고 위생적인 식품의 생산에 필요한 기본적인 환경 및 작업활동을 보장하는 선행요건 프로그램의 단단한 기초 위에서 수립·시행되어야 한다. 해썹(HACCP)을 적용하고자 하는 업체의 영업자는 식품위생법 등 관련 법적 요구사항을 준수하면서 위생적으로 식품을 제조·가공·조리하기 위한 기본시스템을 갖추기 위하여 작업기준 및 위생관리기준을 포함하는 선행요건 프로그램을 먼저 개발하여 시행하여야 한다.

선행요건프로그램에 포함되어야 할 사항은 영업장·종업원·제조시설·냉동설비·용수·보관·검사·회수관리 등 영업장을 위생적으로 관리하기 위해 기본적이고도 필수적인 위생관리 내용이다. 영업자는 이들 분야별로 작업담당자, 작업내용, 실시빈도, 실시상황의 점검 및 기록방법을 정하여 구체적인 관리기준서를 작성하여 종업원이 준수하도록 시행하고 이에 대한 기록을 보관·유지하여야 한다.

### (2) 운영

#### 1) 선행요건 프로그램 개발

식품제조·가공공장 및 집단급식소에서는 제조·조리 공정 및 환경 등에서 발생 가능한 위해로부터 식품이 오염되거나 변질되는 것을 방지하기 위하여 기본적인 위생관리 방법, 절차 등을 규정한 선행요건 프로그램을 개발하여야 한다.

선행요건 프로그램은 ① 영업장 관리 ② 위생관리 ③ 제조시설·설비 관리 ④ 냉장·냉동설비 관리 ⑤ 용수관리 ⑥ 보관·운송관리 ⑦ 검사관리 ⑧ 회수프로그램 관리 등 8개 분야로 구성되며 각각의 분야별로 개별 관리기준서를 작성하여야 한다.

관리기준서에는 최초 완성 시 위생관리 책임자의 서명과 승인일자를 기입하여야 하며, 이후 수정·개정이 되었을 경우 그 이력을 지속적으로 기록·유지하여야 한다.

기준서 내용에는 위생관리 방법, 관리활동 확인을 위해 필요한 모니터링의 실시빈도와 방법, 실시책임자 및 실시결과의 기록관리에 관한 사항이 규정되어야 한다.

선행요건프로그램은 해당 작업장에 적용되는 모든 법률적 요구사항을 충족하고 위생관리가 효과적으로 이루어질 수 있도록 작성·운영되어야 하지만 세부기준서의 종류, 문서양식, 작성방법 등은 운영자의 편리에 따라 변경될 수 있다.

### 2) 선행요건프로그램 적용

운영자는 최초 수립된 선행요건프로그램을 작업장에 우선 적용해보고 그 효과성을 평가하기 위한 검증을 실시하여야 한다.

선행요건프로그램의 효과성 평가 결과 해당 기준서가 법률적 요구사항을 포함한 기본적인 위생 안전성을 확보할 수 있음을 확인하여야 하며, 필요한 경우 수정·보완하여야 한다. 또한, 프로그램의 실행 가능성을 평가하여 그 실행이 보장되기 위해 필요한 인적, 물적 자원을 파악·보충하여야 한다.

### 3) 선행요건프로그램 유지 · 관리

운영자는 선행요건프로그램이 제조·가공 공정 및 제조환경 등에서 위해물질에 의한 식품의 직접적인 오염 또는 변질을 효과적으로 예방할 수 있는지, 종사자들이 관리기준에 따라 적절하게 실행하고 있는지 등을 확인·평가하기 위하여 정기적으로 검증을 실시하여야 한다.

검증결과를 근거로 선행요건프로그램이 효율적으로 실시될 수 있도록 관련 규정을 개정하거나 시설, 설비, 기구, 작업방법 또는 담당자를 변경하거나 종업원 교육을 실시하여야 한다.

선행요건프로그램의 검증은 해썹(HACCP) 시스템의 검증활동과 병행하거나 분리하여 실시할 수 있다.

### 4) 개선조치

운영자는 선행요건프로그램의 유지 또는 시행이 식품의 안전성을 확보할 수 없다고 판단될 경우 적절한 개선조치를 취하여야 한다.

## (3) 적용기준(식품제조가공업체 등)

### 1) 영업장 관리

① 작업장은 독립된 건물이거나 식품취급외의 용도로 사용되는 시설과 분리되어 있어야 한다. 유입되는 먼지나 곤충을 막을 수 있어야 하고 누수를 방지할 수 있어야 한다. 출입구와 창 등은 밀폐 가능한 구조여야 하며, 청결구역과 일반구역으로 나누고 교차오염 방지를 위하여 벽 등으로 분리한다. 취급하는 제품의 특성과 공정에 따라 분리, 구획 또는 구분한다.

② 건물 바닥, 벽, 천장은 내수성 · 내열성 · 내약품성 · 항균성 · 내부식성 등의 재질이어야 하며, 파여 있거나 갈라진 틈이나 구멍이 없어야 한다. 천장은 청소가 용이한 구조여야 하며 가능한 밝은 색으로 한다.

③ 배수가 잘 되어야 하고 배수로에 퇴적물이 쌓이지 않아야 한다. 또한 배수구, 배수관은 역류가 되지 아니 하도록 관리해야 한다.

④ 작업장 출입구에는 작업실 특성에 따라 세척 또는 건조 · 소독 등의 설비를 갖춘다.

⑤ 작업장 내부 통로는 종업원 등의 이동에 지장이 없도록 타용도로 사용하지 않아야 하며, 이동경로를 표시하여 교차오염을 방지한다.

⑥ 창의 유리는 파손 시 비산 · 혼입되지 아니 하도록 관리한다.

⑦ 작업장의 조명은 파손이나 이물 낙하 등에 의한 오염을 방지하도록 적절한 보호 장치를 하고 청결히 관리한다. 선별 및 검사구역(육안확인이 필요한 경우에 한함)의 밝기는 540룩스 이상이 적절하다.

⑧ 부대시설(화장실, 탈의실 등)에는 작업장 외부로 배출할 수 있는 별도의 환기시설 갖추어야 한다. 벽과 바닥은 내수성 · 내부식성 재질로 청소가 쉬워야 한다. 화장실의 출입구에는 세척, 건조, 소독 설비 등을 구비하여야 하며, 탈의실은 외출복장(신발 포함)과 위생복장(신발 포함)간의 교차 오염이 발생하지 않도록 구분 · 보관한다.

## 2) 위생관리

① 작업장 전 과정에서 발생할 수 있는 교차오염을 방지를 위하여 물류 및 출입자의 이동동선에 대한 계획을 수립 · 운영해야 하며 또한 이물에 대한 관리계획도 수립한다. 각 구역별로 각각 출입, 복장, 세척 · 소독 기준 등을 포함하는 위생 수칙을 설정하고 관리한다. 제조, 가공, 포장, 보관 등 공정별로 온도 관리계획을 수립하고 이를 측정할 수 있는 온도계도 설치(필요한 경우 습도관리계획 수립/운영)한다.

② 작업장 내에는 악취나 이취, 유해가스, 매연, 증기 등을 배출하는데 충분한 용량의 환기시설 설치한다.

③ 외부로 개방된 흡 · 배기구 등에는 여과망이나 방충망 등을 부착하고 주기적으로 청소 · 세척하거나 교체한다. 작업장은 해충이나 설치류 등의 유입 · 번식을 방지할 수 있도록 청결히 관리하고 방제 대책을 수립하여 유입 여부를 항상 확인한다.

④ 위생복 · 위생모 · 위생화 등을 항시 착용하여야 하며, 이를 위생적으로 관리(작업특성에 따라 위생마스크와 위생장갑 등을 추가로 착용)하며 작업장 내에서 작업하는 모든 종업원은 개인용 장신구 등을 착용을 금지한다.

⑤ 폐기물 처리용기는 밀폐 가능한 구조로 침출수 및 냄새가 누출되지 않아야 하며, 수시로 세척 및 소독을 실시한다. 폐기물 · 폐수처리 시설은 작업장과 격리된 일정 장소에 설치 · 운영하고, 정기적으로 폐기물 등을 처리 · 반출한다.

⑥ 영업장에는 종업원이나 기계 · 설비, 기구 · 용기 등을 세척하거나 소독할 수 있는 충분한 시설이나 장비 구비하여야 하며 올바른 손 세척 방법 등에 대한 지침이나 기준을 게시한다.

### 3) 제조시설 및 설비 관리

① 제조시설 및 기계 · 기구류 등은 제조 · 가공공정간 또는 취급시설 및 설비 간 오염이 발생되지 않도록 공정의 흐름에 따라 적절히 배치한다.
② 공업용 윤활유나 물리적 위해요인에 의한 오염이 발생하지 않도록 위생적으로 설치 · 운영하며 인체에 무해한 내수성 · 내부식성 재질로 세척이 쉽고 열탕 · 증기 · 살균제 등으로 소독 · 살균이 가능하여야 하며, 청소가 용이한 구조여야 한다. 그리고 온도를 높이거나 낮추는 처리시설에는 온도변화를 측정 · 기록하는 장치를 설치하여 관리한다.
③ 주기적으로 점검하여 유지 · 보수 등 적절한 개선 조치를 취한다.

### 4) 냉장 · 냉동시설 · 설비 관리

① 냉장시설은 내부의 온도를 10℃ 이하(완제품의 유통단계는 제외), 냉동시설은 −18℃ 이하로 유지한다.
② 외부에서 온도변화를 관찰할 수 있어야 하고, 온도 감응 장치의 센서는 온도가 가장 높게 측정되는 곳에 위치하고, 정기적으로 점검 · 정비를 실시하며 그 결과를 기록 · 유지한다.

### 5) 용수관리

① 식품제조 · 가공에 사용되는 용수는 수돗물이나 먹는물 수질기준에 적합한 지하수이어야 한다. 지하수를 사용하는 경우에는 먹는물 수질기준 전 항목에 대하여 연 1회 이상(음료류 등 직접 마시는 용도의 경우는 반기 1회 이상) 검사를 실시한다. 먹는물 수질기준에 정해진 미생물학적 항목은 월 1회 이상 실시한다.
② 용수저장탱크, 배관 등은 인체에 유해하지 않은 재질을 사용하며 외부로부터의 오염물질 유입을 방지하는 잠금장치를 설치한다.
③ 용수 저장탱크는 반기별 1회 이상 청소와 소독을 실시하고 그 결과를 기록 · 유지한다.
④ 비음용수 배관은 음용수 배관과 구별되도록 표시하고 교차되거나 합류되지 않도록 관리한다.

### 6) 보관 · 운송관리

① 입고기준 및 규격에 적합한 원 · 부자재만 사용한다.

② 관리계획에 따라 협력업체의 입고자재 관리 및 검사체계를 확인하고 그 결과의 기록 · 유지한다. 공급업체가 「식품위생법」 및 「축산물가공처리법」에 따른 HACCP 적용업체일 경우 생략 가능하다.

③ 운반중인 식품은 비식품 등과 구분하여 교차오염을 방지한다. 운송차량은 냉장의 경우 10℃ 이하 냉동의 경우는 −18℃ 이하를 유지할 수 있어야 하며 외부에서 온도변화를 확인할 수 있는 온도 기록 장치를 부착한다.

④ 입 · 출고상황은 선입선출 원칙에 따라 관리한다. 원 · 부자재 및 완제품의 명확한 구분 및 바닥, 벽으로부터의 떨어뜨려 보관한다. 부적합품은 별도로 구분하고 반송, 폐기 등의 조치방법 설정하고 기록을 유지한다. 유독성, 인화성 물질 및 비식용 화학물질은 환기가 잘되는 지정장소에 구분하여 보관 및 취급한다.

### 7) 검사관리

① 제품검사는 자체 실험실 또는 검사기관과의 협약에 의하여 실시한다. 검사결과는 구체적으로 기록한다. 즉 검체명, 제조 연월일 또는 유통기한(품질유지기한), 검사 연월일, 검사항목, 검사기준 및 검사결과, 판정결과 및 판정 연월일, 검사자 및 판정자의 서명날인, 기타 필요한 사항 등을 말한다.

② 검사용 장비 및 기구는 정기적으로 검사 및 교정하며 그 결과를 기록 유지한다(온도측정 장치는 연 1회 이상 교정한다). 작업장의 청정도를 유지하기 위하여 정기적으로 공중낙하 세균 등을 검사 · 관리한다.

### 8) 회수 프로그램 관리

① 구체적인 회수절차나 방법을 기술한 회수프로그램을 수립 · 운영한다.

② 생산 장소, 일시, 제조라인 등 해당시설 내의 필요한 정보를 기록 · 보관한다.

③ 제품추적을 위한 코드표시 또는 로트 관리 등의 적절한 확인 방법을 강구한다.

## 8-1-5 HACCP 7가지 원칙 및 12절차

1993년 FAO/WHO의 합동 국제식품규격위원회(Codex)가 "HACCP 적용을 위한 지침"을 제시하였으며, 전 세계적으로 이 지침에 의거하여 HACCP 계획을 수립하고 있다. [그림 8-3]은 Codex지침으로 HACCP 계획의 적용 순서를 12단계로 나타낸 것이다. 1단계부터 5단계까지는 준비단계이며, 6단계부터 12단계까지는 HACCP의 7가지 원칙으로 구성되어 있다. 해당 사업장의 HACCP 실시는 Codex 12단계 혹은 HACCP의 7가지 원칙을 따라 팀 활동을 해야 한다.

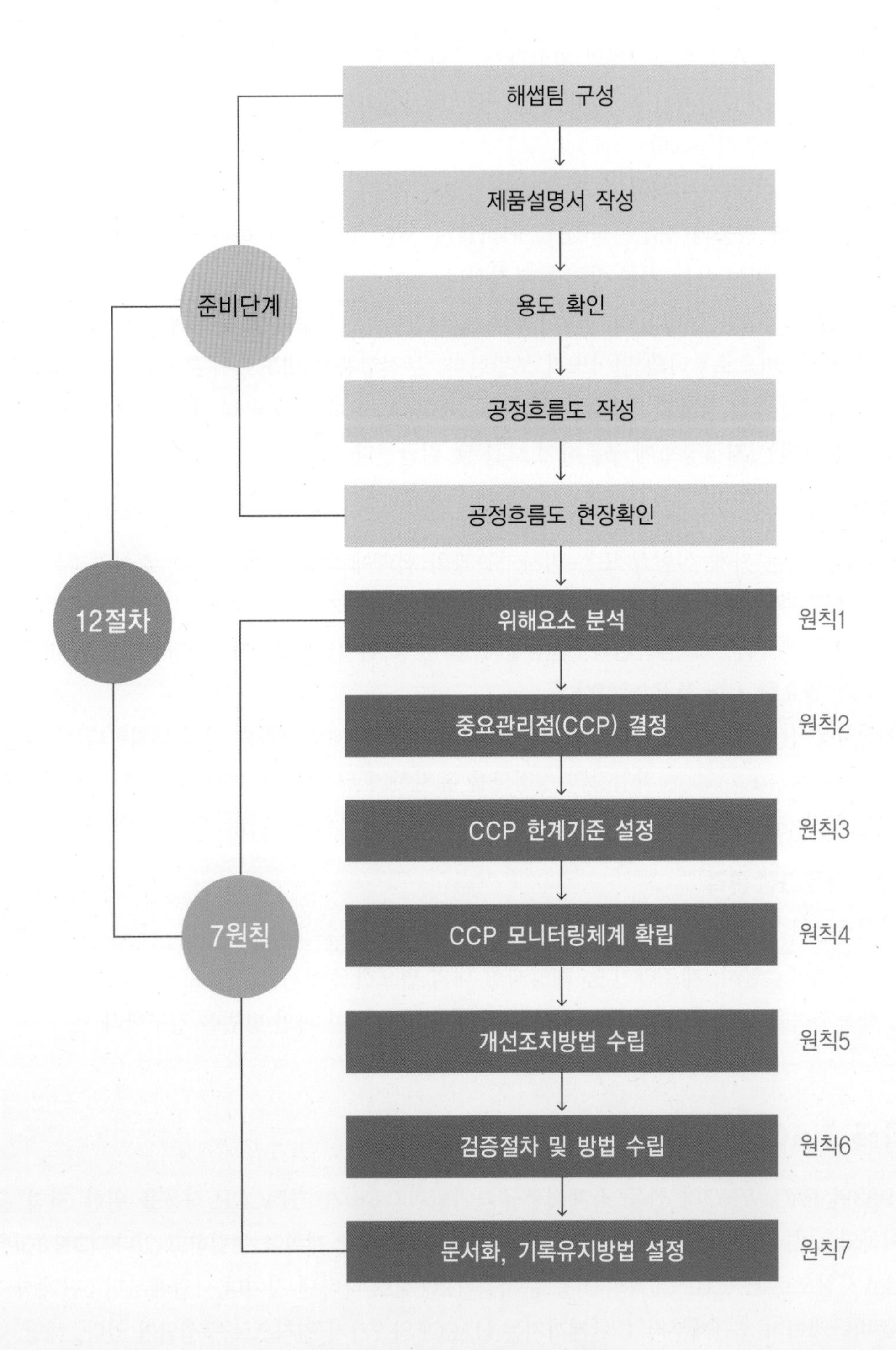


[그림 8-3] **HACCP 7원칙 및 12절차**

### (1) 해썹(HACCP)팀 구성

해썹(HACCP) 도입과 성공적인 운영은 최고경영자의 실행 의지가 결정적인 영향을 미치므로 해썹(HACCP)팀을 구성할 때는 어떤 형태로든 최고경영자의 직접적인 참여를 포함시키는 것이 바람직하며, 또한 업체 내 핵심요원들을 팀원에 포함시켜야 한다. 해썹(HACCP)팀의 규모는 업체 규모 및 여건에 따라 다르기 때문에 일정하지 않다. 일반적으로 해썹(HACCP) 팀장은 업체의 최고책임자(영업자 또는 공장장)가 되는 것을 권장하며, 팀원은 제조·작업 책임자, 시설·설비의 공무관계 책임자, 보관 등 물류관리업무 책임자, 식품위생관련 품질관리업무 책임자 및 종사자 보건관리 책임자 등으로 구성한다. 또한 모니터링 담당자는 해당공정의 현장종사자로 하여금 관리하도록 하여야 한다. 이들은 관련규정에 준하여 해썹(HACCP) 교육을 받고 일정 수준의 전문성을 갖추어야 한다.

해썹(HACCP) 계획을 개발하는 팀원은 작업공정에서 사용되는 시설·설비 및 기술, 실제 작업상황, 위생, 품질보증 그리고 작업공정에 대해 상세한 지식이 있어야 한다. 해썹(HACCP)팀의 조직 및 인력현황, 해썹(HACCP) 팀원의 책임과 권한, 교대 근무 시 팀원, 팀별 구체적인 인수·인계방법 등이 문서화되어야 한다.

### (2) 제품설명서 작성

제품설명서에는 제품명, 제품유형 및 성상, 품목제조보고연월일, 작성자 및 작성연월일, 성분(또는 식자재)배합비율 및 제조(또는 조리)방법, 제조(포장)단위, 완제품의 규격, 보관·유통(또는 배식)상의 주의사항, 제품용도 및 유통(또는 배식)기간, 포장방법 및 재질, 표시사항, 기타 필요한 사항이 포함되어야 한다.

### (3) 제품 용도 확인

해당식품의 의도된 사용방법 및 대상 소비자를 파악하는 것이다. 그대로 섭취할 것인가, 가열조리 후 섭취할 것인가, 조리 가공방법은 무엇인가, 다른 식품의 원료로 사용 되는가 등 예측 가능한 사용방법과 범위, 그리고 제품에 포함될 잠재성을 가진 위해물질에 민감한 대상 소비자(예, 어린이, 노인, 면역관련 환자 등)를 파악하는 것이다. 이런 자료는 위해평가와 위해요소의 한계기준 결정에 중요한 자료가 된다.

### (4) 공정흐름도(제조공정도 등) 작성

업체에서 직접 관리하는 원료의 입고에서부터 완제품의 출하까지 모든 공정단계들을 파악하여 공정흐름도(Flow diagram)를 작성하고 각 공정별 주요 가공조건의 개요를 기재한다. 이때 구체적인 제조공정별 가공방법에 대하여는 일목요연하게 표로 정리하는 것이 바람직하다. 또한, 작업특성별 구획, 기계·기구 등의 배치, 제품의 흐름과정, 작업자 이동경로, 세척·소독조 위치, 출입문 및 창문, 공조시설계통도, 용수 및 배수처리 계통도 등을 표시한 작업장 평면도(Plant schematic)를 작성한다. 이러한 공정흐름도와 평면도는 원료의 입고에서부터 완제품의 출하에 이르는 해당식품의 공급에 필요한 모든 공정별로 위해요소의 교차오염 또는 2차 오염, 증식 등의 가능성을 파악하는데 도움을 준다.

### (5) 공정흐름도 현장 확인

작성된 공정흐름도 및 평면도가 현장과 일치하는 지를 검증하는 것이다. 공정흐름도 및 평면도가 실제 작업공정과 동일한지 여부를 확인하기 위하여 HACCP팀은 작업현장에서 공정별 각 단계를 직접 확인하면서 검증하여야 한다. 공정흐름도와 평면도의 작성 목적은 각 공정 및 작업장 내에서 위해요소가 발생할 수 있는 모든 조건 및 지점을 찾아내기 위한 것이므로 정확성을 유지하는 것이 매우 중요하다. 따라서 현장검증 결과 변경이 필요한 경우에는 해당공정 흐름도나 평면도를 수정하여야 한다. 정확한 공정흐름도 및 평면도가 완성되면 본격적인 HACCP 계획을 개발할 수 있다.

### (6) 위해요소 분석

제품설명서에서 파악된 원·부재료별로, 그리고 공정흐름도에서 파악된 공정/단계별로 구분하여 위해요소분석을 한다. 이 과정을 통해 발생 가능한 모든 위해요소를 파악하여 목록을 작성하고, 각 위해요소의 유입경로와 이들을 제어할 수 있는 수단(예방수단)을 파악하여 기록하고, 이러한 유입경로와 제어수단을 고려하여 위해요소의 발생 가능성과 발생 시 그 결과의 심각성을 감안하여 위해(Risk)를 평가한다.

위해요소 분석을 위한 첫 번째 단계는 원료별·공정별로 생물학적·화학적·물리적 위해요소와 발생원인을 모두 파악하여 목록화하는 것이고, 두번째 단계는 파악된 잠재적 위해요소(Hazard)에 대한 위해(Risk)를 평가하는 것이다. 셋째 단계는 파악된 잠재적 위해요소의 발생원인과 각 위해요소를 안전한 수준으로 예방하거나 완전히 제거, 또는 허용 가능한 수준까지 감소시킬 수 있는 예방조치방법이 있는 지를 확인하여 기재하는 것이다. 이러한 예방조치방법에는 한 가지 이상의 방법이 필요할 수 있으며, 어떤 한 가지 예방조치방법으로 여러 가지 위해요소가 통제될 수도 있다.

위해요소 분석 시 활용할 수 있는 기본 자료는 해당식품 관련 역학조사자료, 업체자체 오염실태조사자료, 작업환경조건, 종업원 현장조사, 보존시험, 미생물시험, 관련규정이나 연구자료 등이 있으며, 기존의 작업공정에 대한 정보도 이용될 수 있다.

① 위해요소분석 절차

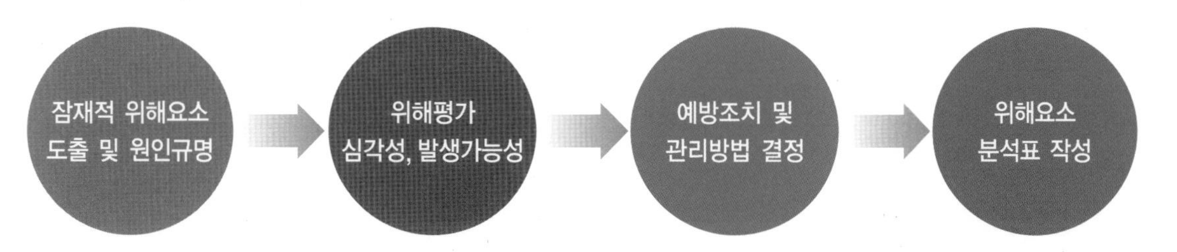


② 위해요소 분석표

| 일련번호 | 원부자재명/공정명 | 구분 | 위해요소 | | 위험도 평가 | | | 예방조치 및 관리방법 |
|---|---|---|---|---|---|---|---|---|
| | | | 명칭 | 발생원인 | 심각성 | 발생가능성 | 종합평가 | |
| 1 | | 생물학적 위해요소 | | | | | | |
| | | 화학적 위해요소 | | | | | | |
| | | 물리적 위해요소 | | | | | | |

**표 8-3 식품위해요소의 종류**

| 구분 | 위해요소의 예 |
|---|---|
| 생물학적 위해요소 | 세균, 바이러스, 곰팡이, 원충류, 조류, 기생충 등 |
| 화학적 위해요소 | 중금속, 농약, 항생물질, 항균물질, 유해식품첨가물, 자연독, 화학약품 등 |
| 물리적 위해요소 | 돌조각, 유리조각, 쇳조각, 플라스틱조각 등 |

## (7) 중요관리점(CCP) 결정

중요관리점이란 원칙 1(위해요소분석)에서 파악된 위해요소를 예방, 제거 또는 허용 가능한 수준까지 감소시킬 수 있는 단계 또는 공정을 말한다. 식품의 제조·가공·조리공정에서 중요관리점이 될 수 있는 사례는 다음과 같다.

① 미생물 성장을 최소화할 수 있는 냉각공정
② 병원성 미생물을 사멸시키기 위하여 특정 시간 및 온도에서 가열처리
③ pH 및 수분활성도의 조절 또는 배지 첨가 같은 제품성분 배합
④ 캔의 충전 및 밀봉 같은 가공처리
⑤ 금속검출기에 의한 금속이물 검출공정 등

중요관리점(CCP)을 결정하는 하나의 좋은 방법은 중요관리점 결정도를 이용하는 것으로 이 결정도는 원칙1의 위해 평가 결과 중요위해(확인대상)로 선정된 위해요소에 대하여 적용한다.

### 1) 중요관리점(CCP) 결정도

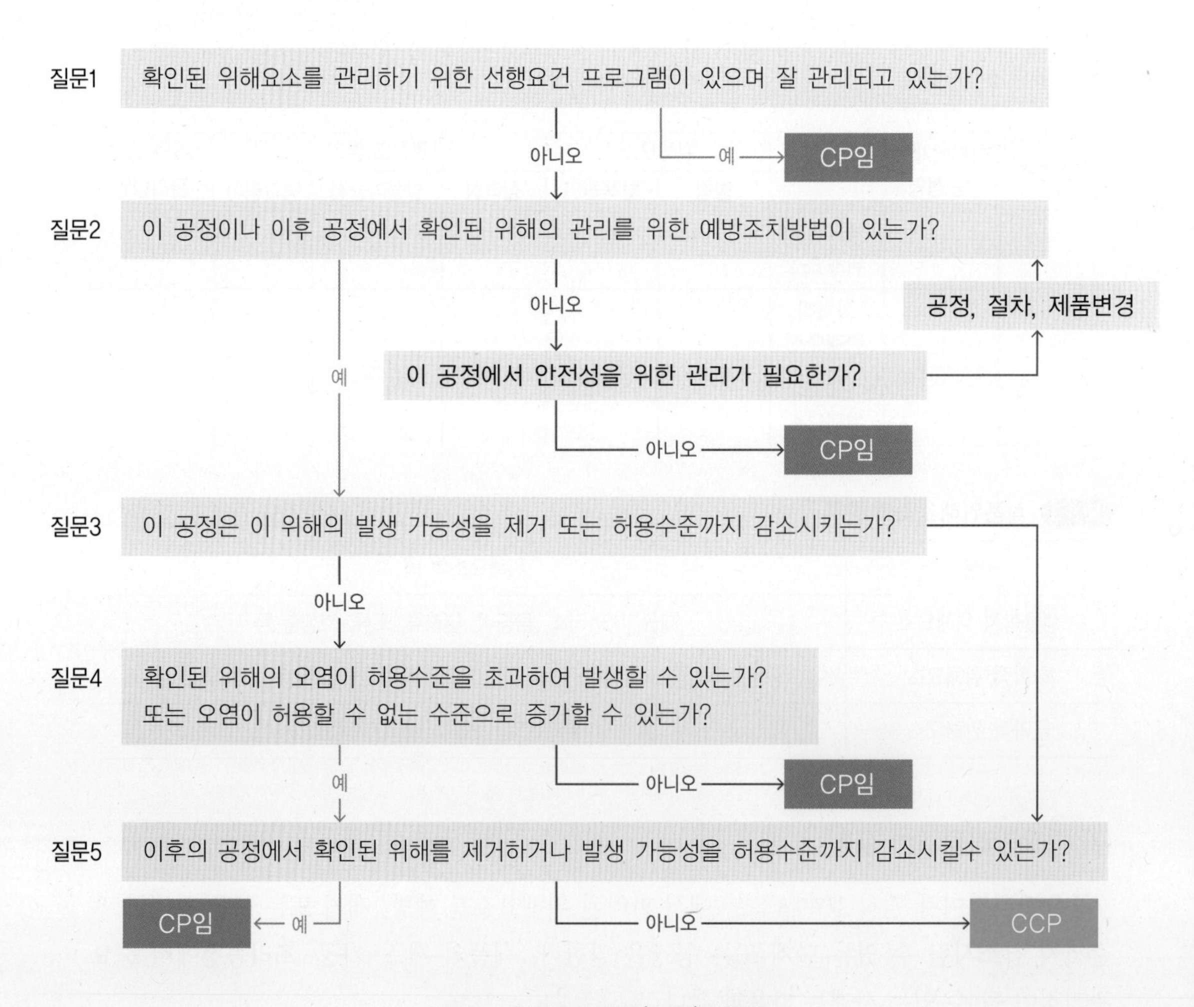


[그림 8-4] 중요관리점(CCP) 결정도

### 2) 중요관리점(CCP) 결정표

| 공정단계 | 위해요소 | 질문1 | 질문2 | 질문2-1 | 질문3 | 질문4 | 질문5 | 중요관리점 결정 |
|---|---|---|---|---|---|---|---|---|
| | | 예 → CP<br>아니오 → 질문2 | 예 → 질문3<br>아니오 → 질문2-1 | 예 → 질문2<br>아니오 → CP | 예 → CCP<br>아니오 → 질문4 | 예 → 질문5<br>아니오 → CP | 예 → CP<br>아니오 → CCP | |
| | | | | | | | | |

## (8) CCP 한계기준 설정

한계기준은 CCP에서 관리되어야 할 생물학적, 화학적 또는 물리적 위해요소를 예방, 제거 또는 허용 가능한 안전한 수준까지 감소시킬 수 있는 최대치 또는 최소치를 말하며, 안전성을 보장할 수 있는 과학적 근거에 기초하여 설정되어야 한다. 한계기준은 현장에서 쉽게 확인 가능하도록 가능한 육안관찰이나 간단한 측정으로 확인할 수 있는 수치 또는 특정지표로 나타내어야 한다.

식품의 제조·가공·조리공정에서 중요관리점이 될 수 있는 사례는 다음과 같다.

① 온도 및 시간
② 수분활성도(Aw) 같은 제품 특성
③ pH
④ 관련서류 확인 등
⑤ 습도(수분)
⑥ 염소, 염분농도 같은 화학적 특성
⑦ 금속검출기 감도

한계기준을 결정할 때에는 법적 요구조건과 연구 논문이나 식품관련 전문서적, 전문가 조언, 생산 공정의 기본자료 등 여러 가지 조건을 고려해야 한다. 예를 들면 제품 가열시 중심부의 최저온도, 특정온도까지 냉각시키는데 소요되는 최소시간, 제품에서 발견될 수 있는 금속조각(이물질)의 크기 등이 한계기준으로 설정될 수 있으며, 이들 한계기준은 식품의 안전성을 보장할 수 있어야 한다.

### 1) 한계기준 설정

한계기준은 다음 절차에 따라서 설정한다.

① 결정된 CCP별로 해당식품의 안전성을 보증하기 위하여 어떤 법적 한계기준이 있는지를 확인한다(법적인 기준 및 규격 확인).

② 법적인 한계기준이 없을 경우, 업체에서 위해요소를 관리하기에 적합한 한계기준을 자체적으로 설정하며, 필요시 외부전문가의 조언을 구한다.
③ 설정한 한계기준에 관한 과학적 문헌 등 근거자료를 유지 보관한다.

### 2) 한계기준 설정 예시

| 공정명 | CCP | 위해요소 | 위해요인 | 한계기준 |
| --- | --- | --- | --- | --- |
| 가열 | CCP-1B | 리스테리아모노사이토제니스, *E. Coli* O157:H7 | 가열온도 및 가열 시간 미준수로 병원성 미생물 잔존 | 65℃ 이상, 1분 이상 |
| 세척 | CCP-1B | 리스테리아모노사이토제니스, *E. Coli* O157:H7 | 세척방법 미준수로 병원성 미생물 잔존 | 6단 세척, 가수량 3배, 세척시간 5분 이상 |
| 소독금속검출 | CCP-1B | 리스테리아모노사이토제니스, *E. Coli* O157:H7 | 소독농도 및 소독 시간 미준수로 병원성 미생물 잔존 | 소독농도 50~100ppm, 소독시간 1분~1분 30초 |
| 가열 | CCP-4P | 금속이물 | 금속검출기 감도 불량으로 이물 잔존 | 철 2mm 이상 불검출, 쇳가루 불검출 |

## (9) CCP 모니터링 체계 확립

### 1) 각 중요관리점(CCP)에 대한 모니터링 체계 확립

모니터링이란 CCP에 해당되는 공정이 한계기준을 벗어나지 않고 안정적으로 운영되도록 관리하기 위하여 종업원 또는 기계적인 방법으로 수행하는 일련의 관찰 또는 측정수단이다. 모니터링 체계를 수립하여 시행하게 되면 첫째, 작업과정에서 발생되는 위해요소의 추적이 용이하며, 둘째, 작업공정 중 CCP에서 발생한 기준 이탈(deviation) 시점을 확인할 수 있으며, 셋째, 문서화된 기록을 제공하여 검증 및 식품사고 발생 시 증빙자료로 활용할 수 있다.

모니터링 활동을 수행함에 있어서 연속적인 모니터링을 실시해야 한다. 연속적인 모니터링이 불가능한 경우 비연속적인 모니터링의 절차와 주기(빈도수)는 CCP가 한계기준 범위 내에서 관리될 수 있도록 정확하게 설정되어야 한다.

한계기준을 이탈한 경우에는 신속하고 정확한 판단에 의하여 개선조치가 취해져야 하는데, 일반적으로 물리적·화학적 모니터링이 미생물학적 모니터링 방법보다 신속한 결과를 얻을 수 있으므로 우선적으로 적용된다. 모니터링 결과에 대한 기록은 예/아니오 또는 적합/부적합 등이 아닌 실제로 모니터링 한 결과를 정확한 수치로 기록해야 한다.

## 2) 모니터링 방법 예시

| 공정명 | CCP | 한계기준 | 모니터링 방법 | | | |
|---|---|---|---|---|---|---|
| | | | 대상 | 방법 | 주기 | 담당자 |
| 가열 | CCP-1B | 65℃ 이상, 1분 이상 | 가열시간, 온도 | 1. 가열기의 정상작동 유무를 확인한다.<br>2. 가열기에서 가열 온도와 시간을 모니터링 일지에 기록한다.<br>3. 모니터링 일지를 HACCP 팀장에게 승인받는다. | 매 작업시 | 공정 담당 |
| 세척 | CCP-2B | 6단 세척, 가수량 3배, 세척 시간 5분 이상 | 세척방법 | 1. 세척기의 정상작동 유무를 확인한다.<br>2. 세척방법에 따라 세척시간, 횟수, 가수량을 모니터링 일지에 기록한다.<br>3. 모니터링 일지를 HACCP 팀장에게 승인받는다. | 매 작업시 | 공정 담당 |
| 소독 | CCP-3B | 소독 농도 50~100ppm, 소독 시간 1분~1분30초 | 소독농도, 시간 | 1. 소독기의 정상작동 유무를 확인한다.<br>2. 소독농도, 시간을 모니터링 일지에 기록한다.<br>3. 모니터링 일지를 HACCP 팀장에게 승인받는다. | 매 작업시 | 공정 담당 |
| 금속 검출 | CCP-4P | 금속 2mm 이상 불검출, 쇳가루 불검출 | 금속 검출기 감도 | 1. 금속검출기의 정상작동 유무를 확인한다.<br>2. 테스트 피스를 이용하여 금속검출기의 감도를 기기, 제품에 측정한 후 모니터링 일지에 기록한다.<br>3. 모니터링 일지를 HACCP 팀장에게 승인받는다. | 매 작업시 | 공정 담당 |

### (10) 개선조치방법 수립

모니터링 결과 한계기준을 벗어날 경우 취해야 할 개선조치방법을 사전에 설정하여 신속한 대응조치가 이루어지도록 하여야 한다.

일반적으로 취해야 할 개선조치 사항에는 공정상태의 원상복귀, 한계기준 이탈에 의해 영향을 받은 관련식품에 대한 조치사항, 이탈에 대한 원인규명 및 재발방지 조치, HACCP 계획의 변경 등이 포함된다. 개선조치가 완료되면 확인해야 할 기본적인 사항은 다음과 같다.

① 한계기준 이탈의 원인이 확인되고 제거되었는가?
② 개선조치 후 CCP는 잘 관리되고 있는가?
③ 한계기준 이탈의 재발을 방지할 수 있는 조치가 마련되어 있는가?
④ 한계기준 이탈로 인해 오염되었거나 건강에 위해를 주는 식품이 유통되지 않도록 개선조치 절차를 시행하고 있는가?

### (11) 검증절차 및 방법 수립

HACCP 시스템이 설정한 안전성 목표를 달성하는데 효과적인지, HACCP 관리계획에 따라 제대로 실행되는지, HACCP 관리계획의 변경 필요성이 있는지를 확인하기 위한 검증절차를 설정하여야 한다. 이러한 검증활동을 HACCP 계획을 수립하여 최초로 현장에 적용할 때, 해당식품과 관련된 새로운 정보가 발생되거나 원료·제조공정 등의 변동에 의해 HACCP 계획이 변경될 때 실시하여야 한다. 또한, 이 경우 이외에도 전반적인 재평가를 위한 검증을 연 1회 이상 실시하여야 한다.

검증내용은 크게 두 가지로 나뉜다. 즉, HACCP 계획에 대한 유효성 평가(Validation)와 HACCP 계획의 실행성 검증이다.

① HACCP 계획의 유효성 평가라 함은 HACCP 계획이 올바르게 수립되어 있는지 확인하는 것으로 발생가능한 모든 위해요소를 확인 · 분석하고 있는지, CCP가 적절하게 설정되었는지, 한계기준이 안전성을 확보하는데 충분한지, 모니터링 방법이 올바르게 설정되어 있는지 등을 과학적 · 기술적 자료의 수집과 평가를 통해 확인하는 검증의 한 요소이다.

② HACCP 계획의 실행성 검증은 HACCP 계획이 설계된 대로 이행되고 있는지를 확인하는 것으로 작업자가 정해진 주기로 모니터링을 올바르게 수행하고 있는지, 기준 이탈시 개선조치를 적절하게 하고 있는지, 검사 · 모니터링 장비를 정해진 주기에 따라 검 · 교정하고 있는지 등을 확인하는 것이다.

이러한 검증활동은 선행요건프로그램의 검증활동과 병행 또는 분리하여 실시할 수 있다.

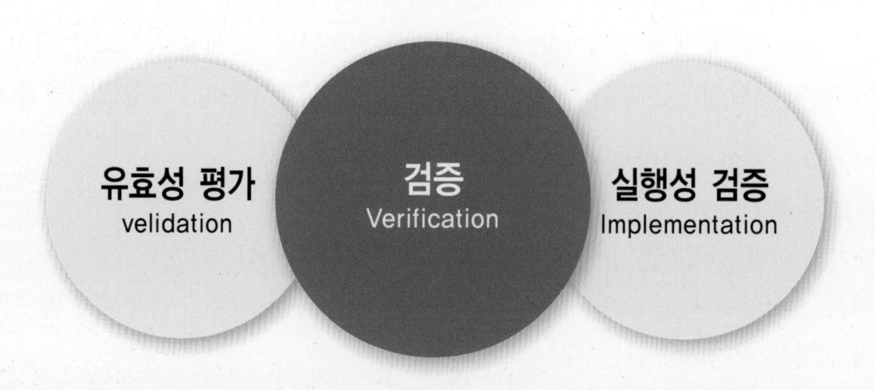

### (12) 문서화, 기록유지 설정

HACCP 체계를 문서화하는 효율적인 기록유지 방법을 설정하는 것이다. 기록유지는 HACCP 체계의 필수적인 요소이며, 기록유지가 없는 HACCP 체계의 운영은 비효율적이며 운영근거를 확보할 수 없기 때문에 HACCP 계획의 운영에 대한 기록의 개발 및 유지가 요구된다.

가장 좋은 기록유지 체계는 필요한 기록내용을 알기 쉽게 단순하게 통합한 것이다. 즉, 기록유지 방법을 개발할 때에는 최적의 기록담당자 및 검토자, 기록시점 및 주기, 기록의 보관기간 및 장소 등을 고려하여 가장 이해하기 쉬운 단순한 기록서식을 개발하여야 한다. 이 기록들은 제품을 유통시키기 전에 해당 작업장에서 HACCP 관리계획을 준수하였음을 보증하는 것이다.

7원칙 12절차에 따라 HACCP 관리계획이 수립되게 되면 해당계획을 HACCP 계획 일람표 양식에 따라 일목요연하게 도표화하여 기록·관리한다. 이렇게 HACCP 관리계획이 작성되면 HACCP 팀원 및 현장 종업원들에 대한 교육을 통하여 해당내용을 주지시킨 후 현장에 시범적용토록 하여 실제 현장에 적용하였을 경우 효과가 있는지, 종사자들에 의해 실행함에 있어 문제점은 없는지 등을 확인하여야 한다. 이러한 과정을 '최초검증'이라 하는데, HACCP 관리계획이 수립되면 반드시 이 과정을 거쳐야 한다. 최초검증 결과 미흡사항 또는 문제점 등에 대하여는 반드시 해결책을 찾아 HACCP 관리계획에 반영·개선한 후 HACCP 시스템을 본격적으로 운영하여야 한다.

## 8-1-6 단체급식 또는 외식산업에서의 HACCP

식품제조업 등에서 적용되는 HACCP을 "Classic HACCP"이라 하는 반면, 단체급식이나 외식산업에서는 동일 범주의 식품군을 한 가지 HACCP 계획에 의해 관리하므로 이를 "Processed HACCP"이라 한다.

### (1) 단체급식이나 외식산업에서 HACCP 적용의 특징

HACCP은 각 식품별로 실시해야 하지만 단체급식이나 외식업에서는 취급하는 식품의 수가 너무 많으므로 유사한 종류의 식품들을 하나로 묶어 HACCP 실시를 단순화하고 있다. 또한 위해요소의 종류도 많지만 생물학적 위해요소, 즉 세균을 가장 중대한 위해요소로 보고 세균만을 집중적으로 관리한다.

핵심적 관리 사항은 식품이 위험공정(해동, 조리, 서빙, 냉각, 재가열 등)에서 5~60℃의 온도 범위를 4시간 이내에 통과하게 하여 세균의 증식을 막는 것이다. 반면 물리적 및 화학적 위해요소는 HACCP에서 관리하지 않고 선행요건 프로그램에서 관리한다.

따라서 조리, 유지, 냉각 및 재가열 과정이 CCP가 되며, 한계기준은 온도와 시간이다. 해동이나 준비는 한계기준의 설정이 어렵고, 조리과정에서의 가열이 CCP로 되어 위해요소가 관리되므로 CCP로 잡지 않고 SSOP로 관리한다. 단체급식에서 HACCP이 성공적으로 시행되려면 공정 흐름도를 정확히 파악하여 CCP를 적게 잡아 적절히 관리하는 것이다.

단체급식이나 외식업의 HACCP은 식품제조업의 HACCP에 비하여 예비단계에서 약간 차이가 있으나, 7가지 원칙의 적용에는 차이가 없다.

### (2) 단체급식이나 외식산업 HACCP의 예비단계

#### ① HACCP 팀 구성

HACCP 팀원은 영양사, 검수담당, 세척담당, 소독담당, 조리담당, 배식담당, 식기세척담당 등으로 구성된다. 회의를 통하여 HACCP 계획의 운영방향을 논의하고, 실행 계획을 수립하여 팀별 및 팀원별로 역할을 정한다.

#### ② 메뉴 설명서 작성 및 용도 확인

메뉴설명서에는 메뉴명, 조리형태 및 유형, 작성자 및 작성연월일, 원재료명 및 함량, 알레르기 유발 물질, 완제품의 규격, 보관 및 배식 시 주의사항, 제품용도, 배식시간 및 잔식관리, 배식형태 및 제공방법, 기타 필요한 사항이 포함되어야 한다. HACCP 팀장과 영양사는 작성된 제품설명서가 현장과 일치하는지 현장에서 직접 확인하고 일치하지 않는 경우 수정하여 작성한다.

단백질 함량이 높고 수분이 많은 식품, 미리 조리된 채소나 조리된 탄수화물 식품을 식별하여 집중적인 관리 대상으로 분류해야 한다.

#### ③ 조리공정도 작성

원·부재료의 입고에서부터 최종제품의 배식까지의 모든 단계를 파악하여 공정흐름도면을 작성하는데 이것은 제품이 어떤 환경 하에서 어떤 경로를 통해 만들어지며 위해 요소가 어디에서 발생할 수 있을 것인가를 보여준다. 공정흐름도가 같은 것은 동일한 범주에 넣어 시스템을 최소화한다.

④ 조리공정도의 용도확인

조리특성별 구획, 기계·기구 등의 배치, 제품의 흐름 과정, 작업자 이동경로, 세척·소독조 위치, 출입문 및 창문, 환기(공조)시설 계통도, 용수 및 배수처리 계통도 등을 표시한 조리장 평면도를 작성한다. 공정흐름도와 평면도의 작성 목적은 각 공정 및 조리장내에서 위해요소가 발생할 수 있는 모든 조건 및 지점을 찾아내기 위한 것이므로 정확성을 유지하는 것이 매우 중요하다. 공정흐름도 및 평면도가 작업현장과 일치하는지 현장에서 공정별 각 단계를 직접 확인하면서 검증한다.

### (3) 단체급식이나 외식산업 HACCP의 7가지 원칙 적용

① 원칙 1(위해요소분석): 설비의 한계나 종업원의 수준을 고려하고, 레시피의 내용을 검토하여 생물학적, 화학적, 물리적인 위해요소를 분석한다. 원재료 목록은 위해분석을 위해 필요에 따라 수산물, 농산물, 축산물, 상품(제품) 등으로 분류하거나 냉동, 냉장, 상온 보관의 형태 또는 액상, 고상, 분말의 형태로 분류하여 작성할 수 있다.

② 원칙 2(CCP의 결정): 공정 흐름도에 의해 CCP를 결정하고 위해요소를 예방, 감소, 제거하는 절차를 결정한다.

③ 원칙 3(한계기준의 설정): 현장에서 쉽게 확인할 수 있도록 육안 관찰이나 간단한 측정으로 확인 할 수 있는 수치나 특정지표로 나타낸다. 즉 온도, 시간, 습도, 수분활성도, 염소나 염분농도, pH 등이다.

④ 원칙 4(CCP 모니터링 체계 확립): CCP에서 식품의 온도를 측정하고, 교차오염을 확인하여 레시피에 위생지침으로 넣으므로 CCP에서 제외해도 된다. 단체급식과 외식업체에서의 모니터링을 조리 관련자가 직접 할 수 있다.

⑤ 원칙 5(개선조치): 시간 혹은 온도가 준수되지 않은 경우는 재가열, 계속 가열, 폐기(즉시조치)나, 레시피 수정 및 종업원 교육(예방조치)을 한다.

⑥ 원칙 6(검증절차 및 방법 수립): 공정 흐름도 검토, 모니터링 일지 검토, 전 작업을 관찰한다.

⑦ 원칙 7(기록 유지 및 문서화): 문서의 작성, 처리, 보관, 보존, 열람, 폐기에 관한 기준을 정하고 모든 단계에서 기록하여 문서화해야 한다.

## 8-1-7 HACCP 적용 예시

### (1) 레시피(단체급식소 비빔밥 200인분)

① 재료

| 재료 | 양 | 재료 | 양 |
|---|---|---|---|
| 콩나물 | 10kg | 오이 | 50개 |
| 고사리 | 5kg | 도라지 | 50kg |
| 간 쇠고기 | 10kg | 다시마 | 10cm×50개 |
| 달걀 | 80개 | 밥 | 200공기 |

② 준비

㉠ 콩나물 및 고사리를 다듬고 마늘은 다진다.
㉡ 오이는 반을 갈라 얇게 어슷썬다.
㉢ 도라지는 다듬어서 소금으로 주물러 씻어 쓴맛을 뺀다.
㉣ 쇠고기는 미리 냉장고에서 해동하여 양념으로 무친다.
㉤ 고추장에 참기름과 깨소금을 넣고 섞는다.
㉥ 모든 준비물은 냉장 보관한다.

③ 조리

㉠ 콩나물은 소금을 뿌려 삶은 다음 파, 다진 마늘, 깨소금, 참기름을 넣고 무친다.
㉡ 오이는 물기를 뺀 뒤 센 불에 기름을 두르고 살짝 볶아 낸다.
㉢ 고사리에 파, 다진 마늘, 간장, 깨소금, 참기름을 넣고 부드럽게 볶아 낸다.
㉣ 도라지는 기름에 볶다가 파, 다진 마늘, 소금, 참기름, 깨소금을 넣고 양념한다.
㉤ 다시마는 식용유에 튀겨 튀각을 만든다.
㉥ 쇠고기는 국물 없이 볶아 낸다.
㉦ 달걀은 지단을 부쳐 채 썬다.
㉧ 불린 쌀로 고슬고슬하게 밥을 짓는다.

④ 서빙 및 홀딩

㉠ 서빙 직전에 밥을 그릇에 담아 소금, 참기름을 뿌리고, 나물, 지단, 튀각 등을 얹는다.
㉡ 그 위에 고추장을 한 스푼 담아 즉시 서빙한다.
㉢ 서빙 중 밥을 뜨겁게(60℃) 유지하며, 실온에서 4시간 이내에 서빙한다.

⑤ 위생 지침

㉠ 온도계로 모든 온도 측정
㉡ 식품 취급 전, 생식품 취급 후, 손이 오염될 수 있는 행위 후 손 씻기
㉢ 모든 장비와 용기를 사용 전과 사용 후에 씻고, 헹구고 살균한다.
㉣ 준비가 중단되면 모든 내용물을 냉장 보관한다.

## (2) 공정 흐름도

① 원료의 반입에서 최종 제품의 출하까지 작업명을 열거한다.
② 순서에 따라 화살표로 마무리한다.

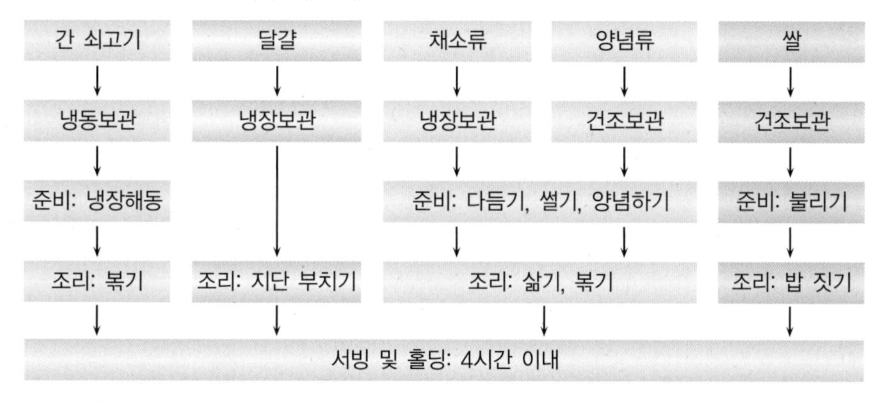


## (3) HACCP 계획(제품: 비빔밥)

| CCP | | 위해요소 | 한계기준 | 모니터링 방법 | 개선조치 | 기록 |
|---|---|---|---|---|---|---|
| 단계 | 작업내용 | | | | | |
| 조리 | 쇠고기 볶기 | 충분하지 못한 조리로 인한 병원성 세균 생존 | 내용물은 62.8℃ 이상으로 가열 | 조리사가 제품 쇠고기 내부 온도를 온도계로 측정 | 온도 미달 시 63℃ 이상에서 15초 도달할 때까지 계속 가열 | 조리 일지 |
| 서빙 및 홀딩 | 따뜻한 밥에 기타 내용물을 담아 서빙 | 실온에서 서빙을 위해 장시간 홀딩으로 병원성 세균 증식 | 조리 후 4시간 | 조리사가 서빙 시간을 용기에 첨부 | 4시간 경과하면 전 내용물 즉시 69℃ 15초 이상 가열 후 2시간 내에 서빙 | 조리 일지 |

## 8-1-8 학교급식소 주요 음식별 HACCP 적용 예시

### (1) 제육볶음

| CCP | 위해요소 | 관리기준 | 대책 |
|---|---|---|---|
| 고기 가열 | 병원성 세균 생존 | 고기의 중심온도가 74℃ 이상 되게 가열 | 고기만 넣고 충분히 가열조리 |
| 채소 넣고 가열 | 병원성 세균 생존 | 채소를 넣고 전체가 74℃ 이상 되게 가열 | 고기에 채소를 넣고 충분히 가열 |
| 맛보기 | 병원성 세균 오염 | 위생적인 맛보기 | 위생적인 맛보기 습관 |

### (2) 닭강정

| CCP | 위해요소 | 관리기준 | 대책 |
|---|---|---|---|
| 닭고기 튀기기 | 병원성 세균 생존 | • 튀김기름 온도를 180~190℃로 유지<br>• 닭고기 중심온도 74℃ 이상으로 유지 | • 기름 온도 측정<br>• 식품 중심온도 측정 |
| 양념류 넣기 | 병원성 세균 생존 | • 청결한 양념류 사용<br>• 양념장의 충분한 가열 | • 양념류의 냉장보관 |

### (3) 갈비찜

| CCP | 위해요소 | 관리기준 | 대책 |
|---|---|---|---|
| 달걀 깨기 | 병원성 세균 오염 | • 달걀을 만진 후 손에 의한 교차 오염 없도록 | • 달갈 취급 후 철저한 손 세척 |
| 찌기 | 병원성 세균 생존 | • 내부까지 완전히 익도록 가열하여 63℃ 이상에서 3~5분 이상 유지 | • 온도계를 사용하여 중심온도 확인 |
| 썰기 | 병원성 세균 오염 | • 써는 과정에 교차오염 방지 | • 사용 전후 기구소독 및 손 소독 |

### (4) 과일샐러드

| CCP | 위해요소 | 관리기준 | 대책 |
|---|---|---|---|
| 썰기 | 병원성 세균 오염 | • 칼, 도마, 식기, 조리대 위생<br>• 조리원 개인위생 | • 칼, 도마, 식기는 사용 후 열탕 소독<br>• 과일 절단기는 사용 후 분해, 세척, 살균 |
| 무치기 | 병원성 세균 오염 | • 철저한 개인위생<br>• 마요네즈 등 향신료 오염 방지 | • 위생장갑, 위생복 착용<br>• 혼합 무침기는 사용 후 세척하여 80℃에서 5분 이상 살균 및 건조 |

## (5) 만두튀김

| CCP | 위해요소 | 관리기준 | 대책 |
|---|---|---|---|
| 재료 보관 | 병원성 세균 증식 | • 납품 후 조리 전까지 장시간 실온방치 금지 | • 납품 즉시 냉장고 보관 |
| 튀김 | 산패된 기름 | • 식용유는 반복 사용 금지 | • 식용유 1일 1회 사용 |
| | 병원성 세균 생존 | • 만두의 중심 온도를 74℃ 이상 유지 | • 튀긴 만두의 중심온도 측정 |

## CHAPTER 08 연습문제

**01 HACCP의 특징을 설명하는 말은?**

① 실험실에서 수행 ② 숙련공이 필요 ③ 제품을 분석함
④ 문제발생 전 선조치 ⑤ 제한된 시료 평가

**02 HACCP 7원칙에서 원칙1은?**

① HACCP팀 구성 ② 위해요소 분석 ③ 공정 흐름도 작성
④ 한계기준 설정 ⑤ 개선조치의 설정

**03 위해요소를 제거하거나 허용수준 이하로 감소시킬 수 있는 시점 혹은 절차를 무엇이라고 하는가?**

① CCP ② 한계기준 ③ 모니터링 ④ 개선조치 ⑤ 검증절차

**04 식별된 위해요소가 안전하게 관리될 CCP가 없다면 어떻게 해야 하는가?**

① 철저한 방역 ② 철저한 청소 ③ 제조공정 변경 ④ 개선조치 ⑤ 모니터링 실시

**05 계획된 항목을 측정하여 CCP가 잘 관리되고 있는지를 확인하는 것을 무엇이라고 하는가?**

① CCP의 결정 ② 위해요소의 분석 ③ 모니터링
④ 한계기준의 설정 ⑤ 검증절차 수립

**06 중요관리점의 모니터링 결과 한계기준을 벗어났을 때를 대비한 프로그램을 무엇이라고 하는가?**

① 모니터링 ② 개선조치 ③ 검증절차 수립 ④ 기록유지 ⑤ CCP 설정

**07 HACCP 실행의 증거가 되는 것은?**

① 방역 ② GMP ③ SSOP ④ 기록유지 ⑤ 교육훈련

**08 HACCP 7원칙 중 리콜과 밀접한 관계가 있는 단계는?**

① 모니터링 ② 검증절차 수립 ③ 기록유지 ④ 위해요소 분석 ⑤ 중요관리점 결정

**09 코덱스(Codex) 지침으로 제시한 HACCP 적용을 위한 12단계에서 첫 단계는 무엇인가?**

① 예방정비 ② HACCP 팀 구성 ③ 제품설명서 작성
④ 공정흐름도 작성 ⑤ 위해요소 분석

**10 단체급식의 HACCP이 식품제조공장의 HACCP에 비하여 다른 점은?**

① 동일한 범주의 식품군 식별 ② 공정흐름도 작성 ③ 검증절차의 수립
④ 중요관리점의 결정 ⑤ 한계기준 설정

**11 단체급식 HACCP의 예비단계에 포함되지 않는 것은?**

① HACCP 팀 구성 ② 레시피 검토 ③ 잠재적 위해식품 식별
④ 사용의도 식별 ⑤ 동일범주의 식품군 식별

**12 단체급식 HACCP에서 가장 중요시하는 위해요소는?**

① 세균 ② 곰팡이 ③ 기생충 ④ 자연독 ⑤ 항생제

**13 단체급식 HACCP에서 위험온도 범위는 몇 도인가?**

① 5~60℃ ② 10~60℃ ③ 15~60℃ ④ 20~65℃ ⑤ 30~65℃

**14 단체급식 HACCP에서 잠재적인 위해 식품은 위험온도 범위에서 얼마 이상 노출하지 말아야 하는가?**

① 2시간 ② 3시간 ③ 4시간 ④ 5시간 ⑤ 6시간

**15 단체급식 HACCP에서 핵심적인 한계기준이 되는 것은?**

① 수분과 산도 ② 산소와 수분 ③ 수분과 단백질
④ 온도와 시간 ⑤ 미생물과 산소

# 식품영업의 위생관리

**학습목적**

식품·조리위생의 안정성 확보를 위해 작업자의 개인위생, 시설 및 도구의 위생, 식품처리 및 조리과정의 위생을 이해하고 실천한다.

**학습목표**

01 식품 취급자 위생의 중요성을 설명한다.
02 위생확보를 위한 취급자의 행동주의사항을 열거한다.
03 식품취급자의 건강진단 대상이 되는 병을 열거한다.
04 식품취급자의 개인위생을 인지한다.
05 손씻는 방법과 손을 씻어야 되는 경우를 설명한다.
06 식품관계 영업시설의 입지조건을 열거한다.
07 작업장의 설비 기준을 인지한다.
08 위생동물 방지를 위한 시설관리 방법을 기술한다.
09 세정설비의 위생적 관리 방법을 설명한다.
10 급식설비와 기구를 위생적으로 관리한다.
11 시설 및 기구의 위생적 취급 방법을 열거한다.
12 식품취급 시설에 적합한 청소관리 방법을 설명한다.
13 식품용 기구의 살균관리 방법을 인지한다.

14 식품의 위생적 보관 방법을 인지한다.
15 식품의 종류와 조리방법에 따라 내부까지 열이 전달되도록 하는 열처리 방법을 인지한다.
16 음료수의 수질기준을 인지한다.
17 오물처리 시설을 위생적으로 관리한다.
18 식품관련 시설의 화장실을 위생적으로 관리한다.
19 세척제의 종류와 사용법을 이해한다.
20 살균 소독법의 종류에 따른 이용범위를 연관 짓는다.
21 가열소독법을 적용한다.
22 소독제 사용법을 기술한다.
23 조리용기의 살균 · 소독법을 적용한다.

식품과 관련하여 발생되는 질병과 건강장애를 예방하기 위해서는 식품의 채취, 가공, 조리, 저장, 운반, 포장 및 판매의 각 단계에서 병원성 미생물의 오염, 부패와 산패, 유해 화학물질의 혼입 등으로 발생하는 각종 위해를 적절히 관리해야 한다. 이 장에서는 외식업소와 집단급식소, 그리고 식품제조업에서의 위생관리 방법에 대하여 설명한다.

# 9-1 식품취급자의 위생 관리

## 9-1-1 종업원의 건강관리

### (1) 법적 요구에 의한 건강진단

관리자는 법에 따라 종업원이 정기 건강진단을 받게 하고, 문제가 있는 사람은 즉시 식품을 취급하는 작업에서 배제시켜야 한다.

식품위생법에는 식품 영업에 종사하는 사람은 6개월에 1회 정기 건강진단을 받도록 하고 있으며(다만, 폐결핵 검사는 연1회 실시), 감염병이 발생하였거나 발생할 우려가 있어 시장, 군수, 구청장이 수시건강진단을 받도록 명할 때에도 즉시 건강진단을 받아야 한다. 건강진단을 받을 수 있는 의료기관은 보건소, 종합병원, 병원 또는 의원이다. 검진 결과 이상이 없는 사람에게는 건강진단 수첩을 발급하고, 감염병(콜레라, 장티푸스, 파라티푸스, 세균성이질, 장출혈성 대장균감염증, A형 간염), 피부병 또는 그 밖의 화농성질환, 결핵(비감염성인 경우 제외)인 경우에는 식품을 직접 취급하는 업무에 종사하지 못하게 규정하고 있다.

### (2) 종업원을 쉬게 해야 할 경우

관리자(영양교사, 영양사)는 조리종사자별로 검진일, 다음 검진일, 이상 여부 등을 상시 파악할 수 있도록 건강진단 결과를 기록(2년 보관)·관리하여야 한다. 업무에 들어가기 전, 종업원 중에 건강상의 이유로 작업에서 배제해야 하는 경우가 있는지를 체크해야 하며, 발열, 설사, 복통 또는 구토, 황달, 인후염 또는 후두염, 감기 또는 재채기 같은 식중독 의심 증상이 있는 경우에는 근무하지 않아야 한다. 또한 본인이나 가족 중에 법정감염병(콜레라, 이질, 장티푸스 등) 보균자, 노로바이러스 질환자가 있거나 발병한 경우에도 완쾌될 때까지 업무에 참여하지 못하게 해야 한다.

종업원은 급료를 못 받는 것을 우려하여 질병을 숨기고 계속 근무할 수도 있으므로 종업원들이 건강이 좋지 않을 때 관리자에게 솔직히 말하는 데 부담을 느끼지 않도록 해 주어야 한다.

### (3) 근무 중에 아프거나 다친 종업원의 관리

종업원이 근무 중에 아프거나 다쳤을 때에는 관리자에게 즉시 보고하게 한다. 근무자의 상태가 식품이나 기구를 오염시킬 우려가 있다면 작업을 중지하고 병원에 가도록 한다. 베인 곳, 덴 곳, 헌 곳 및 종기 난 곳은 붕대(반창고)를 감아 상처의 이물을 완전히 차단해야 하고, 붕대를 감은 손에는 합성수지제의 1회용 장갑을 필히 착용한다. 또한 붕대를 한 종업원은 식품취급 이외의 다른 일을 하도록 작업을 전환할 필요가 있다.

## 9-1-2 종업원의 개인위생 관리

### (1) 개인위생 수칙

식품(음식)은 사람의 손에 의해 만들어지므로 식품취급자(조리종사자)는 건강한 사람이어야 하며, 기본적인 위생관리방법을 숙지하여 위생개념을 익히고 실천하는 것을 생활화하여야 한다. 개인위생이 개인에게는 사소한 문제이지만 식품의 안전성에는 결정적인 영향을 미친다. 질병은 신체의 어느 부분에도 전파될 수 있으므로 식품의 채취, 제조, 가공, 조리 등에 종사하는 종업원은 다음 사항을 잘 지켜야 한다.

① 종업원 복장[그림 9-1]

㉠ 작업에 임할 때는 깨끗한 작업복을 입되, 작업을 할 때만 입는다. 급식소에서 위생복은 매일 세탁하고 다림질하며, 앞치마는 전처리용, 조리용, 배식용, 세척용으로 구분하여 사용한다.

㉡ 전용 작업화를 신으며, 편안하고 발가락 부분이 노출되지 않는 것을 신어야 한다. 외부 출입 후에는 반드시 소독판에 작업화를 소독하고 들어간다. 전용 소독건조기를 비치하여 세척한 후 건조하여 사용한다.

㉢ 머리카락을 감싸는 그물망 또는 위생 모자를 착용해야 한다.

㉣ 입과 턱을 감싸는 마스크를 착용해야 한다.

㉤ 식품을 가공, 조리하는 작업 중에는 반지, 팔찌, 손목시계, 목걸이 등의 장신구를 착용하지 말아야 한다.

㉥ 화장을 진하게 하지 않으며, 향이 강한 향수를 사용하지 않는다.

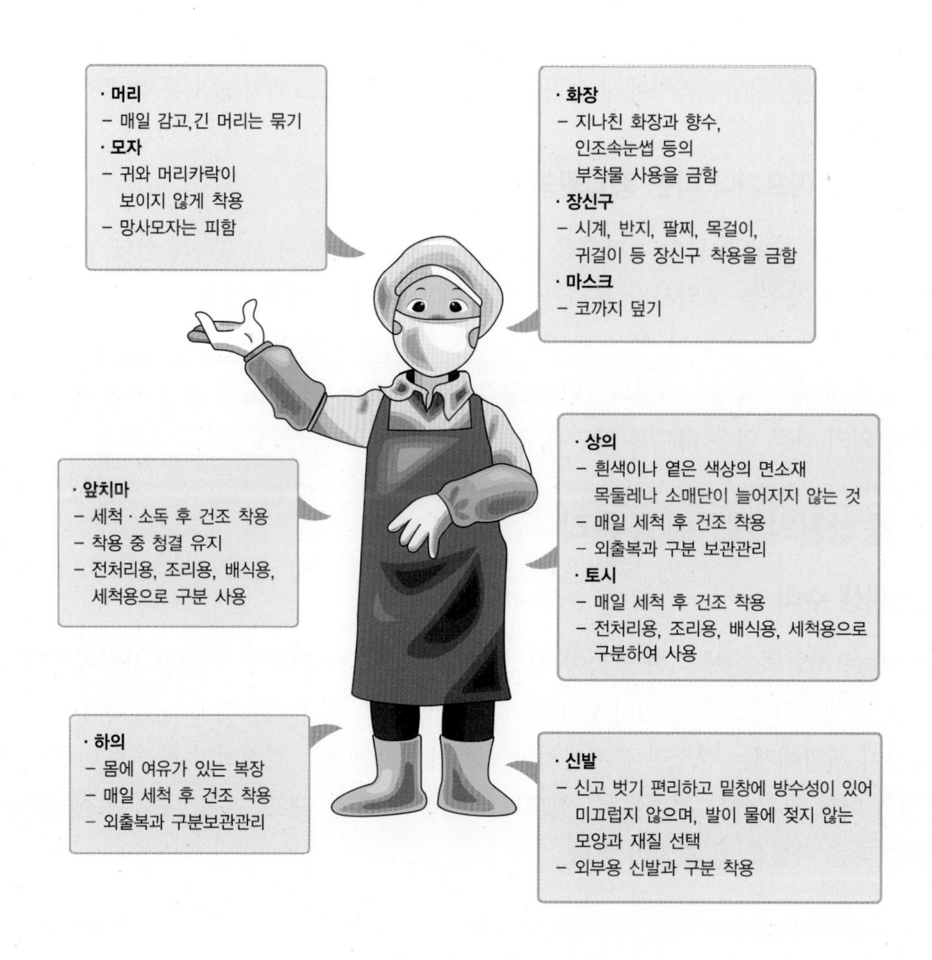


[그림 9-1] 식품 조리 및 가공 종사자의 복장

② 위생적인 습관

㉠ 두발은 항상 청결히 하며 머리카락이 위생모 밖으로 나오지 않게 한다.

㉡ 매일 머리를 감고 목욕을 해야 한다.

㉢ 습관적으로 코를 만지거나 헛기침을 하지 않는다.

㉣ 식품을 취급하는 중에 담배를 피우거나 껌을 씹거나 침을 뱉지 않는다.

㉤ 화장실에 갈 때는 탈의실에서 작업복, 작업모, 신발 등을 바꿔 착용한다. 화장실에는 전용 신발을 비치해 두고 이용한다.

㉥ 휴식을 할 때는 휴게실을 이용하며, 휴게실은 항상 청결하게 유지한다.

㉦ 조리장 입구에 방문객 전용 위생복, 위생모, 위생화, 마스크를 비치하고 청결하게 관리한다.

㉧ 조리장의 출입구, 화장실, 출입구, 일반작업구역과 청결작업구역의 경계면에 신발소독

조를 둔다. 소독조에 사용하는 소독제는 식품위생법상 "기구 등의 살균소독제"로 허가된 제품을 적정농도로 사용한다.

③ 기타

출입검사를 실시한 관계공무원은 해당 학교급식 관련시설에 비치된 출입 검사 등 기록부에 그 결과를 기록하여야 한다.

## 9-1-3 종업원의 손 관리

우리 손에는 육안으로는 확인되지 않는 많은 미생물이 존재하여 조리작업과정에 식재료, 식기구, 음식 등에 오염되어 식중독을 일으킬 수 있다. 이러한 미생물을 제거하기 위해서는 올바른 손 씻기가 중요하다.

### (1) 기본적인 손 관리 요령

① 손톱은 짧고 깨끗하게 유지해야 한다. 매니큐어나 광택제를 바르거나 인조손톱을 붙이지 않는다.
② 머리카락, 옷, 피부(특히 헌 곳, 베인 곳, 종기 난 곳)를 만지지 말아야 한다.
③ 베인 곳 또는 상처 난 곳은 붕대로 감싸고 합성수지 장갑을 착용한다.

### (2) 손 세척 설비

관리자는 식품취급자가 손을 적절하게 세척하도록 훈련시키고, 손의 세척에 필요한 설비[그림 9-2]가 잘 갖추어져 있는지를 확인해야 한다. 조리장에는 청소 및 식품의 전처리용과는 별도로 손 세척 전용의 싱크대가 적어도 1개 이상 설치되어 있어야 한다. 이러한 손 세척시설은 조리준비실과 식기세척실에도 설치되어 있어야 한다. 화장실 바로 밖에도 손 세척대를 설치하여 종업원들이 습관적으로 손을 씻도록 해야 한다. 손세정대 근처에는 조리종사자가 쉽게 볼 수 있는 위치에 손 세척 방법에 대한 안내문이나 포스터를 게시한다.

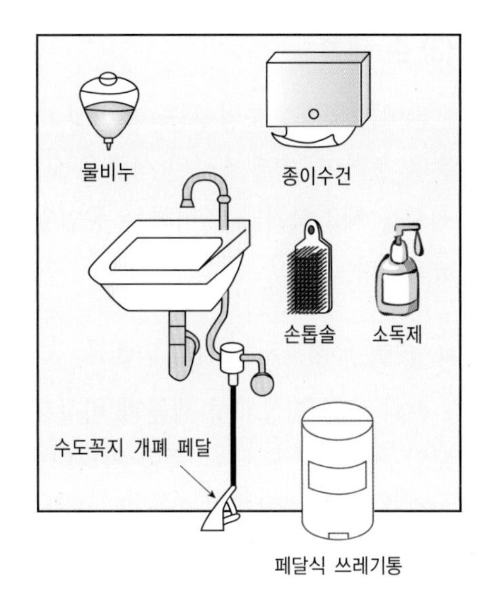


[그림 9-2] 손 세척 설비

① 온수 및 냉수의 수도꼭지

수도꼭지는 페달식 또는 전기감응식 등 직접 손을 사용하지 않고 조작할 수 있는 것이 바람직하며 종업원이 온수와 냉수를 혼합하여 43.3℃(110℉) 이상으로 조절할 수 있도록 되어 있어야 한다.

② 물비누 및 손톱 솔

물비누는 디스펜서(dispenser)에 담아 벽면에 설치하여 버튼을 누르면 1회 사용량이 나오게 된다. 손톱을 세척하는 데 필요한 손톱 솔을 준비하고, 손톱 솔을 담가두는 소독용액도 구비되어 있어야 한다.

③ 손 소독제

손을 세척한 후에 소독하기 위하여 사용하는 소독제로는 항균비누, 클로르 헥시딘, 알코올, 요오드액 등이 있다. 소독제는 뚜껑이 닫혀 있는 용기에 저장해야 한다. 국내에서는 70% 에틸알코올을 분사기에 넣어 사용하는 경우가 많다.

④ 일회용 종이수건 또는 드라이어

손을 건조시키는 데 필요한 종이타월 또는 드라이어를 비치하여 종업원들이 손의 물기를 없애기 위하여 앞치마나 행주에 손을 닦는 일이 없도록 해야 한다. 사용한 종이타월을 담는 페달식 휴지통을 옆에 비치해 두고 깨끗하게 유지해야 한다.

### (3) 손 세척

손에는 황색포도알구균, 분변성 미생물, 생식품의 미생물 등이 있을 수 있어 식품취급자의 손을 통하여 가열 조리된 식품을 오염시키거나 원료 및 기구 등을 오염시킬 수 있다. 따라서 식품을 제조하거나 조리하는 종업원에게 손과 팔꿈치까지의 팔을 자주 세척하는 일은 매우 중요하다.

① 손을 오염시키는 위해 미생물

손의 세균은 상재성 세균과 비상재성 세균으로 구분된다. 상재성 세균은 손에 서식하는 포도알구균(*Staphylococcus*) 등을 말하며, 이들은 땀구멍에 깊이 묻혀 있기 때문에 일반적인 손 세척으로 쉽게 제거되지 않는다. 비상재성 세균은 화장실 사용, 생식품 취급 등으로 손에 묻어 있는 세균을 말한다. 비상재성 균은 식품위생상 큰 문제가 되지만 세척이나 소독에 의해 쉽게 제거된다.

화장실 이용을 통하여 손에 오염될 수 있는 미생물은 *Salmonella*, *E.coli*, *Staphylococcus aureus*, *Clostridium perfringens*, *Shigella*, Hepatitis A virus 등이고, 생식육 취급을 통하여 손에 오염될 수 있는 미생물은 *Yersinia*, *Proteus*, *Campylobacter*, *Klebsiella* 등이다.

② 손 세척 시 유의점

㉠ 위생적인 손 세척을 위해서 올바른 손 세척방법의 설정, 적절한 세제와 살균소독제의 선택과 사용, 설정된 방법에 따른 충실한 손 세척이 필수적이다.

㉡ 고형비누보다 액상비누가 효과적이며, 액상비누의 경우 3~5ml 정도로 충분하다. 손 세척 시간은 30초 이상으로 비누, 항균제 등과 충분히 접촉할 수 있도록 설정해야 한다. 양손을 비벼서 마찰을 증가시키거나 솔을 사용할 경우 비상재성 세균의 감소율이 크다.

㉢ 높은 온도에서 세척·살균제의 활성도가 높기 때문에 손 세척에는 37~43℃의 더운물을 사용하는 것이 효과적이다. 물이 차가울 경우 비누를 사용하더라도 피부 표면의 비상재성 미생물만 제거될 뿐 상재성 미생물은 전혀 제거되지 않는다.

㉣ 지나치게 오랜 시간 동안 손을 세척하면 상재성 미생물의 유출에 따라 피부 표면의 미생물 수가 증가될 수 있다.

㉤ 하루 25회 이상의 잦은 손 세척은 피부를 갈라지게 하거나 염증을 일으켜 오히려 좋지 않다.

③ 손 세척 요령

손을 세척하는 요령은 **[그림 9-3]**과 같다.

④ 손 세척을 해야 하는 경우

손 세척 요령에 따라 손, 손목과 팔꿈치까지의 팔을 세척해야 하는 경우는 다음과 같다.

㉠ 화장실을 이용한 후
㉡ 작업을 시작하기 전
㉢ 달걀, 생선, 육류 등의 생식품을 취급한 후
㉣ 귀, 입, 코, 머리 등 신체 일부를 만졌을 때
㉤ 코를 풀거나 재채기 또는 기침을 한 후
㉥ 담배를 피우거나 껌을 씹은 후
㉦ 전화를 받고 난 후
㉧ 음식물을 먹거나 차를 마신 후
㉨ 청소 도구를 취급한 후
㉩ 쓰레기를 치운 후

㉪ 손을 오염시킬 수 있는 물건을 만진 후(식품을 검수한 후)
㉫ 일반작업구역에서 청결작업구역으로 이동하는 경우
㉬ 이상의 경우 이외에도 작업 중 2시간마다 1회 이상 실시

⑤ 손 세척 후의 금지행위

손을 세척한 후 종업원은 다음과 같은 행위를 해서는 안 된다.

㉠ 손의 물기를 제거하기 위하여 앞치마에 손을 닦는 행위
㉡ 땀을 옷으로 닦거나, 고무장갑을 낀 채 머리, 얼굴 등을 만져 손을 오염시키는 행위

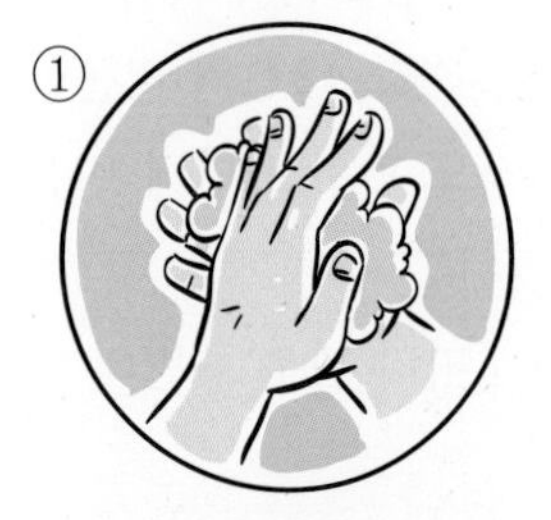


손바닥과 손바닥을
마주 대고 문질러줍니다.

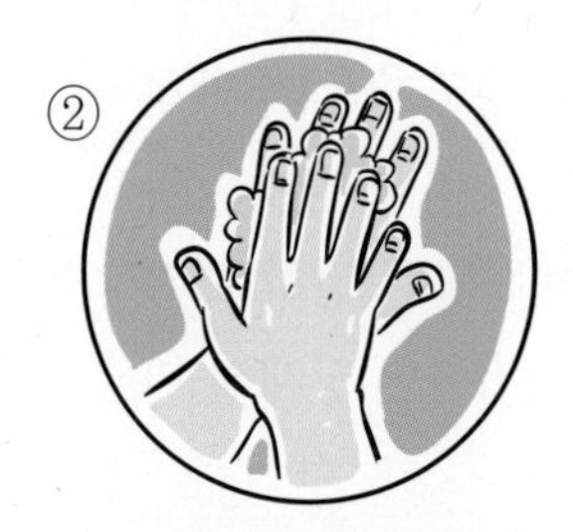


손바닥과 손등을
마주 대고 문질러줍니다.

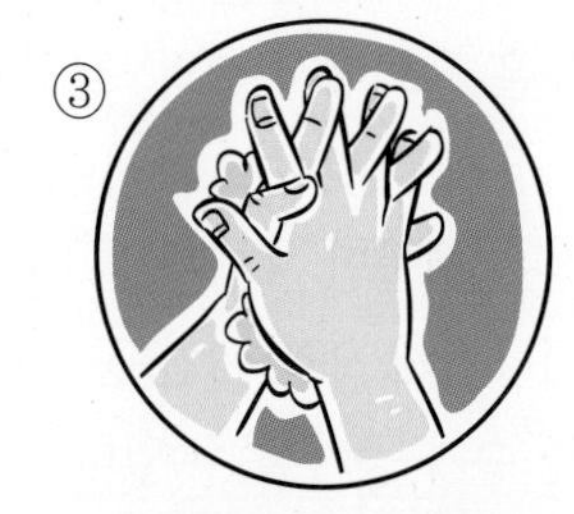


손바닥을 마주 댄 채
손깍지를 끼고 문질러줍니다.

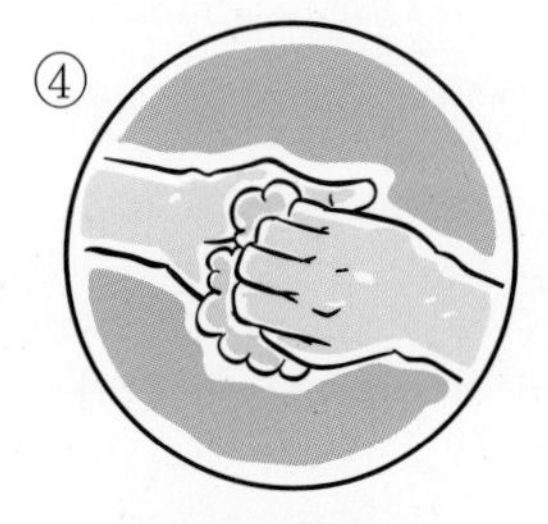


손가락을 마주 잡고
문질러줍니다.

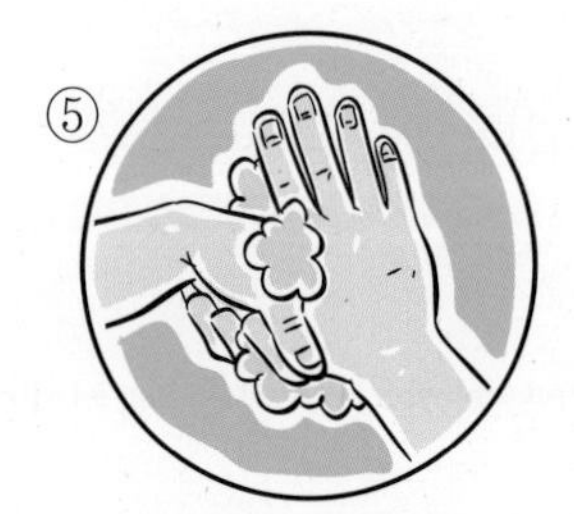


엄지손가락을
다른 편 손바닥으로
돌리면서 문질러줍니다.

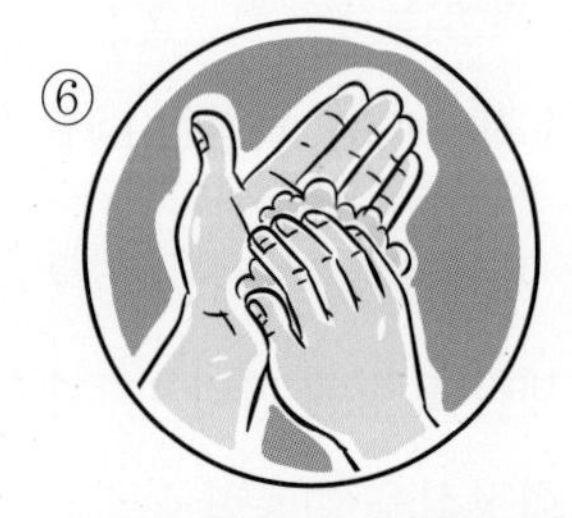


손가락을 반대편 손바닥에
놓고 문지르며 손톱 밑을
깨끗하게 합니다.

**[그림 9-3] 올바른 손 씻기 방법**

### (4) 장갑의 착용

종업원은 여러 종류의 장갑을 사용할 수 있다. 절단할 때는 그물장갑을, 기구 등을 세척할 때는 고무장갑을, 식품을 취급할 때는 1회용 합성수지 장갑을 사용할 수 있다.

장갑 사용 시의 유의사항은 다음과 같다.

① 장갑을 착용할 때에는 사전에 손을 잘 세척하고 건조시켜야 한다.
② 너무 헐렁한 장갑은 작업에 방해가 되고 미생물 오염의 우려가 크며, 너무 끼는 장갑은 땀의 발생과 온도상승으로 미생물의 증식이 촉진될 수 있다.
③ 장갑이 더러워지거나 찢어졌을 때는 즉시 교체하며, 다른 작업을 시작할 때와 계속적인 작업을 할 때에는 4시간 이내에 새것으로 교환한다.
④ 점성이 높은 식품이나 포장하지 않은 식품을 취급할 때는 면장갑을 착용하지 말아야 하며, 사용한 장갑을 다시 사용할 때는 반드시 세척, 살균한 후에 사용한다.
⑤ 장갑을 착용함으로써 미생물오염이 낮아진다고 생각하고 손 세척을 소홀히 하거나 장갑을 착용한 채 오염된 접촉표면, 입 또는 코를 만져서는 안 된다.

## 9-1-4 교차오염을 줄이기 위한 종업원 작업 배치

동일한 종업원이 하루 일과 중에 여러 개의 작업을 수행하게 되면 교차오염이 일어날 가능성이 훨씬 높아진다. 예를 들어 외식업소나 집단급식소에서 동일한 종업원에게 다음과 같은 작업을 할당하는 일이 없어야 한다.

① 생원료와 조리된 식품을 동시에 취급하는 일
② 더러운 접시를 씻고 이어서 소독된 접시를 꺼내어 쌓는 일
③ 더러운 접시를 치우고 이어서 소독된 접시를 상에 차리는 일

## 9-1-5 종업원 위생교육

### (1) 위생교육의 목적

식품을 직접 조리, 가공하는 사람은 작업 중에 식품 또는 식품접촉표면과 계속 접촉하므로 그의 건강상태와 작업습관 및 식품위생에 관한 지식은 식품의 안전성에 중대한 영향을 미친다. 따라서 위생교육의 목적은 식품취급자로 하여금 식품위생의 중요성을 깨닫게 하고, 식품위생에 대한 지식, 기술 및 바른 태도를 갖게 함으로써 식품 위해사고를 미연에 방지하고, 식품의 안전성을 확보하는 데 있다.

### (2) 위생교육의 내용

식품위생에 관한 기초교육에는 최소한 다음과 같은 내용이 포함되어야 한다.

① 식품위생의 중요성과 식품기인성 질병
② 작업 전 또는 작업 중에 지켜야 할 개인위생
③ 안전한 식품 취급과 식품보호에 대한 기초지식
④ 시설, 장비, 기구 등의 청결 및 위생관리
⑤ 위생곤충 및 설치류 관리

기초교육 외에 대상에 따라 교육내용을 선택할 수도 있다. 시설 관리자에게는 식품취급 장소와 시설에 대한 교육을 강조해야 하고, 식품을 조리·가공하는 자에게는 식품의 안전한 취급과 보호대책에 대하여 중점적으로 교육해야 하며, 식품취급자와 서비스를 하는 사람에게는 개인위생에 대한 교육을 강조해야 한다.

### (3) 위생교육의 방법

① 개인교육법

한 번에 한두 사람을 대상으로 하는 교육으로 한두 사람의 신규 종업원이나 개별 작업군에 대한 지도가 필요할 때에 적합하다. 특별한 장소가 필요없고 교육효과도 높지만 시간과 경비가 많이 든다.

② 집단교육법

한 번에 다수를 대상으로 하는 교육으로 다수의 교육대상자에게 동일한 교육이 필요할 때 적용한다. 강의, 토론, 실연 등을 적용할 수 있고, 여러 가지 교육 보조자료도 활용할 수 있다. 피교육자의 개별 상황에 대한 교육이 어렵고, 피상적인 교육이 될 우려도 있다.

### (4) 위생교육 시에 고려해야 할 점

① 흥미를 유발하도록 내용을 구성하고, 시간이 길지 않도록 한다.
② 어려운 전문 용어는 쉽게 풀어서 사용한다.
③ 눈은 피교육자를 고루 주시하고, 목소리는 강조할 곳에 힘을 준다.
④ 이야기를 혼자 독점하지 말고, 피교육자에게 참여할 기회를 준다.
⑤ 매 교육시간의 끝에는 요점을 한 번 더 주지시켜 준다.
⑥ 중요한 내용은 반복 교육하고, 확인 과정을 거친다.

# 9-2 식품취급 시설의 구비조건

## 9-2-1 건물의 입지적인 조건

위생관리상 식품가공 공장이나 급식소가 위치해야 할 장소는 다음의 조건이 구비되어야 한다.

① 주위 환경의 공기가 맑고 깨끗하며, 환경적 오염이 발생하지 않는 곳
② 좋은 물이 풍부하게 공급되는 곳
③ 폐수와 오물처리가 편리한 곳
④ 전력사정이 좋고, 교통이 편리한 곳

이상의 4가지 조건을 모두 갖춘 장소가 가장 이상적이지만 그중에서도 도로, 운동장, 가축사육시설, 쓰레기 야적장, 공중화장실 등과 멀리 떨어져 있고, 좋은 물을 충분히 공급받을 수 있는 곳을 택하는 것이 특히 중요하다.

## 9-2-2 건물의 내부구조

### (1) 위생을 고려한 설계

시설과 설비는 거의 고정적이어서 설계 단계에서 식품위생을 고려해야 한다. 특히 식품 취급 중에 2차 오염을 방지하고, 식품취급 장소의 내부 표면을 쉽게 청소할 수 있게 설계해야 한다.

#### ① 작업장(조리장) 내 위생 시설

작업장 안에는 식품과 음식을 위생적으로 취급하기 위하여 위생개념에 따라 설계하고 식품가공 및 조리시설, 세척시설, 폐기물 용기 및 손 씻는 시설을 각각 설치하고, 폐기물 용기는 오물이나 악취가 나지 않도록 뚜껑이 있고 내수성 재질로 된 것으로 한다. 작업장에는 충분한 환기시설도 갖추어 연기, 유해가스 등이 잘 환기될 수 있도록 한다. 또한 작업장의 도구 및 식기류를 소독하기 위하여 자외선 소독기나 전기 살균 소독기를 설치하거나, 열탕소독시설을 갖추어야 한다.

#### ② 작업 흐름에 따른 구분

작업 흐름은 식품 재료의 검수 및 반입에서 시작하여 가공·조리하여 출하 또는 서빙하는 작업 순서를 말한다. 설계를 할 때는 가공·조리의 원가를 낮게 하면서 안전과 위생에 직결

된 사항들을 효율적으로 배치하고 관리할 수 있게 해야 한다. 2차 오염 방지를 위하여 작업의 흐름에 따라 작업과정을 구분하고, 작업 순서대로 기구를 배치하는 것이 중요하다. 검수실, 전처리실, 보관실, 식기구 세척실, 급식 관리실, 가공 조리실, 탈의실 및 휴게실 등 목적에 따라 구분하며, 오염구역, 준청결구역 및 청결구역으로 구분해야 한다. 검수 및 반입실, 전처리실, 보관실 등은 오염구역이 되고, 조리 및 가공실은 준청결구역이 되며, 배선대, 포장실, 출하실 등은 청결구역이 된다[그림 9-4 및 9-5]. 오염구역, 준청결구역, 청결구역은 서로 구획하여 차단해야 하고 천장, 바닥, 벽을 구역마다 다른 색으로 구별한다.

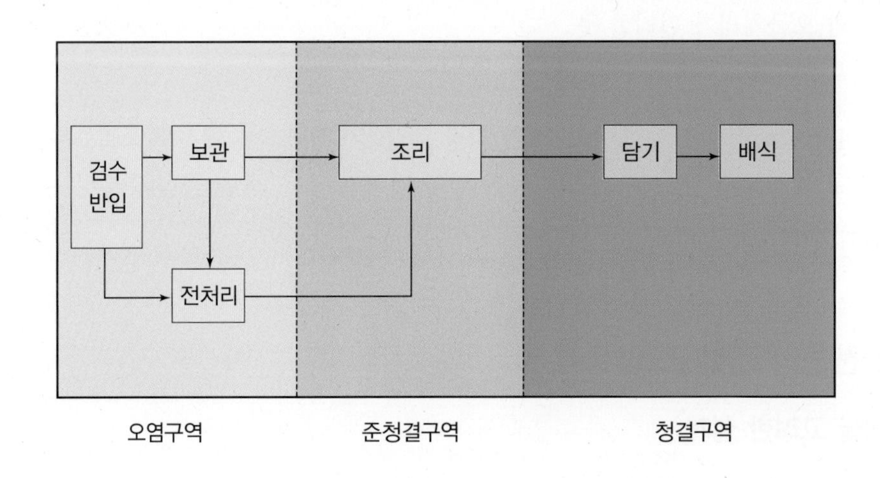


[그림 9-4] **조리장의 작업구분 예**

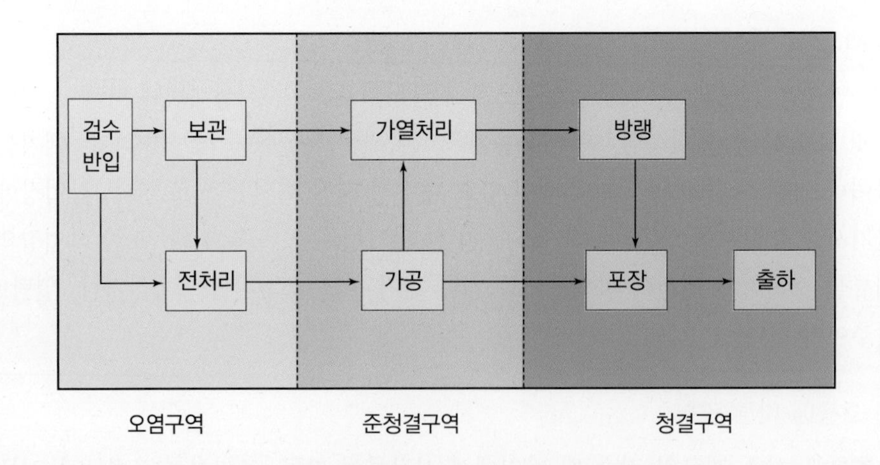


[그림 9-5] **식품가공 공장의 작업구분 예**

③ 청소하기 쉬운 구조

건물의 내부 표면에 먼지가 쌓이거나 식품 찌꺼기가 끼일 수 있는 구석진 곳이 없어야 하고, 물을 뿌려 청소하면 이물질이 쉽게 제거되고 청소 후에 물도 잘 빠지는 구조여야 한다. 작업장에 기계나 기구를 설치할 경우에는 청소에 지장이 없도록 바닥에서 15cm 이상 공간을 두거나 쉽게 이동할 수 있는 구조여야 한다.

### (2) 검수·반입 및 전처리장

검수·반입장은 차량의 진입과 접근이 용이하고 창고, 냉장고, 조리 및 가공실과 가까우며, 깨끗하고 밝으며(검수대의 조도는 540LUX 이상 유지) 벌레가 없어야 한다. 검수·반입장에는 검수대, 검수 기준표 및 검수에 필요한 장비가 구비되고 위생적인 운반차, 손수레 및 용기가 비치되어 있어야 하며, 세척 및 재포장에 필요한 설비도 갖추어져 있어야 한다.

전처리실은 물건을 받은 후 육류, 어패류, 채소 등의 불필요한 부분을 제거하는 곳으로 집단급식소와 외식업소의 경우 보통은 같은 공간에서 검수와 전처리가 이루어지지만 검수실과 전처리실을 구분하는 경우도 있다. 전처리실과 조리실은 가능한 따로 분리하여 원재료를 통한 교차오염이 발생하지 않도록 한다.

외식업소나 집단급식소의 전처리실에는 싱크대와 전처리 작업대를 생선용과 채소용으로 구분하여 비치해야 한다. 전처리한 식품을 보관하기 위한 냉장고는 전처리실과 가까워야 한다. 전처리실은 충분한 공간을 확보하여 식품에 묻은 흙이나 이물질을 제거하고 재료를 다듬을 수 있도록 한다. 전처리실의 바닥, 벽 및 천장은 조리실의 경우와 같다.

### (3) 조리실 또는 가공실

외식업소의 조리실이나 식품제조업소의 가공실은 청결하게 유지될 수 있도록 설비해야 하며, 조리실은 매장에서 볼 수 있도록 한다. 열, 가스, 습기 등을 배출할 수 있게 덕트(duct), 후드를 설치하고, 가능하다면 필터를 통하여 여과된 청결한 외부공기가 공급되도록 한다. 바닥, 벽, 천장의 재질은 외관상 보기 좋고 청결 유지가 용이한 것이어야 한다. 식품과 식기류의 보관 설비는 모두 바닥에서 50cm 이상의 높이에 설치하고, 조리대와 조리시설은 부식성이 없는 스테인리스 스틸로 제작하여 녹슬지 않도록 한다.

작업장에는 종업원 이외의 외부인이 함부로 들어가지 않도록 하고, 흡연이나 음식을 먹는 행동을 하지 않도록 한다.

① 바닥

바닥은 물건의 무게와 충격에 견뎌야 하고, 청소가 용이하며 내수성, 내구성이 있으며 표면은 방수성이고 미끄럽지 않으며 강력 세척제에 잘 손상되지 않고, 오염된 기름을 쉽게 제거할 수 있어야 한다. 바닥의 재료는 대리석, 대리석 콘크리트, 콰리(quarry) 또는 아스팔트 타일을 사용한다. 페인트가 아닌 화학성 방수제를 정기적으로 발라준다면 콘크리트를 사용해도 좋다.

배수구는 덮개를 설치해야 하며, 적당한 경사를 주어 배수가 잘 되게 해야 한다. 보통 하수구를 향하여 1~4/100cm를 표준으로 하고 있다. 또 바닥 모서리는 대리석, 대리석 콘크리트, 콰리 또는 아스팔트 타일로 된 커빙(coving) 설비를 하여 바닥과 벽의 모서리가 반경 5cm 이상 둥글게 해야 한다[그림 9-6]. 커빙은 벽면과 바닥면 사이의 모서리를 둥글게 잇는 것으로 이렇게 하면 청소하기 어려운 모서리와 틈새가 없어진다.

바닥에 수도관, 라디에이터, 파이프 등이 설치되어 있으면 먼지나 쓰레기가 축적되어 청소하기 어렵고 곤충의 서식처 또는 쥐의 통로가 될 수 있으므로 배관 등은 벽이나 지하, 천장 등에 매설되도록 한다. 바닥에는 청소에 용이한 배수구를 설치한다.

② 벽과 창문

내벽은 틈이 없고 평활하며, 청소가 용이한 구조이어야 하고, 오염여부를 쉽게 구별할 수 있도록 밝은 색으로 한다. 바닥에서 내벽 끝까지 전면을 타일로 시공하되 부득이한 경우 바닥에서 최소한 1.5m 높이까지는 내구성, 내수성이 있는 타일 또는 스테인리스 스틸판 등으로 마감한다. 조리장 내의 전기콘센트는 바닥으로부터 1.2m 이상 높이의 방수용으로 설치한다. 내벽과 바닥의 경계면인 모서리 부분은 청소가 용이하도록 둥글게 곡면으로 처리한다. 벽면을 콘크리트로 할 때는 표면처리를 매끈하게 하고, 방습성 도료로 포장해야 하는데, 특히 플라스틱 페인트의 도장이 좋다. 이것은 산이나 알칼리에 내성이 강하고 균열, 퇴색 및 변색이 잘 되지 않으며, 쉽게 청소할 수 있는 장점이 있다. 또한 열을 받는 구역은 내열성이 있게 한다.

페인트를 사용할 경우에는 수성 페인트가 좋다. 유성 페인트는 수증기가 응축되므로 습기가 많은 작업장에는 적당하지 않다. 벽이 흡습성일 때는 곰팡이가 발생할 수 있으므로 흡습성이 없는 재료를 사용해야 한다. 습기나 충격으로 벽이 헐거나 금이 갈 수 있는 곳은 부분적으로 스테인리스 스틸을 사용한다. 작업장 내에서 발생하는 악취, 유해가스, 매연 및 증기를 환기시키기에 충분하도록 창문의 크기는 자연채광을 위하여 바닥 면적의 1/4 이상이 되도록 하고, 환기시설을 갖추도록 한다. 창문에는 쥐 또는 해충을 막을 수 있는 설비를 해야 한다. 벽에 부착되는 창문의 접착부는 [그림 9-7]과 같이 경사지게 하여 먼지의 축적과 곤충의 서식을 방지할 수 있도록 해야 한다.

또한 창문은 조명을 위해서 남향이 좋으며, 창문의 상단은 가급적 천장 가까이 하여 환기가 잘 되도록 하고, 하단은 바닥에서 1m 이상 떨어지게 설치해야 오염이 방지된다.

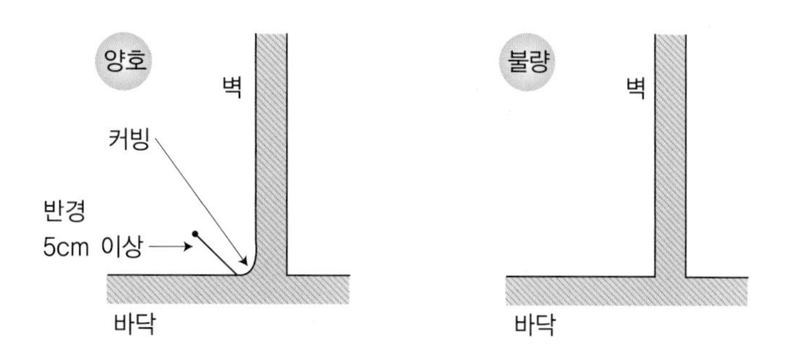


[그림 9-6] **바닥과 벽 모서리의 커빙**

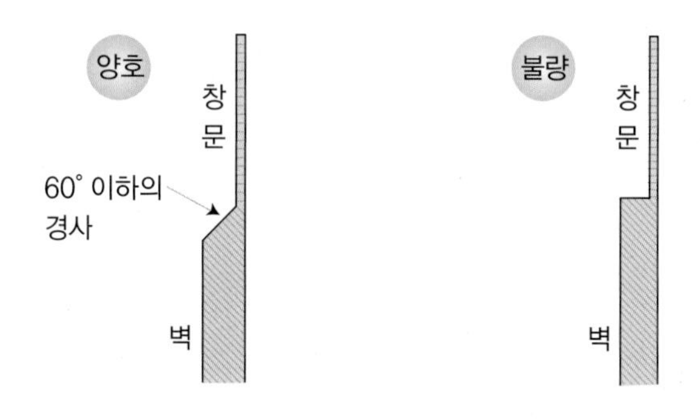


[그림 9-7] **벽에 부착되는 창문의 접착부**

### ③ 천장

천장은 3m 이상의 높이를 유지하고, 수증기가 응축되지 않게 보온해야 한다. [그림 9-8]과 같이 천장에 환기통을 설치하고, 벽을 향하여 천장이 완만하게 경사지면 응축된 수증기가 식품에 떨어지지 않고, 청소에도 편리하다. 천장의 재질은 내수성, 내화성이 있고 청소가 용이한 재질(알루미늄판 등)로 한다. 천장으로 통과하는 배기덕트, 전기설비 등은 위생적인 작업장 환경을 위해 천장의 내부에 설치하는 것이 바람직하다.

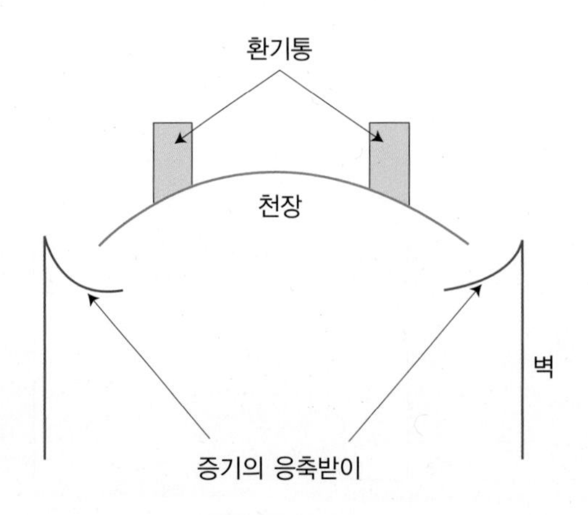


[그림 9-8] **천장의 구조**

④ 출입문

출입문 입구에는 폭 3m, 길이 4m, 깊이 10~30cm 정도의 소독시설을 [그림 9-9]와 같이 설치하여 출입할 때 신발 소독을 할 수 있도록 해야 한다.

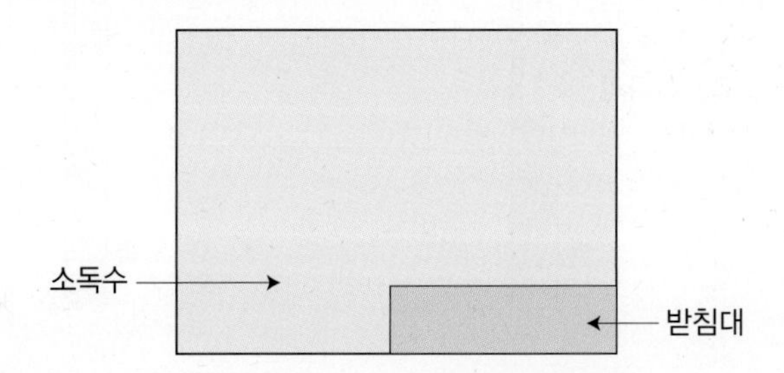


[그림 9-9] **출입문의 신발 소독 시설**

그리고 출입문 위쪽에는 살균등을 설치하여 출입구가 소독되게 하고, 위생해충의 침입을 방지하기 위해 방충, 방서시설과 외부의 먼지나 이물 및 미생물의 침입을 방지할 수 있는 에어커튼(air curtain)을 설치하는 것이 좋다. 또 입구에는 살균수와 소독수를 비치하여 손을 씻고 난 뒤에 작업에 종사하도록 해야 한다. 조리종사자와 식재료 반입을 위한 출입구는 별도로 구분 설치하여야 한다. 조리장의 문을 평활하고 방습성이 있는 재질이어야 하며, 개폐가 용이하고 꼭 맞게 닫혀야 한다. 출입문이 목재인 경우에는 밝은 색의 페인트를 칠하고 철재인 경우에는 녹이 슬지 않는 재료를 사용해야 한다. 또한 폐쇄식 문(close type)은 레일 사이의 청소가 곤란할 뿐 아니라 곤충의 서식처가 되므로 개방식(open type)이 좋다.

### (4) 건저장고

건저장고는 건조식품 등을 저장하는 창고이다. 출입구는 빈틈이 없고, 자동폐쇄 문 또는 위에서 내려오는 차단 문(screened door)으로 되어 있어야 한다. 바닥은 방수성이고 미끄럽지 않으며 강력 세척제에 잘 견뎌야 한다. 바닥의 재질은 조리장의 경우와 같다.

건저장고의 벽, 선반 등은 다음과 같아야 한다.

① 벽은 에폭시수지, 에나멜페인트, 스테인리스 스틸 또는 광택타일로 마감해야 한다.

② 선반은 부식성이 없는 금속재료로 되어 있어서 식품과 접촉된 후에 물과 세제로 쉽게 청소할 수 있어야 하고, 격자형으로 짜여져 있어서 공기의 순환이 잘 되고, 과적을 피할 수 있도록 충분히 넓어야 하며, 하단은 바닥에서 15cm(6인치) 이상 떨어져서 청소하기도 편리하고 통풍을 좋게 해야 한다[그림 9-10].

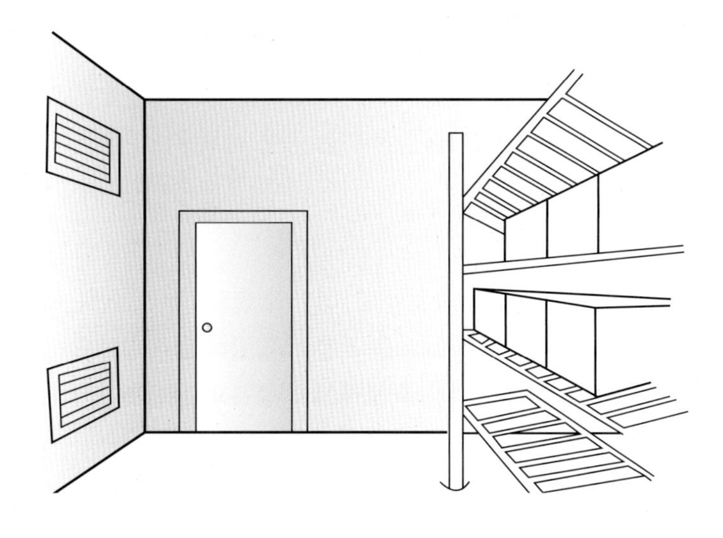

**[그림 9-10] 건저장고의 내부**

③ 건조된 물품을 넣어두는 용기들은 부식성이 없는 금속재료로 되어 있거나 식품등급(food grade)의 플라스틱으로 되어 있어야 하며, 벌레와 수분을 피하기 위하여 뚜껑이 있어야 한다.

④ 저장고의 창문들은 햇빛을 분산 및 차단할 수 있는 불투명 유리로 하여 차광설비를 갖추어 햇빛으로 인한 식품의 변질이 일어나지 않게 한다.

⑤ 저장고 내의 증기 파이프, 환기덕트, 상수관, 배수로 등은 노출되지 않게 해야 한다.

⑥ 방충·방서 설비와 온도계와 습도계가 비치되어 있어야 한다.

### (5) 급식관리실

외부로부터 조리장을 통하지 않고 출입할 수 있어야 하며, 외부로 통하는 환기시설을 갖추어야 한다. 급식관리실에서 조리실의 내부를 잘 볼 수 있도록 바닥으로부터 1.2m 높이 윗면은 전면을 유리로 시공하여야 한다. 급식관리실에는 책상, 의자, 전화, 컴퓨터 등 사무장비와 냉방 시설 또는 기구를 갖추어야 한다.

### (6) 화장실

화장실은 조리장 또는 작업장에 영향을 미치지 않는 곳에 설치한다. 외식업소나 집단급식소의 경우는 고객용과 종업원용의 화장실을 분리해서 설치한다.

화장실의 바닥, 천장, 벽과 문은 내수성, 내부식성의 재질을 사용하고, 파손된 부위나 틈이 없도록 하며 정기적으로 청소하여 청결하게 관리한다. 또한 별도의 환기시설을 갖추며 창에는 방충망을 설치하여 위생해충의 침입을 막을 수 있도록 한다. 화장실에는 화장지, 수세시설, 일회용 종이타월이나 손 건조기를 비치한다. 일회용 종이타월을 버리는 덮개가 있는 페달식 휴지통을 비치하고, 여성의 생리대를 버리는 통을 따로 비치한다.

### (7) 탈의실 및 휴게실

외부로부터 조리장을 통하지 않고 출입할 수 있어야 한다. 탈의실에는 내부 공기를 외부로 배출할 수 있도록 별도의 환기시설(동력배기)을 갖추어 청결하게 유지하도록 한다. 옷장은 조리종사자의 수를 고려하여 충분한 면적을 확보하고 외출복과 위생복 간의 교차오염이 일어나지 않도록 구분하여 보관하며, 청결하게 관리한다.

### (8) 식당(식생활교육관)

안전하고 위생적인 공간에서 식사할 수 있도록 급식인원수를 고려한 크기의 식당을 갖추어야 한다. 다만, 공간이 부족한 경우 등 식당을 따로 갖추기 곤란한 학교는 교실 배식에 필요한 운반 기구와 위생적인 배식 도구를 갖추어야 한다.

## 9-2-3 설비

조리 및 급식에 필요한 설비와 기구는 그 처리능력, 유지관리의 용이성 및 내구성, 경제성, 안전성 등을 고려하여 선택하고 사전에 장비의 신뢰성과 활용도에 대한 충분한 검증과 효율적 활용계획 수립하에 구입하며, 작업의 흐름에 따라 위생, 동선, 효율성 등을 고려하여 배치한다.

### (1) 냉장고와 냉동고

냉장고와 냉동고는 사람이 들어갈 수 있는 대형(walk-in)과, 문을 열었을 때 밖에서 내부 구석구석에 손이 닿을 수 있는 중소형(reach-in) 등이 있다. 냉장고는 다음과 같은 요건을 갖추어야 한다.

① 전체가 스테인리스 스틸로 되어 있거나, 외부는 스테인리스 스틸과 알루미늄으로 조합되어 있고, 내부는 플라스틱 또는 철판에 아연도금을 한 것으로 되어 있어야 한다. 문은 내구성이 있고 여닫기 쉬우며, 안에서 안전하게 문을 열 수 있는 장치가 있어 내부에 갇히는 일이 없도록 한다.

② 냉장고 또는 냉동고 밖으로 물을 뺄 수 있는 배수관이 있고, 저장된 물품을 확인할 수 있는 밝기의 조명이 있어야 한다. 전력이 끊어지면 경보음이 나게 되어 있고, 냉각 능력이 충분해야 한다. 냉장고와 냉동고는 가스레인지, 오븐 등 열원 및 직사광선과 멀리 떨어진 위치에 다리를 달아 바닥에서 15cm 떨어지게 설치한다.

③ 내부의 모서리와 구석은 둥글고 매끈하며, 선반은 공기 순환이 잘 되게 격자형이어야 한다. 내부 표면은 매끈하고, 구석까지 손이 닿을 수 있고, 손으로 물건을 쉽게 빼낼 수 있으며, 일반적인 방법으로 청소할 수 있어야 한다. 내부의 재질은 독성, 흡습성 및 부식성이 없고 식품이나 세척제와 반응성이 없으며, 식품에 색, 냄새, 맛을 남겨서는 안 된다.

### (2) 조명 및 환기장치

#### ① 조명

인공조명시설은 효과적으로 실내를 점검, 청소할 수 있고 작업에 적합한 충분한 밝기를 유지하고, 종업원이 일하는 곳에 그림자가 지지 않아야 한다. 검수대, 선별작업대, 배식구역 등 육안 확인 구역은 540룩스(LUX) 이상으로 하며, 전 처리실, 조리 작업대, 식기세척실, 식기저장고, 화장실 등은 최소 220룩스(LUX)의 밝기로 한다. 천장의 전등을 함몰형으로 하되, 반드시 물이나 가스로부터 안전한 기구(방수·방폭등)이어야 하며 조명등이 깨졌을 때 유리조각이 식품이나 기구 속에 떨어지지 않도록 위치를 잘 설정해야 한다. 만일 조명등을 식품 근처에 설치해야 할 경우에는 부서지지 않는 전구를 사용하며 조명등 커버를 한다. LED 조명을 설치할 경우에는 눈부심을 방지하기 위해 가급적 불투명 커버를 선택한다.

② 환기

환기는 증기, 연기, 불쾌한 냄새, 열, 가스, 습기, 먼지 등을 배출하고 깨끗한 공기로 교체하는 것이므로 가열 또는 조리하는 장소 및 식기세척 장소에는 적절한 흡인력이 있는 기계적인 환기시설, 가스(일산화탄소 포함) 유출 등을 감지할 수 있는 필요한 장치를 꼭 설치해야 한다. 기름을 많이 사용하는 구역에서는 후드 필터를 설치하고, 후드 필터와 기름 트랩은 잘 고정되어 있고, 손으로 쉽게 빼내어 청소할 수 있어야 한다.

급식실은 팬을 이용하여 잘 환기시키되, 공기의 흐름을 청결 작업구역에서 일반 작업구역으로 향하도록 한다. 증기, 열, 연기 등이 많이 발생하는 조리기구 위에 급·배기 기능이 있는 후드를 설치하며, 후드의 형태는 열기기보다 사방 15cm 크게 하며, 스테인리스 스틸 재질로 제작하되 적정각도(30° 정도)를 유지하도록 한다. 후드는 표면에 형성된 응축수, 기름 등의 이물질이 조리기구 내부로 떨어지지 않는 구조로 제작·설치한다. 덕트(duct)는 조리장 내의 증기 등 유해물질을 충분히 바깥으로 배송시킬 수 있는 크기와 흡인력을 갖추어야 한다.

### (3) 급수 및 하수설비

급수설비와 하수설비는 청결 유지 프로그램을 수행하는 데 도움을 주어야 하며 식품에 위해를 주게 해서는 절대 안 된다.

① 물

물은 음용이 가능해야 하고, 식기세척기 등의 청소설비에 사용하도록 충분한 수압을 유지해야 한다. 만약 지하수라면 소독 또는 살균하여 사용해야 하고, 정기적인 수질검사, 저수조 관리 등 수질관리와 위생관리를 철저히 해야 한다.

식기세척기를 가동시키거나 식기 세척용 싱크대에 물을 채울 때에는 사전에 뜨거운 물을 충분히 확보해 두어야 한다. 고온 식기세척기에 사용되는 물은 온도를 82.8℃(180℉)까지 올리기 위하여 보조히터가 필요할 수도 있다. 최종 헹굼 물의 수압은 제곱인치당 15~25파운드(100~170킬로파스칼)이어야 한다. 뜨거운 물이 헹굼 라인으로 들어가기 직전에 펌프의 온도와 압력 게이지를 항상 체크해야 한다.

조리에 사용하는 물은 환경부의 「먹는 물 수질 기준 및 검사 등에 관한 규칙」 제2조의 먹는 물 수질기준에 적합해야 하며 수질검사를 시행하고, 그 결과를 3년간 보존해야 한다. 수돗물이 아닌 물을 식수로 사용할 때는 수질검사를 실시하여 식수로 부적합하다고 판정되면 바로 해당 시, 군, 구의 지시를 받아서 적절한 조치를 취한다.

정수기는 필터 관리가 중요하므로 정수기 기종, 필터의 모양과 규격에 맞추어 정기적으로 필터를 교환하도록 한다. 또한 정수된 물이라도 더운 여름철에는 세균이 번식할 수 있으므로 한 달에 2~3회 정도 정수기를 청소하고 소독하도록 한다.

지하수도 세균에 의한 수인성 질환이 발생할 수 있으므로 지하수 살균 장치를 반드시 설치하고, 정기적으로 수질 검사를 실시하며 물을 끓여서 사용하는 것이 좋다. 오존을 이용하여 지하수를 살균하는 경우 오존처리수의 브롬산염이 0.01mg/L(ppm)을 초과하지 않도록 관리해야 한다.

② 배관

잘못된 배관은 물을 오염시켜 장티푸스, 콜레라, 이질 등의 질병을 유발하는 원인이 될 수 있다. 교차연결(cross-connection)에 의한 역류 및 하수가 가장 대표적인 위험요소이다.

교차연결은 음용수 공급관과 깨끗하지 못한 물이 교차되는 연결을 말하며, 이로 인하여 역류가 발생할 수도 있다. 역류란 음용수 공급관으로 오염된 물이 흘러 들어가는 것을 말한다. 예를 들면 수도꼭지가 싱크대에 너무 낮게 설치되어 있으면 깨끗한 물의 압력이 더러운 물의 압력보다 낮아져서 더러운 물이 깨끗한 물속으로 빨려 들어가는 역 사이펀(siphon) 현상이 발생할 수도 있다.

교차연결, 역류 및 역 사이펀 현상을 방지하기 위해서는 모든 수도꼭지의 끝에 **[그림 9-11]**과 같은 에어 갭(air gap)을 둔다. 에어 갭은 수도꼭지 끝과 배수 사이의 공기 공간을 말한다. 역류를 막는 데에는 이것이 가장 확실한 방법이다. 배관의 모든 연결지점 사이에도 **[그림 9-12]**와 같이 역류 방지를 위한 에어 갭을 둔다. 급수시설과 연결되는 모든 식품기계류도 특별히 주의를 한다.

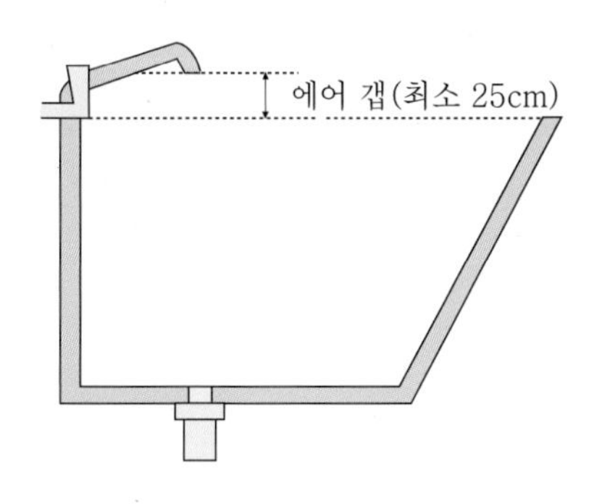


[그림 9-11] **수도꼭지의 에어 갭**

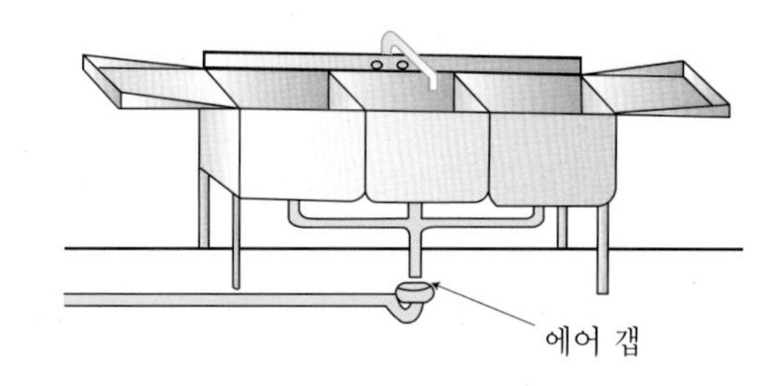


[그림 9-12] **배관연결 지점의 에어 갭**

③ 하수

배수로(트랜치)의 폭과 깊이는 신속한 배수가 되도록 적합하게 하고, 위생적으로 관리가 될 수 있도록 청소도구가 삽입될 수 있는 넓이로 설치하고, 전체를 틈새가 없고 세척이 용이한 스테인리스 스틸판으로 마감 처리한다. 배수로 덮개는 청소가 용이하도록 쉽게 열 수 있고, 무겁지 않은 구조로 하되, 휘거나 이탈되지 않도록 견고한 재질(스테인리스 스틸판 등)로 설치한다. 하수라인은 용량이 충분하고, 찌꺼기에 의하여 하수구가 막히지 않도록 한다. 냉장고와 냉동고의 응축수 배출구는 하수라인에 직접 접촉되어서는 안 된다.

호스로 물을 뿌려 씻어 내리는 곳, 예를 들면 식기 세척장소, 주방 등에는 그 자체의 바닥 배수라인이 설치되어 있어야 한다. 배수구에는 **[그림 9-13]**과 같이 찌꺼기를 걸러내는 여과시설을 갖추어야 하며, 배수구가 파손되거나 부식되지 않도록 관리한다. 실내 배수구와 실외 배수구가 교차되는 곳에는 쥐와 바퀴벌레의 출입을 막는 철망을 설치하고, 기름이 하수관 내부에 부착되어 관을 막아 역류하게 되는 것을 예방하고 정화조에 유입된 조리실 하수의 기름 성분으로 인한 환경오염을 방지하기 위한 실외 배수구에는 기름 트랩(grease trap)을 설치해야 한다.

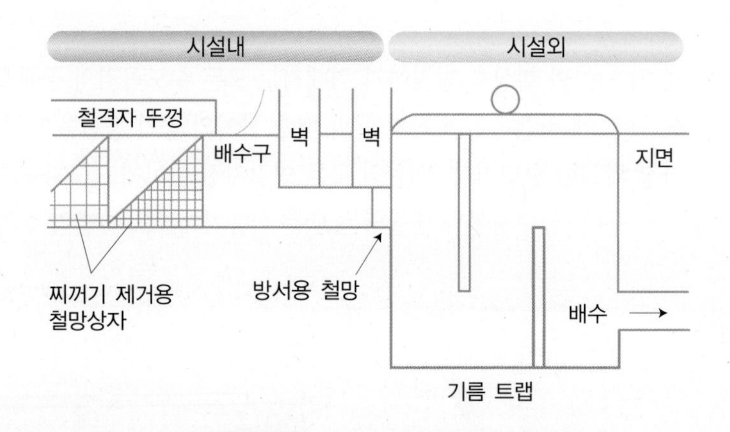


**[그림 9-13] 배수구의 구조**

## (4) 방충·방서 설비

위생곤충이나 쥐 등의 유입이나 번식을 방지할 수 있는 방충·방서 계획을 수립하여 관리한다. 위생해충의 방제를 위하여 「감염병의 예방 및 관리에 관한 법률」에 따라 하절기(4월~9월)는 2개월, 동절기(10월~3월)는 3개월마다 1회 이상 허가 받은 방역업체와 계약을 체결하여

급식시설 방역을 시행한다. 조리장 입구나 창고에는 바퀴 트랩을 설치하고, 휴게실 주변에는 쥐 트랩을 설치하며, 조리장 내부에는 유인 포충등을 설치하여 정기적으로 확인하며 관리한다. 조리장 주변과 쓰레기 분리장은 월 2~3회 분무 소독을 실시한다. 훈연 소독 및 살충제 살포 시에 조리 기구 및 음식에 영향이 미치지 않도록 한다.

### (5) 폐기물 처리설비

음식과 관계된 폐기물은 수분과 영양성분이 많아 쉽게 상하고 오수와 악취가 발생되며 위생해충을 유인하여 환경오염을 유발하므로 관리에 유의해야 한다. 쓰레기통 및 잔반수거통은 하루에 발생하는 음식 찌꺼기를 넣는 데 충분한 정도의 것을 구비해야 한다. 통은 내구성이 있고 새지 않으며 방수 및 방충이 될 뿐만 아니라 청소하기도 좋아야 한다. 통의 재료는 금속이나 플라스틱이 좋으며, 내부에는 플라스틱 바구니나 습기에 강한 질긴 종이 주머니가 설치되어 있으면 좋다. 통의 외부에는 꼭 맞는 뚜껑이 달려 있어야 한다.

쓰레기통은 음식물 조리장소와 음식물 저장장소에서 떨어진 곳에 두어야 하고, 벌레가 없고 청소하기 쉬우며 액이 흡수되지 않는 매끈한 장소여야 한다. 쓰레기통 및 잔반수거통 내부와 외부를 세척제로 씻어 헹군 후 "기구 등의 살균소독제"로 용법·용량에 맞게 소독한다. 쓰레기통을 청소하는 곳은 음식물을 취급하는 장소에서 멀리 떨어져 있어야 하고, 뜨거운 물과 찬물을 쓸 수 있는 설비가 갖추어져 있으며 바닥에는 배수로가 설치되어 있어야 한다.

### (6) 냉·난방 시설

조리장 내 적정 실내 온도는 18℃ 이하를 유지하는 것이 이상적이나 현실적으로 이 조건을 충족하기 어려우므로, 에어컨 등을 설치하여 가능한 낮은 온도를 유지하여야 한다.

## 9-2-4 기계, 기구 및 용기

### (1) 재질

식품의 제조, 가공 및 조리에 사용되는 기계, 기구 및 용기는 식품과 직접 접촉하므로 위생적이어야 하고, 약품소독이나 가열소독이 가능해야 한다. 따라서 유독성분이 용출되지 않고 불침투성이며, 세제와 소독제에 의한 부식성이나 식품성분과의 반응성이 없고, 내열성, 내산성, 내수성, 내구성도 높아야 한다. 일반적으로 스테인리스 스틸, 섬유강화플라스틱(FRP), 테플론, 세라믹, 에폭시수지, 도자기 등이 적합하다.

### (2) 구조

식품 가공·조리용 기계, 기구 및 용기는 식품 잔사가 잘 부착되지 않고, 사용한 후의 청소 및 소독이 용이한 구조여야 한다. 따라서 표면이 매끈하고, 돌출 및 함몰된 부위가 없고, 모든 부분을 쉽게 분해, 청소 및 조립할 수 있고, 물이 고이지 않고 쉽게 건조되는 구조여야 한다. [그림 9-14]와 같이 기구나 용기의 접합부분은 직각 또는 예각이 아니라 둔각 또는 둥근 모양이 좋고, 2중으로 겹치는 곳이 없어야 한다.

[그림 9-14] 기구, 용기 구조의 양호 및 불량

# 9-3 식품의 위생적인 취급

## 9-3-1 구매 및 검수단계의 위생관리

### (1) 식재료 공급업자의 선정

식재료의 규격기준을 정하여 이를 준수하고, 집단급식소, 식품판매업소 등 식재료를 공급하는 업체의 선정 및 관리기준을 마련, 위생관리 능력과 운영능력이 있는 업체를 선정함으로써 더욱 신선하고 질이 좋으며, 위생적으로 안전한 식재료를 구입하여야 한다. 공급업체를 직접 방문하여 다음과 같은 기본적인 요건을 갖춘 업자를 찾는다.

① 위생적인 시설을 갖추고 있는 자
② 적절한 냉장 운송차를 사용하는 자
③ 종업원에게 위생훈련을 시키는 자

④ 충격 보호 포장 및 누출 방지 포장을 하는 자
⑤ 바쁜 시간에 물품이 도착하지 않도록 배달 일정을 조정해 주는 자
⑥ 물품이 배달되었을 때 검수에 협조적인 업자
⑦ 배달 차량과 제조설비의 조사를 요구했을 때 이에 응해 주는 자
⑧ 식품의 산지와 유통과정을 확인하여 주는 자

계약을 할 때에는 위생상의 안전을 확보하기 위한 요구 사항을 포함해야 한다. 예를 들면 배달시간, 검수기준 및 반품이 될 수 있는 사유, 공급자의 작업장 방문, 검사성적표 요구, 검사기관에 검사의뢰 등이다.

### (2) 식품별 일반적인 구매요령

① 육류

축산물가공처리법에 의한 도축검사증명서 및 축산법에 의한 등급판정확인서를 제시할 수 있는 업자로부터 구입한다. 공급자는 축산물가공처리법에 의한 축산물 판매업자 또는 축산물 수입판매업자여야 한다. 순수한 한우 고기는 적색도장으로, 육용종, 교잡종, 젖소 수소 및 출산 경험이 없는 젖소 암소의 고기는 녹색도장으로, 출산 경험이 있는 젖소 암소의 고기는 청색도장으로 등급을 구분하게 되어 있다. 구매할 때는 농수산물 품질관리법에 의한 원산지 표시가 정확한지 확인하고, 수입육은 검사기관에서 발급한 검사성적서 사본을 요구한다.

② 가금류

축산물 가공처리법에 따라 도축하기 전에 질병 이환 여부를 검진하고, 합법적인 위생처리 시설에서 처리한 것을 구입한다. 생산업자를 확인할 수 있고, 품질 표시 도장이 고기 또는 포장에 찍혀 있어야 한다.

③ 어패류

해양수산부에서 승인한 공급업자로부터 구입한다. 농수산물 품질관리법에 의한 원산지 표시가 정확한지를 확인하며, 수입품일 경우에는 검사기관의 검사 성적서를 요구한다. Histamine 또는 ciguatera 중독을 일으킬 수 있는 어류는 검사 성적서를 요구한다. 조개류도 해양수산부로부터 조개류 취급승인을 받은 업자 또는 정부가 출처를 입증한 것을 구입한다. 대합조개, 섭조개 등 마비성 조개독을 나타낼 수 있는 것은 채취시기, 채취장소 및 검사 성적서를 요구한다.

④ 난류

입증된 공급업자로부터 구입한다. 일주일 또는 2주일 소요분만을 구입한다. 생란은 생산업자를 확인할 수 있고 등급표시가 있으며 위생처리를 한 후에 포장한 것을, 액란, 동결란 및 건조란은 모두 살균되고 검사 표시가 찍힌 것을 구입한다. 물품은 생산된지 2주일이 경과하지 않은 것으로 냉장 운반되게 한다.

⑤ 유제품

우유는 HACCP을 적용하는 회사의 제품으로 유통만기일이 임박하지 않은 것을 구입하고, 크림, 분유, 치즈, 요구르트 등 모든 유제품은 살균 처리된 우유로 만든 것을 구입한다.

⑥ 채소류

신선한 채소류나 버섯 등도 공급업자에게 각 품목별로 생산 장소와 시기, 그리고 유통의 과정을 밝히게 하여 믿을 수 있는 공급업자로부터 구입한다.

### (3) 온도계

종업원들은 여러 형태의 식품 온도계를 사용하고 관리할 수 있어야 한다. 수은이나 알코올이 채워진 유리 온도계는 깨질 수 있으므로 반드시 금속제의 식품 온도계를 사용한다. 식품 온도계는 −18~104℃ 범위의 식품 내부 온도를 측정할 수 있어야 하고, 오차는 ±1℃ 이내여야 한다. 표면 온도계 사용 설명서를 숙지하고, 사용법을 준수하며, 주기적으로 검·교정을 실시한다.

① 온도계의 종류

일반적으로 사용되고 있는 식품온도계는 다음과 같다[그림 9-15].

㉠ 열전쌍(thermocouple) 온도계

막대기의 끝에 있는 온도 감지기를 통하여 온도를 측정한다. 사용자가 버튼을 누르면 온도계가 온도를 읽어 낸다. 온도계의 조정이 필요 없고 신속·정확하게 온도를 측정할 수 있다.

㉡ 바이메탈(bimetal) 온도계

가장 일반적인 식품용 온도계로 금속 막대기 끝의 온도감지기를 통하여 온도를 측정한다. 감지하는 부분은 끝에서 0.5인치(1.27cm)까지이다. 온도계를 구입할 때는 조정용 나사가 있는지, 온도 수치가 잘 표시되어 있는지, 감지 부위가 표시되어 있는지를 꼭 확인한다.

㉢ 디지털(digital) 온도계

막대 끝 또는 감지부위를 통하여 온도를 측정하여 디지털 수치로 나타낸다. 이것은 특히 읽기가 쉽다. 모델에 따라 식품의 표면, 식품 내부 및 공기의 온도 측정에 사용된다.

㉣ 시간 온도 지시계(time temperature indicator)

액체 결정의 길고 가느다란 조각들로 구성되어 있다. 충전제가 불안전한 온도에 일정 시간 노출되면 색이 변한다. 환경조정 포장(MAP) 또는 쿡칠(cook-chill) 포장과 함께 사용되기도 한다.

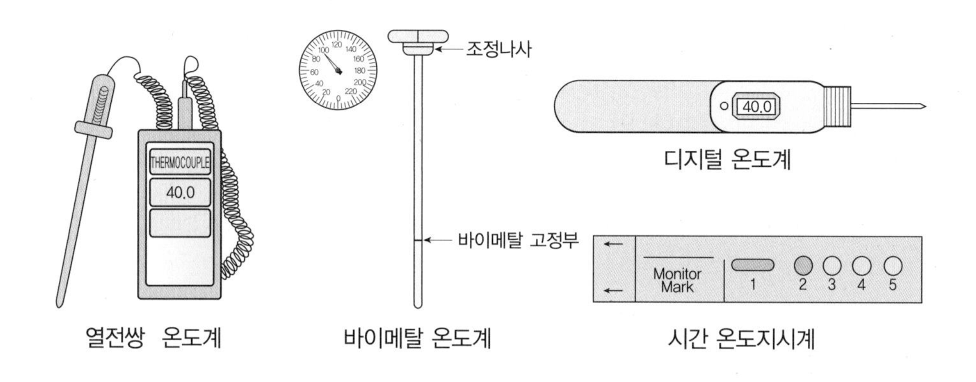


[그림 9-15] 각종 식품온도계

② 식품온도계의 사용방법

㉠ 사용 전후에 온도계를 씻어 헹군 후 소독하여 공기 중에서 말린다. 소독할 때에는 위생적인 천에 소독제를 묻혀 닦는다.

㉡ 감지 부분이 식품용기의 바닥 또는 안쪽에 닿지 않게 한다.

㉢ 측정기의 막대를 식품 중심부에 삽입한 다음 수치가 고정될 때까지 15초 이상을 기다린다.

㉣ 냉동식품, 냉장식품, 뜨거운 식품 및 액체식품의 온도 측정이 가능한 온도계를 사용한다.

㉤ 오븐이나 전자레인지(microwave)에서 가열되고 있는 식품에 온도계를 꽂아두는 일이 없도록 한다.

## (4) 검수

식재료의 안전성과 품질은 급식의 질과 위생 및 안전성 확보에 직결되므로, 식재료 구입 시에는 규격기준을 분명하게 제시하고 이에 따라 검수를 철저히 하여야 한다. 검수에 필요한 기구와 설비를 갖추어야 한다. 식재료를 검수대 위에 올려놓고 검수하며, 맨바닥에 놓지 않도록 한다. 바쁜 시간에 물품이 도착되거나 여러 차량이 같은 시간에 도착되지 않도록 시간을 적절히 조정해야 한다. 검수 장소는 항상 밝고 청결하게 유지하며 검수가 끝난 식품은 즉시 저장고로 운반해야 한다. 검수가 끝난 식재료는 곧바로 전처리 과정을 거치도록 하되, 곧바로 전처리과정을 거치지 않은 식재료 중 온도관리를 요하는 것은 전처리하기 전까지 냉장·냉동 보관한다. 육류, 어패류, 채소 등의 신선식품은 당일구입하여 당일사용을 원칙으로 한다. 식품이 위생적으로 도착하고 적절히 취급되었는지를 확인할 수 있도록 종업원을 훈련시켜야 하며 검수를 담당하는 종업원은 다음 사항에 대하여 잘 알아야 한다.

① 검수방법

㉠ 도착한 재료를 즉시 검수한다.
㉡ 운송 차량에 냉동식품이 녹은 흔적이나 더러워진 흔적(청결상태)을 체크한다.
㉢ 정부가 요구하는 검사 확인 도장이 찍혀 있는지 여부를 확인한다.
㉣ 유통 기한과 사용 만기일을 확인한다.
㉤ 식품용 온도계를 사용하여 식품의 온도를 측정한다(제품에 표시된 보관 조건 확인: 상온, 냉장, 냉동).
㉥ 대형 용기에 담긴 것과 상자에 담긴 개별 포장품 모두를 확인한다.
㉦ 받아들일 수 있는 것은 장부에 기록한다.
㉧ 스테이플(staple), 못 및 다른 고정용품은 포장을 해체하자마자 즉시 제거한다.
㉨ 물품을 검수실 바닥이나 복도에 방치하지 않고 저장고에 즉시 옮긴다.
㉩ 받아들일 수 없는 물품은 반품하거나 반품하기 위하여 윗사람과 상의한다.

② 검수기준

수육, 가금육, 생선, 패류 등은 각 식품별로 다음과 같은 검수 기준이 있어야 한다.

㉠ 수육

쇠고기, 돼지고기에 대한 축산물 등급판정확인서 원본을 제출받아 축산물 품질평가원「축산물유통정보서비스」조회를 통해 진위 여부를 확인한다. 쇠고기는 밝은 체리빛 적색, 돼지고기는 지방은 희고 살은 핑크빛, 양고기는 밝은 적색이어야 하며, 조직은 단단하고 탄력성이 있어야 한다. 갈색, 녹색 또는 자색을 띠고, 검은색, 흰색 또는 녹색의 얼룩이 있거나, 조직이 점질성이거나 끈적거리거나 건조한 것, 포장상자가 터진 것, 포장지가 찢어지거나 더러워진 것 등은 모두 반품한다.

ⓛ 가금육

변색 또는 탈색되지 않고, 조직은 단단하며 탄력성이 있어야 한다. 목 부위가 자색 또는 녹색인 것, 날개 끝이 검은 것, 냄새가 비정상적인 것, 날갯죽지 부위가 끈적끈적하고 근육조직이 흐느적거리고 연약한 것 등은 모두 반품한다.

ⓒ 생선

비린내가 없으며, 눈이 밝고 맑고 충만하며, 조직은 살과 배가 탄탄하고 탄력성을 유지해야 한다. 아가미가 회색 또는 회녹색이고, 생선 비린내 또는 암모니아 냄새를 풍기며, 눈이 꺼지고 흐려져 있거나 눈에 붉은 경계가 있는 것, 아가미가 마르고, 살이 탄력성이 없어 손가락으로 눌렀을 때 손가락 자국이 남는 것, 녹였다가 다시 얼린 표시가 있는 냉동 제품 등은 모두 반품한다.

ⓡ 패류

신선한 조개나 굴은 껍질이 닫혀져 있어야 하며, 냉동된 게, 새우나 바닷가재의 살은 탄력성이 있고, 모양에 이상이 없어야 한다. 생패류의 경우 죽은 것, 진흙이 묻거나 껍데기가 깨진 것이 없어야 하며, 탈각패류는 10℃ 이하로 냉장되어야 한다.

### ③ 검수요령

㉠ 달걀

- 껍질이 깨끗하고 금이 없어야 한다.
- 나쁜 냄새가 없어야 한다.
- 난황은 높이가 높고 견고해야 한다.
- 흰자는 난황에 달라붙어 있어야 한다.
- 달걀은 씻지 않은 상태로 냉장보관 한다.

ⓛ 유제품

- 우유는 시큼한 냄새, 신맛, 점성, 이상한 색을 나타내지 않아야 한다.
- 버터는 신선한 냄새, 균질한 색, 견고한 조직을 나타내야 한다.
- 치즈는 치즈 종류에 따른 특유의 향미와 조직을 나타내야 한다.

ⓒ 채소류

- 채소류는 잘 씻어 오염균과 농약을 제거한 후에 맛을 본다.
- 벌레의 침입을 검사한다.
- 거칠게 다루어 손상되는 일이 없도록 한다.

- 채소는 물기를 제거하고 포장지로 싸서 냉장보관한다.
- 씻지 않은 채소와 씻은 채소가 서로 섞이지 않도록 분리하여 보관한다.

ⓡ 냉동제품

- 방수 포장으로 공기가 차단되게 포장되고, 냉동식품의 온도 측정 요령은 상자를 개봉하고 두 식품 사이에 온도계의 감지부위를 완전히 넣는다[그림 9-16]. 이때 두 식품 사이의 빈 공간에 온도계를 끼워 넣어서는 안 된다.

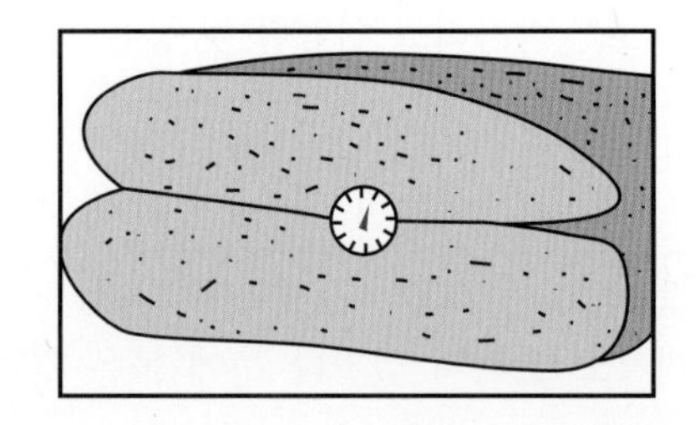

[그림 9-16] 냉동식품의 온도 측정

- 해동 및 재냉동의 흔적을 확인한다. 큰 얼음 결정이 있는지, 얼음에 견고한 재응결 흔적이 있는지, 변색되거나 건조되어 있는지, 종이 포장지에 해동된 흔적이 있는지, 제품에 변형이 있는지 등을 잘 살핀다. 해동 및 재냉동의 흔적이 있는 식품은 모두 반품해야 한다.

ⓜ 통조림 제품

- 외관이 부푼 것, 녹슨 것, 찌그러진 것, 새는 것 등은 모두 반품한다.
- 내용물에 거품이 있고 나쁜 냄새를 나타내는 것은 반품한다.
- 검사를 위하여 맛을 보아서는 안 된다(보툴리누스 식중독 때문).

ⓑ 건조식품

- 곡물, 밀가루, 건조 과일 등은 잘 건조되고 포장이 온전해야 한다.
- 젖어 있거나 곰팡이가 있는 것은 부패가 일어난 증거이다.
- 구멍이나 찢어진 곳은 곤충이 침입한 증거이다.
- 밀가루, 곡물 등은 갈색 종이 위에 떨어뜨려 곤충의 흔적을 검사한다.

④ 물품의 반품

식재료 검수결과 신선도, 품질 등에 이상이 있거나 규격기준에 맞지 않는 부적합한 식재료는 반품 또는 재납품 지시 등 적절한 조치를 취한다. 검수기준에 미달하여 반품 처리하고자 할 때는 다음과 같이 해야 한다.

㉠ 받아들일 수 없는 물품은 받아들일 수 있는 물품과 분리하여 따로 모아둔다.
㉡ 운송해온 사람에게 물품의 문제점을 정확하게 말한다.
㉢ 반품될 물품을 밖으로 내던지지 말아야 한다.
㉣ 반품 수락서에 사인을 받은 후에 운송자가 물품을 가져가게 한다.
㉤ 검수일지에 반품된 물품명, 반품사유 등을 기록하여 둔다.

⑤ 학교급식 식재료에 대한 품질 및 안전성조사

학교급식에 공급하기 전, 산지출하단계 및 유통단계에서 사전적 검사를 원칙으로 한다(원산지나 품질 등이 의심될 때 국립농산물품질관리원, 시·도 보건환경연구원 등 관계기관에 품질검사 의뢰).

## 9-3-2 식품의 안전한 저장

### (1) 일반적인 저장관리

식품을 저장할 때는 반드시 그 제품의 표시 사항의 보관방법(상온, 냉장, 냉동)을 확인한 후 필요한 시설과 설비를 갖추어야 하고, 식품을 저장하는 동안 각종 식품을 관리규정에 따라 관리 및 기록하도록 종업원을 훈련시킨다.

저장 관리를 하는 사람은 다음에 대하여 훈련되어 있어야 한다.

① 먼저 들어온 것을 먼저 소비할 수 있는 선입선출(FIFO, first in first out) 방법을 채택한다. 물품을 받았을 때 각 포장마다 그 위에 사용 만기일을 기재하고, 정기적으로 만기일을 체크한다. [그림 9-17]과 같이 식품을 넣을 때 방금 들어온 것을 선반 맨 뒤에 놓고 맨 앞의 것을 꺼낸다. 저장고의 문을 양 방향으로 하여 한쪽에서 식품을 넣고 맞은편에서 꺼내면 한층 편리하다.

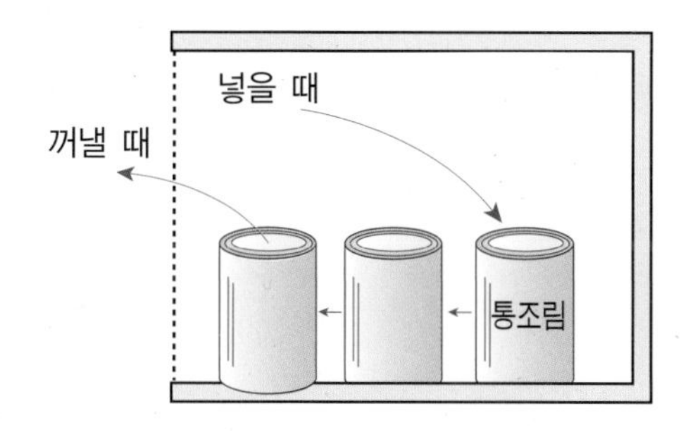


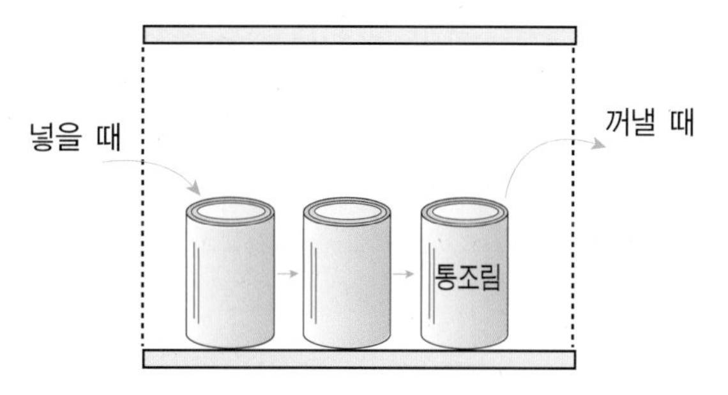


[그림 9-17] FIFO 방식에 의한 저장관리

② 식품저장고와 저장식품의 온도를 HACCP에 포함시킨다. 저장고에는 자동온도기록장치(thermostat)를 설치하고, 저장식품은 열전쌍 또는 바이메탈 온도계를 사용하여 온도를 측정한다.

③ 온도가 잘못 설정되어 있으면 수정하고, 만기일이 지난 것은 폐기한다.

④ 관계자 이외의 사람이 저장고에 출입하는 것을 금한다.

⑤ 새어나온 액은 깨끗이 닦고, 더러운 포장물과 쓰레기는 즉시 제거한다.
⑥ 세척제와 화학약품은 식품저장고나 조리장과 떨어진 곳의 자물쇠가 채워진 방이나 캐비닛에 보관한다. 반드시 원래의 용기에 담겨 있어야 하며, 다른 용기에 옮겨 담았을 때에는 내용물과 독성을 기재한 라벨을 붙인다. 빈 화학약품 용기에 식품을 담거나 화학약품을 빈 식품용기에 담는 일이 있어서는 절대 안 된다. 약품인지 식품인지 의심스러울 때는 반드시 버려야 한다.

### (2) 냉장

냉장고, 급속 냉각기, 냉동고 등은 잠재적인 위해 식품에서 세균이 증식하는 것을 방지하는 중요한 설비이다. 냉장시설을 효율적으로 유지하기 위해서는 다음과 같이 해야 한다.

① 냉장고는 냉장의 목적에만 사용하며, 식품 냉각용으로 겸용하지 않는다.
② 온도를 주기적으로 측정 · 기록한다.
③ 교차오염을 예방하기 위하여 식품을 분리 · 보관한다.
④ 적정량을 보관함으로써 냉기순환이 원활하여 적정온도가 유지되도록 한다. 식품은 냉장고 내부 용적의 70% 이하, 냉장실(walk-in cooler)의 경우 40% 이하로 보관한다. 냉각에 부담을 주고 공기 순환을 막기 때문이다.
⑤ 문의 개폐는 신속하게, 최소한으로 한다.
⑥ 온도계를 온도가 가장 높은 문 쪽과 가장 낮은 뒤쪽에 각각 비치하며 0.1℃ 단위로 읽을 수 있는 것으로 외부에 부착한다. 내부온도를 나타내는 패널이 외부에 있어서 문을 열지 않고 내부 온도를 체크할 수 있으면 더욱 좋다.
⑦ 주 1회 이상 청소를 하며 응결수는 주기적으로 제거한다.

#### ① 냉장고

냉장고는 식품을 5℃ 이하 단기간 보관할 때 사용한다. 식품온도가 0℃ 이하이면 동해를 입을 수 있다.

식재료는 냉장실의 하부에, 조리된 음식은 상부에 보관한다. 조리된 음식이나 바로 먹을 음식 위에 육류, 어패류, 채소류 등의 원료식품을 두는 일이 절대 없도록 한다[그림 9-18]. 뜨거운 음식은 식힌 후 보관하며 덮개를 덮거나 투명 비닐을 포장하여 보관 중에 식재료 간의 오염이 일어나지 않도록 한다. 오염방지를 위해 생(生)어 · 육류는 냉장고의 하부에, 생(生)채소는 상부에 보관한다. 식재료와 조리된 음식의 분리보관 중 오염된 식품, 유통기한 경과제품, 라벨 없는 하루 이상 사용하는 내부 전처리 식재료는 폐기한다.

[그림 9-18] **조리된 식품 위에 원료식품을 두지 말 것**

원료식품을 저장할 때는 가열조리 시의 내부온도에 기초하여 다음과 같은 순서로 조리 시에 높은 가열온도를 요하는 것을 아래에 둔다.

맨 위

- 조리된 식품 또는 바로 먹을 식품
- 생선
- 쇠고기 덩어리
- 돼지고기 덩어리, 햄, 베이컨, 소시지
- 간 쇠고기, 간 돼지고기
- 생 닭고기

맨 아래

식품을 넣을 때 선반에 일렬로 넣으면 공기 순환이 차단되어 좋지 않다. 두 개의 냉장고를 사용하여 육류, 가금육, 생선 및 유제품용과 과일 및 채소용으로 구분하거나 오염방지를 위해 원료식품용과 조리된 식품용으로 구분한다. 특히 생선과 같이 냄새가 나는 식품은 우유나 달걀 등과 같이 냄새를 흡수하는 식품과는 분리하여 보관한다.

② 냉동고

냉동고는 냉동된 식품을 −18℃(0℉) 또는 그 이하에서 저장할 때 사용한다. 정기적으로 냉동고와 식품의 온도를 체크한다. 햄버거, 고등어, 연어, 송어, 칠면조고기, 돼지고기, 크림성 식품, 소스류, 커스터드, 푸딩 등은 장기 냉동으로 품질이 나빠질 수 있다.

냉동식품을 받을 때는 검수 즉시 냉장고에 옮긴다. 정기적으로 서리 제거장치를 작동시킨다. 해동시킨 식품은 조리에 사용하지 않고 재냉동시키는 일이 없도록 해야 한다.

### (3) 건조저장

곡물, 곡물제품, 밀가루, 쌀, 설탕, 마른 채소, 마른 과일 등은 건조저장을 한다. 건조식품을 저장할 경우에는 바닥에서 적어도 15cm(6인치) 이상 떨어지게 하고 햇빛이 닿지 않게 하며, 식품의 사용 만기일을 체크한다. 저장고의 온도는 10~21℃, 습도는 50~60%가 되게 유지한다. 장마철 등 습도가 지나치게 높으면 곰팡이가 생기지 않도록 제습기를 가동시킨다. 통풍이 잘 되게 하고 벌레나 쥐가 없도록 한다. 음식물이 담긴 용기의 뚜껑은 꼭 닫아두고, 흘린 음식은 즉시 청소한다. 또한 식품을 소비할 때, FIFO의 순환방법을 사용하도록 한다.

### (4) 식품별 저장기준

보관방법을 별도로 명시하지 않은 제품은 직사광선을 피한 실온에서 보관·유통하여야 하며, 상온에서 7일 이상 보존성이 없는 식품은 가능한 한 냉장 또는 냉동시설에서 보관·유통하여야 한다. 이때 냉장제품은 0~10℃에서, 냉동제품은 -18℃ 이하에서 보관 및 유통하여야 한다.

즉석섭취편의식품류는 냉장 및 온장으로 운반 및 유통 시 냉장은 0~10℃, 온장은 60℃ 이상을 유지할 수 있어야 한다.

어육가공품류(멸균제품 또는 기타어육가공품 중 굽거나 튀겨 수분함량이 15% 이하인 제품은 제외), 두유류 중 살균제품(pH 4.6 이하의 살균제품 제외), 양념젓갈류 및 가공두부(멸균제품 제외), 가공두부(멸균제품 또는 수분함량이 15% 이하인 제품은 제외)는 10℃ 이하에서 보존하여야 한다.

신선편의식품 및 훈제연어는 5℃ 이하에서 보존하여야 하며, 또한 두부, 묵류(밀봉 포장한 두부, 묵류는 제외)는 냉장하거나 먹는물 수질기준에 적합한 물로 가능한 한 환수하면서 보존하여야 한다.

우유류, 가공유류, 산양유, 버터유, 농축유류 및 유청류의 살균제품은 냉장에서 보관하여야 하며 발효유류, 치즈류, 버터류는 냉장 또는 냉동에서 보관하여야 한다. 다만, 수분제거, 당분첨가 등 부패를 막을 수 있도록 가공된 제품은 냉장 또는 냉동하지 않을 수 있다.

식육, 포장육 및 식육가공품의 냉장 제품은 -2~10℃(다만, 가금육 및 가금육 포장육, 분쇄육, 분쇄가공육제품은 -2~5℃)에서 보존 및 유통하여야 한다. 다만, 멸균 또는 건조 식육가공품 등은 실온에서 보관할 수 있다.

식용란은 가능한 한 0~15℃에, 알가공품은 10℃ 이하(다만, 액란제품은 5℃ 이하)에서 냉장 또는 냉동 보존·유통하여야 한다. 다만, 건조, 당장, 염장 등 부패를 막을 수 있도록 가공된 제품은 냉장 또는 냉동하지 않을 수 있으며, 냉장보관 중인 달걀은 냉장으로 보관·유통하여야 한다.

① 육류

육류는 냉장고 또는 냉동고의 가장 차가운 곳에 저장한다. 시큼한 냄새를 풍기거나 변색되었거나 점질이 있는 것은 버려야 한다.

육류를 냉장고에 저장할 때는 느슨하게 싸서 저장한다. 햄버거를 냉장할 때는 공기가 통하지 않게 싼다. 육류를 냉동고에 저장할 때는 공기가 차단되게 싸서 −18℃(0℉)에서 저장한다. 큰 쇠고기 덩어리는 냉동고 내의 훅(hook)에 걸어 둘 수도 있다.

② 가금육

가금육도 냉장고 또는 냉동고의 가장 차가운 곳에 보관해야 한다. 녹색 또는 자색의 얼룩이 있거나 끈적끈적하거나 시큼한 냄새를 풍기는 것은 버려야 한다.

통째로 된 가금육은 도착 후 3일 이내에, 부위별로 나누어진 것이나 조리된 것은 1~2일 이내에 사용해야 한다. 가금육을 냉동 저장할 때는 −18℃(0℉)에서 저장하되 싸서 공기를 차단해야 한다.

③ 어패류

신선한 생선을 얼음에 채워서 배달한 것이면 3일까지 저장할 수 있고, 얼음을 채워서 배달한 것이 아니면 48시간 이내에 사용해야 한다. 발라낸 생선살은 공기가 차단되게 방수포장지에 싸서 냉장한다.

냉동생선은 −18℃(0℉) 또는 그 이하에서 공기가 차단되게 방수포장지로 싸서 저장한다. 날것으로 먹기 위한 생선은 냉동된 채로 배달받아야 한다. 생선을 얼릴 때에는 −20℃ 또는 그 이하의 냉동고에서 7일간 냉동시키거나 −35℃ 또는 그 이하의 급속 냉동고에서 15시간 동안 냉동시킨다.

④ 유제품

포장된 제품은 밀봉된 상태를 유지하게 하고, 양파, 생선 등 강한 냄새가 나는 식품과 함께 저장하지 않는다.

⑤ 통조림 제품

통조림을 개봉한 후에는 캔에 식품을 그대로 넣어두지 말고, 다른 깨끗한 용기에 옮겨서 보관하며, 개봉일시, 유통기한, 원산지, 제조업체 등을 표시하여 가능한 빠른 시일 내에 소비하도록 한다.

### (5) 저장시설 및 설비의 관리

식품은 위험온도대(4~60℃) 밖에서 보존하고 각종 오염원으로부터 안전하도록 해야 한다. 각 저장고의 온도를 적절히 관리한다. 저장고 내부에 설치된 온도계는 오차범위가 ±1.5℃(±2.7℉) 이내여야 한다. 식품 주변의 공기는 순환이 잘되게 해야 한다. 저장 창고, 냉장고 및 냉동고의 내부에는 공기가 잘 통할 수 있게 격자형으로 된 선반이 설치되어 있어야 한다. 물품은 바닥에 쌓아두거나 물품 위에 높이 쌓거나 또는 벽에 붙여 쌓는 일이 없도록 해야 한다.

저장을 위한 식품은 포장이 깨끗하고, 건조하고, 온전하다면 원래의 포장상태로 보관한다. 헌 용기나 헌 포장지를 절대로 사용하지 말아야 한다. 식품을 재포장할 때는 방수, 방충 및 방습이 되고 밀폐되는 위생적인 용기를 사용하며, 라벨링을 해야 한다.

식품을 탈의실, 휴게실, 보일러실, 복도, 계단, 폐품창고 등에 저장해서는 안 된다. 상수라인, 하수라인, 배수구, 응축수 낙하지점 등과도 멀리 떨어져 있어야 한다.

## 9-3-3 전처리 단계의 위생관리

학교급식소에서의 작업은 구매한 물품을 검수하는 일에서 시작하여 전처리, 소독, 조리, 배식, 세정, 정리정돈에 이르기까지 다양한 작업이 수작업으로 이루어진다. 이 과정에서 발생할 수 있는 교차오염은 식중독 발생의 주요 원인이 되므로 작업과정의 위생관리가 더욱 체계적으로 철저하게 유지되어야 한다.

전처리란 식재료를 다듬고, 씻고, 소독하고, 썰고, 해동하는 등 조리 가공을 위한 준비 단계이다. 이 단계에서는 부적절한 해동, 교차오염, 장시간의 실온방치, 불결한 개인위생 등이 위해를 가중시킬 수 있다. 따라서 개인위생 관리, 레시피 관리, 시간 및 온도 관리, 소독과정이 위생상 중요하다.

### (1) 전처리 단계의 일반적인 유의점

종업원의 개인위생 관리를 철저히 한다. 레시피는 조리시간을 예측할 수 있게 식품의 크기, 두께, 지방 함량을 고려해야 한다. 전처리를 하기 전인 식품은 냉장한다. 냉장·냉동식품의 전처리 작업은 실온에서 장시간 수행하지 않는다. 전처리 기구들은 세척 및 소독된 것을 사용하고, 교차오염을 피하기 위하여 기구는 재료에 따라 구분한다. 날것으로 먹는 채소와 과일은 전용 싱크대에서 씻는다. 필요 이상의 식품을 미리 준비하지 말고 필요한 소량만을 준비한다. 전처리 시 발생하는 폐기물, 찌꺼기는 신속하게 폐기물 전용 용기 또는 폐기물 봉지에 넣어 악취나 오물이 흐르지 않도록 신속히 처리한다. 전처리가 끝난 식품은 조리 또는 서빙하기까지 냉장고에 보관한다.

### (2) 작업 위생관리

교차오염을 방지하기 위하여 도마, 칼, 고무장갑, 조리기구 및 싱크대를 다음과 같이 분리하여 사용한다.

① 칼과 도마 등의 기구나 용기는 용도별로 구분(어류, 육류, 채소류)하여 각각 전용의 것을 준비하여 사용한다. 다른 종류의 식재료를 한 도마에 사용해야 할 경우에는 채소류 → (세척) → 육류 → (세척) → 어류 → (세척) → 가금류 순서로 한다[그림 9-19].

[그림 9-19] 도마의 구분 사용

② 고무장갑은 전처리 및 세척용, 조리용, 청소용으로 구분하여 사용한다.
③ 용기는 용도별로 구분하여 사용하고, 식재료는 덮개를 덮는다.
④ 싱크대도 구분하여 사용하며, 구분 사용이 힘들 경우 채소류 → 육류 → 어류 → 가금류 순서로 사용하며 작업변경 시에는 소독한 후에 사용한다.
⑤ 식품을 취급하는 작업은 바닥에서 60cm 이상에서 실시하며 바닥의 오염된 물이 튀어 들어가지 않도록 한다.
⑥ 전처리 식재료와 전처리하지 않은 식재료는 구분하여 보관한다.

### (3) 재료의 안전한 해동법

냉동식품의 해동과정은 식품의 안전성 확보에 중요하다. 냉동식품이 적절히 해동될 수 있도록 해동 시간과 장소를 미리 정하여 신속히 해동하며, 해동 후 24시간 이내에 사용하도록 한다. 육류, 가금류와 어패류는 해동 시 다른 식품과 분리하여 교차오염을 방지한다.

해동이 덜 된 식품으로 조리를 할 때, 외부는 충분히 가열되지만 내부에는 열이 잘 전달되지 않아 미생물들이 살아남을 수 있다. 실온에 방치하여 해동하면 해동시간이 오래 걸려 표면에 미생물의 증식이 이루어질 수 있고, 이것이 교차오염을 일으켜 뜻하지 않은 식중독 사고를 유발할 수도 있다.

해동을 할 때는 반드시 '해동 중' 이라는 표시를 하거나 주방의 일정한 장소를 정하여 해동하도록 한다. 생식품은 조리된 식품과 분리해동해야 하며 생식품은 조리되기 전에 완전해동한다. 한 번 해동된 식품은 즉시 사용토록 하고 다시 냉동하지 않는다. 따라서 냉동식품을 해동할 경우에는 안전한 다음의 4가지 방법을 적용해야 한다.

#### ① 냉장고에서의 해동

식품을 해동할 때는 부스러기와 물방울이 다른 식품 위에 떨어지지 않도록 냉장고의 가장 아래쪽 선반에서 해동한다. 덩어리가 큰 식품의 해동에는 1일 또는 그 이상이 소요되므로 사용하기 하루 전에 해동한다. 해동전용 냉장고를 사용하여 식품온도를 점진적으로 올리는 슬랙킹(slaking) 과정을 적용하면 좋다. 슬랙킹은 조리 직전에 실시하며 최종온도가 4℃ 이상이 되지 않게 한다. 해동할 때의 냉장고 온도와 시간을 기록해 둔다.

#### ② 수중에서의 해동

21℃ 또는 그 이하의 흐르는 수돗물에 담가 해동시키는 방법이다. 식품을 2시간 이내에 해동시켜야 하므로 덩어리가 큰 고기의 해동에는 적합하지 않다. 해동된 고기는 즉시 조리해야 한다. 수중 해동을 할 경우에는 해동 전용의 깨끗하고 소독된 싱크대를 사용한다. 수압이 강한 물로 식품 표면의 불순물을 씻어내고 해동한다. 이때 물이 다른 식품이나 식품접촉표면에 튀지 않도록 한다. 해동되면 즉시 들어내고, 해동에 사용된 싱크대와 기구들을 모두 소독한다.

#### ③ 조리과정 중의 해동

채소류, 새우, 햄버거 패티(patty), 파이 껍질 등 일부에 적용되고 큰 식품에는 적용되지 않는다. 재료가 냉동되어 있으므로 보통의 조리보다 조리시간을 길게 해야 한다.

④ 전자레인지를 이용한 해동

냉동식품을 즉시 해동시켜 조리에 사용해야 할 경우에만 적용한다. 이 방법도 덩어리가 큰 식품의 해동에는 적합하지 않다.

### (3) 재료의 세척 및 소독

재료를 씻고 써는 싱크대와 작업대는 채소용과 생선용으로 구분되어 있어 작업 중의 교차오염이 없도록 해야 한다. 전처리에 사용되는 세척수는 반드시 먹는 물을 사용하여 이물질이 완전히 제거(육안검사)될 때까지 세척한다. 세척수는 세정대 용량의 2/3 내에서 사용하고 세척수가 다른 식재료 또는 조리된 음식 등에 튀지 않도록 주의하여야 한다. 육류의 핏물을 뺄 때 1시간 이상 소요되는 경우는 냉장상태를 유지하여야 하며, 담가두었던 물에 다른 식재료나 조리도구를 담그지 않도록 한다. 깨끗이 씻은 재료는 용기에 잘 담은 후 밀봉하여 냉장고나 냉동고에 보관한다.

① 채소·과일류의 세척 및 소독

깨끗한 채소·과일 전용의 세척용 싱크대를 사용하는 것이 좋다. 잎이 여러 겹인 엽채류는 뿌리와 연결되어 있는 부분을 잘라서 해체한다. 씻을 때에는 반드시 흐르는 물로 세척한 다음 육안검사를 실시하여 청결상태와 이물질 잔존여부를 확인한다. 식품용 세척제(알킬벤젠계 계면활성제)를 소량 함유한 물에 담가서 세척하면 미생물, 기생충 및 농약의 제거에 효과적이다. 깨끗한 물로 3회 이상 헹구어야 한다. 작업이 끝난 후에는 싱크대, 장갑 및 손을 씻고 소독한다.

생식용 채소는 세척 후에 염소계 소독제로 소독을 해야 한다. 이때 염소농도를 검사하는 킷(kit)으로 염소농도를 확인해야 한다. 우리나라 식품위생법에는 유효염소 100ppm의 용액에 10분간 침지한 후 흐르는 물로 충분히 씻도록 규정되어 있다. 소독방법은 염소계 살균·소독제의 경우 유효염소농도 100~120ppm 또는 이와 동등한 살균효과가 있는 소독제(식품첨가물 표시제품)에 5분간 침지(혹은 소독제 사용설명서의 표기된 방법대로 사용)한 후 냄새가 나지 않을 때까지 먹는 물로 헹군다. 소독제의 희석농도는 채소 및 과일류를 담그기 전에 test paper의 색 변화 또는 농도측정기로 확인한다.

② 어패류의 세척

생선은 개복하여 아가미와 내장을 제거하고, 깨끗한 물이나 소금물로 씻는다. 조개는 소금물에 담가 불순물을 배출(해감)하게 한다. 세척한 어패류는 깨끗한 용기에 담고, 즉시 조리에 사용하거나 냉장한다. 세척작업이 끝난 후에는 싱크대, 장갑 및 손을 씻고 소독한다.

### (4) 재료의 절단 및 분쇄

재료를 썰 때는 채소, 생선, 육류별로 도마와 칼을 구분해서 사용한다. 절단기, 분쇄기 등도 재료별로 구분해서 사용한다. 도마, 칼, 절단기, 분쇄기는 사용 후에 세척 및 소독요령에 따라 세척 및 소독하여 건조시켜 보관한다. 처리가 끝난 재료는 깨끗한 용기에 담고 즉시 조리에 사용하거나 냉장한다.

## 9-3-4 조리 및 서빙 단계의 위생관리

### (1) 시간-온도 관리의 원리

식품은 해동, 조리, 보존, 냉각, 재가열, 서빙 등의 과정을 거치게 되므로 이 과정 동안 여러 차례 4~60℃의 위험온도에 노출된다. 또한 식품은 그것이 다루어질 때마다 다른 식품과 직접 접촉되거나 식품접촉표면, 예를 들면 취급자의 손, 도마, 조리기구 등으로 교차오염이 일어날 수도 있다. 식품에 오염된 미생물은 신속하게 증식하므로 잠재적인 위해식품은 위험온도대에서 유지되는 전체 시간이 4시간을 넘지 않도록 해야 한다. 식품을 홀딩할 때 뜨거운 식품은 뜨겁게, 찬 식품은 차게 유지함으로써 위험온도대에서 방치되지 않도록 해야 한다.

### (2) 조리

조리를 위한 레시피(recipe)에는 각 음식마다 조리 시간과 조리 식품의 내부온도에 대한 설명이 필히 기재되어 있어야 한다.

① 조리원 준수사항

㉠ 조리를 할 때는 안전을 위한 최소 내부온도 이상으로 가열해야 한다.
㉡ 식품의 내부온도를 열전쌍 온도계(thermocouple) 등으로 직접 측정한다.
㉢ 식품 내부온도를 측정할 때는 여러 부위를 측정하며, 온도계는 사용 전후에 씻고 소독한다.
㉣ 가열 조리판이나 오븐에 식품을 지나치게 많이 넣지 말아야 한다.
㉤ 조리기구를 반복 사용할 때는 식품을 꺼내고 소정의 온도로 올린 후에 다시 사용한다.
㉥ 조리된 식품을 맛볼 때는 규정된 위생적인 방법으로 맛을 본다.

② 조리 시 위생관리

㉠ 손이나 고무장갑은 올바른 방법으로 씻은 후 조리에 사용한다.

ⓛ 무치기, 버무르기 등의 섞는 작업에는 반드시 조리용 위생장갑이나 비닐장갑을 착용하도록 한다.

ⓒ 조리된 음식은 위험온도대(4~60℃)에서 2시간 이상 방치하지 않는다.

ⓡ 생선, 가금류, 덩어리 고기류, 다진 고기류, 냉동식품 등은 중심 온도가 74℃에서 1분 이상 가열하도록 한다.

ⓜ 냉장보관하였던 조리된 음식을 재가열할 때도 74℃ 이상에서 1분 이상 가열하도록 한다.

### ③ 조리 중에 음식 맛보기

가장 안전하고 위생적으로 음식 맛을 보는 방법은 작은 접시에 음식을 덜어서 깨끗한 숟가락으로 맛을 보는 것이다. 맛을 본 후에 음식이 남은 접시와 숟가락은 세척 및 소독한다.

### ④ 식품 조리 시 안전을 위한 최소 내부온도

식품을 조리할 때에는 안전을 위한 최소 내부온도 및 유지시간 이상으로 가열해야 한다. 우리나라 식품위생법에는 육류를 조리할 때는 중심부의 온도가 63℃ 이상인 상태에서 30분간 가열하거나 이와 동등 이상의 효력이 있는 방법으로 조리하도록 규정하고 있다. [표 9-1]은 미국에서 권장하는 최소 내부온도 및 유지시간이다. 이를 참작한다면 어느 식품이든 중심 온도가 75℃(패류 85℃)에서 1분 이상 가열하면 안전할 것으로 생각된다.

**표 9-1 조리할 때 안전을 위한 최소 내부온도**

| 식품 | 온도 및 시간 |
|---|---|
| 가금육<br>가금육 충전된 파스타<br>야생 사냥물 | 74℃에서 15초<br>* 충전물은 미리 가열조리 한 후 충전한다. |
| 간 쇠고기<br>간 돼지고기<br>양념 주입한 육류 | 68℃에서 15초 |
| 돼지고기, 햄<br>소시지, 베이컨 | 68℃ |
| 쇠고기 로스터 | 68℃, 15초<br>60℃, 12분<br>54℃, 121분 |
| 생선, 달걀 | 63℃, 15초 |

⑤ 전자레인지를 이용한 조리

전자레인지로 조리할 때에 동물성 재료들은 수분을 유지시키기 위하여 덮개를 씌우고, 다음과 같은 요령으로 조리한다.

㉠ 일반적인 가열 조리 시의 최소 내부온도보다 14℃ 높게 해야 한다.
㉡ 열의 확산이 잘 되도록 조리 중에 회전하거나 내용물을 젓는다.
㉢ 조리 후 2분 동안 그대로 두어 음식물 전체의 온도가 소정의 온도에 도달하게 한다.

⑥ 달걀 및 달걀 혼합물의 조리

달걀은 *Salmonella* 식중독균에 의한 오염 가능성이 높으므로 달걀이 들어간 요리를 안전하게 하기 위해서 다음과 같이 해야 한다.

㉠ 달걀을 미리 깨뜨려 담아 두지 않는다.
㉡ 달걀껍질에 음식물이 닿거나 날달걀이 음식물에 묻지 않게 한다.
㉢ 달걀을 깨뜨려 껍질을 분리하는 달걀 처리기계를 사용하지 않는다.
㉣ 가능하면 모든 레시피에 살균된 액란을 사용한다.
㉤ 달걀을 조리할 때에는 63℃에서 최소한 15초간 유지되어야 한다. 날달걀을 삶을 때에는 흰자가 완전히 응고되고 노른자가 굳어지기 시작할 때까지 가열한다. 스크램블드에그(scrambled eggs) 또는 오믈렛(omelet)은 달걀이 굳어져 액상으로 존재하는 부분이 없어질 때까지 가열한다.

⑦ 샐러드와 샌드위치의 조리

육류, 가금류, 달걀, 생선 등은 잠재적인 위해식품이므로 이를 함유하는 샐러드와 샌드위치를 만들 때에는 매우 조심해야 한다. 많은 양을 만들거나 서빙하기 몇 시간 전에 만들 때에는 더욱 그러하다.

㉠ 잘 세척되고 소독된 기구를 사용하고 개인위생 수칙을 잘 지킨다.
㉡ 파스타, 육류, 달걀, 생선 등을 사용하는 샐러드는 서빙 24시간 이내에 만든다.
㉢ 샌드위치와 샐러드의 재료들은 사용하기 전에 4℃ 이하로 차게 해 둔다.
㉣ 모든 채소류와 과일류는 깨끗이 잘 씻는다.
㉤ 많은 양이 필요하더라도 소량씩 여러 번 만든다.

### ⑧ 속을 채운 식품의 조리

속을 채운 요리는 껍질 부분이 열전달을 차단하기 때문에 속까지 완전히 조리되기 어렵다. 잠재적인 위해식품을 사용하여 속을 채운 조리를 할 때에는 다음과 같이 해야 한다.

㉠ 속에 넣을 재료들은 별도로 74℃ 이상에서 적어도 15초간 유지한다.
㉡ 속을 채운 육류, 생선, 파스타 및 가금육은 중심온도 74℃ 이상에서 적어도 15초간 유지한다.

### ⑨ 달걀반죽 및 빵가루 입힌 음식의 조리

달걀반죽을 입히거나 빵가루를 입혀서 조리한 가금육, 생선 및 조개 등은 잠재적인 위해식품일 뿐만 아니라 달걀반죽이나 빵가루 등을 입히면 열전달이 차단되므로 충분히 조리 되지 않을 수 있다. 따라서 달걀반죽이나 빵가루를 입혀서 조리하는 경우에는 다음과 같이 해야 한다.

㉠ 날달걀을 사용하기보다는 살균된 액란을 사용한다.
㉡ 입힘 재료들뿐만 아니라 옷을 입힐 식품들도 냉장한다.
㉢ 입힘 재료들을 소량씩 만들고, 많은 식품에 미리 옷을 입히지 않는다.
㉣ 기름온도를 확인하면서 가열하여 내부에 열이 충분히 전달되게 한다.
㉤ 남은 튀김옷은 다시 사용하지 않고 버린다.

튀김 조리를 할 때에는 유지의 산패 정도를 잘 파악하여야 한다. 우리나라 식품위생법에는 기름온도 측정용 탐침온도계를 설치하여 튀김용 기름의 온도를 190℃ 이하(냉동식품 160℃, 채소류 170℃, 어육류 180℃)로 유지하고, 기름의 산가 2.5 이상(산가 측정 페이퍼로 확인), 과산화물가 50 이상이 되었을 때에는 전체 식용유를 교환하도록 규정하고 있다. 튀김 중에는 찌꺼기를 자주 여과하거나 건져주고, 기름 양이 감소하였을 때는 그 양을 보충한다. 튀김에 사용한 유지를 재사용하고자 하는 때에는 신속히 여과하여 찌꺼기, 부유물 및 침전물을 제거한 후 방랭 보관하여야 한다.

### ⑩ 나물무침의 조리

숙주나물, 콩나물, 시금치 등으로 무침을 할 때에는 나물을 가열처리한 후에 양념을 넣고 버무리는데, 양념류는 대개 열처리를 하지 않기 때문에 많은 미생물을 함유할 수 있다. 따라서 다음과 같이 조리원의 개인위생 관리와 조리 후의 시간 및 온도 관리가 중요하다.

㉠ 나물은 적어도 74℃에서 1분 이상 열처리한다.
㉡ 양념은 청결한 것을 사용한다.

㉢ 나물을 충분히 냉각시킨 후에 양념을 넣는다.
㉣ 버무릴 때는 손은 깨끗이 씻고 소독한 후 위생장갑을 착용해야 한다.
㉤ 조리된 식품을 실온에 장시간 방치해서는 안 된다.

### (3) 홀딩

홀딩(holding)은 조리된 식품을 먹을 수 있도록 따뜻한 음식은 따뜻하게, 찬 음식은 차게 유지하는 과정이다. 이때 위생상 문제가 되는 것은 온도 및 시간 관리, 교차오염, 개인위생 등이다.

#### ① 일반적인 과정

㉠ 음식은 소량씩 만들고, 구운 식품, 튀긴 식품, 찐 식품은 단시간만 홀딩한다.
㉡ 홀딩 시 규칙적으로 저어주고 2시간 간격으로 식품온도를 측정·기록한다.
㉢ 뚜껑 있는 홀딩 팬을 사용하고, 손잡이가 긴 스푼이나 집게를 사용한다.
㉣ 스푼과 집게는 손잡이가 사용자를 향하게 음식 속이나 물에 담가 둔다.
㉤ 새 음식을 오래된 음식과 섞거나 생식품을 조리된 식품과 섞지 않는다.
㉥ 깨끗이 씻어 소독한 기구들을 사용하고, 개인위생 수칙을 준수한다.
㉦ 조리된 식품 취급 시에는 절대로 맨손을 사용하지 말고, 잘 소독된 조리용 고무장갑이나 일회용 고무장갑(라텍스), 소독된 기물을 사용한다.

#### ② 따뜻한 음식의 홀딩

따뜻한 음식은 홀딩하는 동안 안전을 위하여 다음과 같이 해야 한다.

㉠ 음식을 57℃ 이상으로 유지할 수 있는 핫 홀딩 설비를 사용한다. 홀딩 설비로는 스팀테이블, 이중 보일러, 이중 냄비, 가열 캐비닛, 가열용 탁상냄비 등이 사용된다.
㉡ 핫 홀딩 설비는 조리나 재가열에는 쓰지 말고 음식을 따뜻하게 유지할 때만 사용한다.
㉢ 음식의 온도를 매 2시간 간격으로 측정하고 기록지에 기록한다.

#### ③ 찬 음식의 홀딩

냉조리된 식품과 생식품은 위험온도대와 오염으로부터 안전하게 유지해야 한다. 찬 음식을 홀딩하는 동안 안전성을 확보하기 위하여 다음과 같이 관리해야 한다.

㉠ 음식을 10℃ 이하로 유지할 수 있는 콜드 홀딩 설비를 사용한다.
㉡ 음식은 팬이나 접시에 담으며, 얼음 위에 직접 올려놓지 않는다.
㉢ 매 2시간마다 음식물의 온도를 측정하고 기록지에 기록한다.

### (4) 냉각

가열 조리된 식품 중 즉시 제공되지 않거나 차게 제공해야 할 것은 냉각과정을 거쳐야 한다.

① 냉각 기준

일반적으로 식품은 가열조리 후 4시간 이내에 4℃ 또는 그 이하로 냉각해야 한다. 최근 미국(FDA)에서는 냉각은 다음의 2단계를 거칠 것을 권장하고 있다. 먼저 60℃에서 2시간 이내에 21℃까지 냉각하고, 다시 4시간 이내에, 전체적으로는 6시간 이내에 5℃까지 냉각한다.

② 냉각 방법

뜨거운 음식을 냉각할 때는 먼저 큰 덩어리를 작은 조각으로 나누거나 큰 그릇의 음식을 작은 스테인리스 스틸 그릇에 나누어 담고, 다음 방법 중의 한 가지를 택하여 냉각한다.

㉠ 얼음과 냉장고의 이용[그림 9-20]

냉각 시 얕고 넓은 용기에서 저어가며 식힌다. 작은 그릇에 나누어 담은 음식을 얼음이 채워진 큰 그릇에 넣고 냉각되도록 저어 준다. 그 후 음식을 얕은 스테인리스 스틸 그릇에 옮겨 담아 냉장고의 맨 위 선반에 넣어 냉각시킨다. 음식을 담은 그릇 주위에 공기가 잘 순환되게 간격을 둔다. 처음에는 뚜껑을 덮지 않고 냉각시키다가 어느 정도 냉각되면 뚜껑을 가볍게 덮고 계속 냉각시킨다. 음식은 냉각을 시작한지 4시간 이내에 4℃로 떨어져야 한다.

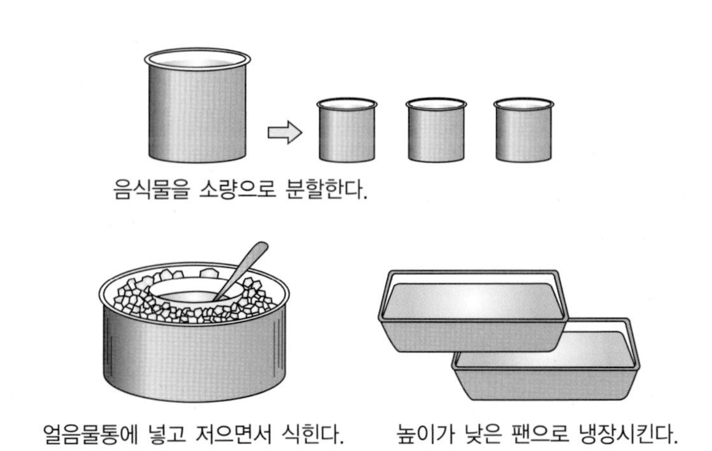


[그림 9-20] 뜨거운 식품을 안전하게 식히는 방법

㉡ 냉각기의 이용

작은 그릇에 나누어 담은 음식을 급속 냉각기(quick chiller), 회전 냉각기(tumbler chiller) 또는 냉각 재킷이 붙은 솥에 넣고 냉각시킨다. 음식을 냉각시킬 때 저장용으로 사용되는 냉장고나 냉동고를 사용하지 말아야 한다. 뜨거운 음식이 냉장고 및 냉동고의 온도를 올려 다른 식품을 위태롭게 하기 때문이다.

### (5) 재가열

가열 조리한 음식을 냉각 보관하였다가 다시 가열하여 제공할 경우에 재가열이 필요하다. 재가열을 할 때에는 식품온도를 미생물의 살균온도까지 신속히 올리는 것이 중요하다.

① 음식물을 안전하게 재가열하는 방법

㉠ 재가열을 시작하여 2시간 이내에 음식물의 온도가 74℃에 도달하게 하고, 이 온도에서 15초 이상 유지시킨다. 2시간 이내에 위의 온도에 도달하지 못하면 버려야 한다.

㉡ 전자레인지를 사용하여 재가열하는 경우에는 2시간 이내에 음식물의 온도가 88℃에 도달해야 하고, 그 후 2분간 그대로 두어 열이 식품 전체에 골고루 확산되게 한다.

㉢ 재가열한 음식의 온도가 74℃ 이상일 때 홀딩 설비에 옮겨 담는다.

㉣ 재가열할 때에는 쿠킹레인지, 오븐, 스티머(steamer), 전자레인지 등을 사용한다. 핫 홀딩 설비를 사용해서는 안 된다. 급식소 전용으로 제조·납품된 가공완제품(예: 달걀말이, 족발 등)은 가열조리와 같은 조건으로 재가열해야 한다.

㉤ 재가열 시간을 단축시키려면 음식물을 소량씩 취하여 재가열해야 한다.

㉥ 음식의 재가열은 단 한 번이다.

### (6) 서빙(serving)

식품의 안전을 고려하여 서빙 담당 종업원들에게 작업을 할당한다. 한 종업원이 하루 근무 중에 음식을 서빙하고, 테이블 세팅을 하고, 더러워진 접시를 치우게 하지 않아야 한다. 종업원들은 다음 규정을 잘 준수해야 한다.

① 올바르게 손을 씻은 후 위생장갑, 청결도구(집게, 국자 등)를 사용한다.

② 소독한 행주와 집기류를 사용한다.

③ 유리잔, 식기 등의 식품접촉부위를 손으로 만지지 않는다[그림 9-21].

④ 컵, 접시 등을 나를 때 쌓지 않는다. 아래쪽 그릇이 오염되기 때문이다.

⑤ 얼음을 취급하는 집게나 국자는 플라스틱 또는 금속으로 된 것을 사용한다. 유리로 된 것은 깨어질 수 있으므로 절대로 사용해서는 안 된다.

⑥ 조리가 완료된 음식은 열장온도(57℃) 이상, 냉장온도(5℃) 이하로 제공하거나 열장온도를 유지할 수 없을 때는 가열조리 완료시점에서 2시간 이내에 배식을 완료하여 사멸시킬 수 없는 식중독 유발포자의 발아와 증식을 방지해야 한다.

⑦ 배식 후 남은 잔반은 전량 폐기하고, 잔식은 보온보관 5시간 이내, 보냉보관 24시간 이내에 소비한다. 배식 후 남은 음식은 재사용하지 않는다.

⑧ 배식용 운반기구(배식차·승강기) 등에 의한 오염이 되지 않도록 배식차 등은 사용 후 바로 세척 소독하여 건조해야 하며, 식품운반용 승강기는 매일 1회 이상 내부를 청소하여 청결상태를 유지하도록 한다.

⑨ 배식대는 배식 전후에 철저히 세척·소독하고, 배식에 사용하는 기구는 세척·소독하여 건조된 배식 전용기구를 사용하도록 한다.

⑩ 식기, 수저, 컵 등은 세척·소독 후 별도의 보관함에 보관 후 사용한다.

⑪ 배식담당자는 위생복, 위생모, 마스크를 착용한다.

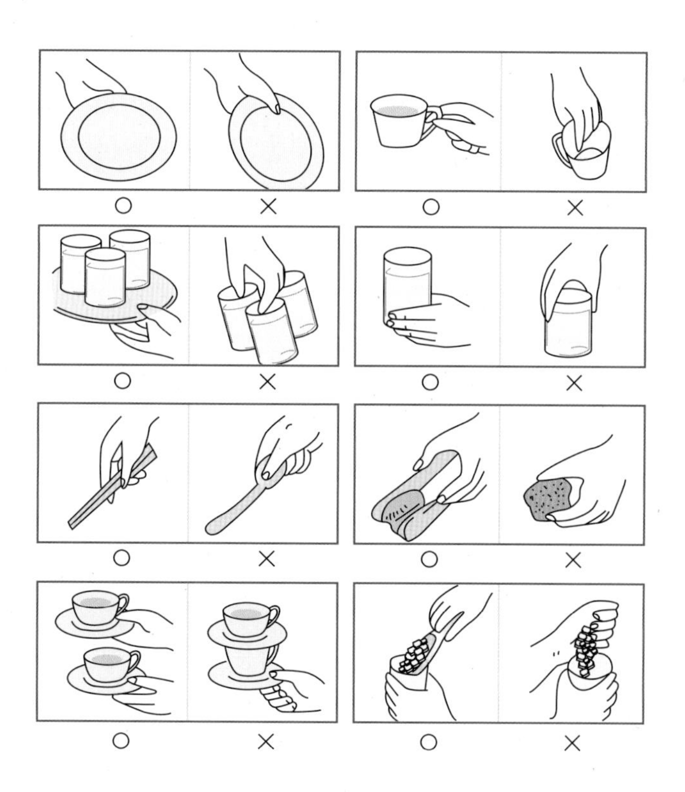


[그림 9-21] 식기와 음식의 위생적인 처리방법

### (7) 검식 및 보존식

조리된 음식의 맛, 조화(영양적인 균형, 재료의 균형), 조리상태 등을 조사하여 기록함으로써 음식의 품질을 확인하고, 기록지에 기록하여 향후 식단 개선의 자료로 활용토록 검식을 하며, 만일의 위생사고 발생 시 원인규명에 도움이 될 수 있도록 보존식을 보관한다. 학교급식의 경우 검식은 영양교사·영양사가 조리된 식품에 대하여 조리완료 시 실시한다. 검식할 때는 한번 사용한 검식용기와 검식기구를 재사용하지 않는다. 보존식은 식중독이나 감염병 등의 사고가 발생하거나 이에 준한 이상증세가 나타나는 경우에 메뉴별 원인조사와 분석을 통하여 적절한 예방대책을 강구하기 위하여 샘플을 채취하여 준비하는 예비 준비물을 말한다. 조리한 음식을 배식 직전에 소독한 보존식 전용용기 또는 멸균봉투에 조리·제공된 모든 음식을 종류별로 각각 1인 분량(150g 이상)을 담아 −18℃ 이하의 보존식 전용냉장고에 144시간(6일) 이상 냉동 보관한다. 보존식 용기는 열탕 소독 등으로 청결을 유지하며 위생장갑을 사용하여 채취하고, 보존식 기록지에 채취일자와 시간, 채취자 성명, 냉동고의 온도, 메뉴명, 폐기일자를 기록한다.

## 9-3-5 세척, 청소 및 소독

### (1) 식품접촉표면의 관리

식품접촉표면은 식품과 직접 접촉하는 모든 표면을 말한다. 따라서 식품의 운송, 보관, 전처리, 조리, 냉각, 홀딩 및 서빙에 관계하는 각종 기계 및 기구의 식품접촉부위와 식품취급자의 손이 포함된다. 식품접촉표면이 불결하면 식품을 직접 오염시키므로 다음의 경우에는 식품접촉표면을 세척 및 소독해야 한다.

① 매번 사용한 후
② 다른 형태의 식품으로 작업을 시작할 때
③ 작업이 일시 중단되어 도구와 재료 등이 오염되었을 것으로 생각될 때
④ 계속해서 사용할 경우에는 4시간 이내에

### (2) 세척

세척이란 급식기구 및 용기의 표면에서 세척제를 사용하여 음식성분과 기타 유기성분을 제거하는 일련의 작업과정이다. 세척에 영향을 미치는 요소는 때의 종류와 농축 정도, 물의 경도와 온도, 세척될 표면의 재질과 매끈한 정도, 세척제의 종류, 세척작업의 강도와 시간, 청소

장비나 도구 등이다. 세척제는 식품의약품안전처 고시 「위생용품의 규격 및 기준」에 적합한 제품을 세척제의 용도, 효율성 및 안전성을 고려하여 구매하여 사용방법을 숙지하여 사용하도록 한다. 세척제는 반드시 식품과 구분하여 안전한 장소에 보관한다.

① 성분에 따른 세척제의 종류

세척제는 때나 금속퇴적물을 제거하기 위하여 만들어진 화학물질이다. 일반적으로 세척력이 좋고 안정하며, 부식성이 없고, 사용자에게 안전해야 한다. 재질에 따라 사용하는 세제는 달라야 하며, 각각의 용도에 맞추어 사용한다. 예를 들면, 알루미늄에 강알칼리성 세제나 염소 소독제를 사용하면 검게 변할 수 있다.

㉠ 합성세제(detergent)

합성세제는 계면활성제를 함유하고 있어서 때의 표면과 물 사이의 표면장력을 낮게 하여 물이 때 속으로 들어가게 한다. 또한 합성세제는 때를 깨뜨리기 위하여 알칼리성 물질을 사용한다. 급식소에서 사용하는 합성세제는 알칼리성으로, 음식물 찌꺼기는 알칼리성에서 쉽게 분산된다. 연한 알칼리성 세제는 벽, 바닥, 천장과 대부분의 설비에 묻어있는 단순한 불순물을 제거하는 데 사용된다. 강알칼리성 세제는 왁스, 기름, 오래된 때, 눌어붙거나 탄 것을 제거하는 데 사용된다. 식기세척기에 사용하는 세제도 강알칼리성이다.

㉡ 용제세제(solvent cleaner)

용제세제는 기름을 녹이는 성분을 포함하고 있는 알칼리성 세제이다. 이 세제는 그릴 뒤의 튀김막이판, 오븐 표면의 찌든 기름, 청소를 자주하지 않아 표면에 묻은 오염물질 등을 제거하는 데 매우 효과적이다. 용제세제는 희석되면 효과가 떨어지고, 일상적으로 사용하기에는 비용이 많이 든다.

㉢ 산성세제(acid cleaner)

산성세제는 알칼리성 세제가 잘 듣지 않을 때 사용한다. 식기세척기 내의 때를 벗겨 내거나 화장실의 얼룩을 씻어낼 때, 그리고 구리와 놋쇠의 녹을 제거하는 데도 사용된다. 이들은 사용설명서에 따라 조심스럽게 사용해야 한다.

㉣ 연마세제(abrasive cleaner)

연마세제는 연마제를 함유하고 있어서 제거하기 어려운 이물을 문질러서 벗겨낼 수 있다. 팬 바닥에 눌어붙거나 탄 이물을 제거할 때에 주로 사용된다. 플라스틱 및 플라스틱유리는 물론 스테인리스 스틸의 표면까지도 긁힐 수 있으므로 조심스럽게 사용해야 한다.

② 사용 목적에 따른 세척제의 종류

세척제에는 채소와 과일용 세척제인 1종 세척제가 있고, 식기류용(자동 식기세척기 또는 산업용 식기류 포함)으로 2종 세척제가 있으며, 식품 가공·조리기구용 세척제인 3종 세척제가 있다. 1종 세척제는 2종과 3종 세척제로 사용될 수 있으며, 2종 세척제는 3종 세척제로 사용이 가능하지만, 3종은 2종이나 1종에, 2종은 1종 세척제로 사용할 수 없다[그림 9-22].

세척제는 필요한 용도 이외에 사용하거나 규정량 이상을 사용해서는 안된다. 사용 후에는 세척제가 남지 않도록 음용할 수 있는 물로 깨끗이 씻어야 한다.

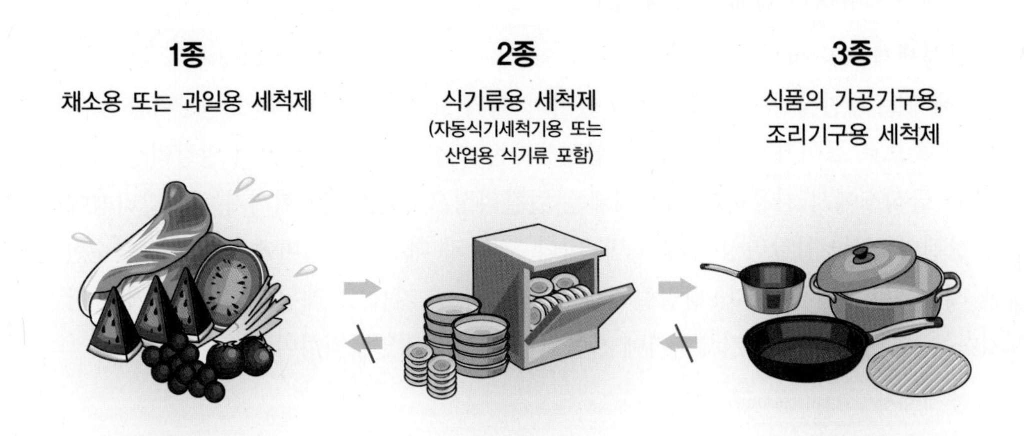


[그림 9-22] 세척제의 종류

### (3) 소독(sanitizing)

소독은 급식 기구, 용기 및 음식이 접촉되는 표면에 존재하는 미생물을 완전히 제거하거나 해로운 미생물을 안전한 수준까지 감소시키는 것을 의미한다. 음식물이 닿는 표면은 반드시 소독해야 하며, 소독하기 전에 반드시 세척하고 헹군 후 소독해야 한다.

① 가열 소독

건열살균(식기) 시에 열탕소독(식기·행주)은 100℃에서 30초 이상, 식품접촉표면(식판표면)의 온도가 71℃ 이상 되도록 해야 한다. 온도가 높을수록 미생물을 제거하는 데 걸리는 시간이 짧아진다. 소독대상물의 온도를 측정하는 방법에는 요구하는 온도에 도달했을 때 색깔이 변하는 라벨을 사용하는 방법과 요구하는 온도에 도달했을 때 녹는 왁스 테이프를 사용하는 방법이 있다.

② 화학적 소독

화학적 소독은 효율성, 경제성 및 간편성 때문에 급식산업과 외식업에서 많이 사용되고 있다. 칼, 도마, 조리도구, 고무장갑, 앞치마 등은 소독할 때 기구 등의 살균소독제를 구입하여 용법에 맞게 사용하며 도마와 고무장갑의 경우 소독제에 일정 시간 침지한다. 화학적 소독제의 소독효과에 영향을 미치는 인자는 접촉시간, 미생물의 종류, 소독제의 농도, 소독 온도 등이다.

**소독제 사용 시 주의 점**

- 미생물이 잘 제거되게 하려면 소독제에 1분 이상 담가 둔다.
- 소독제의 농도가 너무 낮으면 효과가 약하고, 높으면 위험할 수 있으므로 적정 농도를 사용하고 유효기간, 경고문 등을 잘 읽고 사용한다.
- 소독제의 유통기한을 확인하여 기한 내에 사용한다.
- 소독제는 제조 후 시간이 지나면 농도가 낮아지므로 1일 1회 이상 제조한다.
- 사용 전 테스트페이퍼나 농도측정기 등을 사용하여 소독제의 희석농도를 확인하고, 소독 후 세제잔류 여부(불검출)를 확인한다.

㉠ 염소 및 요오드계

정확하게 사용하면 두 소독제 모두 손을 소독하는 데 편리하다. 염소화합물은 고무, 스테인리스 스틸, 알루미늄, 은도금 등을 상하게 하고, 너무 진하게 사용하면 냄새를 남긴다. 요오드화합물을 사용할 때는 물의 pH가 5.0 또는 그 이하여야 한다[**표 9-2**].

㉡ 4급 암모늄화합물

4급 암모늄화합물은 산성 및 알칼리성 용액 모두에서 잘 작용하므로 정확하게 사용하면 손의 소독에 매우 편리하다. 비누 또는 세제와 함께 사용하면 효력이 떨어지고, 경수에서도 살균력이 낮아진다. 쿼츠를 사용할 때는 물의 경도가 500ppm 이하여야 한다.

**표 9-2 주방용 소독제의 일반적인 가이드라인**

| | | 염소 | 요오드 | 4급 암모늄 |
|---|---|---|---|---|
| 최소농도 | 침지용 | 50ppm | 12.5~25ppm | 220ppm |
| | 분무용 | 50ppm | 12.5~25ppm | 220ppm |
| 소독물 온도 | | 24℃<br>(75℉) | 24~48℃<br>(75~120℉) | 24℃<br>(75℉) |
| 소독시간 | 침지용 | 1분 | 1분 | 1분 |
| | 분무용 | 제품안내서대로 | 제품안내서대로 | 제품안내서대로 |
| 유효 pH | | 8.0 이하 | 5.0 이하 | 7.0 내외 |
| 부식성 | | 부식성 있음 | 부식성 있음 | 부식성 없음 |
| 유기물의 영향 | | 신속히 불활성화 | 효력이 약해짐 | 영향 받지 않음 |
| 경수의 영향 | | 영향 받지 않음 | 영향 받지 않음 | 살균력이 약해짐<br>경도 500ppm 이하 |
| 용액 중 농도 측정 | | 테스트킷 필요함 | 테스트킷 불필요함<br>호박색이 적절함 | 테스트킷 필요함<br>라벨지시 따름 |

### (4) 기계적인 세척및 소독

규모가 큰 급식소에서 많은 식기를 세척 및 소독할 때에는 가열이나 화학약품에 의한 기계적인 처리가 편리하다. 식기세척기는 바닥에서 최소한 15cm 이상 위에 설치하고, 온도와 수압을 알리는 계기판은 잘 볼 수 있는 장소나 기계 가까이에 부착하여 쉽게 확인할 수 있도록 한다.

① 일반적인 세척관리

세척기의 클린 라인을 체크하고 구석구석을 청소하는 일을 매일 2회 이상 한다. 세척탱크와 헹굼 탱크에 깨끗한 물을 채운다. 세척제 트레이와 분무기의 노즐은 청결해야 한다. 물을 뿌리거나 털어서 식기에 묻은 찌꺼기를 대충 제거하고, 음식물이 말라붙어 있는 식기는 미리 물에 불린다.

세척 랙을 지나치게 많이 올려놓지 말고 알맞게 올린다. 세척 중에 노즐 부위에서 물의 온도를 체크한다. 세척이 끝난 식기를 빼낼 때는 각각을 잘 검사한다. 덜 씻긴 것은 다시 통과시킨다.

세척된 것은 공기로 건조시킨다. 물기를 제거하기 위해 수건을 사용해서는 안 된다.

② 고온 자동 세척기

음식찌꺼기를 제거하고 식기세척기에 급식기구 및 용기를 투입하면 뜨거운 물로 세척, 헹굼, 소독, 건조가 자동으로 이루어지는 기계이다. 사용하는 물이 소정의 온도에 쉽게 도달해야 한다. 세척기에는 물의 온도를 측정하기 위해 물을 분무하는 분출구에 온도계가 설치되어 있어야 한다. 물의 온도는 기계에 따라 65~82℃를 유지해야 한다.

[그림 9-23] **식기 자동세척기**

③ 화학적 소독기

화학적인 소독기는 물의 온도가 49~60℃일 것을 요구한다. 소독약품은 제조회사에서 추천하는 올바른 농도를 사용한다. 소독액이 최종 헹굼 물에 자동적으로 분출되는 기계를 사용한다.

### (5) 수동식 세척 및 소독

식기세척기를 사용하지 않을 경우에는 식품조리 장소와 떨어진 곳에 식기세척용 싱크대를 설치한다. 음식물 찌꺼기를 버릴 수 있는 쓰레기통이 싱크대 옆에 있어야 하고, 온도계와 식기 꽂이가 싱크대에 비치되어 있어야 한다.

① 3조 싱크대에 의한 방법

손으로 세척할 때는 세척, 헹굼, 소독을 하기 위해 수조가 3개인 3조 싱크대가 필요하며, 식기, 조리기구 및 기계의 분리 가능한 부분을 세척 및 소독할 때 사용할 수 있다[그림 9-24].

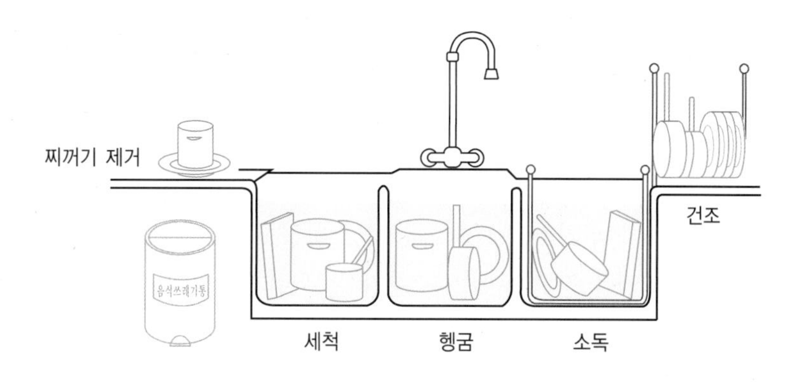


[그림 9-24] **3조 싱크대를 이용한 세척 및 소독**

㉠ 세척하기 전에 물로 대충 씻거나 털거나 불린다.
㉡ 세제 액을 넣은 첫 번째 싱크에서 43℃ 이상의 물로 씻는다. 솔이나 천을 사용하여 남아있는 오염물질을 제거한다.
㉢ 깨끗한 물이 담긴 두 번째 싱크에서 49℃의 물로 남아있는 음식물과 세제를 깨끗이 헹군다.
㉣ 뜨거운 물 또는 소독액이 담긴 세 번째 싱크에 담가서 소독한다. 뜨거운 물로 소독 할 때는 77℃에서 30초간 유지한다. 이때 집게, 랙 또는 바구니를 사용하여 식기류를 뜨거운 물에 담근다. 소독약품 용액으로 소독할 때는 24℃ 이상의 온도를 유지하며, 소독약품 농도를 검사하는 킷을 사용하여 물속의 약품농도를 측정해야 한다.
㉤ 소독이 끝난 후에는 끄집어내어 공기 중에서 말린다.

나무로 된 도마, 주걱 등은 세척액을 사용하여 나일론 브러시로 문질러 씻고 깨끗한 물로 헹군 후에 소독한다. 나무로 된 기구를 세척액이나 소독용액에 담가 두어서는 안 된다.

### (6) 고정된 설비의 청소

고정되어 있거나 움직일 수 없는 설비를 청소할 때에는 설비 제조업자 측에서 추천하는 청소방법을 따른다. 고정된 설비를 청소할 때는 다음과 같이 하도록 종업원들을 훈련시킨다.

① 설비의 스위치를 끄고 플러그를 뽑는다.
② 설비의 외부 및 내부에 있는 음식물을 제거한다.
③ 분리할 수 있는 부분을 떼어 내어서 조심스럽게 손으로 세척한다.
④ 고정된 식품접촉표면은 씻고, 헹구고, 소독한다.
⑤ 고정된 식품비접촉부분은 소독액을 묻힌 천으로 닦는다.
⑥ 청소에 사용되는 천은 식품접촉표면용과 식품비접촉표면용을 구분해서 사용한다.
⑦ 청소를 한 후 모든 부분을 공기로 건조한다.
⑧ 분리해 낸 부분들은 다시 끼워 넣고 단단하게 조립한다. 분리해 낸 부분들을 조립하는 과정에 식품접촉표면이 오염될 경우에는 다시 소독한다.

제조업자가 추천한다면 분무청소(spray cleaning)나 스팀청소를 할 수도 있다. 분무 청소를 할 때는 필요한 농도의 세제액을 각 부분에 2~3분간 분무한다. 스팀청소를 할 때는 스팀 온도가 93℃ 이상이어야 한다. 분무청소와 스팀청소를 할 때에는 청소한 물이 다른 식품이나 식품제조 기구에 튀지 않도록 주의해야 한다.

### (7) 조리장의 청소

청소란 조리장 내의 모든 표면의 오염물질을 제거하고, 세제로 세척한 후 헹굼, 소독하는 단계를 말한다. 조리장은 벽, 천장, 바닥, 선반, 배수구 등을 청소·소독해야 하며, 위생해충이 서식 또는 출입하지 못하도록 관리되어야 한다. 이때 세척액과 청소 물이 식품에 튀거나 바닥과 선반에 고여 있지 않도록 한다. 음식물의 종류, 표면의 종류, 조리 구역의 환기정도에 따라 청소 횟수를 정한다. 화학약품을 계량할 때 사용하는 도구는 조리하는 곳에서 떨어진 곳에 두고, 그 곳에서만 사용한다.

#### ① 바닥

정기적인 청소 시 또는 음식물이 엎질러졌을 때에는 다음과 같이 한다.

㉠ 청소해야 할 부분을 표시하는 원뿔이나 기타 표시물을 설치한다.
㉡ 먼지가 나지 않는 빗자루나 진공청소기로 청소할 지역을 쓴다.
㉢ 세제통에 넣고 빨아서 물기를 짠 대걸레를 사용하여 바닥을 닦는다. 대걸레의 양면을 사용하여 3m×3m 정도 되는 부분을 문질러 닦는다. 호스로 물을 뿌리거나 바닥을 닦을 때는 벽쪽에서 시작하여 배수로 쪽을 향하여 걸레질을 한다.
㉣ 바닥에 물이 고여 있으면 걸레의 물기를 짠 후 다시 닦는다.
㉤ 세제 찌꺼기가 남아 있으면 미끄러지기 쉬우므로 철저하게 씻는다.
㉥ 바닥을 맑은 물로 헹구고 남아있는 물기를 다시 제거한다.

#### ② 배수로

배수로 청소는 다른 청소작업을 끝낸 후 그날의 마지막 작업으로 다음과 같이 한다.

㉠ 청소용 고무장갑을 끼고 필요하다면 장화를 신는다.
㉡ 배수로 덮개를 떼어 내고 쓰레기를 제거한 후 덮개를 다시 설치한다.
㉢ 배수로에 호스 또는 분무기로 물을 분사한다.
㉣ 세제액을 배수로에 붓고 배수로 덮개를 문질러 닦은 후 분무하여 헹군다.
㉤ 소독제 용액이나 살균제 용액을 배수로에 붓는다.

#### ③ 천장

천장은 바닥만큼 많은 청소를 요하지는 않는다. 그러나 매일 얼룩, 거미줄, 응축물 등을 체크하고, 불결할 때는 스펀지로 천장을 닦고 헹군다.

④ 건창고

㉠ 건창고는 정기적으로 벽, 천장, 바닥, 선반과 랙을 청소한다.
㉡ 벽은 스프레이나 걸레로 닦으며, 벽 가까이에 있는 장비와 물품이 손상되지 않도록 한다.

⑤ 화장실

화장실은 적어도 매일 1회 청소해야 한다. 물비누, 화장지, 1회용 수건 등은 떨어지기 전에 보충한다.

⑥ 쓰레기통 재질 및 관리

쓰레기통 및 잔반수거통은 흡습성이 없으며 단단하고 내구성이 있어야 한다. 반드시 뚜껑을 사용하고 악취 및 액체가 새지 않도록 파손된 부분이 없어야 한다. 내부와 외부를 세척제로 씻어 헹군 후 '기구 등의 살균소독제' 로 용법, 용량에 맞게 소독한다.

### (8) 조리 기구의 관리

① 조리기구의 위생적 관리

㉠ 조리기구와 칼 등은 사용한 후에 흐르는 물로 깨끗이 씻고 건조하여 일정한 장소에 위생적으로 보관한다. 특히 칼은 칼집에 넣거나 자외선 살균기에 넣어 보관한다.
㉡ 도마나 기구는 깨끗이 씻고 소독한 후 건조하여 사용한다. 특히 나무 도마는 세균이 잔존할 가능성이 높으므로 더욱 철저히 관리한다.
㉢ 육류 절단기, 채소 절단기, 분쇄기와 같은 조리용 기구는 사용 후 분해하여 세척하고 살균한다.
㉣ 행주는 사용 후 열탕 소독하여 건조한 후 보관하며, 젖은 행주는 사용하지 말고 마른 행주를 사용하도록 한다.

② 식기 및 조리기구의 보관

식기와 조리기구들을 깨끗한 상태로 유지하도록 종업원들을 다음과 같이 훈련시킨다.

㉠ 서랍과 선반은 깨끗한 물품을 넣기 전에 청소 및 소독한다.
㉡ 식기류를 운반하는 트레이와 손수레도 사용한 후에 청소 및 소독한다.
㉢ 식기류와 조리기구는 바닥에서 최소한 30cm 이상 떨어지게 보관한다.
㉣ 유리잔 등은 뒤집어 보관하고, 조리기구는 손잡이를 잡기 쉽게 보관한다.
㉤ 고정된 설비는 청소 및 소독한 후 식품접촉부분에 뚜껑을 덮는다.

### (9) 청소용품의 관리

청소기구는 보관하기 전에 세척 및 소독한다. 청소용품은 식품, 조리기구 등과 멀리 떨어져 있고, 빛이 잘 들고, 건조하고, 자물쇠가 채워진 장소에 보관해야 한다. 청소용품의 저장 장소에도 청소전용 싱크대가 있고 바닥에는 배수로가 있어야 한다.

청소용 천, 스펀지, 문지르는 팻은 자주 씻어 행구어 두고, 사용 중에는 소독 용액이 들어 있는 용기에 담가 두며, 사용한 후에는 건조시켜 보관한다. 솔과 대걸레는 물통에 담가두지 말고 걸어둔다. 청소용 물통은 물을 비우고 씻은 후 다른 물품들과 함께 보관한다.

대걸레를 빨 때는 일반 조리용 싱크대를 사용해서는 안 되며, 별도의 싱크대를 설치하여 사용한다.

### (10) 청소 프로그램의 설정

각 시설에 대한 청소 프로그램을 가지고 있어야 한다. 청소 프로그램은 모든 부분의 청소와 소독 작업을 조직화한 전체적인 시스템이다[표 9-3].

**표 9-3** 청소 프로그램의 예

| 청소 대상 | 청소방법 | 청소시기 | 청소도구 |
|---|---|---|---|
| 바닥 | 엎질러진 것 닦기 | 가능한 한 빨리 | 걸레, 대걸레, 빗자루, 바스켓, 쓰레받기 |
| | 물걸레질 | 교대 시마다, 틈이 날 때 | 대걸레, 바스켓, 바닥솔 |
| | 문질러 닦기 | 매일 종업 시 | 바스켓, 브러시, 고무걸레, 세제 |
| | 벗기고 재도포 | 1월, 6월 | |
| 벽, 천장 | 물기 닦기 | 가능한 한 빨리 | 깨끗한 천, 세제 |
| | 벽 씻기 | 2월, 8월 | |
| 작업대 | 상판 청소, 소독 | 사용 후 즉시, 종업 시 | 청소방법 따름 |
| | 서랍, 다리 등 | 매주 토요일 | 청소방법 따름 |
| | 비우고, 청소, 소독 | 종업 시 | |
| 후드, 여과기 | 기름트랩 비우기 | 필요할 때 | 기름통 |
| | 내외부 청소 | 매일 종업 시 | 청소방법 따름 |
| | 여과기 청소 | 매주 수요일 종업 시 | 식기세척기 |
| 브로일러 (broilers) | 물판 비우고, 닦기 | 필요할 때 | 기름통, 깨끗한 천 |
| | 석쇠판 청소 | 매회 사용 후 | 청소방법 따름 |

청소 프로그램을 설정할 때는 청소대상, 청소방법, 청소시기, 청소도구, 청소담당자 등이 명시되어 있어 종업원들을 훈련시키는 데 도움이 되도록 해야 한다.

### (11) 위해 물질의 취급

종업원들은 그들이 사용하는 위해 물질들에 대한 취급방법과 사용하는 동안 자신들을 보호하는 방법에 대하여 잘 훈련되어 있어야 한다.

#### ① 기본적인 구비사항

㉠ 유해한 화학물질의 전체 목록을 작성한다.

㉡ 유해한 화학물질들(세척제, 소독제, 살충제)은 경고문, 제조원 또는 수입원이 표시되어 있어야 한다.

㉢ 화학약품의 이름, 폭발가능성, 인화성, 독성, 부식성, 자극성 장기 노출로 인한 건강악화 가능성, 위험 발생으로 인한 응급처치 방법이 기록된 설명서를 제조업자로부터 받아서 비치하며, 조리원에게 알려주고, 작성된 내용은 갱신 및 보완하는 작업을 주기적으로 해야 한다.

㉣ 각 위해 물질에 대하여 물질안전 정보판(MSDS; material safe data sheet)을 제작하여 위해 물질 가까운 곳에 잘 보이게 비치해야 한다.

#### ② 종업원 훈련

종업원들이 다음의 정보를 확실히 알도록 한다. 이러한 내용의 일부는 물질안전 정보판(MSDS)에도 기록되어 있어야 한다.

㉠ 제품의 관용명과 화학명칭

㉡ 본 제품이 사용되는 곳, 사용 시기 및 올바른 사용방법

㉢ 발화, 독성, 피부침투 등의 물리적 위해성과 건강 위해성

㉣ 위해 물질에 노출되었을 때 취해야 할 응급 과정

㉤ 엎질러지거나 새어나오는 것에 대한 대비책

#### ③ 유해물질의 보관

유해물질은 자물쇠가 채워진 전용구역이나 캐비닛에 보관하여야 하며, 적절하게 훈련 받은 위임된 사람에 의해서 취급 및 처분되어야 하고, 식품에 오염되지 않도록 최대한 주의를 기울여야 한다. 또한 위생목적에 필요한 경우를 제외하고, 식품을 오염시킬 수 있는 어떤 물질을 식품취급지역에서 사용하거나 보관하여서는 안 된다.

# CHAPTER 09 연습문제

**01 손 세척 설비에 함께 비치해야 하는 물품으로 적합하지 않은 것은?**

① 손톱 솔 ② 소독용액 ③ 휴지통 ④ 면수건 ⑤ 물비누

**02 손 세척 설비를 설치하지 않아도 되는 곳은?**

① 전처리실 ② 조리실 ③ 식기 세정실 ④ 건 저장고 ⑤ 화장실

**03 손 세척을 할 때 먼저 따뜻한 물로 손을 적신다. 그 다음에 해야 하는 것은?**

① 수세미로 손톱을 문지른다.
② 손에 비누칠을 한다.
③ 손바닥과 손가락을 20초간 비벼 문지른다.
④ 소독용 알코올을 손에 뿌린다.
⑤ 수건으로 물기를 닦는다.

**04 손 세척을 하지 않아도 되는 경우는?**

① 껌을 씹은 후 ② 재채기를 한 후 ③ 식기를 만진 후
④ 얼굴을 만진 후 ⑤ 쓰레기를 치운 후

**05 손의 땀구멍에 깊이 묻혀 있기 때문에 일반적인 손 세척으로 쉽게 제거되지 않는 것은?**

① *Shigella* ② *Yersinia* ③ *Clostridium*
④ *Staphylococcus* ⑤ Hepatitis A virus

**06 집단급식소에서 청결구역으로 해야 할 곳은?**

① 검수실 ② 전처리실 ③ 저장고 ④ 배선실 ⑤ 식기 세척실

**07 조리장 또는 식품제조장에서 청결 구역으로 지정해야 할 곳은?**

(가) 조리실 (나) 배선대 (다) 검수실 (라) 포장실

① (가) (나) (다) ② (가) (다) ③ (나) (라) ④ (라) ⑤ (가)(나)(다)(라)

**08 집단급식소에서 2차 오염을 방지하기 위한 가장 효율적인 방법은?**

① 조리원의 철저한 개인위생
② 위생동물의 구제
③ 음식물의 냉장보관
④ 충분한 가열 처리
⑤ 작업장의 구분

**09 역류발생을 방지하기 위한 방법으로 가장 효과적인 것은?**

① 수도꼭지를 낮게 설치한다.
② 직경이 큰 배관을 사용한다.
③ 배관의 이음매가 없게 한다.
④ 수도꼭지의 끝을 가늘게 한다.
⑤ 수도꼭지 끝에 에어갭을 둔다.

**10 FIFO를 바르게 설명한 것은?**

① 자동온도 기록 장치 ② 냉동식품의 해동 방법
③ 염소농도 측정 장치 ④ 식품의 저장관리 방법
⑤ 시간–온도 측정 방법

**11 식품을 보관할 때에 가장 아래쪽 선반에 두어야 하는 것은?**

① 쇠고기 덩어리 ② 생 닭고기 ③ 돼지고기 덩어리 ④ 생선 ⑤ 간 쇠고기

**12 Slaking을 바르게 설명한 것은?**

① 조리식품의 급속냉각방법
② 식품접촉표면의 가열소독방법
③ 위해물질의 안전관리 방법
④ 냉동식품의 해동방법
⑤ 식품의 중심온도 측정방법

**13 식품의 중심온도가 63°C에서 15초간 유지되는 것으로는 안전한 조리가 되었다고 볼 수 없는 것은?**

| (가) 쇠고기 로스트 | (나) 생선 | (다) 달걀 | (라) 간 돼지고기 |
|---|---|---|---|

① (가) (나) (다)　② (가) (다)　③ (나) (라)　④ (라)　⑤ (가) (나) (다) (라)

**14 식품 및 조리과정의 특성상 안전을 위하여 조리 시에 개인위생관리를 철저히 해야만 하는 것은?**

| (가) 샐러드 | (나) 달걀 혼합물 | (다) 나물무침 | (라) 속을 채운 식품 |
|---|---|---|---|

① (가) (나) (다)　② (가) (다)　③ (나) (라)　④ (라)　⑤ (가) (나) (다) (라)

**15 식품을 조리한 후 잠재적인 위해 식품은 위험온도범위에 얼마 이상 노출시키면 안 되는가?**

① 2시간　② 3시간　③ 4시간　④ 5시간　⑤ 6시간

**16 매 2시간마다 음식물의 온도를 측정하고 기록지에 기록하는 작업은 어느 때에 필요한가?**

① 가열조리　② 냉동식품의 해동　③ 음식의 홀딩
④ 음식의 냉각　⑤ 음식의 재가열

**17 음식을 재가열할 때에는 최대한 몇 시간 이내에 음식물의 온도가 74°C에 도달하게 해야 하는가?**

① 2시간　② 3시간　③ 4시간　④ 5시간　⑤ 6시간

**18** **계속해서 사용할 경우 4시간 간격으로 세척 및 소독해야 하는 것은?**

(가) 칼　　(나) 손　　(다) 도마　　(라) 대걸레

① (가) (나) (다)　② (가) (다)　③ (나) (라)　④ (라)　⑤ (가) (나) (다) (라)

**19** **주방용 소독제로 요오드 화합물을 사용할 때 물의 pH는 어떠해야 하는가?**

① 9.0 이하　② 8.0 이하　③ 7.0 이하　④ 6.0 이하　⑤ 5.0 이하

**20** **고온 자동 식기세척기에 사용하는 물은 온도를 몇 도까지 올릴 수 있게 설비되어야 하는가?**

① 10~30℃　② 30~48℃　③ 50~65℃　④ 65~83℃　⑤ 85~100℃

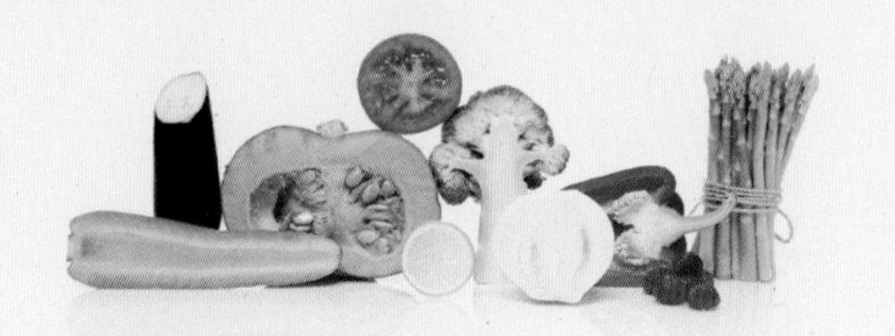

이해하기 쉬운 **식품위생학**

FOOD HYGIENE

chapter 10

# 식품위생검사

**학습목적** | 식품위생검사의 목적과 대상, 내용을 이해하고, 이를 안전한 식품을 제공하는 데 활용한다.

**학습목표**

01 검체의 대표성을 보장할 수 있는 채취법을 기술한다.
02 2차 오염이 일어나지 않는 취급 방법을 설명한다.
03 일반세균수 검사의 목적을 기술한다.
04 대장균군검사의 목적을 설명한다.
05 장구균검사의 목적을 설명한다.
06 식중독 원인균을 분리하기 위한 검사의 대상물질을 기술한다.
07 식중독균검사의 개요를 설명한다.
08 식품위생검사의 대상을 기술한다.
09 식품위생검사의 목적을 설명한다.
10 식품위생검사의 종류를 열거한다.
11 식품 변질을 판단할 수 있는 관능검사 항목을 설명한다.
12 식품의 변질을 판단할 수 있는 물리적인 검사법을 기술한다.
13 만성 독성실험의 중요성을 설명한다.

# 10-1 식품위생검사

## 10-1-1 검체의 채취 및 취급방법

### (1) 검체채취의 의의

검체의 채취는 식품위생법에 따라서 식품위생감시원이 검사대상으로부터 일부의 검체를 채취하여 기준·규격 적합여부, 오염물질 등에 대한 안전성 검사를 실시하여 그 검사결과에 따라 행정조치 등이 이루어지게 되므로 검사대상 선정, 검체채취, 취급, 운반, 시험검사 등은 효율성을 확보하면서 과학적인 방법으로 수행해야 한다. 따라서 검체를 채취하여 식품위생검사기관에 검사 의뢰하는 것은 중요한 의의를 가지므로 식품위생감시원은 검체채취 및 취급방법 등에 대하여 충분한 지식을 가지고 그 직무를 수행해야 한다.

### (2) 용어의 정의

① 검체 : 검사대상으로부터 채취된 시료를 말한다.

② 검사대상 : 같은 조건에서 생산, 제조, 가공, 포장되어 그 유형이 같은 식품 등으로 검체가 채취되는 하나의 대상을 말한다. 다만, 농·임·축·수산물에 있어서는 같은 품목으로 동시에 생산, 도착, 운송된 것은 하나의 검사대상으로 볼 수 있으나, 내용량 검사가 필요한 경우에는 하나의 검사대상으로 볼 수 없다.

③ 벌크(Bulk) : 최종소비자에게 그대로 유통 판매하도록 포장되지 않은 검사대상을 말한다.

### (3) 검체채취의 일반원칙

① 검체의 채취는 「식품위생법」 제32조 및 같은 법 시행령 제16조에 따른 식품위생감시원이 수행해야 한다.

② 검체를 채취할 때에는 검사대상으로부터 난수표법(식품의약품안전처 식품공전 제8. 일반시험법 12. 부표 9. 난수표법 참조)을 사용하여 대표성을 가지도록 해야 한다. 다만, 난수표법을 사용할 수 없는 사유가 있을 때에는 채취자가 검사대상을 선정, 채취할 수 있다.

③ 검체는 검사목적, 검사항목 등을 참작하여 검사대상 전체를 대표할 수 있는 최소한도의 양을 수거해야 한다.

④ 검체채취 시에는 검체채취결정표에 따라 검체를 채취하며, 개별 검체채취 및 취급 방법

에서 정한 검체채취지점수 또는 시험검체수와 중복될 경우에는 강화된 검체채취지점수 또는 시험검체수를 적용하여 채취해야 한다. 다만, 기구 및 용기, 포장의 경우에는 검체채취결정표에 따르지 않고 식품 등의 기준 및 규격 검사에 필요한 양만큼 채취한다.

**표 10-1 검체채취결정표**

| 검사대상 크기(kg) | 검체채취 지점수(이상) | 시험검체수 |
|---|---|---|
| ~ 5,000 미만 | 2 | 1 |
| 5,000 이상 ~ 15,000 미만 | 3 | 1 |
| 15,000 이상 ~ 25,000 미만 | 5 | 1 |
| 25,000 이상 ~ 100,000 미만 | 8(4×2) | 2 |
| 100,000 이상 ~ 1,000,000 미만 | 10(5×2) | 2 |
| 1,000,000 이상 ~ | 12(4×3) | 3 |

※ 25,000kg 이상 100,000kg 미만인 검사대상의 경우에는 4곳 이상에서 채취·혼합하여 1개로 하는 방법으로 총 2개의 검체를 채취하여 검사 의뢰하고, 100,000kg 이상 1,000,000kg 미만인 검사대상은 5곳 이상에서 채취·혼합하여 1개로 하는 방법으로 총 2개의 검체를 채취하여 검사를 의뢰한다. 1,000,000kg 이상인 검사대상은 4곳 이상에서 채취·혼합하여 1개로 하는 방법으로 총 3개의 검체를 채취하여 검사 의뢰한다.

⑤ 냉동검체, 대포장검체 및 유통 중인 식품 등 검체채취결정표에 따라 채취하기 어려운 경우에는 식품위생감시원이 판단하여 수거량 안에서 대표성 있게 검체를 채취할 수 있다.

⑥ 일반적으로 검체는 제조번호, 제조 연월일, 유통기한이 동일한 것을 하나의 검사대상으로 하고, 이와 같은 표시가 없는 것은 품종, 식품유형, 제조회사, 기호, 수출국, 수출 연월일, 도착 연월일, 적재선, 수송차량, 화차, 포장형태 및 외관 등의 상태를 잘 파악하여 그 식품의 특성 및 검사목적을 고려하여 채취하도록 한다.

⑦ 채취한 검체는 검사대상이 손상되지 않도록 주의해야 하고, 식품을 포장하기 전 또는 포장된 것을 개봉하여 검체로 채취하는 경우에는 이물질의 혼입, 미생물의 오염 등이 발생하지 않도록 주의해야 한다.

⑧ 채취한 검체는 봉인해야 하며 파손하지 않고는 봉인을 열 수 없도록 해야 한다.

⑨ 기구 또는 용기, 포장으로서 재질 및 바탕색상이 같으나 단순히 용도, 모양, 크기 또는 제품명 등이 서로 다른 경우에는 그중 대표성이 있는 것을 검체로 할 수 있다. 다만, 재질 및 바탕색이 같지 않은 세트의 경우에는 판매단위인 세트별로 검체를 채취할 수 있다.

⑩ 검체채취자는 검사대상 식품 중 곰팡이독소, 방사능오염 등이 의심되는 부분을 우선 채취할 수 있으며, 추가적으로 의심되는 물질이 있을 경우 검사항목을 추가하여 검사를 의뢰할 수 있다.

⑪ 미생물 검사를 위한 시료채취는 검체채취결정표에 따르지 아니하고 식품공전 제2. 식품일반에 대한 공통기준 및 규격, 제3. 영·유아를 섭취대상으로 표시하여 판매하는 식품의 기준 및 규격, 제4. 장기보존식품의 기준 및 규격, 제5. 식품별 기준 및 규격에서 정하여진 시료수(n)에 해당하는 검체를 채취한다.

⑫ 위험물질에 대한 검사강화, 부적합이력, 위해정보 등의 사유로 인해 식품의약품안전처장이 검사강화가 필요하다고 판단하는 경우 검체를 추가로 채취하여 검사를 의뢰할 수 있다.

### (4) 검체의 채취 및 취급요령

검체채취 시에는 검사 목적, 대상 식품의 종류와 물량, 오염 가능성, 균질 여부 등 검체의 물리, 화학, 생물학적 상태를 고려해야 한다.

#### 1) 검체의 채취 요령

① 검사대상식품 등이 불균질할 때

검체가 불균질할 때에는 일반적으로 다량의 검체가 필요하나 검사의 효율성, 경제성 등으로 부득이 소량의 검체를 채취할 수밖에 없는 경우에는 외관, 보관상태 등을 종합적으로 판단하여 의심스러운 것을 대상으로 검체를 채취할 수 있다.

식품 등의 특성상 침전, 부유 등으로 균질하지 않은 제품(예: 식품첨가물 중 향신료 올레오레진류 등)은 전체를 가능한 한 균일하게 처리한 후 대표성이 있도록 채취해야 한다.

② 검사항목에 따른 균질 여부 판단

검체의 균질 여부는 검사항목에 따라 달라질 수 있다. 어떤 검사대상 식품의 선도판정에 있어서는 그 식품이 불균질하더라도 이에 함유된 중금속, 식품첨가물 등의 성분은 균질한 것으로 보아 검체를 채취할 수 있다.

③ 포장된 검체의 채취

㉠ 깡통, 병, 상자 등 용기, 포장에 넣어 유통되는 식품 등은 가능한 한 개봉하지 않고 그대로 채취한다.

㉡ 대형 용기, 포장에 넣은 식품 등은 검사대상 전체를 대표할 수 있는 일부를 채취할 수 있다.

④ 선박의 벌크 검체채취

㉠ 검체채취는 선상에서 하거나 보세장치장의 사일로(silo)에 투입하기 전에 해야 한다. 다만, 부득이한 사유가 있는 경우에는 그러하지 않을 수 있다.

ㄴ 같은 선박에 선적된 같은 품명의 농 · 임 · 축 · 수산물이 여러 장소에 분산되어 선적된 경우에는 전체를 하나의 검사대상으로 간주하고 난수표를 이용하여 무작위로 장소를 선정하여 검체를 채취한다.

ㄷ 같은 선박 벌크 제품의 대표성이 있도록 5곳 이상에서 채취 혼합하여 1개로 하는 방법으로 총 5개의 검체를 채취하여 검사 의뢰한다.

### ⑤ 냉장, 냉동 검체의 채취

냉장 또는 냉동식품을 검체로 채취하는 경우에는 그 상태를 유지하면서 채취해야 한다.

### ⑥ 미생물 검사를 하는 검체의 채취

ㄱ 검체를 채취, 운송, 보관할 때에는 채취당시의 상태를 유지할 수 있도록 밀폐되는 용기, 포장 등을 사용해야 한다.

ㄴ 미생물학적 검사를 위한 검체는 가능한 한 미생물에 오염되지 않도록 단위포장상태 그대로 수거하도록 하며, 검체를 소분 채취할 경우에는 멸균된 기구, 용기 등을 사용하여 무균적으로 행해야 한다.

ㄷ 검체는 부득이한 경우를 제외하고는 정상적인 방법으로 보관 · 유통 중에 있는 것을 채취해야 한다.

ㄹ 검체는 관련정보 및 특별수거계획에 따른 경우와 식품접객업소의 조리식품 등을 제외하고는 완전 포장된 것에서 채취해야 한다.

### ⑦ 기체를 발생하는 검체의 채취

ㄱ 검체가 상온에서 쉽게 기체를 발산하여 검사결과에 영향을 미치는 경우는 포장을 개봉하지 않고 하나의 포장을 그대로 검체 단위로 채취해야 한다.

ㄴ 다만, 소분 채취해야 하는 경우에는 가능한 한 채취된 검체를 즉시 밀봉하여 냉각하는 등 검사결과에 영향을 미치지 않는 방법으로 채취해야 한다.

### ⑧ 페이스트상 또는 시럽상 식품 등

ㄱ 검체의 점도가 높아 채취하기 어려운 경우에는 검사결과에 영향을 미치지 않는 범위 내에서 가온 등 적절한 방법으로 점도를 낮추어 채취할 수 있다.

ㄴ 검체의 점도가 높고 불균질하여 일상적인 방법으로 균질하게 만들 수 없을 경우에는 검사결과에 영향을 주지 않는 방법으로 균질하게 처리할 수 있는 기구 등을 사용하여 처리한 후 검체를 채취할 수 있다.

⑨ 검사 항목에 따른 검체채취 시 주의점

㉠ 수분 : 증발 또는 흡습 등에 의한 수분 함량 변화를 방지하기 위하여 검체를 밀폐 용기에 넣고 가능한 한 온도 변화를 최소화해야 한다.

㉡ 산가 및 과산화물가 : 빛 또는 온도 등에 의한 지방 산화의 촉진을 방지하기 위하여 검체를 빛이 차단되는 밀폐 용기에 넣고 채취 용기내의 공간 체적과 가능한 한 온도 변화를 최소화해야 한다.

### 2) 검체채취 내역서의 기재

검체채취자는 검체채취 시 당해 검체와 함께 검체채취내역서(식품의약품안전처 식품공전 제8. 일반시험법 12. 부표 12.11 검체채취내역서 참조)를 첨부해야 한다. 다만, 검체채취내역서를 생략하여도 기준·규격검사에 지장이 없다고 인정될 때에는 그러하지 않을 수 있다.

### 3) 식별표의 부착

수입식품검사(유통수거 검사는 제외한다)의 경우 검체채취 후 검체를 수거하였음을 나타내는 식별표(식품의약품안전처 식품공전 제8. 부표 12.12 식별표 참조)를 보세창고 등의 해당 식품에 부착한다.

### 4) 검체의 운반 요령

① 채취된 검체는 오염, 파손, 손상, 해동, 변형 등이 되지 않도록 주의하여 검사실로 운반해야 한다.

② 검체가 장거리로 운송되거나 대중교통으로 운송되는 경우에는 손상되지 않도록 특히 주의하여 포장한다.

③ 냉동 검체의 운반

㉠ 냉동 검체는 냉동 상태에서 운반해야 한다.

㉡ 냉동 장비를 이용할 수 없는 경우에는 드라이아이스 등으로 냉동상태를 유지하여 운반할 수 있다.

④ 냉장 검체의 운반 : 냉장 검체는 온도를 유지하면서 운반해야 한다. 얼음 등을 사용하여 냉장온도를 유지할 때에는 얼음 녹은 물이 검체에 오염되지 않도록 주의해야 하며 드라이아이스 사용 시 검체가 냉동되지 않도록 주의해야 한다.

⑤ 미생물 검사용 검체의 운반

㉠ 부패, 변질 우려가 있는 검체

미생물학적인 검사를 하는 검체는 멸균용기에 무균적으로 채취하여 저온(5℃± 3 이하)을 유지시키면서 24시간 이내에 검사기관에 운반해야 한다. 부득이한 사정으로 이 규정에 따라 검체를 운반하지 못한 경우에는 재수거하거나 채취일시 및 그 상태를 기록하여 식품위생검사기관에 검사 의뢰한다.

㉡ 부패, 변질의 우려가 없는 검체

미생물 검사용 검체이더라도 운반과정 중 부패, 변질 우려가 없는 검체는 반드시 냉장온도에서 운반할 필요는 없으나 오염, 검체 및 포장의 파손 등에 주의해야 한다.

㉢ 얼음 등을 사용할 때의 주의사항

얼음 등을 사용할 때에는 얼음 녹은 물이 검체에 오염되지 않도록 주의해야 한다.

⑥ 기체를 발생하는 검체의 운반

소분 채취한 검체의 경우에는 적절하게 냉장 또는 냉동한 상태로 운반해야 한다.

### (5) 검체채취 기구 및 용기

① 검체채취 기구 및 용기는 검체의 종류, 형상, 용기, 포장 등이 다양하므로 검체의 수거 목적에 적절한 기구 및 용기를 준비해야 한다.

② 「기구 및 용기, 포장의 기준, 규격」에 적합한 것이어야 한다.

③ 기구 및 용기는 운반, 세척, 멸균에 편리한 것이어야 하며 미생물 검사를 위한 검체채취의 기구, 용기 중 검체와 직접 접촉하는 부분은 반드시 멸균 처리해야 한다.

④ 검체와 직접 접촉하는 기구 및 용기는 검사결과에 영향을 미치지 않는 것이어야 한다.

⑤ 검체채취 및 기구, 용기의 종류

㉠ 채취용 기구 : 저울, 핀셋, 가위, 칼, 캔따개, 망치, 전기톱 또는 톱, 곡물 검체채취기(색대), 드라이어, 피펫, 커터, 액체 검체채취용 펌프 또는 튜브, 국자, 깔때기 등

㉡ 채취용 용기, 포장 : 검체 봉투(대, 중, 소), 검체채취병(광구병) 등

㉢ 미생물검사용 검체채취 기구 : 멸균백, 멸균병, 일회용 멸균플라스틱 피펫, 멸균피펫 inspirator, 일회용 멸균 장갑, 70% 에틸알코올, 멸균 스테인리스 국자, 멸균 스테인리스 집게 등

㉣ 냉장, 냉동 검체 운반기구 : 아이스박스, 아이스팩, 실시간온도기록계

㉤ 기타 : 안전모, 간이 사다리, 위생장화, 테이프, 아이스박스, 사진기, 필기구 등

### (6) 개별 검체채취 및 취급 방법

#### 1) 수산물의 검체채취

① 관능검사용 검체채취방법

관능검사용 검체채취는 무포장 수산물과 포장수산물로 구분하고 난수표 등을 이용, 다음의 표에 따라 검체를 채취하여 성상(관능)검사를 실시하고 이 중 채점개수만큼 채취하여 채점을 실시한다.

**표 10-2 무포장 수산물(단위중량이 일정하지 아니한 것)**

| 검사대상 | 채취개수 | 채점개수 | 채취요령 |
|---|---|---|---|
| 1톤 미만 | 3 | 2 | • 채취개수는 개체중량이 2kg 이상은 1마리를, 2kg 미만은 기구 또는 그물망 등으로 채취(2~3kg)한 것을 1개의 채취개수로 한다.<br>• 활어 등 살아있는 상태로 2개 이상 수조에 분산되어 수용되어있는 경우 각 수조별 품질상태, 크기, 중량 등을 고려하여 채취개수를 추가 할 수 있다. |
| 1톤 이상 ~ 3톤 미만 | 5 | 3 | |
| 3톤 이상 ~ 5톤 미만 | 7 | 4 | |
| 5톤 이상 ~ 10톤 미만 | 9 | 5 | |
| 10톤 이상 ~ 20톤 미만 | 11 | 6 | |
| 20톤 이상 | 13 | 7 | |

**표 10-3 포장제품(단위중량이 일정한 Block형의 무포장 제품 포함)**

| 검사대상 | 채취개수 | 채점개수 | 채취요령 |
|---|---|---|---|
| 4개 이하 | 1 | 1 | • 포장별 제품의 제조 연월일(포장일), 크기, 중량 등을 고려하여 대표성 있게 채취한다.<br>• 검사대상이 35,001개 이상인 경우에는 채취개수를 추가할 수 있다. |
| 5 ~ 50개 | 3 | 1 | |
| 51 ~ 100개 | 5 | 2 | |
| 101 ~ 200개 | 7 | 2 | |
| 201 ~ 300개 | 9 | 3 | |
| 301 ~ 400개 | 11 | 3 | |
| 401 ~ 500개 | 13 | 4 | |
| 501 ~ 700개 | 15 | 5 | |
| 701 ~ 1,000개 | 17 | 5 | |
| 1,001 ~ 10,000개 | 20 | 6 | |
| 10,001 ~ 35,000개 | 32 | 10 | |
| 35,001 ~ | 50 | 16 | |

② 정밀검사용 검체채취 방법

㉠ 정밀검사용 검체의 채취는 관능검사 채점대상 수산물에서 무작위로 채취한다.

㉡ 패류(패각이 붙어 있는 경우) 및 해조류, 한천 등은 중량으로 채취하고 그 이외의 정밀검사용 검체는 마릿수 또는 단위포장을 기준으로 채취함을 원칙으로 한다.

㉢ 정밀검사 결과에 영향을 줄 우려가 있는 포장횟감용 수산물은 포장단위로 검체를 채취할 수 있다.

㉣ 정밀검사는 채취된 검체 전체에서 먹을 수 있는 부위만을 취해 균질화한 후 그중 일정량을 1개의 시험검체로 한다. 다만, 어류는 머리, 꼬리, 내장, 뼈, 비늘을 제거한 후 껍질을 포함한 근육부위를 시험검체로 하고, 이때 검체를 물에서 꺼낸 경우나, 물로 씻은 경우에는 표준체(20mesh 또는 이와 동등한 것)에 얹어 물을 제거한 후 균질화한다.

㉤ 정밀검사용 검체채취량은 [표 10-4]와 같다. 다만, 가격이 고가이거나 마릿수 또는 단위포장별로 검체채취가 곤란한 경우에는 채취량의 범위 안에서 정밀검사 최소 필요량(가식부 300g)이 되도록 검체를 절단, 분할, 파쇄하여 채취할 수 있다.

**표 10-4 종류별 정밀검사용 검체채취량**

| 검사대상 | 채취량 |
|---|---|
| • 대형 수산물<br>– 개체중량이 2kg 이상<br>– 개체중량이 1kg 이상~2kg 미만 | <br>2마리(포장)<br>3마리(포장) |
| • 중형 수산물<br>– 개체중량이 500g 이상~1kg 미만<br>– 개체중량이 200g 이상~500g 미만 | <br>3마리(포장)<br>5마리(포장) |
| • 소형 수산물<br>– 개체중량이 100g 이상~200g 미만<br>– 개체중량이 50g 이상~100g 미만<br>– 개체중량이 50g 미만 | <br>10마리(포장)<br>10~20마리(포장)<br>2kg 이하 |
| • 패류(패각이 붙어 있는 경우) | 1~4kg |
| • 해조류, 한천 등 기타수산물 | 0.3~0.5kg |

## 2) 잔류농약검사를 위한 검체의 채취

① 가능한 한 잔류농약검사를 위한 검체는 냉장보관하여 운반한다.

② 가공식품의 경우에는 검체채취의 일반원칙의 검체채취결정표[표 10-1]에 따라 채취하고 농산물 등의 경우에는 [표 10-5]에 따라 채취한다.

③ 아플라톡신 검사를 위한 검체의 채취

가공식품의 경우에는 식품공전 3. 검체채취의 일반원칙 4)(식품의약품안전처 식품공전 제7. 검체의 채취 및 취급방법 3. 검체채취의 일반원칙 참조)의 검체채취결정표[표 10-1]에 따라 채취하고 곡류, 두류, 땅콩 및 견과류의 경우에는 [표 10-6]에 따라 채취한다.

**표 10-5** 가공식품의 잔류농약검사를 위한 검체채취

| 검사대상 크기(kg) | 검체채취 지점수(이상) | 시험검체수 |
|---|---|---|
| ~ 5,000 미만 | 3 | 1 |
| 5,000 이상 ~ 15,000 미만 | 5 | 1 |
| 15,000 이상 ~ 25,000 미만 | 8 | 1 |
| 25,000 이상 ~ | 14 | 1 |

**표 10-6** 가공식품의 아플라톡신 검사를 위한 검체채취

| 검사대상 크기(kg) | 검체채취 지점수(이상) | 시험검체수 | 검체채취량(kg) |
|---|---|---|---|
| ~ 1,000 미만 | 8 | 1 | 1 |
| 1,000 이상 ~ 5,000 미만 | 10 | 1 | 1 |
| 5,000 이상 ~ 15,000 미만 | 15 | 1 | 2 |
| 15,000 이상 ~ 25,000 미만 | 18(9×2) | 2 | 1 |
| 25,000 이상 ~ 60,000 미만 | 20(10×2) | 2 | 2 |
| 60,000 이상 ~ | 24(8×3) | 3 | 3 |

※ 예: 시험검체수가 3개인 경우에는 8곳 이상에서 채취 및 혼합하여 1개로 하는 방법으로 총 3개 검체를 각각 시험검체로 의뢰한다.

④ 잔류동물용의약품 검사를 위한 검체의 채취

가공식품 및 축산물의 경우에는 3. 검체채취의 일반원칙 4)의 검체채취결정표[**표 10-1**]에 따라 채취하고, 수산물의 경우에는 6. 개별 검체채취 및 취급 방법 1)의 수산물의 검체채취 방법에 따라 채취한다. 다만, 잔류동물용의약품이 비균질하게 분포하는 제품이라고 판단되는 경우에는 검체채취 지점수만큼 시험검체수가 되도록 채취한다.

⑤ 유전자재조합성분 검사를 위한 검체의 채취

가공식품의 경우에는 3. 검체채취의 일반원칙 4)의 검체채취결정표에 따라 검체채취하고 곡류, 두류, 및 대두분의 경우에는 6. 개별 검체채취 및 취급 방법 2) 잔류농약검사를 위한 검체의 채취[**표 10-5**]에 따라 채취한다.

⑥ 컨테이너의 검체채취

㉠ 곡류벌크선적물의 경우에는 컨테이너 내부를 을(乙)자형으로 이동하며 무작위로 채취한다.

㉡ 여러 개의 컨테이너가 하나의 검사대상인 경우에는 [**표 10-7**]에 따라 컨테이너를 개봉

하여 검체채취를 해야 한다. 다만, 이 검체채취 및 취급 방법 상 규정된 검체채취 지점수 등을 고려하여 개봉수를 가감할 수 있다.

**표 10-7 컨테이너의 검체채취**

| 컨테이너수 | 1~3개 | 4~6개 | 7~10개 | 11~20개 | 21~30개 | 31~50개 | 51개 |
|---|---|---|---|---|---|---|---|
| 개통수 | 1개 | 2개 이상 | 3개 이상 | 4개 이상 | 6개 이상 | 8개 이상 | 10개 이상 |

㉢ 컨테이너에 실려 있는 상태에서 대표성 있는 검체를 수거할 수 없는 경우에는 당해 식품 등을 검사 가능하도록 1/3 이상 꺼내게 한 후 검체를 채취할 수 있다. 이 경우 냉장·냉동 검체인 경우에는 보관온도를 유지할 수 있는 장소에서 화물을 꺼내게 할 수 있다.

## 10-1-2 식품의 신선도 검사

### (1) 일반세균수

① 표준평판법

표준평판수(standard plate count, SPC)는 검체 중에 존재하는 세균 중 표준한천배지 내에서 발육할 수 있는 중온균의 수를 말한다. 수질검사 시에는 이 균수를 일반세균수라고 부른다. 특히 이 방법은 보통 검체와 표준한천배지를 페트리 접시 중에서 혼합 응고시켜 배양 후 발생한 세균의 집락수로부터 검체 중의 생균수를 산출하는 방법으로 다음과 같다[그림 10-1].

㉠ 시료 1g 또는 10g 정도를 무균적으로 채취 · 칭량해서 10배량의 멸균 생리식염수를 첨가하고 blender를 이용하여 균질화한다. 이것을 원액으로 한다. 액체는 그대로 원액으로 한다.

㉡ 멸균수를 각 시험관에 9ml씩 넣는다(미지의 시료일 경우 될 수 있는 대로 많은 희석 단계로 배양한다).

㉢ 검액 1ml를 첫 번째 시험관에 넣고 흔들어준다(10배 희석).

㉣ 첫 번째 시험관에서 1ml를 취하여 두 번째 시험관에 넣고 흔들어준다(100배 희석). 또 각각 1ml씩 2개를 취하여 페트리 접시에 넣고 미리 가열 · 용해하여 50℃ 전후로 식힌 배지를 약 15ml를 무균적으로 페트리 접시에 분주한다.

㉤ 검액과 배지를 잘 섞이도록 페트리 접시를 조심스럽게 흔든 뒤 응고될 때까지 방치한다.

㉥ 확산집락의 발생을 억제하기 위하여 다시 표준한천배지 3~5ml를 가하여 중첩시킨다. 이 경우 검체를 취하여 배지를 가할 때까지의 시간은 20분 이상 경과하여서는 아니 된다.

ⓢ ⓡ에서 했던 방법과 똑같은 방법으로 3, 4, 5번 시험관 및 페트리 접시에 행한다.
ⓞ 배지가 완전히 응고되면 페트리 접시를 뒤집어 35±1℃에서 48±2시간(시료에 따라서 30±1℃ 또는 35±1℃에서 72±3시간) 배양한다.

집락수의 계산은 평판 당 15~300개의 집락을 생성한 평판을 택하여 집락수를 계산하는 것을 원칙으로 한다. 검액을 가하지 아니한 동일 희석액 1ml를 대조시험액으로 하여 시험조작의 무균여부를 확인한다. 집락계측의 법칙은 다음과 같다.

㉠ 15~300개의 집락수(集落數)를 얻은 희석단계(稀釋段階)의 평판에 대해서 집락수를 측정한다.
㉡ 모든 희석단계에서 집락수가 300개 이상인 경우에는 300에 가까운 평판에 대하여 밀집평판 측정법에 따라 계산한다.
㉢ 모든 희석단계에서 집락수가 15개 이하인 것밖에 얻을 수 없는 경우에는 그 희석배율이 가장 낮은 평판에 대해서 집락수를 센다.

① 15-300 CFU/plate인 경우

$$N = \frac{\Sigma C}{\{(1\times n_1)+(0.1\times n_2)\}\times(d)}$$

| 구분 | 희석배수 | | CFU/g(ml) |
|---|---|---|---|
| | 1:100 | 1:1,000 | |
| 집락수 | 232<br>244 | 33<br>28 | 24,000 |

$$N = \frac{(232+244+33+28)}{\{(1\times2)+(0.1\times2)\}\times10^{-2}}$$
$$= 537/0.022 = 24,409 = 24,000$$

② 15 CFU/plate 이하 인 경우

| 구분 | 희석배수 | | CFU/g(ml) |
|---|---|---|---|
| | 1:100 | 1:1,000 | |
| 집락수 | 14<br>10 | 2<br>1 | 120 |

$$N = \frac{(14+10)}{(1\times2)\times10^{-1}}$$
$$= 24/0.2 = 120$$

## 10-1-3 대장균군

대장균군이란 그람음성, 무아포성 간균으로서 유당을 분해하여 가스를 발생하는 모든 호기성 또는 통성 혐기성세균을 말한다. 대장균군 시험에는 대장균군의 유무를 검사하는 정성시험과 대장균군의 수를 산출하는 정량시험이 있다.

### (1) 정성(定性)시험

#### ① 유당배지법

유당배지를 이용한 대장균군의 정성시험은 추정시험, 확정시험, 완전시험의 3단계로 나눈다.

시료용액 10ml를 2배 농도의 유당배지(LB배지)에 가하고 시험용액 1ml 및 0.1ml를 유당배지에 각각 3개 이상씩 가한다.

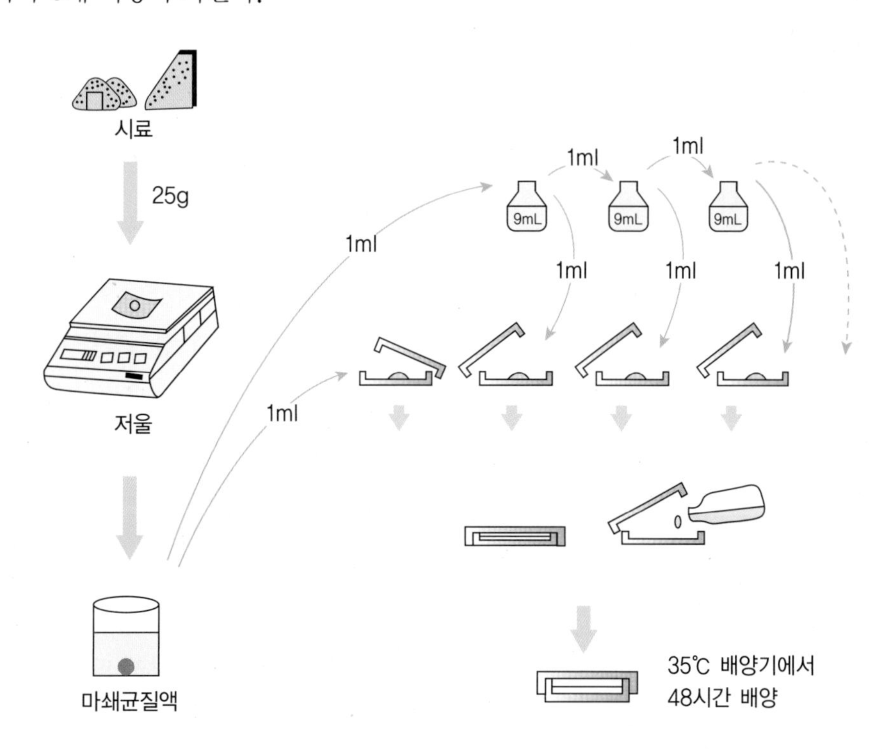


[그림 10-1] **일반세균수 검사방법**

㉠ 추정시험(presumptive test)

LB배지(lactose broth)를 가한 발효관에 검체를 넣어 35~37℃에서 48±3시간 동안 배양하여 가스 발생이 있으면 대장균군의 존재가 추정된다.

시험에 사용하는 발효관은 듀람(Durham)발효관 또는 스미스발효관이다.

시험용액을 접종한 배지를 35~37℃에서 24±2시간 배양한 후 발효관 내에 가스가 발생하면 추정시험은 양성이다. 만약 24±2시간 내에 가스가 발생하지 않았을 때에는 배양을 계속하여 48±3시간까지 관찰한다.

이때까지 가스가 발생하지 않았을 때에는 추정시험 음성이고 가스 발생이 있을 때에는 추정시험 양성이며 다음의 확정시험을 실시한다.

㉡ 확정시험(confirmatory test)

추정시험에서 가스 발생이 있는 유당배지 발효관으로부터 BGLB 배지(brilliant green lactose bile broth)에 접종하여 35~37℃에서 24±2시간 동안 배양한 후 가스발생 여부를 확인하고 가스가 발생하지 아니하였을 때에는 배양을 계속하여 48±3시간까지 관찰한다. 가스발생을 보인 BGLB 배지로부터 Endo 한천배지(Endo agar) 또는 EMB 한천배지(Eosin methylene blue agar)에 분리 배양한다. 35~37℃에서 24±2시간 배양 후 전형적인 집락이 발생되면 확정시험 양성으로 한다. BGLB 배지에서 35~37℃로 48±3시간 동안 배양하였을 때 배지의 색이 갈색으로 되었을 때에는 반드시 완전시험을 실시한다.

㉢ 완전시험(complete test)

확정시험의 Endo 한천배지나 EMB 한천배지에서 전형적인 집락 1개 또는 비전형적인 집락 2개 이상을 따서 보통한천배지에 접종하여 35~37℃에서 24±2시간 동안 배양한다. 보통 한천배지의 집락에 대하여 그람음성, 무아포성 간균이 증명되면 완전시험은 양성이며 대장균군 양성으로 판정한다.

#### ② BGLB 배지법

시험용액 1ml와 0.1ml를 2개씩 BGLB 발효관에 가한다.

대량의 시험용액을 가할 필요가 있을 때에는 대량의 배지를 넣은 발효관을 사용한다.

시험용액을 넣은 BGLB 배지를 35~37℃에서 48±3시간 배양한 후 가스의 발생을 인정하였을 때에는(배지를 흔들 때 거품 모양의 가스의 존재를 인정하였을 때에도) EMB 한천배지 또는 Endo 한천배지에 분리 배양한다.

이하의 조작은 유당배지법의 확정시험 또는 완전시험 때와 같이 행하고 대장균군의 유무를 시험한다.

#### ③ 데스옥시콜레이트 유당한천배지법

㉠ 시험용액 1ml와 10배 단계 희석액 1ml씩을 페트리 접시 2매 이상씩에 무균적으로 취하고

약 43~45℃로 유지한 데스옥시콜레이트 유당한천배지 또는 VRBA 평판배지 약 15ml를 무균적으로 분주하고 페트리 접시 뚜껑에 부착하지 않도록 주의하면서 회전하여 검체와 배지를 잘 혼합한 후 응고시킨다.

ⓑ 그 표면에 동일한 배지 또는 보통한천배지를 3~5ml를 가하여 중첩시킨다.

ⓒ 이것을 35~37℃에서 24±2시간 배양한 후 전형적인 암적색의 집락을 인정하였을 때에는 1개 이상의 집락을, 의심스러운 집락일 경우에는 2개 이상을 EMB 한천배지 또는 Endo 한천배지 또는 MacConkey 배지에서 분리 배양한다. 이하의 조작은 유당배지법의 확정시험 또는 완전시험 때와 같이 행하고 대장균군의 유무를 시험한다.

④ IMVIC시스템에 의한 대장균군의 감별시험

Indole 생산시험, methyl red(MR) 시험, voges-proskauer(VP) 시험, 구연산염 배지 발육시험 등을 실시하여 대장균군을 *Escherichia coli*, 중간형(*Citrobacter freundii*), *Enterobacter* (*Aerobacter*) *aerogenes*로 분류하며, *E. coli*를 분변유래 세균으로 한다. 시험은 각 배지에 공시균(*E. coli*, *Enterobacter aerogenes*)을 백금선으로 이식하여 37℃에서 3일 동안 배양한 다음 아래 방법에 따라 행한다.

ⓐ Indole 반응: peptone수 배양액에 pringsheim시액을 2~3적(滴) 가하여 홍색이 나타나면 양성이다. 아밀알코올 1ml를 가해 혼합한 다음 정치(靜置)시키면 홍색 색소는 알코올에 용해되어 들어간다.

ⓑ MR 및 VP 시험: 포도당 · 인산염 · peptone수 10ml에 배양한 것을 스포이드 피펫으로 나누어 다음 실험을 한다.

- MR 시험: MR시약을 배양액에 가하였을 때 적색이 되면 양성, 황색이면 음성이다.
- VP 시험: leifson시약을 배양액에 동량 첨가하여 약 1분간 방치한 후 2~3분간 진탕할 때 eosin의 붉은색이 나타나면 양성이다.

ⓒ 구연산염 배지 발육시험: 구연산나트륨 배지에서 집락 형성 유무 또는 진한 청색을 나타내면 양성이다.

### (2) 정량(定量)시험(최확수법)

최확수(MPN; most probable number)법이란 이론상 가장 가능한 수치를 말하며 동일 희석배수의 시험용액을 배지에 접종하여 대장균군의 존재 여부를 시험하고 그 결과로부터 확률론적인 대장균군의 수치를 산출하여 이것을 최확수(最確數, MPN)로 표시하는 방법이다.

최확수[표 10-8]는 연속한 3단계 이상의 희석시료(10, 1, 0.1 또는 1, 0.1, 0.01 또는 0.1, 0.01, 0.001)를

각각 5개씩 또는 3개씩의 발효관에 가하여 배양 후 얻은 결과에 의하여 검체 1ml(g) 중 또는 1g에 존재하는 대장균군수를 표시하는 것이다.

예로서 대장균군의 최확수법에 의한 정량시험에 의하여 검체 또는 희석검체의 각각의 발효관을 5개씩 사용하여 다음과 같은 결과를 얻었다면

| 시험용액 접종량 | 0.1ml | 0.01ml | 0.001ml | MPN |
|---|---|---|---|---|
| 가스발생양성관 수 | 5개 | 2개 | 1개 | 70 |

최확수표에 의한 검체 1ml 중의 MPN은 70이 된다. 이때 검체 접종량이 1, 0.1, 0.01ml일 때에는 70/10=7로 한다. 10, 1, 0.1ml일 때에는 70/100=0.7로 한다.

검체의 접종이 4단계 이상으로 행해졌을 때에는 다음 표와 같이 취급한다. 이때의 숫자는 양성관 수, ○내의 숫자는 유효숫자이다.

| 예 \ 접종량 | 1ml | 0.1ml | 0.01ml | 0.001ml |
|---|---|---|---|---|
| I | 5 | ⑤ | ② | ⓪ |
| II | ⑤ | ④ | ③ | 0 |
| III | ⓪ | ① | ⓪ | 0 |
| IV | (5 | 3 | 1 | 1) |
| | ⑤ | ③ | ② | |

예I, II: 5개 양성을 표시한 최소 접종량으로부터 시작한다.
예III: 양성을 인정한 접종량을 중간으로 한다.
예IV: 최소유효접종량(이 경우는 0.01ml)보다 1단계 적은 접종량(0.001ml)일 때에는 양성관을 인정할 경우 이때 양성관 수를 최소 접종량의 양성관 수에 더한다. 즉, 접종량 0.01ml 양성관 수 1에 접종량 0.001ml의 양성관 수를 더하여 2로 한다.

### ① 유당배지법

연속한 3단계 이상의 희석시료(10, 1, 0.1 또는 1, 0.1, 0.01 또는 0.1, 0.01, 0.001)를 각각 5개 또는 3개씩의 유당발효관에 접종한다. 단 10ml를 접종할 때에는 두 배 농도 유당배지를 사용하고 0.1ml 이하를 접종할 필요가 있을 때에는 10배 희석단계액을 각각 1ml씩 사용한다. 가스발생 발효관 각각에 대하여 추정, 확정, 완전시험을 행하고 대장균군의 유무를 확인한 다음 최

확수표로부터 검체 1ml 또는 1g 중의 대장균군수를 구한다. 이때 시험용액을 가한 배지의 전부 또는 대부분에서 가스발생이 인정되거나 또 최소량을 가한 배지의 전부 또는 대부분이 가스가 발생되지 않도록 접종량과 희석도를 고려하여야 한다.

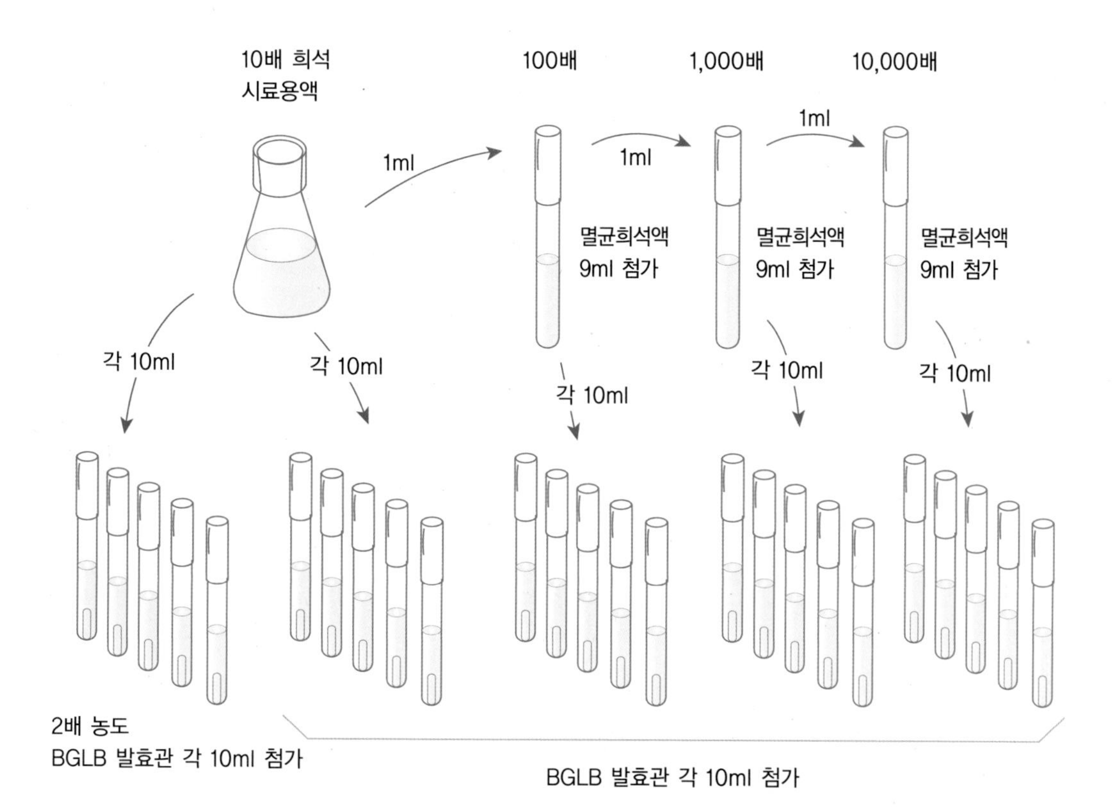


[그림 10-2] **대장균군수 측정 방법**

[표 10-8]의 최확수표에 의하여 또 3개씩 접종했을 때에는 위 5개법에 준하여 [표 10-9]에 따라 최확수를 구한다.

## 표 10-8 대장균군시험의 최확수표

3단계 희석 시험관 5개씩 시험하였을 때 양성에 대한 최확수(95%의 신뢰한계)

| 양성시험관수 0.1 0.01 0.001 | MPN/g(ml) | 양성시험관수 0.1 0.01 0.001 | MPN/g(ml) | 양성시험관수 0.1 0.01 0.001 | MPN/g(ml) | 양성시험관수 0.1 0.01 0.001 | MPN/g(ml) | 양성시험관수 0.1 0.01 0.001 | MPN/g(ml) | 양성시험관수 0.1 0.01 0.001 | MPN/g(ml) |
|---|---|---|---|---|---|---|---|---|---|---|---|
| 0 0 0 | <1.8 | 1 0 0 | 2 | 2 0 0 | 4.5 | 3 0 0 | 7.8 | 4 0 0 | 13 | 5 0 0 | 23 |
| 0 0 1 | 1.8 | 1 0 1 | 4 | 2 0 1 | 6.8 | 3 0 1 | 11 | 4 0 1 | 17 | 5 0 1 | 31 |
| 0 0 2 | 3.6 | 1 0 2 | 6 | 2 0 2 | 9.1 | 3 0 2 | 13 | 4 0 2 | 21 | 5 0 2 | 43 |
| 0 0 3 | 5.4 | 1 0 3 | 8 | 2 0 3 | 12 | 3 0 3 | 16 | 4 0 3 | 25 | 5 0 3 | 58 |
| 0 0 4 | 7.2 | 1 0 4 | 10 | 2 0 4 | 14 | 3 0 4 | 20 | 4 0 4 | 30 | 5 0 4 | 76 |
| 0 0 5 | 9 | 1 0 5 | 12 | 2 0 5 | 16 | 3 0 5 | 23 | 4 0 5 | 36 | 5 0 5 | 95 |
| 0 1 0 | 1.8 | 1 1 0 | 4 | 2 1 0 | 6.8 | 3 1 0 | 11 | 4 1 0 | 17 | 5 1 0 | 33 |
| 0 1 1 | 3.6 | 1 1 1 | 6.1 | 2 1 1 | 9.2 | 3 1 1 | 14 | 4 1 1 | 21 | 5 1 1 | 46 |
| 0 1 2 | 5.5 | 1 1 2 | 8.1 | 2 1 2 | 12 | 3 1 2 | 17 | 4 1 2 | 26 | 5 1 2 | 63 |
| 0 1 3 | 7.3 | 1 1 3 | 10 | 2 1 3 | 14 | 3 1 3 | 20 | 4 1 3 | 31 | 5 1 3 | 84 |
| 0 1 4 | 9.1 | 1 1 4 | 12 | 2 1 4 | 17 | 3 1 4 | 23 | 4 1 4 | 36 | 5 1 4 | 110 |
| 0 1 5 | 11 | 1 1 5 | 14 | 2 1 5 | 19 | 3 1 5 | 27 | 4 1 5 | 42 | 5 1 5 | 130 |
| 0 2 0 | 3.7 | 1 2 0 | 6.1 | 2 2 0 | 9.3 | 3 2 0 | 14 | 4 2 0 | 22 | 5 2 0 | 49 |
| 0 2 1 | 5.5 | 1 2 1 | 8.2 | 2 2 1 | 12 | 3 2 1 | 17 | 4 2 1 | 26 | 5 2 1 | 70 |
| 0 2 2 | 7.4 | 1 2 2 | 10 | 2 2 2 | 14 | 3 2 2 | 20 | 4 2 2 | 32 | 5 2 2 | 94 |
| 0 2 3 | 9.2 | 1 2 3 | 12 | 2 2 3 | 17 | 3 2 3 | 24 | 4 2 3 | 38 | 5 2 3 | 120 |
| 0 2 4 | 11 | 1 2 4 | 15 | 2 2 4 | 19 | 3 2 4 | 27 | 4 2 4 | 44 | 5 2 4 | 150 |
| 0 2 5 | 13 | 1 2 5 | 17 | 2 2 5 | 22 | 3 2 5 | 31 | 4 2 5 | 50 | 5 2 5 | 180 |
| 0 3 0 | 5.6 | 1 3 0 | 8.3 | 2 3 0 | 12 | 3 3 0 | 17 | 4 3 0 | 27 | 5 3 0 | 79 |
| 0 3 1 | 7.4 | 1 3 1 | 10 | 2 3 1 | 14 | 3 3 1 | 21 | 4 3 1 | 33 | 5 3 1 | 110 |
| 0 3 2 | 9.3 | 1 3 2 | 13 | 2 3 2 | 17 | 3 3 2 | 24 | 4 3 2 | 39 | 5 3 2 | 140 |
| 0 3 3 | 11 | 1 3 3 | 15 | 2 3 3 | 20 | 3 3 3 | 28 | 4 3 3 | 45 | 5 3 3 | 180 |
| 0 3 4 | 13 | 1 3 4 | 17 | 2 3 4 | 22 | 3 3 4 | 31 | 4 3 4 | 52 | 5 3 4 | 210 |
| 0 3 5 | 15 | 1 3 5 | 19 | 2 3 5 | 25 | 3 3 5 | 35 | 4 3 5 | 59 | 5 3 5 | 250 |
| 0 4 0 | 7.5 | 1 4 0 | 11 | 2 4 0 | 15 | 3 4 0 | 21 | 4 4 0 | 34 | 5 4 0 | 130 |
| 0 4 1 | 9.4 | 1 4 1 | 13 | 2 4 1 | 17 | 3 4 1 | 24 | 4 4 1 | 40 | 5 4 1 | 170 |
| 0 4 2 | 11 | 1 4 2 | 15 | 2 4 2 | 20 | 3 4 2 | 28 | 4 4 2 | 47 | 5 4 2 | 220 |
| 0 4 3 | 13 | 1 4 3 | 17 | 2 4 3 | 23 | 3 4 3 | 32 | 4 4 3 | 54 | 5 4 3 | 280 |
| 0 4 4 | 15 | 1 4 4 | 19 | 2 4 4 | 25 | 3 4 4 | 36 | 4 4 4 | 62 | 5 4 4 | 350 |
| 0 4 5 | 17 | 1 4 5 | 22 | 2 4 5 | 28 | 3 4 5 | 40 | 4 4 5 | 69 | 5 4 5 | 430 |
| 0 5 0 | 9.5 | 1 5 0 | 13 | 2 5 0 | 17 | 3 5 0 | 25 | 4 5 0 | 41 | 5 5 0 | 240 |
| 0 5 1 | 11 | 1 5 1 | 15 | 2 5 1 | 20 | 3 5 1 | 29 | 4 5 1 | 48 | 5 5 1 | 350 |
| 0 5 2 | 13 | 1 5 2 | 17 | 2 5 2 | 23 | 3 5 2 | 32 | 4 5 2 | 56 | 5 5 2 | 540 |
| 0 5 3 | 15 | 1 5 3 | 19 | 2 5 3 | 26 | 3 5 3 | 37 | 4 5 3 | 64 | 5 5 3 | 920 |
| 0 5 4 | 17 | 1 5 4 | 22 | 2 5 4 | 29 | 3 5 4 | 41 | 4 5 4 | 72 | 5 5 4 | 1,600 |
| 0 5 5 | 19 | 1 5 5 | 24 | 2 5 5 | 32 | 3 5 5 | 45 | 4 5 5 | 81 | 5 5 5 | >1,600 |

| 양성시험관수<br>10 1 0.1 | MPN/<br>100ml | 양성시험관수<br>10 1 0.1 | MPN/<br>100ml | 양성시험관수<br>10 1 0.1 | MPN/<br>100ml | 양성시험관수<br>10 1 0.1 | MPN/<br>100ml | 양성시험관수<br>10 1 0.1 | MPN/<br>100ml | 양성시험관수<br>10 1 0.1 | MPN/<br>100ml |
|---|---|---|---|---|---|---|---|---|---|---|---|
| 000 | <1.8 | 100 | 2 | 200 | 4.5 | 300 | 7.8 | 400 | 13 | 500 | 23 |
| 001 | 1.8 | 101 | 4 | 201 | 6.8 | 301 | 11 | 401 | 17 | 501 | 31 |
| 002 | 3.6 | 102 | 6 | 202 | 9.1 | 302 | 13 | 402 | 21 | 502 | 43 |
| 003 | 5.4 | 103 | 8 | 203 | 12 | 303 | 16 | 403 | 25 | 503 | 58 |
| 004 | 7.2 | 104 | 10 | 204 | 14 | 304 | 20 | 404 | 30 | 504 | 76 |
| 005 | 9 | 105 | 12 | 205 | 16 | 305 | 23 | 405 | 36 | 505 | 95 |
| 010 | 1.8 | 110 | 4 | 210 | 6.8 | 310 | 11 | 410 | 17 | 510 | 33 |
| 011 | 3.6 | 111 | 6.1 | 211 | 9.2 | 311 | 14 | 411 | 21 | 511 | 46 |
| 012 | 5.5 | 112 | 8.1 | 212 | 12 | 312 | 17 | 412 | 26 | 512 | 63 |
| 013 | 7.3 | 113 | 10 | 213 | 14 | 313 | 20 | 413 | 31 | 513 | 84 |
| 014 | 9.1 | 114 | 12 | 214 | 17 | 314 | 23 | 414 | 36 | 514 | 110 |
| 015 | 11 | 115 | 14 | 215 | 19 | 315 | 27 | 415 | 42 | 515 | 130 |
| 020 | 3.7 | 120 | 6.1 | 220 | 9.3 | 320 | 14 | 420 | 22 | 520 | 49 |
| 021 | 5.5 | 121 | 8.2 | 221 | 12 | 321 | 17 | 421 | 26 | 521 | 70 |
| 022 | 7.4 | 122 | 10 | 222 | 14 | 322 | 20 | 422 | 32 | 522 | 94 |
| 023 | 9.2 | 123 | 12 | 223 | 17 | 323 | 24 | 423 | 38 | 523 | 120 |
| 024 | 11 | 124 | 15 | 224 | 19 | 324 | 27 | 424 | 44 | 524 | 150 |
| 025 | 13 | 125 | 17 | 225 | 22 | 325 | 31 | 425 | 50 | 525 | 180 |
| 030 | 5.6 | 130 | 8.3 | 230 | 12 | 330 | 17 | 430 | 27 | 530 | 79 |
| 031 | 7.4 | 131 | 10 | 231 | 14 | 331 | 21 | 431 | 33 | 531 | 110 |
| 032 | 9.3 | 132 | 13 | 232 | 17 | 332 | 24 | 432 | 39 | 532 | 140 |
| 033 | 11 | 133 | 15 | 233 | 20 | 333 | 28 | 433 | 45 | 533 | 180 |
| 034 | 13 | 134 | 17 | 234 | 22 | 334 | 31 | 434 | 52 | 534 | 210 |
| 035 | 15 | 135 | 19 | 235 | 25 | 335 | 35 | 435 | 59 | 535 | 250 |
| 040 | 7.5 | 140 | 11 | 240 | 15 | 340 | 21 | 440 | 34 | 540 | 130 |
| 041 | 9.4 | 141 | 13 | 241 | 17 | 341 | 24 | 441 | 40 | 541 | 170 |
| 042 | 11 | 142 | 15 | 242 | 20 | 342 | 28 | 442 | 47 | 542 | 220 |
| 043 | 13 | 143 | 17 | 243 | 23 | 343 | 32 | 443 | 54 | 543 | 280 |
| 044 | 15 | 144 | 19 | 244 | 25 | 344 | 36 | 444 | 62 | 544 | 350 |
| 045 | 17 | 145 | 22 | 245 | 28 | 345 | 40 | 445 | 69 | 545 | 430 |
| 050 | 9.5 | 150 | 13 | 250 | 17 | 350 | 25 | 450 | 41 | 550 | 240 |
| 051 | 11 | 151 | 15 | 251 | 20 | 351 | 29 | 451 | 48 | 551 | 350 |
| 052 | 13 | 152 | 17 | 252 | 23 | 352 | 32 | 452 | 56 | 552 | 540 |
| 053 | 15 | 153 | 19 | 253 | 26 | 353 | 37 | 453 | 64 | 553 | 920 |
| 054 | 17 | 154 | 22 | 254 | 29 | 354 | 41 | 454 | 72 | 554 | 1,600 |
| 055 | 19 | 155 | 24 | 255 | 32 | 355 | 45 | 455 | 81 | 555 | >1,600 |

※ 최확수법을 이용한 판정 시 양성 시험관수가 모두 0인 경우 결괏값은 0으로 간주한다.

## 표 10-9 3단계 희석

3단계 희석 시험관 3개씩 시험하였을 때 양성에 대한 최확수(95%의 신뢰한계)

| 양성시험관수 0.1 0.01 0.001 | MPN/ g(ml) | 양성시험관수 0.1 0.01 0.001 | MPN/ g(ml) |
|---|---|---|---|
| 0 0 0 | <3 | 2 0 0 | 9.2 |
| 0 0 1 | 3 | 2 0 1 | 14 |
| 0 0 2 | 6 | 2 0 2 | 20 |
| 0 0 3 | 9 | 2 0 3 | 26 |
| 0 1 0 | 3 | 2 1 0 | 15 |
| 0 1 1 | 6.1 | 2 1 1 | 20 |
| 0 1 2 | 9.2 | 2 1 2 | 27 |
| 0 1 3 | 12 | 2 1 3 | 34 |
| 0 2 0 | 6.2 | 2 2 0 | 21 |
| 0 2 1 | 9.3 | 2 2 1 | 28 |
| 0 2 2 | 12 | 2 2 2 | 35 |
| 0 2 3 | 16 | 2 2 3 | 42 |
| 0 3 0 | 9.4 | 2 3 0 | 29 |
| 0 3 1 | 13 | 2 3 1 | 36 |
| 0 3 2 | 16 | 2 3 2 | 44 |
| 0 3 3 | 19 | 2 3 3 | 53 |
| 1 0 0 | 3.6 | 3 0 0 | 23 |
| 1 0 1 | 7.2 | 3 0 1 | 38 |
| 1 0 2 | 11 | 3 0 2 | 64 |
| 1 0 3 | 15 | 3 0 3 | 95 |
| 1 1 0 | 7.4 | 3 1 0 | 43 |
| 1 1 1 | 11 | 3 1 1 | 75 |
| 1 1 2 | 15 | 3 1 2 | 120 |
| 1 1 3 | 19 | 3 1 3 | 160 |
| 1 2 0 | 11 | 3 2 0 | 93 |
| 1 2 1 | 15 | 3 2 1 | 150 |
| 1 2 2 | 20 | 3 2 2 | 210 |
| 1 2 3 | 24 | 3 2 3 | 290 |
| 1 3 0 | 16 | 3 3 0 | 240 |
| 1 3 1 | 20 | 3 3 1 | 460 |
| 1 3 2 | 24 | 3 3 2 | 1,100 |
| 1 3 3 | 29 | 3 3 3 | >1,100 |

| 양성시험관수 10 1 0.1 | MPN/ 100(ml) | 양성시험관수 10 1 0.1 | MPN/ 100(ml) |
|---|---|---|---|
| 0 0 0 | <3 | 2 0 0 | 9.2 |
| 0 0 1 | 3 | 2 0 1 | 14 |
| 0 0 2 | 6 | 2 0 2 | 20 |
| 0 0 3 | 9 | 2 0 3 | 26 |
| 0 1 0 | 3 | 2 1 0 | 15 |
| 0 1 1 | 6.1 | 2 1 1 | 20 |
| 0 1 2 | 9.2 | 2 1 2 | 27 |
| 0 1 3 | 12 | 2 1 3 | 34 |
| 0 2 0 | 6.2 | 2 2 0 | 21 |
| 0 2 1 | 9.3 | 2 2 1 | 28 |
| 0 2 2 | 12 | 2 2 2 | 35 |
| 0 2 3 | 16 | 2 2 3 | 42 |
| 0 3 0 | 9.4 | 2 3 0 | 29 |
| 0 3 1 | 13 | 2 3 1 | 36 |
| 0 3 2 | 16 | 2 3 2 | 44 |
| 0 3 3 | 19 | 2 3 3 | 53 |
| 1 0 0 | 3.6 | 3 0 0 | 23 |
| 1 0 1 | 7.2 | 3 0 1 | 38 |
| 1 0 2 | 11 | 3 0 2 | 64 |
| 1 0 3 | 15 | 3 0 3 | 95 |
| 1 1 0 | 7.4 | 3 1 0 | 43 |
| 1 1 1 | 11 | 3 1 1 | 75 |
| 1 1 2 | 15 | 3 1 2 | 120 |
| 1 1 3 | 19 | 3 1 3 | 160 |
| 1 2 0 | 11 | 3 2 0 | 93 |
| 1 2 1 | 15 | 3 2 1 | 150 |
| 1 2 2 | 20 | 3 2 2 | 210 |
| 1 2 3 | 24 | 3 2 3 | 290 |
| 1 3 0 | 16 | 3 3 0 | 240 |
| 1 3 1 | 20 | 3 3 1 | 460 |
| 1 3 2 | 24 | 3 3 2 | 1,100 |
| 1 3 3 | 29 | 3 3 3 | >1,100 |

※ 최확수법을 이용한 판정 시 양성 시험관수가 모두 0인 경우 결괏값은 0으로 간주한다.

② BGLB배지법

연속한 3단계 이상의 희석시료((10, 1, 0.1 또는 1, 0.1, 0.01 또는 0.1, 0.01, 0.001)를 각각 5개 또는 3개씩 BGLB 배지에 각각 접종한다. 단 10ml를 접종할 때에는 두 배 농도 BGLB 배지를 사용하고 0.1ml 이하를 접종할 필요가 있을 때에는 10배 희석단계액을 각각 1ml씩 사용한다. 이때 시험용액을 가한 배지의 전부 또는 대부분에서 가스발생이 인정되거나 또 최소량을 가한 배지의 전부 또는 대부분이 가스가 발생되지 않도록 접종량과 희석도를 고려하여야 한다. 이하의 조작은 각 발효관에 대하여 BGLB 배지에 의한 정성시험법에 따라 하고 대장균군의 유무를 확인한 다음 최확수표로부터 검체 1ml 또는 1g 중의 대장균군수를 산출한다.

③ 데스옥시콜레이트 유당한천배지법

시험용액 1ml와 각 10배 단계 희석액 1ml에 대하여 이 배지에 의한 정성시험법과 같은 조작으로 35~37℃에서 24±2시간 배양한 후 생성된 집락 중 전형적인 집락 또는 의심스러운 집락에 대하여 정성시험 때와 같은 조작으로 대장균군의 유무를 결정한다. 균수 산출은 일반세균수에 따라 한다.

④ 건조필름법

시험용액 1ml와 각 10배 단계 희석액 1ml를 2매 이상씩 대장균군 건조필름배지Ⅰ 또는 대장균군 건조필름배지Ⅱ에 접종한 후, 35±1℃에서 24±2시간 배양한다. 대장균군 건조필름배지Ⅰ에서는 붉은 집락 중 주위에 기포를 형성한 집락수를 계산하고, 대장균군 건조필름배지Ⅱ에서는 청색 및 청록색의 집락수를 계산하여 그 평균집락수에 희석배수를 곱하여 대장균군수를 산출한다. 균수 산출 및 기재보고는 일반세균수에 따라 한다.

## 10-1-4 미생물 신속검사방법

지금까지 소개한 미생물 검출 방법은 복잡하고 시간이 많이 걸리는 단점을 가지고 있다. 최근 이러한 단점을 보완해 취급이 간단하고 편리한 kit식 검사제품들이 여러 회사들에서 출시되어 사용되고 있다. 여기에서는 한국 3M에서 시판되고 있는 제품에 대해 간단히 소개하고자 한다.

### (1) 페트리필름TM 배양지의 종류

① 일반세균용 배양지
② 확정대장균군용 배양지
③ 확정대장균(*E. coli*)용 배양지
④ 장내세균용 배양지
⑤ 효모/곰팡이용 배양지
⑥ 확정 황색포도알구균용 배양지

### (2) 페트리필름TM 배양지 사용방법

1. 상부필름을 올리고 하부필름의 중앙에 시료 1ml를 수직으로 접종

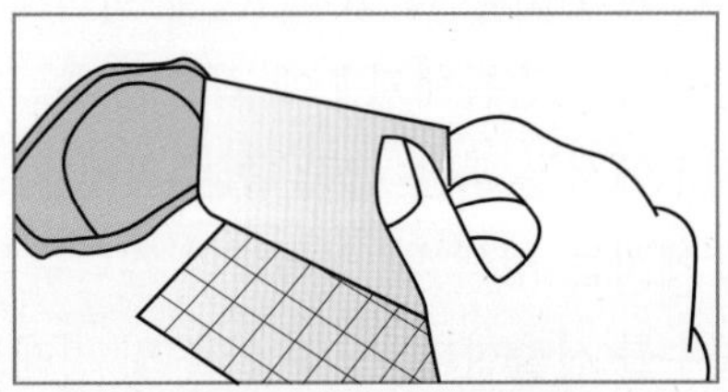
2. 상부필름을 위에서 아래로 덮음
이때 기포가 생기지 않게 천천히 덮을 것

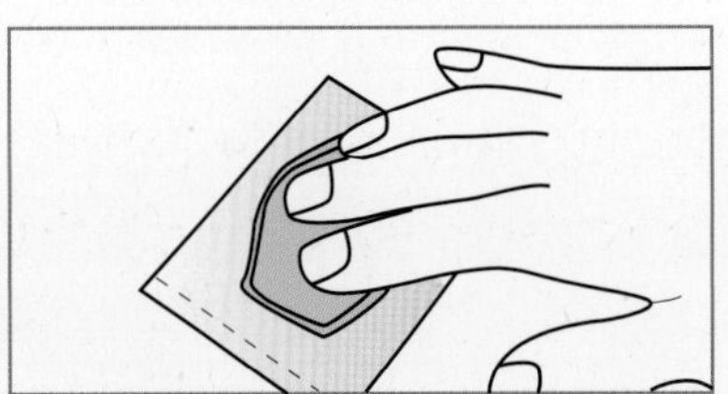
3. 누름판을 필름 상부에 올려 놓고 살짝 누름(원이 형성되면 완료)
30~60초 후, gel화가 완료되면 배양기에 옮김

### (3) Kit를 이용한 환경검사 순서

① 표면 검사용 kit의 면봉을 꺼낸다.

② 검사하고자 하는 표면을 면봉으로 문질러 준다(평면인 경우 10cm×10cm).

③ 면봉을 희석액에 넣고 흔들어 준다.

④ 시료를 접종하기 위하여 뚜껑을 열고 눈금자를 이용해 1ml를 건조필름 배지(3M™ Petrifilm™)에 접종한다.

⑤ 접종한 건조필름 배지를 35℃의 배양기 속에 넣어 배양한다.
 - 일반세균 및 대장균: 24~48시간
 - 황색포도알구균: 24시간

⑥ 배양이 끝난 다음 건조필름 배지에서 균의 수를 확인한다. 필요할 경우 황색포도알구균은 디스크를 삽입해 최종 확인한다.

### (4) 사용 예

#### ① 황색포도알구균 검사방법

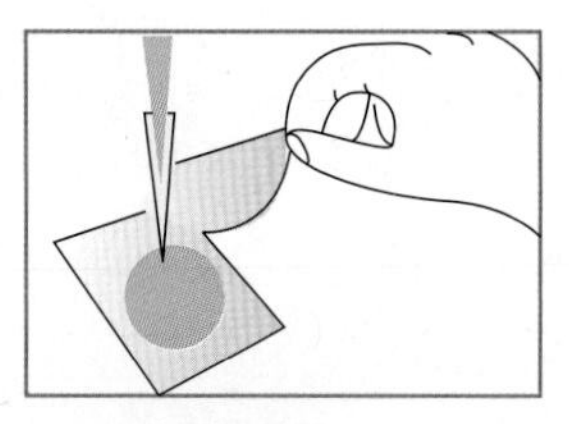
1. 1ml의 시료접종

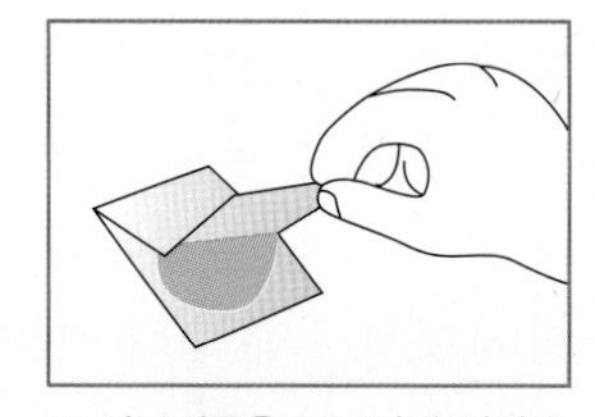
2. 상부필름을 부드럽게 덮어줌

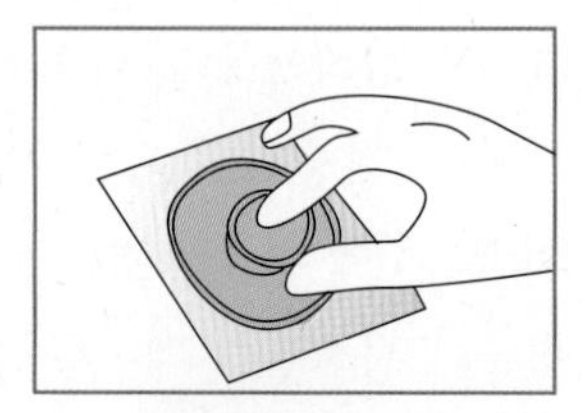
3. 누름판으로 시료가 퍼지도록 누름

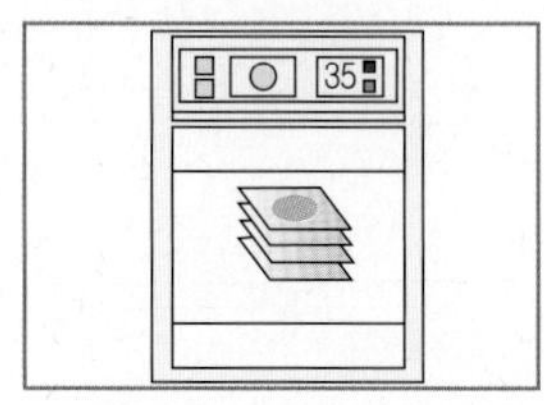

4. 35℃에서 22시간 1차 배양

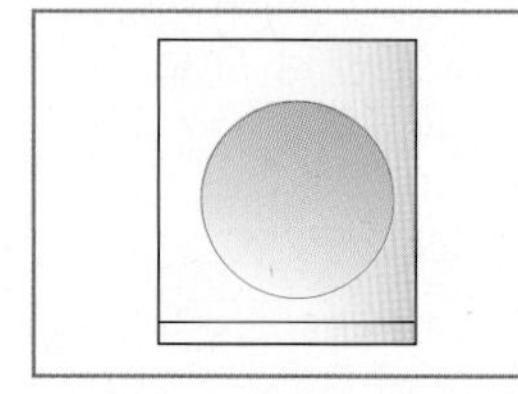
5. 1차 배양 후 균이 안 보임

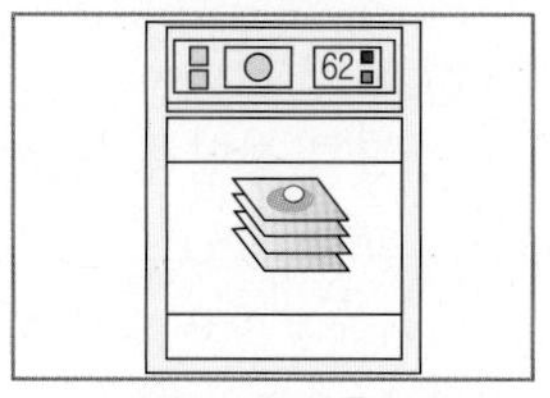

6. 62℃에서 1시간 2차 배양

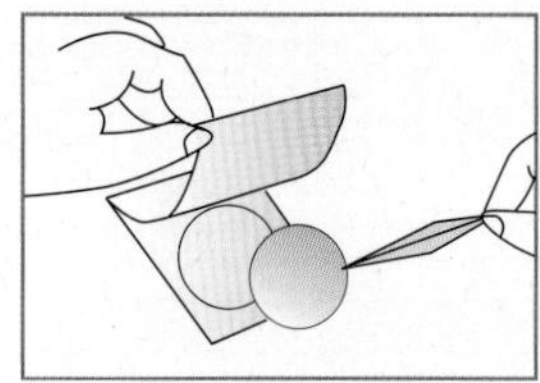
7. 2차 배양 후 상부필름을 들어올리고 reactive disc를 삽입

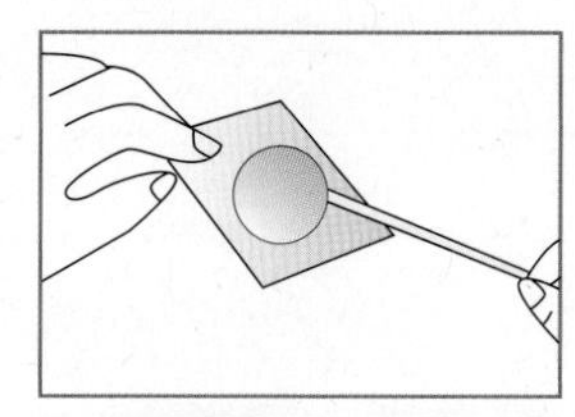
8. 상부필름을 덮고 유리막대로 문질러 공기방울 제거

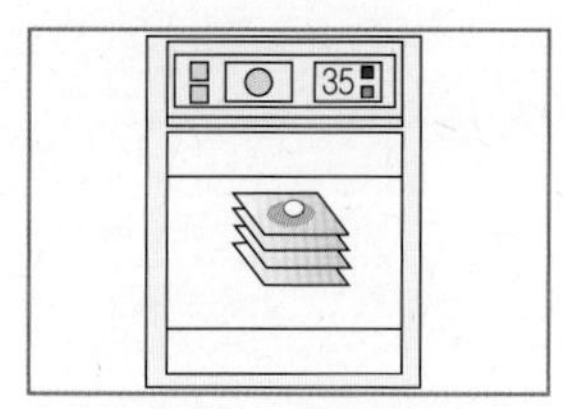

9. 35℃에서 3시간 배양

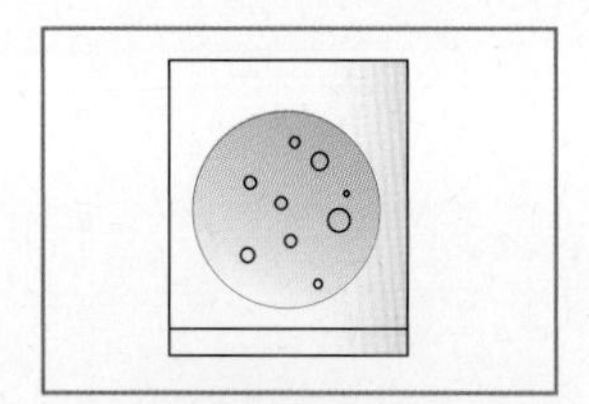
10. 첨부된 실험해석 안내서를 참고해 균수를 측정

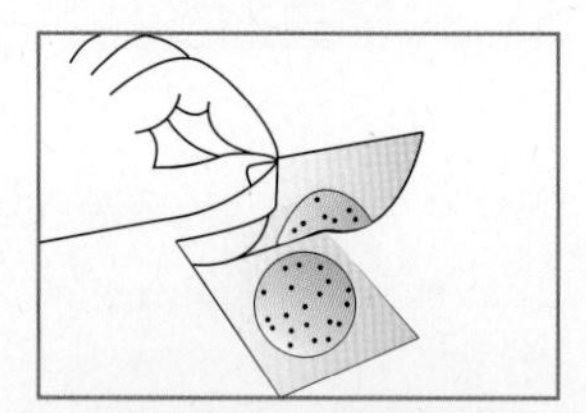
11. 필요한 경우 상부필름에 있는 균체를 분리해 현미경으로 관찰

② Air Sampling Method(낙하균 검사법)

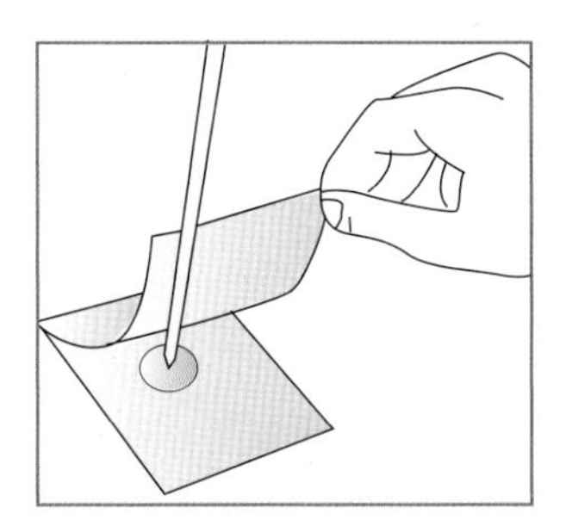

1. 필름에 희석액 1ml를 접종한다.

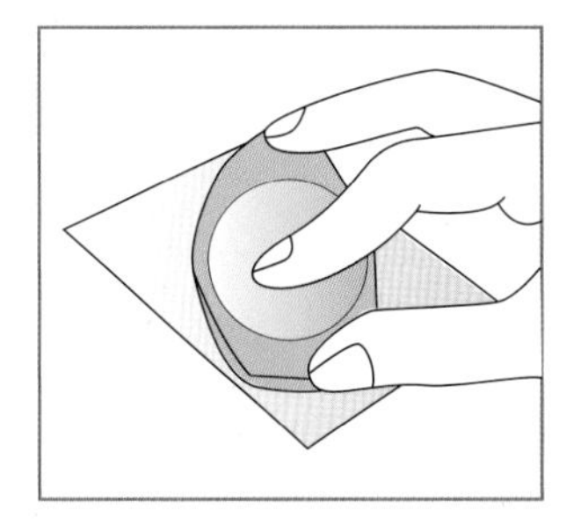

2. 필름을 덮고 누름판으로 눌러 원형을 만든다.

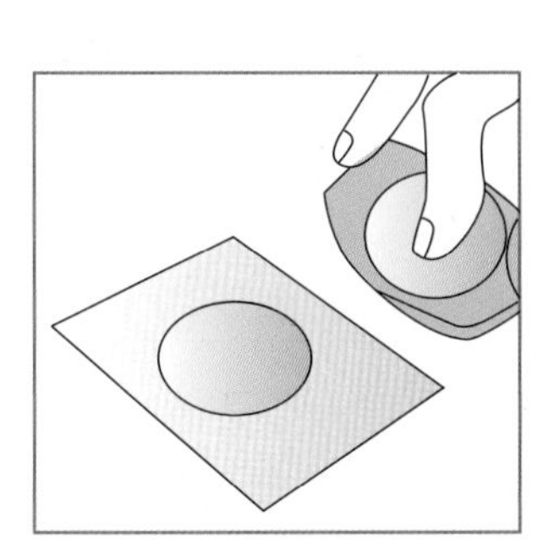

3. 최소한 1시간 동안 gel화 시킨다.

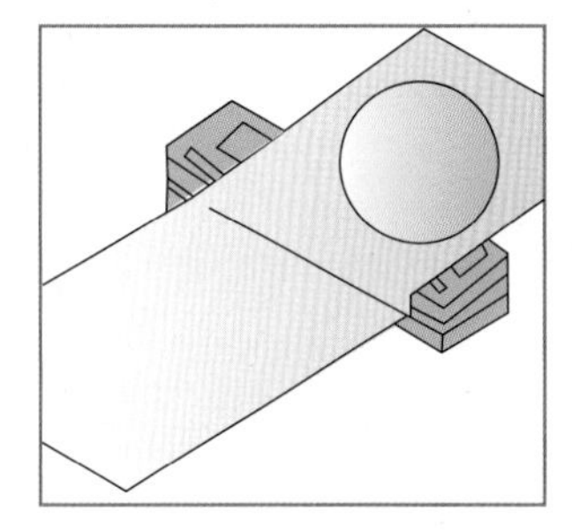

4. 수평으로 실험할 경우
   (1) 상부필름을 완전히 열어두고, tape로 상부필름을 고정한다.
   (2) 15분간 방치 후 배양한다.

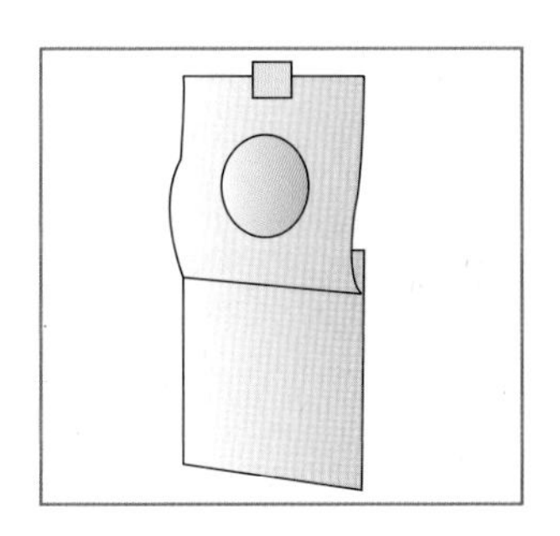

5. 수직으로 실험할 경우 그림과 같이 수직으로 검사할 수 있다.

### ③ Swab Contact Method

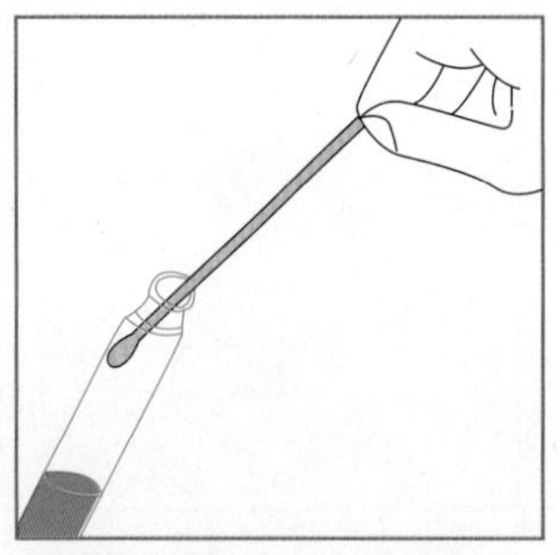

1. 면봉에 액을 적신 후, 시험관 안쪽에 눌러서 과다한 수분 제거

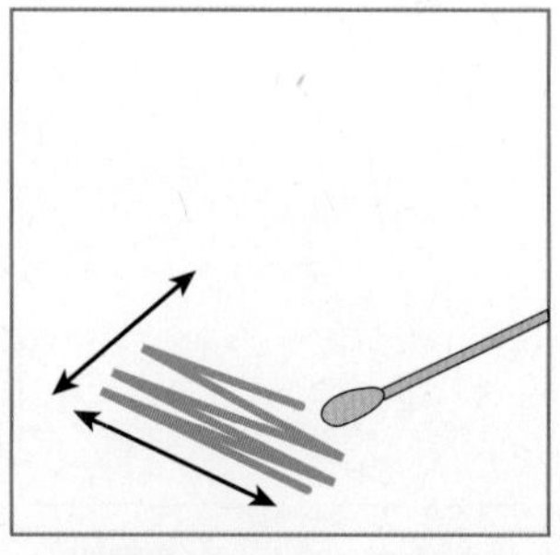

2. 표면과 30° 각도로 천천히 정해진 면적의 표면을 그림과 같이 문지름

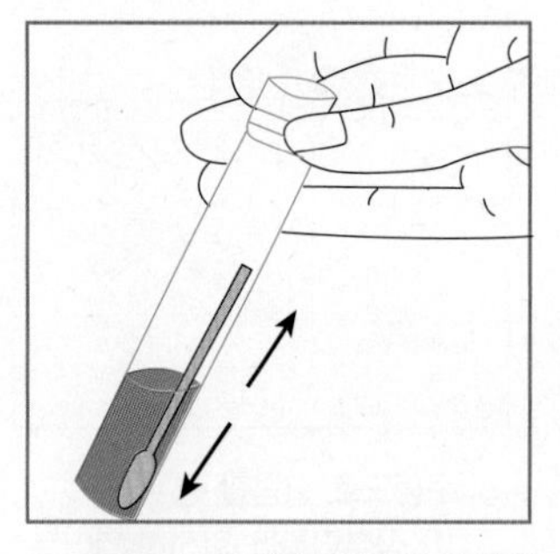

3. Swab이 끝나면 면봉을 희석액에 넣은 후, 뚜껑을 닫고 10초간 흔듦

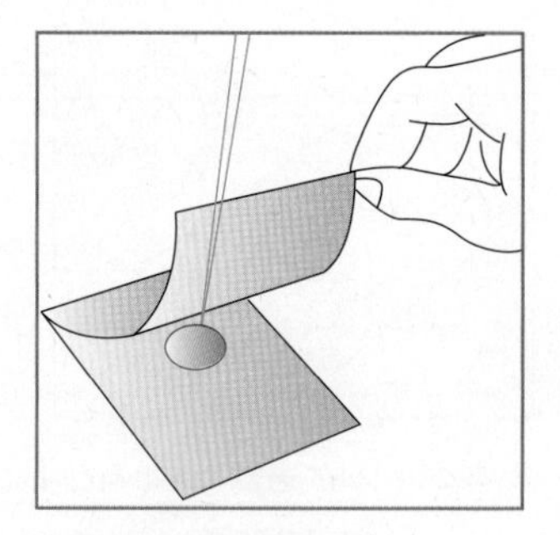

4. 1ml의 액을 접종 배양

④ Direct Contact Method

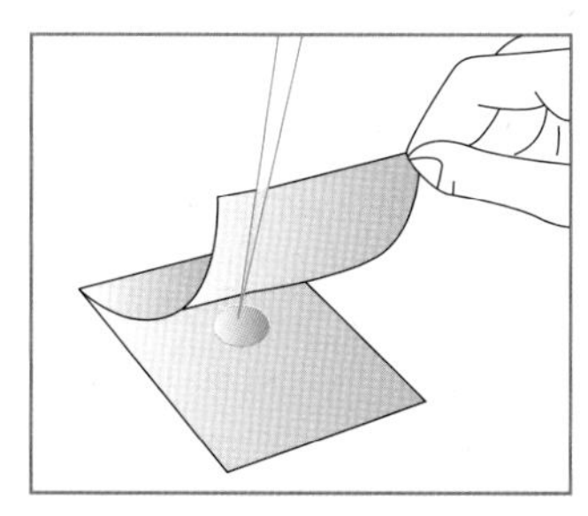

1. 최소한 1시간 전에 희석액 1ml를 접종해 상온에서 gel화 시킨다.

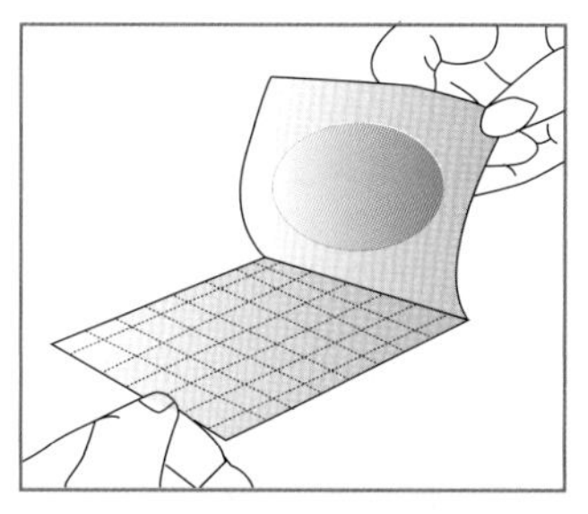

2. Gel이 굳은 후, 상부필름을 들어 올림. 이때 gel이 상부 필름에 붙어 있게 된다.

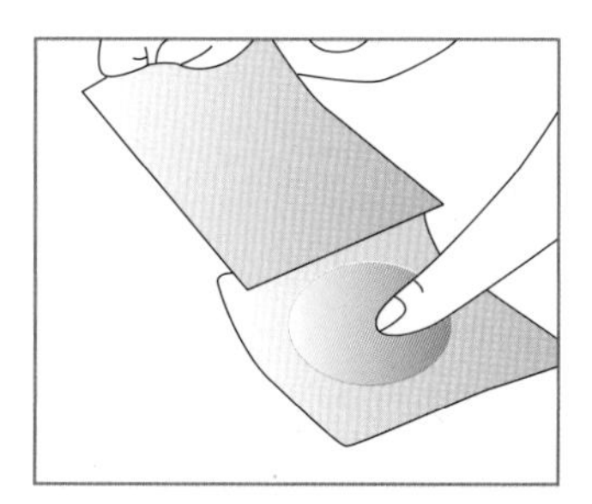

3. 상부 필름으로 실험하고자 하는 표면에 접촉시킨 후, 필름을 덮어 배양한다.

## CHAPTER 10 연습문제

**01 분변오염의 지표 미생물로 이용되는 것은?**

① 살모넬라균 ② 황색포도알구균 ③ 바실루스균
④ 대장균군 ⑤ 세균성이질균

**02 대장균군 정성시험법의 순서는?**

① 추정시험–완전시험–확정시험 ② 추정시험–확정시험–완전시험
③ 확정시험–완전시험–추정시험 ④ 확정시험–추정시험–완전시험
⑤ 완전시험–추정시험–확정시험

**03 대장균군에 관한 기술중 틀린 것은?**

① 그람음성의 무아포성 간균이다.
② 젖당을 분해하여 산과 가스를 발생시킨다.
③ 먹는 물에는 100ml당 검출되지 않아야 한다.
④ 대장균군이 검출되면 반드시 병원성균들이 존재한다는 것을 의미한다.
⑤ 냉동식품의 분변오염 지표균으로 부적합하다.

**04 음용수 또는 식품에서 대장균군이 검출되었다면 어떤 균을 의심할 수 있는가?**

① 디프테리아균 ② 성홍열균 ③ 살모넬라균 ④ 폐렴균 ⑤ 파상풍균

**05 대장균군의 추정검사에 이용되는 배지는?**

① LB 배지 ② Mannite 배지 ③ Thioglycolate 배지
④ SS 배지 ⑤ TCBS 배지

**06 대장균군의 정량시험에서 MPN(Most Probable Number)에 관한 기술 중 옳은 것은?**

① 검체 1ml(g) 중에 존재하는 대장균군의 이론상 가장 가능한 수를 말한다.
② 검체 100ml(g) 중에 존재하는 대장균군의 이론상 가장 가능한 수를 말한다.
③ 검체 1,000ml(g) 중에 존재하는 대장균군의 이론상 가장 가능한 수를 말한다.
④ 검체 10ml(g)에서 확인되는 추정-확정-완전시험의 결과를 평균한 수를 말한다.
⑤ 검체 100ml(g)에서 정성시험의 결과를 평균한 수를 말한다.

**07 부패변질의 우려가 있는 검체의 미생물학적 검사를 위한 검체의 채취 및 운반법은?**

① 검체는 멸균용기에 무균적으로 채취하여 저온(5℃±3 이하)을 유지시키면서 24시간 이내에 검사기관에 운반해야 한다.
② 검체는 멸균용기에 무균적으로 채취하여 저온(5℃±3 이하)을 유지시키면서 4시간 이내에 검사기관에 운반해야 한다.
③ 검체는 멸균용기에 무균적으로 채취하되 반드시 냉장운반을 할 필요는 없다.
④ 검체는 멸균용기에 무균적으로 채취하여 반드시 냉동시켜 운반해야한다.
⑤ 검체는 일반용기 채취하여 반드시 냉동시켜 운반해야한다.

**08 포도알구균 검사에 이용되는 배지는?**

① 한천 배지 ② Endo 배지 ③ Thioglycolate 배지
④ Mannite 식염배지 ⑤ BGLB 배지

**09 EMB 한천배지에서 배양할 때 황금빛 녹색의 금속성 광택을 띠는 집락을 형성하는 미생물은?**

① 장구균 ② 대장균군 ③ 비브리오균 ④ 살모넬라균 ⑤ 보툴리누스균

**10 생균수를 검사하는 의의는?**

① 분변오염 여부를 확인 ② 유지의 산패도 확인
③ 현재 식품의 신선도 확인 ④ 원료식품의 신선도 확인
⑤ 영양가 확인

**11 부패 검사와 관련이 없는 항목은?**

① 휘발성 염기질소(VBN) ② Trimethylamine ③ Histamine
④ 생균수 ⑤ 다이옥신(dioxin)

# 식품첨가물

**학습목적**

식품첨가물의 종류, 사용목적 및 인체에 미치는 영향을 이해하고, 이를 안전한 식품의 제조와 공급에 활용한다.

**학습목표**

01 식품첨가물을 정의한다.
02 화학적 합성품을 설명한다.
03 식품첨가물의 지정에 기준이 되는 요건을 열거한다.
04 식품첨가물의 성분 규격과 표시기준을 정의한다.
05 식품첨가물의 사용기준에 포함되는 요소를 열거한다.
06 식품첨가물의 표시기준을 정의한다.
07 식품첨가물 규제의 기본 개념을 설명한다.
08 ADI와 VSD의 개념을 비교·설명한다.
09 식품첨가물을 사용 목적에 따라 분류한다.
10 보존료의 종류와 용도를 인지한다.
11 살균료의 종류와 용도를 인지한다.
12 산화방지제의 종류와 용도를 인지한다.
13 피막제의 종류와 용도를 인지한다.
14 착색료의 종류와 용도를 인지한다.
15 발색제의 종류와 용도를 인지한다.
16 표백제의 종류와 용도를 인지한다.
17 비영양성 감미료의 종류와 용도를 인지한다.
18 조미료의 종류와 용도를 인지한다.
19 산미료의 종류와 용도를 인지한다.
20 밀가루 개량제의 종류와 용도를 인지한다.
21 품질개량제의 종류와 용도를 인지한다.
22 호료의 종류와 용도를 인지한다.
23 유화제의 종류와 용도를 인지한다.
24 용제의 종류와 용도를 인지한다.
25 이형제의 종류와 용도를 인지한다.
26 영양강화제의 종류와 용도를 인지한다.
27 건강 위해 문제가 제기되고 있는 식품첨가물을 인지한다.

# 11-1 식품첨가물의 개요

식품첨가물이란 식품의 상품적 가치를 향상시키고, 식욕증진, 영양강화 및 보존 등에 주로 사용하는 넓은 의미에서 식품 본래의 성분 이외의 것을 뜻하며, 어떤 의도를 가지고 첨가하는 의도적 식품첨가물과 식품 중에 축적·출입 또는 이행에 의하는 비의도적 식품첨가물로 나눈다. 유엔식량농업기구(FAO)와 세계보건기구(WHO)의 합동 전문위원회에서는 식품첨가물을 다음과 같이 정의하였다. "식품의 외관, 향미, 조직 또는 저장성을 향상시킬 목적으로 적은 양이 식품에 첨가되는 비영양물질"이라 하였으며, 우리나라에서는 "식품첨가물이라 함은 식품을 제조·가공 또는 보존하는 과정에서 식품에 넣거나 섞는 물질 또는 식품을 적시는 등에 사용되는 물질을 말한다. 이 경우 기구·용기·포장을 살균·소독하는데 사용되어 간접적으로 식품으로 옮아갈 수 있는 물질을 포함한다"고 정의하였고, 일본에서는 "식품의 제조 과정에 사용되거나 혹은 가공·보존 목적으로 식품에 첨가·호화·침윤·기타의 방법으로 사용되는 물질을 말함"이라 한다. 또한 국제식품규격위원회(CODEX)에서는 "식품첨가물은 일반적으로 그 자체를 식품으로서 섭취하지 않고, 영양적 가치에 상관없이 식품의 일반 성분으로서 사용되지 않는 물질을 의미하며, 식품의 제조, 가공, 조리, 처리, 포장 및 보관 시에 기술적인 목적을 달성하기 위해 식품에 첨가하여 효과를 나타내거나, 직접 또는 간접적으로 식품에 효과를 나타낼 것으로 기대되거나, 그 부산물이 식품의 구성성분이 되거나, 식품의 특성에 영향을 끼칠 수 있는 물질을 말함. 다만, 오염물질, 영양적 품질 개선을 목적으로 첨가하는 물질은 제외됨"이라 하였다. 한편 미국에서는 "식품첨가물은 식품의 구성성분이 되거나 식품의 특성에 직접 혹은 간접적으로 영향을 끼치기 위해 의도적으로 사용되는 물질을 의미하며, 식품의 제조, 가공, 처리, 보존, 포장, 수송 등에 사용되는 물질을 말함. 다만, 잔류농약, 살충제, 동물용의약품, 영양강화제 및 식품첨가물 법령이 발효되기 이전인 1958년 이전에 승인된 물질 혹은 축산물가공법에 따라 승인된 물질은 제외된다"고 하였다.

유럽연합에서는 "식품첨가물은 일반적으로 그 자체를 식품으로서 섭취하지 않고, 영양적 가치에 상관없이 식품의 일반 성분으로서 사용되지 않는 물질을 의미하며, 식품의 제조, 가공, 조리, 처리, 포장 및 보관 시에 기술적인 목적을 달성하기 위해 식품에 첨가하여 효과를 나타내거나, 직접 또는 간접적으로 식품에 효과를 나타낼 것으로 기대되거나, 그 부산물이 식품의 구성성분이 되거나, 식품의 특성에 영향을 끼칠 수 있는 물질을 말함. 다만, 가공보조제, 착향료, 영양강화제, 살충제는 제외된다"고 정의하였다.

## 11-1-1 식품첨가물의 역할

① 보존성 향상

식품이 변하거나 상하는 것을 막는다. 대표적인 것으로 보존료와 산화방지제가 있다. 보존료는 식품을 보관하는 동안 미생물의 성장을 억제해 식품의 부패를 막아주며, 산화방지제는 기름성분을 함유한 식품의 산화를 방지하거나 속도를 늦춰 품질저하를 막고 저장기간을 연장한다.

② 품질유지 및 향상

대표적인 것으로 영양강화제와 유화제가 있다. 영양강화제는 부족한 영양소를 보충해 균형 잡힌 식품이 되도록 돕는다. 유화제는 기름이나 물처럼 혼합되지 않는 두 물질이 분리되지 않고 잘 섞이도록 한다.

③ 조직감 부여 및 유지

식품을 만드는 과정에 필요한 첨가물로 응고제, 팽창제, 증점안정제 등이 있다. 응고제는 식품의 조직을 단단하게 만든다. 주로 액체를 고체화하는 데 사용하며 두부를 만들 때 넣는 간수가 이에 해당한다. 팽창제는 식품을 부풀리는 역할을 하며 가공물의 조직을 향상시키고 적당한 모양을 갖도록 하고 빵, 쿠키 등을 만드는 데 주로 사용한다. 증점안정제는 식품의 점성을 높이고 촉감을 살려 맛과 품질을 향상시킨다.

④ 맛, 색깔, 냄새 향상

대표적인 식품첨가물로는 향미증진제, 착색료, 착향제가 있다. 향미증진제는 식품의 맛과 향을 증진시키는 역할을 하며, 그 자체에는 향이 없다. L-글루타민산나트륨(MSG)은 대표적인 향미증진제다. 착색료는 식품 본래의 색을 유지, 강화하거나 새로운 색을 부여한다. 착향료는 식품에 향을 주어 기호도를 높인다.

## 11-1-2 식품첨가물의 조건

식품첨가물은 다음과 같은 조건에 적합해야 한다.

① 인체에 유해한 영향을 미치지 않을 것.
② 식품의 제조·가공에 필수불가결할 것.

③ 식품 목적에 따른 효과는 소량으로도 충분할 것.
④ 식품에 나쁜 영향을 주지 않을 것.
⑤ 식품의 상품가치를 향상시킬 것.
⑥ 식품의 영양가를 유지할 것.
⑦ 식품성분분석 등에 의해서 그 첨가물을 확인할 수 있을 것.
⑧ 소비자에게는 이롭게 할 것.

화학적 합성품은 다음 항목에 대하여 검토한 후 식품위생심의위원회의 심의를 거쳐 결정한다.

① 일반적인 사용법에 의할 경우 인체에 대한 안정성이 보장된 것.
② 식품에 사용했을 경우 충분한 효과가 있을 것.
③ 화학명과 제조방법이 명확할 것.
④ 화학적 실험에 안정할 것.
⑤ 급성·아만성 및 만성 독성시험, 발암성과 생화학 및 약리학적 시험에 안전할 것.

## 11-1-3 식품첨가물 중 화학적 합성품의 독성과 안전성

식중독의 원인물질 중 세균성 식중독이나 자연독에 의한 중독은 많이 일어나지만, 화학성 물질에 의한 식중독은 그 발생빈도가 낮다고 한다. 그 이유는 화학적 합성품으로 인한 독성은 대부분이 만성중독이기 때문에 즉시 발견되는 것이 아니고 오랜 시일이 경과함에 따라 나타나므로 이를 잘 인식하지 못하기 때문이라 할 수 있다.

화학적 합성품 자체의 독성은 물론 그 첨가물에 불순물이 다량 함유되어 있는 것을 장기간 섭취할 경우 신장, 간장, 혈액, 신경 및 장기 조직에 중독을 일으켜 중추신경계 마비, 출혈성 위염, 발암, 염색체 이상 등으로 치명적인 상태가 되기 때문에 첨가물에 대한 인식을 일깨워 주어야 한다.

화학적 합성품에 의한 중독의 예를 들면 1955년 일본에서 모리나가 분유사건으로 그 원인은 분유제조 공정에 사용된 제2인산소다에 불순물인 비소가 다량 함유되었기 때문이었다. 12,334명의 유아에게 발병하여 130명이 사망했는데, 6월경부터 환자가 발생하기 시작하여 많은 환자가 나타났지만 8월경에야 그 이유를 알게 되었다. 그 이유는 화학적 합성품에 의한 중독이 만성이기 때문이다.

그 후 각종 식품첨가물의 안전성을 검토하기 위해 식품첨가물의 1일 섭취허용량의 결정과 독성시험도 급성, 아만성, 만성독성 시험의 3단계로 분류하고 경구 투여에 의해 만성독성시험을 하여 안전성 검토와 평가에 역점을 두었다.

## 11-1-4 식품첨가물의 분류

### (1) 용어의 정의

#### 1) 가공보조제

가공보조제란 식품의 제조 과정에서 기술적 목적을 달성하기 위하여 의도적으로 사용되고 최종 제품 완성 전 분해, 제거되어 잔류하지 않거나 비의도적으로 미량 잔류할 수 있는 식품첨가물을 말한다. 식품첨가물의 용도 중 '살균제', '여과보조제', '이형제', '제조용제', '청관제', '추출용제', '효소제' 가 가공보조제에 해당한다.

#### 2) 식품첨가물의 용도

식품첨가물의 용도란 식품의 제조·가공 시 식품에 발휘되는 식품첨가물의 기술적 효과를 말하는 것으로서 각 용어에 대한 뜻은 다음과 같다.

① "감미료"란 식품에 단맛을 부여하는 식품첨가물을 말한다.
② "고결방지제"란 식품의 입자 등이 서로 부착되어 고형화 되는 것을 감소시키는 식품첨가물을 말한다.
③ "거품제거제"란 식품의 거품 생성을 방지하거나 감소시키는 식품첨가물을 말한다.
④ "껌기초제"란 적당한 점성과 탄력성을 갖는 비영양성의 씹는 물질로서 껌 제조의 기초원료가 되는 식품첨가물을 말한다.
⑤ "밀가루개량제"란 밀가루나 반죽에 첨가되어 제빵 품질이나 색을 증진시키는 식품첨가물을 말한다.
⑥ "발색제"란 식품의 색을 안정화시키거나, 유지 또는 강화시키는 식품첨가물을 말한다.
⑦ "보존료"란 미생물에 의한 품질 저하를 방지하여 식품의 보존기간을 연장시키는 식품첨가물을 말한다.
⑧ "분사제"란 용기에서 식품을 방출시키는 가스 식품첨가물을 말한다.
⑨ "산도조절제"란 식품의 산도 또는 알칼리도를 조절하는 식품첨가물을 말한다.
⑩ "산화방지제"란 산화에 의한 식품의 품질 저하를 방지하는 식품첨가물을 말한다.
⑪ "살균제"란 식품 표면의 미생물을 단시간 내에 사멸시키는 작용을 하는 식품첨가물을 말한다.
⑫ "습윤제"란 식품이 건조되는 것을 방지하는 식품첨가물을 말한다.
⑬ "안정제"란 두 가지 또는 그 이상의 성분을 일정한 분산 형태로 유지시키는 식품첨가물을 말한다.

⑭ "여과보조제"란 불순물 또는 미세한 입자를 흡착하여 제거하기 위해 사용되는 식품첨가물을 말한다.

⑮ "영양강화제"란 식품의 영양학적 품질을 유지하기 위해 제조공정 중 손실된 영양소를 복원하거나, 영양소를 강화시키는 식품첨가물을 말한다.

⑯ "유화제"란 물과 기름 등 섞이지 않는 두 가지 또는 그 이상의 상(phases)을 균질하게 섞어주거나 유지시키는 식품첨가물을 말한다.

⑰ "이형제"란 식품의 형태를 유지하기 위해 원료가 용기에 붙는 것을 방지하여 분리하기 쉽도록 하는 식품첨가물을 말한다.

⑱ "응고제"란 식품 성분을 결착 또는 응고시키거나, 과일 및 채소류의 조직을 단단하거나 바삭하게 유지시키는 식품첨가물을 말한다.

⑲ "제조용제"란 식품의 제조·가공 시 촉매, 침전, 분해, 청징 등의 역할을 하는 보조제 식품첨가물을 말한다.

⑳ "젤형성제"란 젤을 형성하여 식품에 물성을 부여하는 식품첨가물을 말한다.

㉑ "증점제"란 식품의 점도를 증가시키는 식품첨가물을 말한다.

㉒ "착색료"란 식품에 색을 부여하거나 복원시키는 식품첨가물을 말한다.

㉓ "청관제"란 식품에 직접 접촉하는 스팀을 생산하는 보일러 내부의 결석, 물 때 형성, 부식 등을 방지하기 위하여 투입하는 식품첨가물을 말한다.

㉔ "추출용제"란 유용한 성분 등을 추출하거나 용해시키는 식품첨가물을 말한다.

㉕ "충전제"란 산화나 부패로부터 식품을 보호하기 위해 식품의 제조 시 포장 용기에 의도적으로 주입시키는 가스 식품첨가물을 말한다.

㉖ "팽창제"란 가스를 방출하여 반죽의 부피를 증가시키는 식품첨가물을 말한다.

㉗ "표백제"란 식품의 색을 제거하기 위해 사용되는 식품첨가물을 말한다.

㉘ "표면처리제"란 식품의 표면을 매끄럽게 하거나 정돈하기 위해 사용되는 식품첨가물을 말한다.

㉙ "피막제"란 식품의 표면에 광택을 내거나 보호막을 형성하는 식품첨가물을 말한다.

㉚ "향미증진제"란 식품의 맛 또는 향미를 증진시키는 식품첨가물을 말한다.

㉛ "향료"란 식품에 특유한 향을 부여하거나 제조공정 중 손실된 식품 본래의 향을 보강시키는 식품첨가물을 말한다.

㉜ "효소제"란 특정한 생화학 반응의 촉매 작용을 하는 식품첨가물을 말한다.

### (2) 기능적 분류 또는 사용목적에 따른 분류

① 기호성을 향상하는 것: 조미료, 감미료, 산미료, 고미료, 향료, 착색료, 발색제, 표백제
② 부패, 변패를 방지하는 것: 보존료, 살균제, 산화방지제, 품질보존제, 곰팡이방지제, 방충제
③ 품질이 향상을 꾀하는 것: 유화제, 증점제, 피막제, 밀가루처리제, 광택제
④ 영양강화를 목적으로 하는 것: 영양강화제
⑤ 제조 과정에서 쓰이는 것: 제조용제, 소포제, 양조용제, 발효조정제, 효소
⑥ 식품소재로 되는 것: 껌베이스
⑦ 기타: 팽창제, 이스트 푸드(yeast food), 고결방지제, pH 조정제 등

### (3) 식품첨가물의 제조기준에 따른 분류

① 식품첨가물의 일반

㉠ 첨가물은 식품원료와 동일한 방법으로 취급되어야 하며, 제조된 식품첨가물은 개별 품목별 성분규격에 적합해야 한다.
㉡ 첨가물을 제조 또는 가공할 때에는, 그 제조 또는 가공에 필요불가결한 경우 이외에는 산성백토, 백도토, 벤토나이트, 탤크, 모래, 규조토, 탄산마그네슘 또는 이와 유사한 불용성의 광물성물질을 사용해서는 안 된다.
㉢ 식품 첨가물의 제조 또는 가공할 때에 사용하는 용수는 「먹는 물 관리법」에 따른 먹는 물 수질기준에 적합한 것이어야 한다.
㉣ 향료는 식품에 사용되기에 적합한 순도로 제조되어야 한다. 다만, 불가피하게 존재하는 불순물이 최종 식품에서 건강상 위해를 나타내는 수준으로 잔류하여서는 안 된다.

② 혼합제제류

㉠ 혼합제제류의 제조에 사용하는 식품첨가물은 이 고시에 수재된 품목으로써 품목별 규격에 적합한 것이어야 한다. 다만, 한시적 기준 및 규격을 필한 식품첨가물은 혼합제제류의 성분이 될 수 있다.
㉡ 혼합제제류를 제조할 때는 그 사용목적이 타당하여야 하며, 원래의 성분에 변화를 주는 제조방법이어서는 안 된다.
㉢ 혼합제제류에는 별도의 규정이 없는 한 식품첨가물의 취급, 사용을 용이하게 하기 위하여 식품성분인 희석제를 첨가할 수 있다. 이 경우 희석제는 식품첨가물을 용해, 희석, 분산시키는 목적으로 사용하여야 하며 식품첨가물의 기능에 변화를 주어서는 아니 된다.

㉣ 혼합제제를 제조할 때는 품질안정, 형태형성을 위하여 필요불가결한 경우 산화방지제, 보존료, 유화제, 안정제, 용제 등의 식품첨가물을 사용할 수 있으며, 그 양은 기술적 효과를 달성하는데 필요한 최소량으로 하여야 한다.

③ 유전자변형 식품첨가물

유전자변형기술에 의해 얻어진 미생물을 이용하여 제조한 식품첨가물은 「식품위생법」 제18조에 따른 「유전자변형식품등의 안전성 심사에 관한 규정」(식품의약품안전처 고시)에 따라 승인된 것으로서 품목별 기준 및 규격에 적합한 것이어야 한다.

④ 식품첨가물의 원료 및 추출용매

㉠ 젤라틴의 제조에 사용되는 우내피 등의 원료는 크롬처리 등 경화공정을 거친 것을 사용하여서는 안 된다.
㉡ 키틴, 키토산, 글루코사민, 카라기난, 알긴산 및 코치닐추출색소(카민 포함) 등의 제조 원료는 수집 · 보관 · 운송 과정에서 위생적으로 취급되어야 한다.
㉢ 동물, 식물, 광물 등을 원료로 하여 제조되는 식품첨가물에 사용되는 추출용매는 물, 주정과 이 고시에 수재된 것으로서, 개별규격에 적합한 것이나, 삼염화에틸렌, 염화메틸렌으로서 식품첨가물 공전 별표 3의 품목별 규격에 적합한 것이어야 한다. 다만, 사용된 용매(물, 주정 제외)는 최종 제품 완성 전에 제거하여야 한다.
㉣ 1-하이드록시에틸리덴-1,1-디포스포닌산은 과산화초산의 제조에 한하여 사용되어야 하고, 식품첨가물 공전 별표 3의 성분규격에 적합한 것이어야 한다.

⑤ 가스 형태의 식품첨가물

아산화질소는 내용량 2.5L 이상의 고압금속제용기에만 충전하여야 한다.

## 11-1-5 식품첨가물의 일반 사용기준

① 식품 중에 첨가되는 첨가물의 양은 물리적, 영양학적 또는 기타 기술적 효과를 달성하는데 필요한 최소량으로 사용해야 한다.
② 식품첨가물은 식품제조 · 가공과정 중 결함 있는 원재료나 비위생적인 제조방법을 은폐하기 위하여 사용하여서는 안 된다.
③ 식품 중에 첨가되는 영양강화제는 식품의 영양학적 품질을 유지하거나 개선시키는 데 사용하여야 하며, 영양소의 과잉 섭취 또는 불균형한 섭취를 유발해서는 안 된다.

④ 식품첨가물은 식품을 제조 · 가공 · 조리 또는 보존하는 과정에서 사용하여야 하며, 그 자체로 직접 섭취하거나 흡입하는 목적으로 사용하여서는 아니 된다.

⑤ 식용을 목적으로 하는 미생물 등의 배양에 사용하는 식품첨가물은 이 고시에 정하고 있는 품목 또는 국제식품규격위원회(Codex Alimentarius Commission)에서 미생물 영양원으로 등재된 것으로 최종식품에 잔류하여서는 아니 된다. 다만, 불가피하게 잔류할 경우에는 품목별 사용기준에 적합하여야 한다.

⑥ 식용색소녹색제3호 및 그 알루미늄레이크, 식용색소적색제2호 및 그 알루미늄레이크, 식용색소적색제3호, 식용색소적색제40호 및 그 알루미늄레이크, 식용색소적색제102호, 식용색소청색제1호 및 그 알루미늄레이크, 식용색소청색제2호 및 그 알루미늄레이크, 식용색소황색제4호 및 그 알루미늄레이크, 식용색소황색제5호 및 그 알루미늄레이크를 2종 이상 병용할 경우, 각각의 식용색소에서 정한 사용량 범위 내에서 사용하여야 하고 병용한 식용색소의 합계는 아래 표의 식품유형별 사용량 이하이어야 한다.

| 식품유형 | 사용량 |
|---|---|
| 빙과 | 0.15g/kg |
| 두류가공품,서류가공품 | 0.2g/kg |
| 과자, 츄잉껌, 빵류, 떡류, 아이스크림류, 아이스크림믹스류, 과·채음료, 탄산음료, 탄산수, 혼합음료, 음료베이스, 청주(주정을 첨가한 제품에 한함), 맥주, 과실주, 위스키, 브랜디, 일반증류주, 리큐르, 기타주류, 소시지류, 즉석섭취식품 | 0.3g/kg |
| 캔디류, 기타잼 | 0.4g/kg |
| 기타 코코아가공품 | 0.45g/kg |
| 기타설탕, 당시럽류, 기타엿, 당류가공품, 식물성크림, 기타식용유지가공품, 소스, 향신료조제품(고추냉이가공품 및 겨자가공품에 한함), 절임식품(밀봉 및 가열살균 또는 멸균처리한 제품에 한함. 다만, 단무지는 제외), 당절임(밀봉 및 가열살균 또는 멸균처리한 제품에 한함), 전분가공품, 곡류가공품, 어육소시지, 젓갈류(명란젓에 한함), 기타수산물가공품, 만두, 기타가공품 | 0.5g/kg |
| 초콜릿류, 건강기능식품(정제의 제피 또는 캡슐에 한함), 캡슐류 | 0.6g/kg |

⑦ 이 고시에서 품목별로 정하여진 주용도 이외에 국제적으로 다른 용도로서 기술적 효과가 입증되어 사용의 정당성이 인정되는 경우, 해당 용도로 사용할 수 있다.

⑧ 「대외무역관리규정」(산업통상자원부 고시)에 따른 외화획득용 원료 및 제품(주식회사 한국관광용품센터에서 수입하는 식품 제외), 「관세법」 제143조에 따라 세관장의 허가를 받아 외국으로 왕래하는 선박 또는 항공기 안에서 소비되는 식품 및 선천성대사이상질환자용 식품을 제조·가공·수입함에 있어 사용되는 식품첨가물은 「식품위생법」 제6조 및 이 기준·규격의 적용을 받지 아니할 수 있다.

⑨ 살균제의 용도로 사용되는 식품첨가물은 품목별 사용기준에 별도로 정하고 있지 않는 한 침지하는 방법으로 사용하여야 하며, 세척제나 다른 살균제 등과 혼합하여 사용하여서는 아니 된다.

# 11-2 식품첨가물의 각론

## 11-2-1 보존료(preservatives)

미생물의 번식으로 인한 식품의 부패를 방지하기 위해 사용하는 식품첨가물로써, 화학적 방법으로 합성되는 것을 말한다. 보존료는 미생물의 증식을 일정 기간 동안 억제하여 식품이 부패하기까지의 시간을 지연시키는 것으로, 살균작용이 있는 살균제와는 다르다. 식품에 따라 번식하는 미생물과 pH가 다르기 때문에 각 식품에 적합한 보존료를 선택할 필요가 있다. 현재 허용된 보존료 중 파라옥시안식향산에스테르류만이 비산성 보존제이고 나머지는 유기산이나 그 염류인 산성보존제이다.

이들 보존료는 다소의 독성이 있으므로 그 성분규격, 사용기준을 잘 지키도록 해야 한다. 또한 보존료로서 식품에 사용하기 위해서는 다음과 같은 조건이 있다.

① 변패를 일으키는 각종 미생물의 증식을 저지할 것.
② 독성이 없거나 극히 낮을 것.
③ 공기, 광선, 열에 안정하고 또 pH에 의해 영향을 받지 않을 것.
④ 식품의 성분에 따라 효능의 변화를 받지 않을 것.
⑤ 장기간 효력을 나타낼 것.
⑥ 무미, 무취이고 자극성이 없을 것.
⑦ 사용하기 쉬울 것.

보존료의 효과에 영향을 주는 인자는 다음과 같다.

① 미생물 오염도: 식품의 미생물 오염도에 의해 보존료의 항균작용이 달라질 수 있으며 또는 2차적 오염에 의해 효과가 저하될 수도 있다. 부패, 변패 직전의 식품에는 효과가 없다.
② pH: 산성 보존료는 pH가 낮을수록 효과가 크다.
③ 가열: 가열할 때 보존료를 첨가하면 살균시간이 단축된다. 장기간 저장식품의 경우 보존료 첨가와 함께 가열하는 것이 효과적이다.

④ 용해도: 미생물은 수용성 영양분을 섭취하기 때문에 보존료를 충분히 용해 분산시켜야 효과가 있다.

⑤ 병용: 보존료는 2종 이상 혼용하여 사용하면 효과가 크다.

보존료의 종류와 사용기준은 다음과 같다.

### (1) 데히드로 초산 나트륨(sodium dehydroacetate)

데히드로초산나트륨은 아래의 식품에 한하여 사용하여야 한다. 데히드로초산나트륨의 사용량은 데히드로초산으로서

1. 치즈류, 버터류, 마가린: 0.5g/kg 이하

### (2) 소브산(sorbic acid), 소브산칼륨(potassium sorbate)

소브산은 아래의 식품 한하여 사용하여야 한다. 소브산의 사용량을 소브산으로서

1. 치즈류: 3.0g/kg 이하(프로피온산, 프로피온산나트륨 또는 프로피온산칼슘과 병용할 때에는 소브산으로서 사용량과 프로피온산으로서 사용량의 합계가 3.0g/kg 이하)
2. 식육가공품(양념육류, 식육추출가공품 제외), 기타동물성가공식품(기타식육이 함유된 제품에 한함), 어육가공품류, 성게젓, 땅콩버터, 모조치즈: 2.0g/kg 이하(다만, 콜라겐케이싱을 사용한 소시지류의 경우, 소브산으로서 사용량의 합계가 2.0g/kg 이하)
3. 콜라겐케이싱: 0.1g/kg 이하
4. 젓갈류(단, 식염함량 8% 이하의 제품에 한함), 한식된장, 된장, 고추장, 혼합장, 춘장, 청국장(단, 비건조 제품에 한함), 혼합장, 어패건제품, 조림류(농산물을 주원료로 한 것에 한함), 플라워페이스트, 소스: 1.0g/kg 이하(다만, 소스의 경우, 파라옥시안식향산메틸 또는 파라옥시안식향산에틸과 병용할 때에는 소브산으로서 사용량과 파라옥시안식향산으로서 사용량의 합계가 1.0g/kg 이하이어야 하며, 그 중 파라옥시안식향산으로서의 사용량은 0.2g/kg 이하)
5. 알로에전잎(겔포함) 건강기능식품(단, 두 가지 이상의 건강기능식품원료를 사용하는 경우에는 사용된 알로에전잎(겔포함) 건강기능식품성분의 배합비율을 적용): 1.0g/kg 이하(안식향산, 안식향산나트륨, 안식향산칼륨 또는 안식향산칼슘과 병용할 때에는 소브산으로서 사용량과 안식향산으로서 사용량의 합계가 1.5g/kg 이하이어야 하며, 그 중 안식향산으로서의 사용량은 0.5g/kg 이하)
6. 농축과일즙, 과·채주스: 1.0g/kg 이하(안식향산, 안식향산나트륨, 안식향산칼륨 또는 안식향산칼슘과 병용할 때에는 소브산으로서 사용량과 안식향산으로서 사용량의 합계가1.0g/kg 이하이어야 하며, 그 중 안식향산으로서의 사용량은 0.6g/kg 이하)

7. 탄산음료: 0.5g/kg 이하(안식향산, 안식향산나트륨, 안식향산칼륨 또는 안식향산칼슘과 병용할 때에는 소브산으로서 사용량과 안식향산으로서 사용량의 합계가 0.6g/kg 이하, 그 중 소브산으로서의 사용량은 0.5g/kg 이하)
8. 잼류: 1.0g/kg 이하(안식향산, 안식향산나트륨, 안식향산칼륨, 안식향산칼슘, 파라옥시안식향산메틸, 파라옥시안식향산에틸, 프로피온산, 프로피온산나트륨 또는 프로피온산칼슘과 병용할 때에는 소브산으로서 사용량, 안식향산으로서 사용량, 파라옥시안식향산으로서 사용량 및 프로피온산으로서 사용량의 합계가 1.0g/kg 이하)
9. 건조과일류, 토마토케첩, 당절임(건조당절임 제외): 0.5g/kg 이하
10. 절임식품, 마요네즈: 1.0g/kg 이하(안식향산, 안식향산나트륨, 안식향산칼륨 또는 안식향산칼슘과 병용할 때에는 소브산으로서 사용량과 안식향산으로서 사용량의 합계가 1.5g/kg 이하이어야 하며, 그 중 안식향산으로서의 사용량은 1.0g/kg 이하)
11. 발효음료류(살균한것은 제외): 0.05g/kg 이하
12. 과실주, 탁주, 약주: 0.2g/kg 이하
13. 마가린:2.0g/kg이하(안식향산, 안식향산나트륨, 안식향산칼륨 또는 안식향산칼슘과 병용할 때에는 소브산으로서 사용량과 안식향산으로서 사용량의 합계가 2.0g/kg 이하이어야 하며, 그 중 안식향산으로서의 사용량은 1.0g/kg 이하)
14. 당류가공품(시럽상 또는 페이스트상에 한함): 1.0g/kg 이하
15. 향신료조제품(건조제품 제외): 1.0g/kg 이하
16. 건강기능식품(액상제품에 한하며, 알로에전잎(겔포함) 제품은 제외): 2.0g/kg 이하

### (3) 안식향산(benzoic acid), 안식향산나트륨(sodium benzoate)

안식향산은 아래의 식품에 한하여 사용하여야 한다. 안식향산의 사용량은 안식향산으로서

1. 과일 · 채소류음료(비가열제품 제외): 0.6g/kg 이하(다만, 농축과일즙, 과 · 채주스의 경우 소브산, 소브산칼륨 또는 소브산칼슘과 병용할 때에는 안식향산으로서 사용량과 소브산으로서 사용량의 합계가 1.0g/kg 이하이어야 하며, 그 중 안식향산으로서의 사용량은 0.6g/kg 이하)
2. 탄산음료: 0.6g/kg 이하(소브산, 소브산칼륨 또는 소브산칼슘과 병용할 때에는 안식향산으로서 사용량과 소브산으로서 사용량의 합계가 0.6g/kg 이하, 그 중 소브산으로서의 사용량은 0.5g/kg 이하)
3. 기타음료(분말제품 제외), 인삼 · 홍삼음료: 0.6g/kg 이하(파라옥시안식향산에틸 또는 파라옥시안식향산메틸과 병용할 때에는 안식향산으로서 사용량과 파라옥시안식향산으로서 사용량의 합계가 0.6g/kg 이하이어야 하며, 그 중 파라옥시안식향산으로서의 사용량은 0.1g/kg 이하)
4. 한식간장, 양조간장, 산분해간장, 효소분해간장, 혼합간장: 0.6g/kg 이하(파라옥시안식향산에틸 또는 파라옥시안식향산메틸과 병용할 때에는 안식향산으로서 사용량과 파라옥시안식향산으로서 사용량의 합계가 0.6g/kg 이하이어야 하며, 그 중 파라옥시안식향산으로서의 사용량은 0.25g/kg 이하)
5. 알로에 전잎(겔 포함) 건강기능식품(단, 두 가지 이상의 건강기능식품원료를 사용하는 경우에는 사용된 알로에 전잎(겔 포함) 건강기능식품 성분의 배합비율을 적용): 0.5g/kg 이하(소브산, 소브산칼륨 또는 소브산칼슘과 병

용할 때에는 안식향산으로서 사용량과 소브산으로서 사용량의 합계가 1.5g/kg 이하이어야 하며, 그 중 소브산으로서의 사용량은 1.0g/kg 이하)

6. 잼류: 1.0g/kg 이하(소브산, 소브산칼륨, 소브산칼슘, 파라옥시안식향산메틸, 파라옥시안식향산에틸, 프로피온산, 프로피온산나트륨 또는 프로피온산칼슘과 병용할 때에는 안식향산으로서 사용량, 소브산으로서 사용량, 파라옥시안식향산으로서 사용량 및 프로피온산으로서 사용량의 합계가 1.0g/kg 이하)
7. 망고처트니: 0.25g/kg 이하(파라옥시안식향산메틸 또는 파라옥시안식향산에틸과 병용할 때에는 안식향산으로서 사용량과 파라옥시안식향산으로서 사용량의 합계가 0.25g/kg 이하)
8. 마가린: 1.0g/kg 이하(소브산, 소브산칼륨 또는 소브산칼슘과 병용할 때에는 안식향산으로서 사용량과 소브산으로서 사용량의 합계가 2.0g/kg 이하이며, 그 중 안식향산으로서의 사용량은 1.0g/kg 이하임)
9. 절임식품, 마요네즈: 1.0g/kg 이하(소브산, 소브산칼륨 또는 소브산칼슘과 병용할 때에는 안식향산으로서 사용량과 소브산으로서 사용량의 합계가 1.5g/kg 이하이어야 하며, 그 중 소브산으로서의 사용량은 1.0g/kg 이하)

### (4) 파라옥시안식향산 에틸(ethyl ρ- hydroxy benzoate), 파라옥시안식향산 메틸(methyl ρ-Hydroxy benzoate)

파라옥시안식향산 에틸은 아래의 식품에 한하여 사용하여야 한다. 파라옥시안식향산에틸의 사용량은 파라옥시안식향산으로서

1. 캡슐류: 1.0g/kg 이하
2. 잼류: 1.0g/kg 이하(소브산, 소브산칼륨, 소브산칼슘, 안식향산, 안식향산칼륨, 안식향산칼슘, 안식향산나트륨, 파라옥시안식향산메틸, 프로피온산, 프로피온산나트륨 및 프로피온산칼슘과 병용할 때에는 파라옥시안식향산으로서 사용량, 소브산으로서 사용량, 안식향산으로서 사용량 및 프로피온산으로서 사용량의 합계가 1.0g/kg 이하)
3. 망고처트니: 0.25g/kg 이하(안식향산나트륨, 안식향산칼륨, 안식향산칼슘 또는 파라옥시안식향산메틸과 병용할 때에는 파라옥시안식향산으로서 사용량과 안식향산으로서 사용량의 합계가 0.25g/kg 이하)
4. 한식간장, 양조간장, 산분해간장, 효소분해간장, 혼합간장: 0.25g/kg 이하(안식향산, 안식향산나트륨, 안식향산칼륨 및 안식향산칼슘과 병용할 때에는 파라옥시안식향산으로서 사용량과 안식향산으로서 사용량의 합계가 0.6g/kg 이하이어야 하며, 그 중 파라옥시안식향산으로서의 사용량은 0.25g/kg 이하)
5. 식초: 0.1g/L 이하
6. 기타음료(분말제품 제외), 인삼·홍삼음료: 0.1g/kg 이하(안식향산, 안식향산나트륨, 안식향산칼륨 및 안식향산칼슘과 병용할 때에는 파라옥시안식향산으로서 사용량과 안식향산으로서 사용량의 합계가 0.6g/kg 이하이어야 하며, 그 중 파라옥시안식향산으로서의 사용량은 0.1g/kg 이하)
7. 소스류: 0.2g/kg 이하(소브산, 소브산칼륨 또는 소브산칼슘과 병용할 때에는 파라옥시안식향산으로서 사용량과 소브산으로서 사용량의 합계가 1.0g/kg 이하이어야 하며, 그 중 파라옥시안식향산으로서의 사용량은 0.2g/kg 이하)
8. 과일류(표피부분에 한한다): 0.012g/kg 이하
9. 채소류(표피부분에 한한다): 0.012g/kg 이하

### (5) 프로피온산나트륨(sodium propionate), 프로피온산칼슘(calcium propionate)

프로피온산나트륨은 아래의 식품에 한하여 사용하여야 한다. 프로피온산 나트륨의 사용량은 프로피온산으로서

1. 빵류: 2.5g/kg 이하
2. 치즈류: 3.0g/kg 이하(소브산, 소브산칼슘 및 소브산칼륨과 병행할 때에는 프로피온산으로서 사용량과 소브산으로서 사용량의 합계가 3.0g/kg 이하)
3. 잼류: 1.0g/kg 이하(소브산, 소브산칼륨, 안식향산, 안식향산칼륨, 안식향산칼슘, 안식향산나트륨, 파라옥시안식향산메틸 및 파라옥시안식향산에틸과 병용할 때에는 프로피온산으로서의 사용량, 소브산으로서의 사용량, 안식향산으로서의 사용량 및 파라옥시안식향산으로서의 사용량의 합계가 1.0g/kg 이하)

## 11-2-2 살균료(germicides)

살균료는 식품의 부패 원인균 또는 감염병균들을 사멸시키기 위하여 식품에 첨가 또는 식품 제조 시에 사용한다.

식품에 사용되는 살균료도 그 목적은 보존료와 같이 식품 보존에 있지만, 그 작용은 살균이 주가 되며, 정균력(靜菌力)도 있다고 생각된다. 또 보존료와 같이 살균료는 독성이 낮고 효력이 강하며, 지속성이 있고, 식품에 나쁜 영향을 주지 않으며, 사용법이 용이해야 한다.

현재 허용되고 있는 살균료는 다음과 같이 주로 음료수나 식기류 등의 살균에 사용되지만 때로는 희석액을 만들어 식품을 담그거나 식품에 분무하기도 한다.

### (1) 차아염소산칼슘(calcium hypochlorite)

차아염소산칼슘은 과일류, 채소류 등 식품의 살균 목적에 한하여 사용해야 하며, 최종식품의 완성 전에 제거해야 한다.

### (2) 차아염소산나트륨(sodium hypochlorite)

차아염소산나트륨은 과일류, 채소류 등 식품의 살균 목적에 한하여 사용해야 하며, 최종식품의 완성 전에 제거해야 한다. 다만 차아염소산나트륨은 참깨에 사용하여서는 아니 된다.

### (3) 차아황산나트륨(sodium hyposulfite)

차아황산나트륨은 아래의 식품에 한하여 사용하여야 한다. 차아황산나트륨의 사용량은 이

산화황으로서 아래의 기준 이상 남지 아니하도록 사용하여야 한다.

1. 박고지(박의 속을 제거하고 육질을 잘라내어 건조시킨 것을 말한다): 5.0g/kg
2. 당밀: 0.30g/kg
3. 물엿, 기타엿: 0.20g/kg
4. 과실주:0.350g/kg
5. 과일·채소류음료: 0.030g/kg (다만, 5배 이상 희석하여 음용하거나 사용하는 과일주스, 농축과일즙은 0.150g/kg)
6. 과·채가공품: 0.030g/kg(단, 5배이상 희석하여 음용하거나 사용하는 제품의 경우에는 0.150g/kg)
7. 건조과일류: 1.0g/kg(단, 「대한민국약전」(식품의약품안전처고시) 또는 「대한민국약전외한약(생약)규격집」(식품의약품안전처 고시)에 포함되어 식품원료로 사용가능한 과일류(건조한 것에 한함)는 상기 고시의 이산화황 기준에 따르며, 건조살구의 경우에는 2.0g/kg, 건조코코넛의 경우에는 0.20g/kg)
8. 건조채소류, 건조버섯류: 0.50g/kg(단, 「대한민국약전」(식품의약품안전처고시) 또는 「대한민국약전외한약(생약)규격집」(식품의약품안전처 고시)에 포함되어 식품원료로 사용가능한 채소류·버섯류(건조한 것에 한함)는 상기 고시의 이산화황 기준에 따름)
9. 건조농·임산물(위 7, 8의 규정 이외의 「대한민국약전」(식품의약품안전처고시) 또는 「대한민국약전외한약(생약)규격집」(식품의약품안전처 고시)에 포함되어 식품원료로 사용가능한 식물성 원료로서 건조한 것에 한함), 생지황: 상기 고시의 이산화황 기준에 따름
10. 곤약분:0.90g/kg
11. 새우: 0.10g/kg(껍질을 벗긴 살로서)
12. 냉동생게: 0.10g/kg(껍질을 벗긴 살로서)
13. 설탕류, 올리고당류, 포도당, 과당류, 덱스트린: 0.020g/kg
14. 식초: 0.10g/kg
15. 건조감자: 0.50g/kg
16. 소스: 0.30g/kg
17. 향신료조제품: 0.20g/kg
18. 기타수산물가공품(새우, 냉동생게 제외), 땅콩 또는 견과류가공품, 절임류, 빵류, 탄산음료, 과자, 면류, 만두피, 건포류, 캔디류, 코코아가공품류 또는 초콜릿류, 기타음료, 서류가공품(건조감자, 곤약분 제외), 두류가공품, 조림류(농산물을 주원료로 한 것에 한함), 브랜디, 일반증류주, 기타주류, 찐쌀, 잼류, 전분류, 당류가공품, 된장: 0.030g/kg
19. 곡류가공품(옥배유 제조용으로서 옥수수배아를 100% 원료로 한 제품에 한함): 0.20g/kg

## 11-2-3 산화방지제(antioxidants)

식품을 보존할 때 미생물에 의한 부패 외에도 공기 중의 산소에 의한 변질이 문제가 되고 있다. 이들 변화는 유지의 산패에 의한 이미(異味), 이취(異臭), 변색과 색소의 산화·퇴색 등으로 나타난다. 이와 같은 산화·변질 현상을 방지하기 위해서 첨가하는 물질이 산화방지제이다.

이들 산화방지제는 지용성인 것과 수용성인 것으로 분류하며, 수용성은 색소 산화방지제로 주로 사용하며, 지용성은 유지의 산화방지제에 사용한다. 그 외 구연산과 같은 유기산은 자신이 산화방지작용을 하지는 않지만 산화방지작용을 증가시키는 작용을 하는데 이것을 효력증강제라 한다.

산화방지제는 단독으로 사용하기도 하고 병용하기도 하는데, 일반적으로 병용할 때 작용이 증가되는 경우가 많다. 효력증강제(synergist)로서는 구연산, 말레산 등의 유기산류나 폴리인산염, 메타인산염 등의 축합인산염류 등이 있다. 이러한 물질은 촉매 역할을 하는 금속을 불활성화시키고, 산화된 산화방지제를 안정시키는 작용이 있는 것으로 사료된다.

합성고무류에는 일반적으로 페닐-$\beta$-나프틸아민을 사용하며, 그 밖에 방향족아민류·하이드로퀴논 등이 사용된다. 천연고무에는 라텍스 중의 아미노산류가 천연의 산화방지제로 되어 있다. 유지 등에는 비타민 E·세사몰·비타민 C·케르세틴 등이 천연의 산화방지제로써 함유되어 있다. 산화방지제로서 현재 허가된 것의 종류와 사용 기준은 다음과 같다.

### (1) 디부틸히드록시톨루엔(dibutyl hydroxy toluene; BHT), 부틸히드록시아니솔(butyl hydroxy anisole; BHA)

디부틸히드록시톨루엔은 아래의 식품에 한하여 사용하여야 한다. 디부틸히드록시톨루엔의 사용량은

1. 식용유지류(모조치즈, 식물성크림 제외), 버터류, 어패건제품, 어패염장품: 0.2g/kg 이하(부틸히드록시아니솔 또는 터셔리부틸히드로퀴논과 병용할 때에는 디부틸히드록시톨루엔으로서 사용량, 부틸히드록시아니솔으로서 사용량 및 터셔리부틸히드로퀴논으로서 사용량의 합계가 0.2g/kg 이하)
2. 어패냉동품(생식용 냉동선어패류, 생식용굴은 제외)의 침지액: 1g/kg 이하(부틸히드록시아니솔 또는 터셔리부틸히드로퀴논과 병용할 때에는 디부틸히드록시톨루엔으로서 사용량, 부틸히드록시아니솔으로서 사용량 및 터셔리부틸히드로퀴논으로서 사용량의 합계가 1g/kg 이하)
3. 추잉껌: 0.4g/kg 이하(부틸히드록시아니솔 및 터셔리부틸히드로퀴논과 병용할 때에는 디부틸히드록시톨루엔으로서 사용량, 부틸히드록시아니솔으로서 사용량 및 터셔리부틸히드로퀴논으로서 사용량의 합계가 0.4g/kg 이하)
4. 체중조절용 조제식품, 시리얼류: 0.05g/kg 이하(부틸히드록시아니솔과 병용할 때에는 디부틸히드록시톨루엔으로서 사용량과 부틸히드록시아니솔으로서 사용량의 합계가 0.05g/kg 이하)
5. 마요네즈: 0.06g/kg 이하

### (2) 몰식자산 프로필(propyl gallate)

몰식자산 프로필은 아래의 식품에 한하여 사용하여야 한다. 몰식자산프로필의 사용량은

1. 식용유지류(모조치즈, 식물성크림 제외), 버터류: 0.1g/kg 이하

### (3) L-아스코빌 팔미테이트(ascorbyl palmitate)

L-아스코빌팔미테이트는 아래의 식품에 한하여 사용하여야 한다. L-아스코빌팔미테이트의 사용량은

1. 식용유지류(모조치즈, 식물성크림 제외): 0.5g/kg 이하(L-아스코빌스테아레이트와 병용할 때에는 L-아스코빌팔미테이트로서 사용량과 L-아스코빌스테아레이트로서 사용량의 합계가 0.5g/kg 이하)
2. 마요네즈: 0.5g/kg 이하
3. 과자, 빵류, 떡류, 당류가공품, 액상차, 특수의료용도등식품(영·유용 특수조제식품 제외), 체중조절용 조제식품, 임신·수유부용 식품, 주류, 과·채가공품, 서류가공품, 어육가공품류, 기타수산물가공품, 기타가공품: 1.0g/kg 이하
4. 캔디류, 코코아가공품류 또는 초콜릿류, 유탕면, 복합조미식품, 향신료조제품, 만두피: 0.5g/kg 이하
5. 건강기능식품의 경우는 해당 기준 및 규격에 따른다.

### (4) 이디티에이(EDTA) 칼슘 2나트륨(calcium disodium ethylene diamine tetraacetate), 이디티에이 2나트륨(disodium ethylene diamine tetraacetate)

아래의 식품에 한하여 사용하여야 한다. 이디티에이칼슘이나트륨의 사용량은 무수 이디티에이이나트륨으로서

1. 소스, 마요네즈: 0.075g/kg 이하(이디티에이이나트륨과 병용할 때에는 무수 이디티에이이나트륨으로서의 사용량의 합계가 0.075g/kg 이하)
2. 통조림식품 또는 병조림식품: 0.25g/kg 이하(이디티에이이나트륨과 병용할 때에는 무수 이디티에이이나트륨으로서의 사용량의 합계가 0.25g/kg 이하)
3. 음료류(캔 또는 병제품에 한하며 다류, 커피 제외): 0.035g/kg 이하(이디티에이칼슘이나트륨과 병용할 때에는 무수 이디티에이이나트륨으로서 사용량의 합계가 0.035g/kg 이하)
4. 마가린: 0.1g/kg 이하(이디티에이칼슘이나트륨과 병용할 때에는 무수 이디티에이이나트륨으로서의 사용량의 합계가 0.1g/kg 이하)

5. 오이초절임 및 양배추초절임: 0.22g/kg 이하(이디티에이칼슘이나트륨과 병용할 때에는 무수 이디티에이이나트륨으로서 사용량의 합계가 0.22g/kg 이하)
6. 건조과일류(바나나에 한한다): 0.265g/kg 이하(이디티에이이나트륨과 병용할 때에는 무수 이디티에이이나트륨으로서 사용량의 합계가 0.265g/kg 이하)
7. 서류가공품(냉동감자에 한한다): 0.365g/kg 이하(이디티에이이나트륨과 병용할 때에는 무수 이디티에이이나트륨으로서의 사용량의 합계가 0.365g/kg 이하)
8. 땅콩버터: 0.1g/kg 이하(이디티에이이나트륨과 병용할 때에는 무수 이디티에이이나트륨으로서의 사용량의 합계가 0.1g/kg 이하)

#### (5) 터셔리부틸히드로퀴논(tert-butyl hydroquinone)

아래의 식품에 한하여 사용하여야 한다. 터셔리부틸히드로퀴논의 사용량은

1. 식용유지류(모조치즈, 식물성크림 제외), 버터류, 어패건제품, 어패염장품: 0.2g/kg 이하(부틸히드록시아니솔 및 디부틸히드록시톨루엔과 병용할 때에는 터셔리부틸히드로퀴논으로서 사용량, 디부틸히드록시톨루엔으로서 사용량 및 부틸히드록시아니솔으로서 사용량의 합계가 0.2g/kg 이하)
2. 어패냉동품(생식용 냉동선어패류, 생식용 굴은 제외)의 침지액: 1g/kg 이하(부틸히드록시아니솔 및 디부틸히드록시톨루엔과 병용할 때에는 터셔리부틸히드로퀴논으로서 사용량, 디부틸히드록시톨루엔으로서 사용량 및 부틸히드록시아니솔으로서 사용량의 합계가 1g/kg 이하)
3. 추잉껌: 0.4g/kg 이하(부틸히드록시아니솔 또는 디부틸히드록시톨루엔과 병용할 때에는 터셔리부틸히드록퀴논으로서 사용량, 디부틸히드록시톨루엔으로서 사용량 및 부틸히드록시아니솔으로서 사용량의 합계가 0.4g/kg 이하)

#### (6) 에리토브산(erythorbic acid), 에리토브산나트륨(sodium erythorbate)

에리토브산은 산화방지제 목적에 한하여 사용하여야 한다.

### 11-2-4 착색료(coloring matter)

자연계에서 생산되는 원예작물은 각각 고유의 색채를 구비하고 있다. 색은 맛, 향기와 더불어 식품에 있어서 중요한 요소이며 상품적 가치를 결정하는 요인이 되기도 한다. 이러한 색은 자연의 색이 가장 좋지만 자연색소는 불안정하여 가공이나 제조에 의해 변색 또는 퇴색되어 관능적(官能的)으로 좋지 않을 때도 있으므로 주로 착색료를 사용하여 소실된 색채를 복원시키거나 다른 아름다운 색을 주어 식욕을 돋우고 있다. 우리나라 식품위생법에서 화학적

합성품인 착색료로 허용된 것은 타르색소와 타르색소의 알루미늄레이크, 비타르색소로서 종류는 다음과 같다.

### (1) 타르(tar)색소

#### ① 타르색소의 특성

타르색소는 모두가 수용성이기 때문에 사용률이 착색료 중 가장 높다. 그러나 타르색소 중에서 광, 열, 산, 알칼리, 금속 등의 영향을 받아 변색 또는 퇴색하는 경우가 있으므로 이들의 성질을 알아서 효과적으로 사용해야 하며 단독으로보다 혼합하여 사용하므로 여러 가지 색을 나타낼 수가 있다.

한편 염기성 알루미늄염을 타르색소에 작용시켜 얻은 화합물을 타르색소 알루미늄레이크라 하며 색소 함유량이 10~30% 정도이고 식품에 사용할 때 미세한 색소 입자를 분산시켜 착색한다. 수성식품이나 유성식품에 관계없이 착색될 뿐 아니라 탈색되는 일도 없고 수용성 타르색소로는 착색시간이 오래 걸리고 착색이 균일하지 않은 분말식품이나 유지식품, 당의(糖衣)식품, 알사탕, 껌 등에 착색효과를 준다. 또한 열이나 빛에 대해서도 타르색소보다 안전하다.

#### ② 허용된 타르색소

식용색소녹색 제3호, 식용색소녹색 제3호 알루미늄레이크, 식용색소적색 제2호, 식용색소적색 제2호 알루미늄레이크, 식용색소적색 제3호, 식용색소적색 제40호, 식용색소적색 제40호 알루미늄레이크, 식용색소적색 제102호, 식용색소 청색 제1호, 식용색소 청색 제1호 알루미늄레이크, 식용색소청색 제2호, 식용색소청색 제2호 알루미늄레이크, 식용색소황색 제4호, 식용색소황색 제4호 알루미늄레이크, 식용색소황색 제5호, 식용색소황색 제5호 알루미늄레이크 등이다.

식용색소황색 제4호는 아래의 식품에 한하여 사용하여야 한다. 식용색소황색 제4호의 사용량은

1. 과자: 0.2g/kg 이하
2. 캔디류, 추잉껌: 0.3g/kg 이하
3. 빙과: 0.15g/kg 이하
4. 빵류: 0.2g/kg 이하
5. 떡류: 0.15g/kg 이하

6. 만두: 0.5g/kg 이하
7. 기타 코코아가공품, 초콜릿류: 0.4g/kg 이하
8. 기타 잼류: 0.2g/kg 이하
9. 기타 설탕, 기타 엿, 당시럽류: 0.5g/kg 이하
10. 소시지류: 0.3g/kg 이하
11. 어육소시지: 0.5g/kg 이하
12. 과·채음료, 탄산음료, 기타음료: 0.1g/kg 이하(다만, 희석하여 음용하는 제품에 있어서는 희석한 것으로)
13. 향신료가공품[고추냉이(와사비)가공품 및 겨자가공품에 한함]: 0.5g/kg 이하
14. 소스: 0.5g/kg 이하
15. 젓갈류(명란젓에 한함): 0.5g/kg 이하
16. 절임식품(밀봉 및 가열살균 또는 멸균처리한 제품에 한함. 다만, 단무지는 제외): 0.5g/kg 이하
17. 주류(탁주, 약주, 소주, 주정을 첨가하지 않은 청주 제외): 0.2g/kg 이하
18. 식물성 크림: 0.5g/kg 이하
19. 즉석섭취식품: 0.05g/kg 이하
20. 두류가공품, 서류가공품: 0.1g/kg 이하
21. 전분가공품, 곡류가공품, 당류가공품, 기타 수산물가공품, 기타 가공품: 0.5g/kg 이하
22. 기타 식용유지가공품: 0.3g/kg 이하
23. 건강기능식품(정제의 제피 또는 캡슐에 한함), 캡슐류: 0.3g/kg 이하
24. 아이스크림류, 아이스크림 믹스류: 0.15g/kg 이하
25. 커피(표면장식에 한함): 0.1g/kg 이하(식용색소적색3호, 식용색소적색40호, 식용색소청색제1호와 병용할 때는 사용량의 합계가 0.1g/kg 이하)

### (2) 비타르색소

① 삼이산화철(iron sesquioxide): 바나나(꼭지 절단면), 곤약에 한하여 사용하여야 한다.

② 수용성 안나토(annato water sol): 아래의 식품에 사용해서는 아니 된다.

1.천연식품[식육류, 어패류, 과일류, 채소류, 해조류, 콩류 등 및 그 단순가공품(탈피, 절단 등)]
2. 다류 3. 커피 4. 고춧가루, 실고추 5. 김치류 6. 고추장, 조미고추장 7. 식초
8. 향신료가공품(고추 또는 고춧가루 함유제품에 한함)

③ 철클로로필린나트륨(sodium iron chlorophylline): 아래의 식품에 사용해서는 안 된다.

1. 천연식품류[식육류, 어패류, 과일류, 채소류, 해조류, 콩류 등 및 그 단순가공품(탈피, 절단 등)] 2. 다류

3. 커피 4. 고춧가루, 실고추 5. 김치류 6. 고추장, 조미고추장 7. 식초

④ 동클로로필린나트륨(sodium copper chlorophylline): 아래의 식품에 한하여 사용하여야 한다.

1. 다시마: 무수물 1kg에 대하여 0.15g 이하 2. 과일류의 저장품, 채소류의 저장품: 0.1g/kg 이하 3. 추잉껌, 캔디류: 0.05g/kg 이하 4. 완두콩 통조림 중의 한천: 0.0004g/kg 이하

⑤ 이산화티타늄(titanium oxide)

이산화티타늄은 아래의 식품에 사용해서는 아니 된다.

1. 천연식품[식육류, 어패류, 채소류, 과일류, 해조류, 콩류 등 및 그 단순가공품(탈피, 절단 등)] 2. 식빵, 카스텔라 3. 코코아매스, 코코아버터, 코코아분말 4. 잼류 5. 유가공품 6. 식육가공품(소시지류, 식육추출가공품 제외) 7. 알가공품 8. 어육가공품 9. 두부류, 묵류 10. 식용유지류(모조치즈, 식물성크림, 기타식용유지 가공품 제외) 11. 면류 12. 다류 13. 커피 14. 과일·채소류음료(과·채음료 제외) 15. 두유류 16. 발효음료류 17. 인삼·홍삼음료 18. 장류 19. 식초 20. 토마토케첩 21. 카레 22. 고춧가루, 실고추 23. 천연향신료 24. 복합조미식품 25. 마요네즈 26. 김치류 27. 젓갈류 28. 절임류(밀봉 및 가열살균 또는 멸균처리한 절임제품은 제외) 29. 단무지 30. 조림류 31. 땅콩 또는 견과류가공품류 32. 조미김 33. 벌꿀류 34. 즉석조리식품 35. 레토르트식품 36. 특수용도식품 37. 건강기능식품(정제의 제피 또는 캡슐은 제외)

## 11-2-5 발색제(colors fixatives)

발색제는 착색제와는 달리 그들 자체가 색을 나타내는 것이 아니고 식품 중의 색소성분과 반응하여 그 색을 보존하거나 발색시키는 물질을 말한다. 예를 들면 식육제품이나 경육제품, 어육제품의 발색제로 질산염 및 아질산염을 사용하면 고기의 색소가 산화되지 않거나 헤모글로빈(hemoglobin) 또는 미오글로빈(myoglobin)과 결합하여 식육 고유의 색인 선홍색(鮮紅色)을 유지시키는 작용을 한다.

그들의 종류와 사용기준은 다음과 같다.

### (1) 아질산나트륨(sodium nitrite)

아질산나트륨은 아래의 식품에 한하여 사용하여야 한다. 아질산나트륨의 사용량은 아질산이온으로서 아래의 기준 이상 남지 아니하도록 사용하여야 한다.

1. 식육가공품(식육추출가공품 제외), 기타 동물성가공식품(기타식육이 함유된 제품에 한함): 0.07g/kg
2. 어육소시지류: 0.05g/kg
3. 명란젓, 연어알젓: 0.005g/kg

#### (2) 질산칼륨(potassium nitrate)

아래의 식품에 한하여 사용하여야 한다. 질산칼륨의 사용량은 아질산이온으로서 아래의 기준 이상 남지 않도록 사용해야 한다.

1. 식육가공품(식육추출가공품 제외), 기타 동물성가공식품(기타 식육이 함유된 제품에 한함): 0.07g/kg
2. 치즈류: 0.05g/kg
3. 대구알염장품: 0.2g/kg

#### (3) 질산나트륨(sodium nitrate)

아래의 식품에 한하여 사용하여야 한다. 사용량은 아질산이온으로서 아래의 기준 이상 남지 않도록 사용해야 한다.

1. 식육가공품(식육추출가공품 제외), 기타동물성가공식품(기타 식육이 함유된 제품에 한함): 0.07g/kg
2. 치즈류: 0.05g/kg

### 11-2-6 표백제(bleaching agents)

유색물질을 화학적으로 분해 또는 변화시켜 무색의 물질로 만들기 위해 표백이 행해진다. 표백에는 산화제를 사용하는 방법과 환원에 의한 방법이 있는데, 산화에 의한 표백일 때는 변색되어 유색이 되는 경우가 있고 환원에 의한 표백은 환원제가 존재하는 동안에는 표백효과가 있으나 환원제가 소실되면 공기 중의 산소에 의하여 산화되어 원상태로 돌아가는 경우도 있다.

산화표백제는 산화작용에 의하여 착색물질을 불가역적으로 파괴하여 무색 또는 백색으로 되는 것으로 식품의 조직이 부분적으로 파괴되고 손상될 뿐 아니라 비타민 등의 영양성분의 손실을 가져올 우려가 있다. 과산화수소, 과산화벤조일, 차아염소산나트륨 등이 있으며, 환원표백제는 색소를 환원작용에 의하여 파괴하여 표백한다. 즉 색소 중의 산소를 빼앗아 표백하는 것인데, 식품 중에 표백제가 없어지면 공기 주위의 산소에 의하여 색이 다시 복원되는 경우가 많은 것이 결점이다. 메타중아황산나트륨, 아황산나트륨, 산성아황산나트륨, 차아황산나트륨 등이 허용된 환원표백제이다. 허용된 표백제와 그 사용기준은 다음과 같다.

#### (1) 메타중아황산칼륨(potassium metabisulfite), 무수아황산(sulfur dioxide), 아황산나트륨(sodium sulfite), 산성아황산나트륨(sodium bisulfite), 차아황산나트륨(sodium hyposulfite)

메타중아황산칼륨은 아래의 식품에 한하여 사용하여야 한다. 사용량은 이산화황으로서 아래의 기준 이상 남지 않도록 사용해야 한다.

1. 박고지(박의 속을 제거하고 육질을 잘라내어 건조시킨 것을 말한다):5.0g/kg
2. 당밀: 0.30g/kg
3. 물엿, 기타엿: 0.20g/kg
4. 과실주: 0.350g/kg
5. 과일·채소류음료: 0.030g/kg (다만, 5배 이상 희석하여 음용하거나 사용하는 과일주스, 농축과일즙은 0.150g/kg)
6. 과·채가공품: 0.030g/kg(단, 5배이상 희석하여 음용하거나 사용하는 제품의 경우에는 0.150g/kg)
7. 건조과일류: 1.0g/kg(단, 「대한민국약전」(식품의약품안전처고시) 또는 「대한민국약전외한약(생약)규격집」(식품의약품안전처 고시)에 포함되어 식품원료로 사용가능한 과일류(건조한 것에 한함)는 상기 고시의 이산화황 기준에 따르며, 건조살구의 경우에는 2.0g/kg, 건조코코넛의 경우에는 0.20g/kg)
8. 건조채소류, 건조버섯류: 0.50g/kg(단, 「대한민국약전」(식품의약품안전처고시) 또는 「대한민국약전외한약(생약)규격집」(식품의약품안전처 고시)에 포함되어 식품원료로 사용가능한 채소류·버섯류(건조한 것에 한함)는 상기 고시의 이산화황 기준에 따름)
9. 건조농·임산물(위 7, 8의 규정 이외의 「대한민국약전」(식품의약품안전처고시) 또는 「대한민국약전외한약(생약)규격집」(식품의약품안전처 고시)에 포함되어 식품원료로 사용가능한 식물성 원료로서 건조한 것에 한함), 생지황: 상기 고시의 이산화황 기준에 따름
10. 곤약분:0.90g/kg
11. 새우: 0.10g/kg(껍질을 벗긴 살로서)
12. 냉동생게: 0.10g/kg(껍질을 벗긴 살로서)
13. 설탕류, 올리고당류, 포도당, 과당류, 덱스트린: 0.020g/kg
14. 식초:0.10g/kg
15. 건조감자: 0.50g/kg
16. 소스: 0.30g/kg
17. 향신료조제품: 0.20g/kg
18. 기타수산물가공품(새우, 냉동생게 제외), 땅콩 또는 견과류가공품, 절임류, 빵류, 탄산음료, 과자, 면류, 만두피, 건포류, 캔디류, 코코아가공품류 또는 초콜릿류, 기타음료, 서류가공품(건조감자, 곤약분 제외), 두류가공품, 조림류(농산물을 주원료로 한 것에 한함), 브랜디, 일반증류주, 기타주류, 찐쌀, 잼류, 전분류, 당류가공품, 된장: 0.030g/kg
19. 곡류가공품(옥배유 제조용으로서 옥수수배아를 100% 원료로 한 제품에 한함): 0.20g/kg

### (2) 과산화수소(hydrogen peroxide)

최종식품의 완성 전에 분해하거나 또는 제거하여야 한다.

## 11-2-7 밀가루 개량제(flour improvers)

제분된 직후의 밀가루는 카로티노이드(carotenoid) 등의 색소와 단백분해효소 등을 함유하고 있어서 그대로 방치하면 좋은 2차적 제품을 얻기가 어렵다. 밀가루를 저장하면 공기 중의 산소의 작용에 의하여 어느 정도 표백과 숙성이 되지만, 그 진행이 완만하여 2~3개월이 걸린다. 그런데 장기간 밀가루를 저장한다는 것은 품질 및 경제상 어려움이 많다. 따라서 밀가루 개량제를 사용하면 표백과 숙성기간의 단축 및 제빵저해물질의 파괴, 살균 등에 효과가 있다. 이들 중 과산화벤조일은 산화작용에 의한 표백작용을 하며, 과황산암모늄은 표백작용은 약하지만 글루텐의 성질을 좋게 하고 제빵효과를 좋게 하며 카로티노이드 색소 등을 산화표백하고 단백분해효소를 파괴한다. 그러나 과량으로 사용하면 글루텐의 신축성이 감소되고 색택불량, 비타민 파괴 등을 일으켜 품질저하를 가져온다. 사용기준은 다음과 같다.

### (1) 과산화벤조일(희석)(benzoyl peroxide), 과황산암모늄(ammonium persulfate)

과산화벤조일(희석)은 아래의 식품에 한하여 사용하여야 한다. 과산화벤조일(희석)의 사용량은
1. 밀가루류 0.3g/kg 이하

### (2) 이산화염소(수)(chlorine dioxide)

이산화염소(수)는 아래의 식품 또는 목적에 한하여 사용하여야 한다.
1. 이산화염소는 빵류 제조용 밀가루에 한하여 사용하여야 하며, 사용량은 빵류 제조용 밀가루에 있어서는 1kg에 대하여 30mg 이하이어야 한다.
2. 이산화염소수는 과일류, 채소류 등 식품의 살균 목적에 한하여 사용해야 하며, 최종식품의 완성 전에 제거해야 한다.

### (3) 염소(chlorine)

염소는 아래의 식품에 한하여 사용하여야 한다.
1. 밀가루류: 2.5g/kg 이하

### (4) 아조디카르본아미드(azodicarbonamide)

아조디카르본아미드는 아래의 식품에 한하여 사용하여야 한다.

1. 밀가루류: 45mg/kg 이하

## 11-2-8 조미료(seasonings)

식품의 고유한 맛만으로 만족을 느끼지 못할 경우 맛을 좋게 하고자 첨가하는 물질을 조미료라 한다. 단맛, 신맛, 짠맛, 쓴맛을 4원미라 하는데 매운맛, 풍미, 떫은맛, 금속미, 청량미 등은 이들 4원미의 복합미이다. 조미료는 다음과 같으며 대상식품 및 사용량은 기준이 없다.

### (1) 핵산계조미료

① 5´-이노신산이나트륨(카츠오부시의 정미성분)
② 5´-구아닐산이나트륨(표고버섯의 정미성분)
③ 5´-리보뉴클레오티드이나트륨 및 5'-리보뉴클레오티드이칼슘(효모의 핵산성분)

### (2) 아미노산계 조미료

① L-글루탐산 나트륨(다시마의 정미성분)
② DL-알라닌, 글리신(감미가 있다)

### (3) 유기산계 조미료

① L-주석산나트륨, DL-주석산나트륨(짠맛이 있고, 청량음료수, 합성청주 등에 사용)
② 구연산 3나트륨, DL-사과산나트륨, 호박산 2나트륨(짠맛이 있는 조미료), 호박산(패류의 정미성분)

### (4) 무기염류

무기산과 염기가 반응하여 생성된 물질로써, 염화나트륨, 황산아연 등이 있다.

## 11-2-9 산미료(acidulants)

식품의 신맛은 향기를 동반하는 경우가 많으며 미각의 자극이나 식욕의 증진에 관여한다. 이들 성분에는 유기산, 무기산이 있고, 신맛은 용액 중에 해리되어 있는 수소이온과 해리되지 않은 산분자에 기인한다. 그러나 신맛의 정도는 수소이온 농도에 반드시 비례하지 않는다. 우리나라에서 허가된 산미료의 종류는 다음과 같으며 사용기준은 없다.

**(1) DL-주석산나트륨, L-주석산나트륨, 초산(acetic acid), 결정·무수구연산(citric acid), 빙초산(glacial acetic acid), 구연산 3나트륨, DL-사과산나트륨, 호박산 2나트륨, 호박산(succinic acid), DL-사과산(malic acid), 젖산(lactic aid), 주석산(tartaric acid), 푸마르산(fumaric acid)** 등이 있다.

## 11-2-10 감미료(nonnutritive sweetners)

합성 감미료는 당질 이외의 감미를 가진 화학적 합성품을 총칭하는 것으로서 영양가가 없다. 인체에 해로운 것이 많으며, 식품으로 사용할 수 있는 것과 그 사용기준은 아래와 같다.

### (1) 사카린나트륨(sodium saccharin)

아래의 식품에 한하여 사용해야 한다. 사카린나트륨의 사용량은

1. 젓갈류, 절임류, 조림류: 1.0g/kg 이하
2. 김치류: 0.2g/kg 이하
3. 음료류(발효음료류, 인삼·홍삼음료, 다류 제외): 0.2g/kg 이하(다만, 5배 이상 희석하여 사용하는 것은 1.0g/kg 이하)
4. 어육가공품류: 0.1g/kg 이하
5. 시리얼류: 0.1g/kg 이하
6. 뻥튀기: 0.5g/kg 이하
7. 특수의료용도등식품: 0.2g/kg 이하
8. 체중조절용조제식품: 0.3g/kg 이하
9. 건강기능식품: 1.2g/kg 이하
10. 추잉껌: 1.2g/kg 이하
11. 잼류: 0.2g/kg 이하
12. 장류: 0.2g/kg 이하
13. 소스: 0.16g/kg 이하

14. 토마토케첩: 0.16g/kg 이하
15. 탁주: 0.08g/kg 이하
16. 소주: 0.08g/kg 이하
17. 과실주: 0.08g/kg 이하
18. 기타 코코아가공품, 초콜릿류: 0.5g/kg 이하
19. 빵류: 0.17g/kg 이하
20. 과자: 0.1g/kg 이하
21. 캔디류: 0.5g/kg 이하
22. 빙과: 0.1g/kg 이하
23. 아이스크림류: 0.1g/kg 이하
24. 조미건어포: 0.1g/kg 이하
25. 떡류: 0.2g/kg 이하
26. 복합조미식품: 1.5g/kg 이하
27. 마요네즈: 0.16g/kg 이하
28. 과·채가공품: 0.2g/kg 이하
29. 옥수수(삶거나 찐 것에 한함): 0.2g/kg 이하
30. 당류가공품: 0.3g/kg 이하

### (2) 글리실리진산 2나트륨(disodium glycyrrhizinate)

글리실리진산이나트륨은 아래의 식품에 한하여 사용하여야 한다.

1. 한식된장, 된장
2. 한식간장, 양조간장, 산분해간장, 효소분해간장, 혼합간장

### (3) 아스파탐(aspartame)

아스파탐의 사용량은 아래와 같으며, 기타식품의 경우 제한받지 아니 한다.

1. 빵류, 과자, 빵류 제조용 믹스, 과자 제조용 믹스: 5.0g/kg 이하
2. 시리얼류: 1.0g/kg 이하
3. 특수의료용도등식품: 1.0g/kg 이하
4. 체중조절용 조제식품: 0.8g/kg 이하
5. 건강기능식품: 5.5g/kg 이하

### (4) 스테비올배당체(steviol glycoside)

스테비올배당체는 아래의 식품에 사용하여서는 아니 된다.

1. 설탕
2. 포도당
3. 물엿
4. 벌꿀류

### (5) 효소처리스테비아(enzymatically modified stevia glucosyl stevia)

효소처리스테비아는 아래의 식품에 사용하여서는 아니 된다.

1. 설탕
2. 포도당
3. 물엿
4. 벌꿀류

### (6) 기타 감미료

D-소비톨(D-sorbitol), 이소말트(isomalt), 락티톨(lactitol) 등이 있다.

## 11-2-11 착향료(flavoring agents)

향료란 상온에서 휘발성이 있으며 후각작용에 의해 식품, 화장품 등의 부향료(賦香料)로서 사용하는 물질이다. 향료는 합성향료와 천연향료로 구분되는데, 천연향료는 식물성과 동물성 향료로 구분되며 합성향료에는 천연향료의 유효성분과 같게 합성한 것과 그 자신은 존재하지 않지만 향기는 유사한 것으로 합성된 순수한 합성향료가 있다.

합성향료는 그 향료의 기초가 되는 주체, 주체와 조화시키기 위해 소량의 향료를 조금 첨가하는 조화제(blender), 향기를 복잡하게 하기 위하여 성분이 다른 계통의 향료를 소량 첨가하는 변조제(modifier), 조합성분이 서로 분리되어 휘발하지 않도록 첨가하는 분자량이 큰 휘발보호제(fixer) 등이 있다. 향료의 사용목적은 식품 자체의 냄새를 없애기 위한 목적, 변화시키기 위한 목적, 강화하려는 목적 등으로 나누어지며 또한 향료의 형태로써 구분하면 다음과 같다.

### (1) 수용성 향료(essence)

유상의 방향성분이 물에 용해되도록 만들어진 것으로서 알코올 등의 용제를 사용하여 조제한 것으로 essence라 한다.

### (2) 유성 향료(essential oil)

천연의 정유(精油) 또는 여기에 합성향료를 배합한 것이나 에센스의 방향성분을 프로필렌 글리콜 등에 녹인 것으로서 oil이라고 한다.

### (3) 유화 향료(emulsified flavor)

천연의 정유나 합성향료를 유화제와 함께 사용하여 물속에 분산, 유화시킨 것으로서 사용 목적에 따라 음료에 유화와 혼탁을 주는 클라우디 플레이버(cloudy flavor)와 향료를 유화하기 위하여 유액으로 한 것으로 나눌 수 있다.

### (4) 분말 향료(powder flavor)

향료를 수용성 부형제의 용액과 유화액으로 만든 후 분무 건조한 것으로서 이 향료는 부형제로 피복된 미세한 분말로 되어 보존되므로 휘발이나 변화로부터 보호되어 있어서 장기간의 보존에 견딘다.

① 착향료는 유형별로 구분하는 것과 개별로 성분규격을 관리하는 것으로 나누어져 있다. 유형별로는 에스테르류, 고급케톤류, 지방산류 등이 있으며, 개별 성분규격이 있는 품목은 D, L-멘톨, 아니스알데히드 등이 있다.

② 각종 식품 향료를 사용할 때의 일반적인 주의사항은 대개 휘발성이므로 가열 공정 후 냉각시킨 다음에 첨가할 것과 또한 식품에 고르게 분산·침투되게 할 것, 식품에 적합한 것을 선택하고 사용량도 주의해야 한다.

③ 식품의 알칼리 성분이나 항산화제, 공기 및 금속 등에 의하여 변질되므로 주의해야 한다.

④ 우리나라에서는 에스테르류와 에스테르 이외의 착향료, 성분규격이 없는 착향료 등이 있다.

⑤ 착향료로서 지정된 것을 편의상 성분규격이 있는 것과 없는 것으로 나누며 성분규격이 있는 것을 에스테르류와 에스테르 이외의 착향료로 나눈다.

⑥ DL-멘톨, L-멘톨을 제외하고는 착향 이외의 목적으로 사용할 수 없다.

## 11-2-12 합성팽창제(synthetic expanders)

팽창제란 빵, 과자 등에 첨가하면 가스를 발생시켜 제품을 연하고 맛을 좋게 하는 동시에 소화되기 쉬운 상태로 만드는 화학적 합성품을 말한다.

합성팽창제는 단일팽창제의 결점을 개선한 것이며 원료성분이나 형태에 따라 암모니아계 합성팽창제, 알칼리성의 탄산염류나 탄산수소염류에 산성물질을 혼합한 1제식 합성팽창제, 탄산염류 및 탄산수소염류에 전분 등의 분산제와 별도로 산성물질을 혼합한 2제식 합성팽창제가 있다. 이들의 사용기준은 아래와 같으며 대상식품 및 사용기준은 없다.

### (1) 산제팽창제

황산알루미늄칼륨(명반, 소명반), L-주석산수소칼륨(2제식 합성팽창제와 산성물질), DL-주석산수소칼륨, 산성피로인산나트륨, 글루코노델타락톤 등

### (2) 알칼리제팽창제

염화암모늄, 탄산수소나트륨(1제식 팽창제), 탄산암모늄, 탄산수소암모늄, 탄산마그네슘 등

### (3) 산, 알칼리제팽창제

황산알루미늄암모늄(암모늄명반, 소암모늄명반) 등

## 11-2-13 영양강화제(enriched agents)

영양강화제란 미량으로서 영양효과가 있고 식품의 영양강화를 위하여 첨가되는 물질(비타민, 무기질, 아미노산 등)을 말한다. 생리적으로 중요한 작용을 할 뿐 아니라 신체의 구성에도 필요불가결한 물질이다. 이들은 식품에 고유하게 함유되어 있지만 부족하거나 제조, 가공, 조리, 보존 등의 과정에서 손실되는 경우가 있으므로 영양을 높여주기 위한 첨가제로서 사용된다.

또한 영양강화제는 안정성과 식품에 악영향을 주어서는 안 되며 소량으로 효과가 많아야 한다. 대상식품은 쌀, 보리, 소맥분, 면류, 빵, 장류, 버터, 마가린, 분유, 과자류, 탄산음료류 등이 있으며, 사용되는 종류는 비타민류, 필수 아미노산류, 철염류, 칼슘염류 및 기타로 나누고, 칼슘화합물만 사용기준이 정해져 있다.

영양강화제 중에는 산화방지제(비타민 C, 비타민 E), 발색제[니코틴산 아미드(Niacinamide, 나이아신 아미

드): 니코틴산 아미드 및 이를 함유하는 제제는 식육 및 선어패류(고래고기 포함)에 사용해서는 안 된다. 황산 제1철], 합성 팽창제 원료(제2인산 칼슘 사용량은 식품에 1% 이하, 다만 특수 용도 식품에는 제한없음), 두부응고제(황산칼슘, 염화칼슘), 밀가루개량제(L-시스테인 염산염) 등 다른 용도로 사용되는 것도 있다.

## 11-2-14 유화제(emulsifiers)

물과 기름처럼 서로 혼합이 잘 되지 않는 2종류의 액체를 혼합분산시켜 분리되지 않도록 해주는 물질을 유화제라 한다. 유화제는 배합에 의하여 친유성을 알맞게 조합하면 상승효과가 있다. 그 예로서 아이스크림에서 자당 지방산 에스테르와 글리세린 지방산 에스테르의 혼합물을 사용하면 된다.

또한 유화제의 효과는 식품의 제조법에 따라 다르며 마가린이나 아이스크림 등은 냉각하면서 유화시키고, 캐러멜이나 껌은 일정한 온도에서 유화시키면 좋다. 유화제를 사용하여 식품에서 효과를 얻으려면 적절한 품목을 선택할 필요가 있다. 즉 HLB(친유성과 친수성의 균형값), gel화성 등의 성질을 종합하여 정하도록 하는 것이 좋다. 식품용 유화제의 HLB(hydrophile-lipophile balance)는 [표 11-1]과 같다. 대상식품 및 사용량에 대한 사용제한의 기준은 없다.

종류로는 글리세린지방산에스테르, 소르비탄지방산에스테르, 스테아린산마그네슘, 스테아린젖산칼슘, 스테아릴젖산나트륨, 스테아릴젖산칼슘, 자당지방산에스테르, 폴리소르베이트 20(폴리소르베이트), 폴리소르베이트 60(폴리소르베이트), 폴리소르베이트 65(폴리소르베이트), 폴리소르베이트 80(폴리소르베이트), 프로필렌글리콜, 프로필렌글리콜지방산에스테르(프로필렌글리콜에스테르), 젖산나트륨, 천연첨가물인 레시틴, 유카추출물, 효소분해레시틴 등이 있다.

제과, 제빵, 초콜릿 및 아이스크림에 사용할 때 주의할 점은 유화제가 HLB가 6 이하인 유중수형인 데 반하여 이것은 HLB값이 10이 넘는 수중유형을 사용한다.

**표 11-1 HLB와 사용적성**

| HLB | 특 성 |
|---|---|
| 4~6 | 유중수형(w/o) 유화제 |
| 7~9 | 습윤제 |
| 8~18 | 수중유형(o/w) 유화제 |
| 13~15 | 세정제(침투제) |
| 15~18 | 가용화제 |

## 11-2-15 호료(증점제, synthetic thickeners)

호료는 콜로이드상이 되는 성질을 가지고 있어서 식품에 첨가하면 매끈하고 점성이 커지며, 그 외 분산 안정제, 결착보수제, 피복제 등의 역할을 한다. 천연식품 중에서도 이러한 성질을 가진 것(밀가루의 글루텐, 전분의 아라비아고무, 해조류의 알긴산 등)이 있어서 그 용도는 광범위하나 사용량이 규제되어 있다.

허용된 지정 호료는 아래와 같다.

### (1) 호료로서 사용되는 것

알긴산나트륨(알긴산Na), 알긴산암모늄, 알긴산칼륨(알긴산K), 알긴산칼슘(알긴산Ca), 메틸셀룰로오스, 카르복시메틸셀룰로오스칼슘, 폴리덱스트로스, 변성전분, 히드록시프로필 인산전분, 산탄검, 젤라틴 등

### (2) 호료로서 주로 사용되는 것

① 알긴산프로필렌글리콜(알긴산에스테르)

증점제, 안정제, 유화제로 사용한다.

② 카르복시메틸셀룰로오스칼슘

증점제, 안정제로 사용한다.

③ 카르복시메틸스타치나트륨(카르복시메틸스타치Na)

증점제, 안정제로 사용한다.

④ 폴리아크릴산나트륨

증점제, 안정제로 사용한다.

## 11-2-16 기타

### (1) 피막제(glazing agents)

피막제는 과일이나 채소를 채취한 후 장시간 선도를 유지하기 위하여 표면에 피막을 만들어 호흡작용과 증산작용을 억제하는 작용을 하며 미생물의 표면번식도 억제한다. 과일이나

채소류의 피막 이외에는 사용이 금지되어 있으며, 현재 사용하는 것은 몰포린지방산염, 밀랍, 유동파라핀(이형제 사용), 초산비닐수지(추잉껌기초제), 폴리에틸렌글리콜 등과 천연피막제로는 석유왁스(껌 기초제, 거품제거제 사용), 쉘락(사용기준 없음), 쌀겨왁스(표면피막 사용), 칸델릴라왁스(사용기준 없음)가 있다. 폴리비닐 알콜과 폴리에틸렌글리콜은 건강기능성식품(정제 또는 이의 제피, 캡슐에 한함) 및 캡슐류의 피막(10g/kg 이하) 목적으로 사용한다.

### (2) 껌 기초제(chewing gum bases)

껌 기초제로서 처음에는 천연의 치클 껌으로부터 폴리이소부틸렌 등의 합성 고분자 화합물을 사용하게 되었다.

껌에는 기초제, 가소제, 감미제, 착향제, 착색제 등이 있는데 기초제는 점성, 풍미의 유지, 탄력성 등에 사용되며 가소제는 기초제의 성질을 개선하고 특히 초산비닐수지의 견고성을 약화시켜 탄력을 가지게 하며 넓은 온도 범위 내에서 발휘하도록 한다. 종류는 다음과 같다.

#### ① 초산비닐수지

추잉껌 기초제 및 과일류 또는 채소류 표피의 피막제 목적에 한하여 사용한다.

#### ② 에스테르껌

에스테르껌은 추잉껌 기초제 및 탄산음료·기타 음료의 안정제로 사용한다.

#### ③ 폴리부텐, 폴리이소부틸렌

추잉껌 기초제 이외의 용도에 사용해서는 안 된다.

#### ④ 기타

글리세린지방산에스테르(유화제), 소르비탄지방산에스테르(유화제), 자당지방산에스테르(유화제), 석유왁스(피막제), 탄산칼슘(산도조절제, 영양강화제, 팽창제) 등이 있다.

### (3) 거품제거제(antifoamer)

식품의 제조공정에 있어서 특히 발효공정이나 농축공정 등에는 발포에 의하여 작업이 지체될 때가 많은데, 이때 발포를 소멸 또는 억제하여 작업이 원활하게 진행되도록 하는 물질을 소포제라 한다. 현재 허가된 것으로는 규소수지(silicon resin), 라우린산, 미리스트산, 올레인산, 이산화규소 등이 있다.

### (4) 추출용제(solvents)

추출용제란 유용한 성분 등을 추출하거나 용해시키는 식품첨가물을 말하며 종류는 다음과 같다.

#### ① 메틸알콜

건강기능식품의 기능성원료 추출 또는 분리 등의 목적에 한하여 사용하여야 하며, 사용한 메틸알콜의 잔류량은 0.05g/kg 이하이어야 한다.

#### ② 부탄

최종식품 완성 전에 제거하여야 하며, 식용유지 제조 시 유지성분의 추출 및 건강기능식품의 기능성원료 추출 또는 분리 등의 목적으로 사용한다.

#### ③ 아세톤

아래의 식품 또는 용도에 한하여 사용하여야 한다.

1. 식용유지 제조 시 유지성분을 분별하는 목적(다만, 사용한 아세톤은 최종식품의 완성 전에 제거해야 함)
2. 건강기능식품의 기능성원료 추출 또는 분리 등의 목적: 0.03g/kg 이하(아세톤으로서 잔류량)

#### ④ 이소프로필알콜

아래의 식품 또는 용도에 한하여 사용하여야 한다.

1. 착향의 목적
2. 설탕류: 0.01g/kg 이하(이소프로필알콜로서 잔류량)
3. 건강기능식품의 기능성원료 추출 또는 분리 등의 목적: 0.05g/kg 이하(이소프로필알콜로서 잔류량)

#### ⑤ 초산에틸

아래의 식품 또는 용도에 한하여 사용하여야 한다.

1. 착향의 목적
2. 초산비닐수지의 용제
3. 건강기능식품의 기능성원료 추출 또는 분리 목적: 0.05g/kg 이하(초산에틸로서 잔류량)

#### ⑥ 헥산

아래의 식품 또는 용도에 한하여 사용하여야 한다.

1. 식용유지 제조 시 유지성분의 추출 목적: 0.005g/kg 이하(헥산으로서 잔류량)
2. 건강기능식품의 기능성원료 추출 또는 분리 등의 목적: 0.005g/kg 이하(헥산으로서 잔류량)

## CHAPTER 11 연습문제

**01 식품첨가물의 사용목적은?**

① 식욕증진
② 영양물질
③ 식품에 사용할 수 없는 물질이다.
④ 그 자체를 식품으로 섭취한다.
⑤ 오염물질로 사용하는 물질이다.

**02 식품첨가물로서의 조건 중 맞는 것은?**

① 인체에 유해한 영향을 미친다.
② 식품의 제조·가공에 불필수적이다.
③ 식품에 나쁜 영향을 줄 수 있다.
④ 다량으로 효가가 있어야 한다.
⑤ 식품의 상품가치를 향상시킨다.

**03 보존료로서 식품에 사용하기 위한 조건 중 맞게 설명한 것은?**

① 변패를 일으키는 각종 미생물을 사멸시킨다.
② 독성이 있다.
③ 공기·광에 안전하고 pH에 의해 영향을 받지 않는다.
④ 단기간 효력을 나타낸다.
⑤ 무미·무취이고 자극성이 있다.

**04 버터나 마가린류에만 사용하는 보존료는?**

① 소브산(sorbic acid)
② 데히드로 초산나트륨(sodium dehydroacetic acid)
③ 안식향산(benzoic acid)
④ 파라옥시향산 메틸(methyl p-hydroxy benzoate)
⑤ 프로피온산나트륨(sodium propionate)

**05 살균료로서 박고지 등에 사용하는 것은?**

① 차아염소산나트륨(sodium hypochlorite)
② 차아황산나트륨(sodium hyposulfite)
③ 표백분(bleaching powder)
④ 몰식자산프로필(propyl gallate)
⑤ 프로피온산칼슘(calcium propionate)

**06 체중조절용 조제식품, 시리얼류: 0.05g/kg 이하**(부틸히드록시아니솔과 병용할 때에는 디부틸히드록시톨루엔으로서 사용량과 부틸히드록시아니솔으로서 사용량 합계가 0.05g/kg 이하)**로 사용하는 산화방지제는?**

① 몰식자산 프로필(propyl gallate)
② 이·디·티·에이 칼슘 2나트륨(calcium disodium ethylene diamine tetraacetate)
③ 아스코빌 팔미테이트(ascorbyl palmitate)
④ 디부틸 히드록시 톨루엔(dibutyl hydroxy toluene; BHT)
⑤ 터셔리부틸히드로퀴논(tert-butylhydroquinone)

**07 발색제로서 식육가공품**(식육추출가공품 제외) **및 기타 동물성 가공식품**(기타식육이 함유된 제품에 한함) **: 0.07g/kg, 어육 소시지류 : 0.05g/kg, 명란젓 및 연어알젓 : 0.005g/kg을 사용하도록 허용된 것은?**

① 질산칼륨(potassium nitrate)
② 아질산나트륨(sodium nitrite)
③ 황산제일철(건조)(ferrous sulfate exsiccated)
④ 질산나트륨(sodium nitrate)
⑤ 아황산나트륨(sodium sulfite)

**08 산화방지제는 단독으로 사용하기도 하고 병용하기도 하는데, 일반적으로 병용할 때 작용이 증가되는 경우가 많다. 다음 중 효력증강제(synergist)에 해당되지 않는 것은?**

① 구연산　② 말레인산　③ 폴리인산염
④ 메타인산염　⑤ 비타민 C

**09 타르색소 알루미늄레이크는 색소 함량이 얼마인가?**

① 100%　② 80~90%　③ 50~70%　④ 10~30%　⑤ 10% 미만

**10 밀가루 개량제에 해당되는 것은?**

(가) 과산화벤조일(희석)(benzoyl peroxide)　　(나) 이산화염소(chlorine dioxide)
(다) 염소(chlorine)　　(라) 과황산암모늄(ammonium persulfate)

① (가) (나) (다)　② (가) (다)　③ (나) (라)　④ (라)　⑤ (가) (나) (다) (라)

**11 발색제에 해당되는 것은?**

① 무수아황산(sulfur dioxide)
② 아질산나트륨(sodium nitrite)
③ 과산화수소(hydrogen peroxide)
④ 아조디카르본아미드(azodicarbonamide)
⑤ 몰식자산 프로필(propyl gallate)

**12 식품의 고유한 맛만으로 느끼지 못할 경우 맛을 좋게 하고자 첨가하는 물질을 조미료라 하는데 다음 중 핵산계 조미료에 해당되는 것은?**

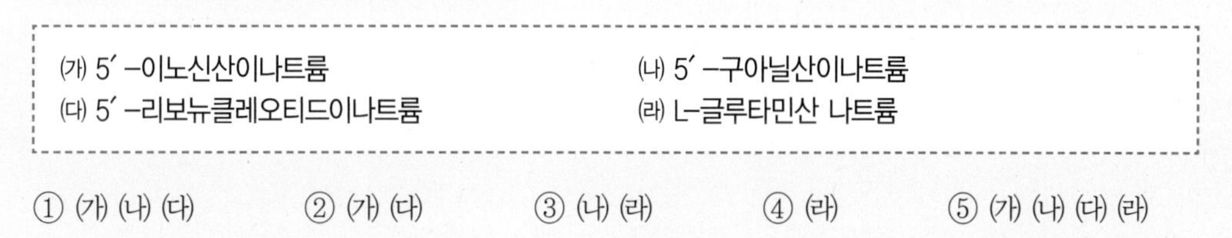

(가) 5′-이노신산이나트륨　　(나) 5′-구아닐산이나트륨
(다) 5′-리보뉴클레오티드이나트륨　　(라) L-글루타민산 나트륨

① (가) (나) (다)　② (가) (다)　③ (나) (라)　④ (라)　⑤ (가) (나) (다) (라)

**13 합성감미료라는 것은 당질 이외의 감미를 가진 화학적 합성품을 총칭하는 것으로서 영양가가 없다. 다음 중 합성감미료가 <u>아닌</u> 천연감미료는 어느 것인가?**

① 사카린나트륨(sodium saccharin)
② 글리실리진산2나트륨(disodium glycyrrhizinate)
③ D-자일로오스(D-Xylose)
④ 아스파탐(Aspartame)
⑤ D-소비톨(D-sorbitol)

**14 천연피막제는?**

| (가) 칸델릴라왁스 | (나) 쉘락 | (다) 쌀겨왁스 | (라) 석유왁스 |
|---|---|---|---|

① (가) (나) (다) ② (가) (다) ③ (나) (라) ④ (라) ⑤ (가) (나) (다) (라)

# 부 록

연습문제 해답

참고문헌

찾아보기

# 연습문제 해답

## Chapter 1 식품위생의 개념

01 ③ 02 ③ 03 ② 04 ① 05 ①
06 ⑤ 07 ④ 08 ④

## Chapter 2 식품과 미생물

01 ② 02 ② 03 ① 04 ③ 05 ⑤
06 ⑤ 07 ③ 08 ③ 09 ② 10 ④
11 ④ 12 ②

## Chapter 3 세균 및 바이러스성 식중독

01 ③ 02 ③ 03 ① 04 ④ 05 ④
06 ② 07 ① 08 ④ 09 ① 10 ③
11 ③ 12 ② 13 ① 14 ② 15 ⑤

## Chapter 4 자연독 식중독

01 ① 02 ② 03 ② 04 ④ 05 ③
06 ③ 07 ④ 08 ⑤ 09 ③ 10 ④
11 ⑤ 12 ② 13 ④ 14 ① 15 ⑤

## Chapter 5 화학성 식중독

01 ④ 02 ① 03 ① 04 ③ 05 ⑤
06 ② 07 ② 08 ④ 09 ③ 10 ③
11 ② 12 ③ 13 ④ 14 ④ 15 ②
16 ④ 17 ①

## Chapter 6 식품과 감염병

01 ④ 02 ④ 03 ④ 04 ⑤ 05 ④
06 ⑤ 07 ③ 08 ① 09 ⑤ 10 ③

## Chapter 7 기생충과 위생동물

01 ② 02 ③ 03 ② 04 ④ 05 ④
06 ③ 07 ② 08 ③ 09 ③ 10 ⑤
11 ① 12 ③ 13 ① 14 ⑤ 15 ①
16 ③ 17 ⑤ 18 ② 19 ① 20 ④
21 ④ 22 ①

## Chapter 8 HACCP

01 ④ 02 ② 03 ① 04 ③ 05 ③
06 ② 07 ④ 08 ③ 09 ② 10 ①
11 ④ 12 ① 13 ① 14 ③ 15 ④

## Chapter 9 식품영업의 위생관리

01 ④ 02 ④ 03 ② 04 ③ 05 ④
06 ④ 07 ③ 08 ⑤ 09 ⑤ 10 ④
11 ② 12 ④ 13 ④ 14 ⑤ 15 ③
16 ③ 17 ① 18 ① 19 ⑤ 20 ④

## Chapter 10 식품위생검사

01 ④ 02 ② 03 ④ 04 ③ 05 ①
06 ② 07 ② 08 ① 09 ② 10 ④
11 ⑤

## Chapter 11 식품첨가물

01 ① 02 ⑤ 03 ③ 04 ② 05 ②
06 ④ 07 ② 08 ⑤ 09 ④ 10 ⑤
11 ② 12 ① 13 ③ 14 ⑤

# 참고문헌


- 강남이 외: 최신 영양생리학, 지구문화사, 2008
- 곽동경: 학교급식의 HACCP 제도 도입 및 위생관리 시스템 구축, 1999년도 교육부 정책연구과제 보고서, 1999
- 곽동경 외: 급식시설의 손세척을 위한 70% 알코올소독제사용 및 세척방법의 효과분석, 대한영양사회 학술지, 4, pp. 235~244, 1998
- 곽성규 외: 기초병리학, 정문각, 2006
- 교육부: 학교급식 위생관리 대책, 교육부 홈페이지 보도자료, 2000
- 구난숙 외: 식품위생학, 파워북, 2008
- 구성회: 공중보건학, 고문사, 2006
- 국립수산과학원: 태평양산 원양어류도감, 2009
- 권오길 외: 원색한국패류도감, 아카데미서적, 2006
- 김관천 외: 위생곤충학, 신광문화사, 2007
- 김기훈 외: 공중보건학, 정문각, 2006
- 김미정, 윤혜련: 식품위생학, 라이프사이언스, 2006
- 김성광 외: 병원미생물학, 정문각, 2005
- 김옥경 외: New 식품위생학, 지구문화사, 2011
- 김우정, 구경형: 식품관능검사법, 도서출판 효일, 2001
- 김주성: 공중보건학, 형설출판사, 2006
- 김지응 외: 꼭 알아야 할 식품위생 및 HACCP 실무, 백산출판사, 2009
- 김혜영 외: 식품품질평가, 도서출판 효일, 2006
- 대한영양사회: 위생관리지침서, 사단법인 대한영양사회, 서울, 1996
- 문범수, 김성환: 식품위생학, 신광출판사, 2007
- 문희주 외: 인체 기생충학, 고려의학, 2003
- 박명준 외: 공중보건학, 지구문화사, 2007
- 박영현 외: 식품위생관리와 HACCP, 양서원, 2013
- 박홍현, 김동원, 김중배, 강창수: 실무를 위한 식품위생학, 광문각, 2007
- 배현주 외: 급식관리자를 위한 HACCP 이론과 실무, 교문사, 2006
- 법제처: 국가법령정보센터, 식품위생법, 2013
- 변명우, 이주운: 식품의 위생안전성 확보를 위한 방사선조사기술의 이용, 식품과학과 산업, 2003

- 보건복지부 국립보건원: 법정전염병 진단 · 신고 기준, 2000
- 손규목 외: 식품미생물학, 도서출판 효일, 2003
- 송재철, 박현정: 식품첨가물학, 내하출판사, 2002
- 송재철, 안창순, 박인숙, 박현정: 새로운 식품위생학, 동서문화원, 2005
- 송형익 외: 현대 식품위생학, 지구문화사, 2009
- 식품안전사전 편찬위원회: 종합식품안전사전, 한국사전 연구사, 1998
- 식품위생법, 식품위해요소중점관리기준, 2000
- 식품의약품안전처: 2016년 학교 급식 식중독 예방(영양사), 2016
- 식품의약품안전처: 식중독 예방교육 표준교재, 2003
- 식품의약품안전처: 식중독통계시스템, 2020
- 식품의약품안전처: 식품공전, 2021
- 식품의약품안전처: 식품접객업소 식중독 예방관리 메뉴얼, 2016
- 식품의약품안전처: 식품첨가물공전, 2021
- 식품의약품안전처: 단체급식업체의 관리방안, 2000
- 식품의약품안전처: 집단급식소 HACCP 관리, 2014
- 식품의약품안전처: 집단급식소 급식안전관리 점검 매뉴얼(점검표 및 검수일지 작성요령), 2021
- 식품의약품안전처: 한국식품안전관리인증원, 2013
- 심창환, 서현창, 박헌국, 김현대, 김종국: 식품위생학, 문운당, 2006
- 안영수: 이우주의 약리학 강의, 의학문화사, 2008
- 안용근 외: 공중보건학, 도서출판 효일, 2008
- 영양사도우미, 학교급식위생관리, http://www.kda.new21.org, 2000
- 오명석, 강양선, 임영숙: 쉽게 풀어 쓴 식품위생학, 지식인, 2016
- 오승희 외: 식품위생관련법규, 도서출판 효일, 2009
- 용태순 외: 인체 기생충학, 정문각, 2004
- 우세홍 외: 최신 식품첨가물, 신광문화사, 2008
- 윤혜경 외: 식품위생학, 도서출판 효일, 2006
- 이갑상 외: 실험 위생학, 지구문화사, 2003
- 이건섭 외: 병원미생물학, 고려의학, 2007
- 이영로: 원색 한국식물도감, 교학사, 1996
- 이은숙, 이별나: 최신 미생물실험서, 도서출판 효일, 2006
- 이지열: 원색 한국버섯도감, 아카데미서적, 1993
- 이진미: 식품위생관리, 도서출판 효일, 2016
- 이철호, 맹영선: 식품위생 사건백서, 고려대학교 출판부, 2000
- 이한일: 위생곤충학, 고문사, 2005
- 장동석 외: 자세히 쓴 식품위생학, 정문각, 2006

- 정문기: 어류박물지, 일지사, 1974
- 주난영 외: 식품위생과 HACCP실무, 파워북, 2008
- 지성규: 식품첨가물 이론과 실제, 식품저널, 2008
- 질병관리본부: 2020 법정감염병 분류체계 개편, 2020
- 질병관리청 감염병포털: 전수감시 감염병 통계, 2021
- 질병관리청 감염병포털: 2021년도 감염병 관리사업 안내, 2021
- 질병관리청 감염병포털: 2021년도 감염병 관리지침, 2021
- 질병관리청 예방접종도우미: 성인 예방접종일정표, 2019
- 질병관리청 예방접종도우미: 2022 표준예방접종표, 2022
- 채수규: 표준식품분석학(이론 및 실험), 지구문화사, 2010
- 한국식품공업협회: 식품위생교육교재, 1999
- 한국식품영양학회: 식품영양학사전, 한국사전연구사, 2012
- 환경부: 먹는 물 수질기준 및 검사 등에 관한 규칙, 2021
- 廣田才之, 淺川, 豊 · 松本昌雄, 角野 猛, 桑原祥浩, 河村太郎: 食品衛生學, 共立出版株式會社, 1995
- 好井久雄, 金子安之, 山口和夫: 食品微生物學ハソドブッワ, 技報堂出版, 東京, 1995
- 厚生省 保健醫療局, 生活習慣病對策室 監修: 必修編 調理師教科全書 食品衛生學, 社團法人 全國調理師養成施設協會編, 2000
- Atlas, R. M.: Principles of Microbiology, Mosby-Year Book Inc., Missouri, 1995
- Guthrie, R. K.: Food Sanitation(3th ed.), Avi, NY, 1988
- Marriott, N. G.: Principles of Food Sanitation, Chapman and Hall Inc., New York, 2006
- McSwane: Essentials of Food Safety and Sanitation, Prentice Hall, 2005
- National Restaurant Association: Serving Safe Food-A Practical Approach to Food Safe, USA, 1995
- Nester, E. W., Roberts, C. E. and Nester, M. T.: Microbiology, Wm. C. Brown Publishers, Dubuque, 1995
- Watson D. H.: Natural Toxicants in Food, ELLIS HORWOOD, 1987
- William Horwitz: Offical Methods of Analysis of the Association of offical Analytical chemicals, AOAC, Whashington DC, 1980

# 찾아보기

## ㄱ

## ㅂ



## ㅅ

## ㅇ

## ㅈ

## ㅊ



## ㅋ



## ㅌ



## ㅍ



## ㅎ

## A



## B



## C



## D



## E



## F

## G



## H



## I



## K



## L



## M



## N



## O



## P



## Q



## R



## S

## T



## U



## V



## W



## Z



## 123



## 기호

## 이해하기 쉬운 식품위생학 -제2판-

**발행일** 2017년 9월 15일 초판 발행
2022년 2월 16일 2개정판 발행

**지은이** 금종화 · 손규목 · 김성영 · 권영안 · 김정목 · 김종경
김창렬 · 박상곤 · 송승열 · 송호수 · 오승희 · 유경혜
이경임 · 이상일 · 이효순 · 조석금

**발행인** 김홍용

**펴낸곳** 도서출판 효일

**주소** 서울특별시 중랑구 신내역로3길 40-36

**전화** 02) 928-6643

**팩스** 02) 927-7703

**홈페이지** www.hyoilbooks.com

**e-mail** hyoilbooks@hyoilbooks.com

**등록** 2001년 10월 8일 제2021-000091호

**정가** 29,000원

**ISBN** 978-89-8489-498-3